T0184843

Mathématiques
et
Applications

Directeurs de la collection:
J. Garnier et V. Perrier

77

More information about this series at http://www.springer.com/series/2966

Sylvie Méléard

Modèles aléatoires en Ecologie et Evolution

 Springer

Sylvie Méléard
École Polytechnique CMAP
Palaiseau Cedex
France

ISSN 1154-483X   ISSN 2198-3275   (electronic)
Mathématiques et Applications
ISBN 978-3-662-49454-7   ISBN 978-3-662-49455-4   (eBook)
DOI 10.1007/978-3-662-49455-4

Library of Congress Control Number: 2016934437

Mathematics Subject Classification (2010): 60J10, 60J70, 60H10, 60J75, 60J80, 60J85, 92D15, 92D25, 92D40

Imprimé sur papier non acide

This Springer imprint is published by Springer Nature
The registered company is Springer-Verlag GmbH Berlin Heidelberg

En mémoire de ma mère, biologiste passionnée,

A Pierre-Louis

Ce livre s'adresse aux élèves de master en mathématiques appliquées ou aux biologiste théoriciens qui souhaitent étoffer leur connaissance des outils probabilistes de modélisation. Il est né d'un cours donné aux élèves de troisième année de l'Ecole Polytechnique mais il a au fil des années pris une ampleur qui dépasse largement le cours. Son but est de donner au lecteur des outils rigoureux permettant la modélisation de phénomènes biologiques soumis à fluctuations aléatoires. Il se focalise sur les modèles stochastiques construits à partir des comportements individuels. Qu'il me soit permis de remercier très chaleureusement ceux qui ont contribué, par leur enthousiasme, leur passion pour ce domaine scientifique et de nombreuses discussions éclairantes, à la génèse de cet ouvrage : Vincent Bansaye, Sylvain Billiard, Nicolas Champagnat, Pierre Collet, Camille Coron, Régis Ferrière, Christophe Giraud, Pierre-Henri Gouyon, Carl Graham, Amaury Lambert, Chi Viet Tran, Amandine Véber.

Table des matières

Chapitre 1

Introduction

After years, I have deeply regretted that I did not proceed far enough at least to understand something of the great leading principles of mathematics : for men thus endowed seem to have an extra-sense. (Darwin, Autobiography).

Darwin, dans son fameux ouvrage "*De l'origine des espèces* au moyen de la sélection naturelle, ou la Préservation des races favorisées dans la lutte pour la vie", paru en 1859, révolutionne la biologie par sa théorie de l'évolution et de la sélection naturelle. En voici l'essence, extraite de son livre : "*Comme il naît beaucoup plus d'individus de chaque espèce qu'il n'en peut survivre et que par conséquent il se produit souvent une lutte pour la vie, il s'ensuit que tout être qui varie, même légèrement, d'une façon qui lui est profitable, dans les conditions complexes et quelquefois variables de la vie, a une plus grande chance de survivre. Cet être est ainsi l'objet d'une sélection naturelle. En vertu du principe si puissant de l'hérédité, toute variété ainsi choisie aura tendance à se multiplier sous sa nouvelle forme modifiée.*"

Dans ce livre, nous n'avons pas la prétention d'aborder dans sa globalité la modélisation de ces phénomènes complexes mais plutôt celle de donner les outils mathématiques de base pour la modélisation de chaque étape, telles des briques apportant chacune leur modeste contribution à l'édifice.

© Springer-Verlag Berlin Heidelberg 2016
S. Méléard, *Modèles aléatoires en Ecologie et Evolution*,
Mathématiques et Applications 77, DOI 10.1007/978-3-662-49455-4_1

1.1   Introduction du cours

*People who have mathematical computation and statistical skills, and establish a colla-
boration and work on real biological problems, have the chance of doing some very, very
significant things for human welfare. (Jaroslav Stark, Imperial College -Science, 2004)*

La biologie des populations va d'études très microscopiques, comme la recherche de séquences sur un brin d'ADN, l'étude des échanges moléculaires dans une cellule, l'évolution
de tumeurs cancéreuses, l'invasion de parasites dans une cellule, à des problèmes beaucoup plus macroscopiques concernant des comportements de grands groupes d'individus
et leurs interactions (extinction de populations, équilibre des écosystèmes, invasion d'une
population par une autre, métapopulations), ou des problèmes de génétique de populations (recherche d'ancêtres communs à plusieurs individus dans une espèce, phylogénies).
A tous les niveaux, l'aléatoire intervient, et les modèles stochastiques sont utilisés pour
décrire des phénomènes biologiques à chaque échelle du vivant. Même si la population
semble présenter un certain nombre de caractéristiques déterministes, elle est composée
d'individus dont le comportement peut être soumis à une grande variabilité. Ainsi, chaque
individu se déplace dans une direction différente, chaque bactérie a son propre mécanisme
de division cellulaire, chaque réplication de l'ADN peut engendrer une mutation. Cette
variabilité individuelle est une idée fondamentale de la biologie évolutive et en particulier
de Darwin. En effet, même si dans de nombreuses situations, la taille de la population peut
être suffisamment grande pour que le système biologique puisse être résumé par un modèle
déterministe, dans la plupart des cas, le phénomène biologique, au moins dans une phase
de son développement, est déterminé par un petit nombre d'individus ou est fortement
influencé par les fluctuations environnementales, spatiales ou temporelles. Par exemple,
les fluctuations aléatoires peuvent être déterminantes au stade initial d'une épidémie,
dans le développement d'un processus cellulaire ou en cas d'apparition d'un individu mutant. La démarche du probabiliste consiste à décrire les comportements individuels et
à en déduire des informations au niveau de la population. Cela permet ainsi, à partir
d'une description microscopique précise, de prédire des comportements macroscopiques
de manière rigoureuse, en prenant en compte les fluctuations aléatoires.

Le but de ce livre est de définir et étudier une grande gamme d'outils probabilistes qui
peuvent apporter une meilleure compréhension de certains phénomènes en biologie des
populations. L'hypothèse fondamentale des modèles introduits est que la population a un
comportement *markovien* : son comportement aléatoire dans le futur ne dépendra de son
passé que par l'information que donne son état présent. Cette hypothèse est largement
admise par les biologistes, même si c'est une approximation de la réalité. La dynamique de
la population est décrite par un processus stochastique, c'est-à-dire une fonction aléatoire
du temps. Le temps peut être discret ($n \in \mathbb{N}$). Il décrira alors la succession des différentes générations ou des reproductions périodiques, saisonnières ou annuelles ou bien il
sera une discrétisation du temps continu. Les outils probabilistes de base seront alors les

chaînes de Markov à temps discret. Trois modèles classiques illustreront ce propos : les marches aléatoires pour décrire les déplacements spatiaux d'un individu, les processus de Bienaymé-Galton-Watson qui modélisent la dynamique d'une population, le processus de Wright-Fisher qui décrit une généalogie. Mais le temps peut aussi être le temps physique, un temps $t \in \mathbb{R}_+$. Nous serons alors amenés à considérer des processus en temps continu, à savoir des familles de variables aléatoires indexées par le temps continu. Les processus décrivant les comportements individuels seront alors, soit des processus continus du temps modélisant par exemple le mouvement spatial et desordonné de petits organismes, dont le prototype est le mouvement brownien, soit des processus discontinus décrivant les naissances et morts d'individus, tels le processus de Poisson ou les processus de branchement ou les processus de naissance et mort en temps continu, que nous étudierons en détail. Nous développerons en particulier les outils du calcul stochastique et la notion d'équation différentielle stochastique.

Quand la taille de la population est très grande, il devient difficile de décrire le comportement microscopique de la population, en prenant en compte chaque naissance ou mort d'individu. Nous changerons alors d'échelle de taille de la population et d'échelle de temps, pour nous ramener à des approximations plus facilement manipulables mathématiquement, sur lesquelles nous pourrons développer résultats théoriques et calculs. Dans certaines échelles, nous obtiendrons des approximations déterministes, qui ont été historiquement les premières introduites pour décrire les dynamiques de population, comme l'équation logistique ou les systèmes de Lotka-Volterra. Dans d'autres échelles, nous obtiendrons des approximations aléatoires définies comme solutions de certaines équations différentielles stochastiques, telles les équations de Feller dans le cas de la dynamique des populations ou les équations de Wright-Fisher dans le cas de la génétique des populations. Des calculs sur ces processus de diffusion permettront d'en déduire un certain nombre d'informations sur le comportement des populations. Nous définirons également, à partir du modèle de Wright-Fisher, un processus permettant la modélisation des généalogies, le coalescent de Kingman, qui est devenu dans ces dernières années fondamental en génétique des populations.

La dernière partie de cet ouvrage présente quelques applications récentes des outils mathématiques que nous avons développés à des problématiques biologiques.

1.2 Importance de la modélisation

A vital next step will be to promote the training of scientists with expertise in both mathematics and biology. (Science 2003).

Le but est d'utiliser un modèle mathématique pour mieux comprendre l'évolution temporelle, ou "dynamique", d'un phénomène biologique. Les systèmes biologiques sont extrêmement complexes : des problèmes multi-échelles, des interactions multiples, pas de lois de conservation. Il faut donc beaucoup simplifier le système biologique pour obtenir un modèle accessible mathématiquement, en se focalisant sur le phénomène biologique que l'on cherche à comprendre. Une difficulté de cette démarche est donc d'obtenir un bon compromis entre le réalisme biologique du modèle et la faisabilité des calculs, et ce travail ne peut se faire qu'en très bonne concertation, entre biologistes et mathématiciens. Le modèle mathématique permet alors de pouvoir quantifier numériquement certains phénomènes et de pouvoir prédire certains comportements : par exemple, montrer qu'une certaine population va s'éteindre et calculer le temps moyen d'extinction ou savoir comment elle va envahir l'espace. Il est important de se poser la question de la justification du modèle. Dans le cas où il est possible d'obtenir des données observées pour le phénomène d'intérêt, une étape ultérieure sera de valider le modèle par une approche statistique. Nous n'aborderons pas cette question dans cet ouvrage.

L'intérêt d'un modèle réside aussi dans son "universalité". Des problèmes biologiques très différents (par exemple par les échelles de taille : gènes - cellules - bactéries - individus - colonies) peuvent avoir des comportements aléatoires similaires (en terme de reproduction, mort, migration) et être étudiés par des modèles analogues. Un même objet mathématique pourra être utilisé à des fins biologiques différentes. Ainsi, une marche aléatoire simple pourra modéliser la dynamique de la taille d'une population sur $\mathbb{N}$ ou un déplacement sur $\mathbb{Z}$. Dans le premier cas, si cette marche atteint 0 (extinction de la population), elle y restera (sans immigration). Dans le deuxième cas, le marcheur pourra repasser une infinité de fois par 0.

Les modèles développés dans ce livre sont "élémentaires" au sens où les processus étudiés sont à valeurs dans des espaces de dimension finie. Prendre en compte la structure d'une population, suivant un certain nombre de variables telles que l'âge, un ou plusieurs phénotypes, le génotype, la position spatiale, etc., exigent des modèles en dimension infinie et nécessitent des outils mathématiques beaucoup plus lourds, que nous n'aborderons pas ici.

1.3   Modélisation mathématique en écologie et évolution

Notre but est d'étudier les modèles probabilistes de base qui apparaissent en écologie, en dynamique des populations et en génétique des populations. Tous ces problèmes contribuent à l'étude de la biodiversité. Nous allons préciser ici les questions biologiques qui nous intéressent et sous-tendent l'organisation du livre.

1.3.1   Ecologie et évolution

L'écologie est l'étude des interactions entre les êtres vivants (animaux, végétaux, micro-organismes, ...) et avec le milieu qui les entoure et dont ils font eux-mêmes partie, comme par exemple leur habitat et l'environnement. L'écologie étudie en particulier la hiérarchie complexe des écosystèmes, les mécanismes biologiques associés à l'extinction des espèces, la dynamique de la biodiversité, l'adaptation des populations. À son développement contribuent les disciplines plus spécialisées de la dynamique et de la génétique des populations. La dynamique des populations a depuis longtemps fait l'objet de modélisations mathématiques. Les premières études quantitatives de populations sont dues à Malthus (1798), puis à Verhulst (1838). De leurs travaux émerge l'idée que la croissance de la population est limitée par celle des ressources et par son environnement. Cette idée prend toute sa force dans la théorie développée par Darwin (1859). Celui-ci défend le concept fondamental de sélection naturelle et de modification des espèces vivantes au cours du temps. Cette théorie de l'évolution est fondée sur l'idée simple que les individus les mieux adaptés à leur environnement ont les descendances les plus importantes et sont sélectionnés. L'adaptation découle de la variabilité individuelle qui apparaît dans les mécanismes de reproduction (mutation, recombinaison) ou de transfert et par les interactions entre les individus et leur environnement. Les interactions peuvent être de multiples formes. On peut citer la compétition des individus d'une espèce pour le partage des ressources, les liens dans un réseau trophique (chaîne alimentaire) comme par exemple les interactions proie-prédateur ou les interactions hôte-parasite, la lutte des femelles pour les mâles.

L'idée de variabilité individuelle est à la base de la modélisation probabiliste.

1.3.2 Dispersion et colonisation

Dans ce cours, nous allons nous intéresser aux processus probabilistes modélisant les dynamiques spatiales de populations. Ces processus modélisent la manière dont les individus se déplacent ou dispersent leur progéniture. Ils peuvent être développés à toutes les échelles biologiques, des virus aux mammifères. La structuration spatiale de la population est le résultat des comportements individuels de dispersion, comme par exemple la progression d'un troupeau, l'extension d'une épidémie, la dispersion des grains de pollen, oeufs, graines, etc. Ces déplacements peuvent être dus à la recherche de nourriture, au besoin de trouver un partenaire, à la fuite devant un prédateur ou à la nécessité de coloniser des zones propices à la survie ou à la reproduction. Dans tous les cas, la structure spatiale s'associe pour la population, au fait de minimiser sa probabilité d'extinction. Elle est donc fondamentalement liée à l'évolution démographique de la population et à sa répartition génétique. Durant les vingt dernières années, de nombreux travaux ont été développés dans ces directions. Ils nécessitent l'introduction d'objets mathématiques sophistiqués, mais les éléments de base de ces modèles sont développés dans ce livre.

Les Chapitres 2 et 4 étudient des processus stochastiques markoviens qui permettent de modéliser les déplacements individuels, en temps discret ou en temps continu. L'individu peut évoluer dans un espace discret, $\mathbb{Z}$, $\mathbb{Z}^2$ ou $\mathbb{Z}^3$, ou dans un espace continu, $\mathbb{R}$, $\mathbb{R}^2$ ou $\mathbb{R}^3$, ou dans un sous-domaine de ces espaces. Le choix de la dimension est lié à la nature du problème biologique, la dimension 1 pour un déplacement le long d'une route, d'une rivière, d'un brin d'herbe ou d'un brin d'ADN, la dimension 2 pour un déplacement sur le sol, une paroi, un fond marin, la dimension 3 pour un déplacement dans tout l'espace.

Soit à cause de frontières naturelles (mer, chaîne de montagne, membrane cellulaire), ou de limitation de la zone de ressources ou de pièges, les populations se déplacent souvent dans des domaines fermés et le comportement au bord du domaine est important. Il peut être absorbant si les individus meurent ou restent bloqués à son contact ou réfléchissant si les individus rebroussent chemin. Les probabilités d'atteinte de barrières seront étudiées en détail.

1.3.3   Dynamique des populations

La dynamique des populations étudie la répartition et le développement quantitatif de populations d'individus, asexués ou sexués. Elle s'intéresse aux mécanismes d'auto-régulation des populations, au problème de l'extinction d'une population ou à l'existence d'un éventuel état stationnaire ou quasi-stationnaire. Elle étudie également les interactions entre différentes espèces, comme les liens de prédation entre proies et prédateurs ou plus généralement la structuration des réseaux trophiques ou les modèles de coopération ou (et) de compétition.

Les modèles de populations non structurées que nous allons voir dans les Chapitres 3 et 5 ont l'avantage de la simplicité, mais sont bien sûr très naïfs pour rendre compte de la diversité biologique. Néanmoins, ils mettent en évidence des comportements variés, en fonction des paramètres démographiques et nous donnent des moyens de calcul : calcul de la probabilité de persistance d'une population ou de son extinction et du temps moyen d'extinction. Nous pourrons également évaluer la taille d'une population en temps long, si celle-ci persiste et en étudier la composition entre types, dans le cas où les individus peuvent être de types différents.

Nous mettrons en évidence deux grandes classes de modèles : ceux qui reposent sur des lois de reproduction générales mais ne supposent pas d'interaction entre les individus, appelés processus de branchement, et ceux pour lesquels la loi de reproduction est plus simple mais qui tiennent compte de la compétition entre individus, appelés processus de naissance et mort. Les outils d'étude de ces objets sont différents.

1.3.4   Génétique des populations

Pour comprendre l'évolution des espèces, il faut pouvoir comprendre les mécanismes internes des généalogies à l'intérieur d'une espèce. La génétique des populations a pris son essor à partir des travaux de Mendel (1822-1884), qui fût à l'origine des règles de retransmission génétique (communément appelées lois de Mendel), définissant la manière dont les gènes se transmettent de génération en génération. Elle a été initialement développée mathématiquement par les biologistes Fisher, Haldane et Wright entre 1920 et 1940. La génétique des populations se concentre sur l'étude de la fluctuation des allèles (les différentes versions d'un gène) au cours du temps dans les populations d'individus d'une même espèce. Ces fluctuations peuvent être dues à l'influence de la dérive génétique (la variabilité due à l'aléa des événements individuels de naissance et de mort), aux mutations, à la sélection naturelle et aux migrations.

Dans le Chapitre 6, nous présenterons les modèles classiques décrivant la dynamique de l'information génétique des individus au cours du temps, en supposant que la taille de la population observée reste constante. Ce point de vue est le point de vue historique de Wright et Fisher et reste toujours d'actualité pour les généticiens des populations. Il revient à se placer d'emblée dans un état stationnaire du point de vue de la dynamique des populations. Nous aborderons également le point de vue inverse : reconstruire les lignées généalogiques d'un groupe d'individus observés, en remontant dans le temps l'histoire de ces individus. En changeant l'échelle de temps, nous mettrons en évidence un objet limite d'une nouvelle nature : un processus stochastique qui permet de reconstruire les ancêtres communs successifs d'un groupe d'individus, appelé le coalescent de Kingman.

Une fois ces briques élémentaires posées, il devient possible d'aborder la modélisation de la dynamique des individus en prenant en compte l'information génétique qu'ils contiennent et les interactions qu'ils développent. Ces questions sont au coeur de la recherche fondamentale qui se développe aujourd'hui entre mathématiques appliquées et modélisation de la biodiversité. C'est pourquoi, plutôt que de donner des exemples biologiques trop simplistes, nous avons préféré développer en détail, dans le Chapitre 7, des résultats obtenus dans des articles de recherche récents, motivés par des questions biologiques actuelles.

1.3.5   Quelques termes de vocabulaire

- Une cellule biologique est dite **haploïde** lorsque les chromosomes qu'elle contient sont en un seul exemplaire. Le concept est généralement opposé à **diploïde**, terme désignant les cellules avec des chromosomes en double exemplaire. Chez les humains et la plupart des animaux, la reproduction génétique met en jeu une succession de phases diploïdes (phases dominantes) et haploïdes (phases de formation des gamètes).
- Un **gamète** est une cellule reproductrice de type haploïde qui a terminé la méiose.
- Un **locus**, en génétique, est un emplacement précis sur le chromosome. Il peut contenir un gène.
- Les **allèles** sont des versions différentes de l'information génétique codée sur un locus. Par exemple, les types "ridés" et "lisses" des pois, dans les expériences de Mendel, correspondent à des allèles distincts.
- L'**avantage sélectif** ou **fitness** d'un allèle est une mesure qui caractérise son aptitude à se transmettre, et qui dépend ainsi de l'aptitude qu'il confère à son porteur à se reproduire et survivre.

Chapitre 2

Populations spatiales et temps discret

The mathematics is not there till we put it there. Sir Arthur Eddington (1882 - 1944), The Philosophy of Physical Science.

Dans ce chapitre, nous modélisons une dynamique aléatoire par un processus aléatoire $(X_n)_{n\in\mathbb{N}}$ indexé par le temps discret. Nous introduirons deux classes de modèles qui prennent en compte des structures de dépendance différentes et qui généralisent les suites de variables aléatoires indépendantes : les chaînes de Markov et les martingales à temps discret. Ces deux classes se rejoignent dans l'étude des marches aléatoires, qui constituent un prototype de ce chapitre. Une motivation importante sera la modélisation de dynamiques spatiales mais nous verrons également des modèles de dynamiques de taille de population.

2.1 Marches aléatoires et chaînes de Markov

Nous rappelons les principales propriétés des marches aléatoires et des chaînes de Markov à temps discret, en privilégiant des problématiques propres aux modèles de populations. Pour plus de détails, nous renvoyons aux ouvrages suivants, [36], [62] et [30].

Le modèle aléatoire le plus simple pour décrire le déplacement au hasard d'un individu est celui d'une marche aléatoire sur le réseau $\mathbb{Z}^d$. Le temps est discret. L'individu, à partir d'un point $x = (x_1, \ldots, x_d)$ peut aller vers un autre point du réseau avec une certaine probabilité. Les déplacements successifs de l'individu sont indépendants les uns des autres. Plus précisément, on note X_n la position de l'individu à l'instant n, et $Z_n = X_n - X_{n-1}$ son n-ième déplacement.

© Springer-Verlag Berlin Heidelberg 2016
S. Méléard, *Modèles aléatoires en Ecologie et Evolution*,
Mathématiques et Applications 77, DOI 10.1007/978-3-662-49455-4_2

Définition 2.1.1 *La suite de variables aléatoires* $(X_n)_{n \in \mathbb{N}}$ *est appelée marche aléatoire sur le réseau* $\mathbb{Z}^d$ *si*

$$X_n = X_0 + \sum_{k=1}^{n} Z_k,$$

et les déplacements successifs $Z_k \in \mathbb{Z}^d$ *sont indépendants et de même loi. Si chaque déplacement ne peut se faire que vers l'un de ses proches voisins, la marche aléatoire est dite simple. Si de plus les déplacements vers chacun des voisins immédiats se font avec la même probabilité* $\frac{1}{2d}$, *la marche est dite symétrique.*

La figure 2.1 montre des simulations de marches aléatoires simples symétriques en dimensions 1 et 2. Dans le premier cas, la marche peut avancer ou reculer d'une amplitude 1 avec probabilité $\frac{1}{2}$. Dans le deuxième cas, l'individu pourra sauter vers l'un de ses voisins immédiats avec probabilité uniforme $\frac{1}{4}$.

Une marche aléatoire vérifie les deux propriétés fondamentales suivantes :
• Pour tous n et k dans $\mathbb{N}$, la variable aléatoire $X_{n+k} - X_n$ est indépendante de $X_n, X_{n-1}, \ldots, X_0$.
• Pour tous n et k, $X_{n+k} - X_n$ a même loi que $X_k - X_0$.
Les accroissements de la marche aléatoire sont donc indépendants et stationnaires.

Définition 2.1.2 *Nous dirons plus généralement qu'un processus* $(X_n)_{n \in \mathbb{N}}$ *est un processus à accroissements indépendants et stationnaires (noté plus simplement PAIS) si pour tous entiers* $0 \leq n_1 < n_2 < \cdots < n_k$, *les variables aléatoires* $(X_{n_1}, X_{n_2} - X_{n_1}, \ldots, X_{n_k} - X_{n_{k-1}})$ *sont indépendantes et si* $X_{n_2} - X_{n_1}$ *a même loi que* $X_{n_2 - n_1} - X_0$.

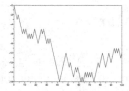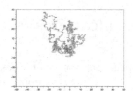

FIGURE 2.1 – Marches aléatoires en dimension 1 et en dimension 2

Remarque 2.1.3 *Dans cet ouvrage, nous allons essentiellement nous limiter aux marches aléatoires en dimension un qui peuvent en particulier décrire des déplacements spatiaux ou des dynamiques de taille de population. Dans la suite de ce chapitre, l'espace d'état considéré sera* $\mathbb{Z}$.

Les marches aléatoires introduites ci-dessus sont un cas particulier simple de chaînes de Markov. La propriété de Markov décrit une propriété de nombreux phénomènes aléatoires, pour lesquels l'évolution aléatoire future ne dépend du passé qu'à travers l'état du processus au temps présent. Dans la suite du cours, nous verrons un grand nombre de processus vérifiant la propriété de Markov.

Définition 2.1.4 *Une suite de variables aléatoires* $(X_n)_{n\in\mathbb{N}}$ *à valeurs dans* $\mathbb{Z}$ *satisfait la propriété de Markov si pour tous* $n \in \mathbb{N}$, $j, i_0, \ldots, i_n \in \mathbb{Z}$, *tels que* $\mathbb{P}(X_n = i_n, \ldots, X_0 = i_0) > 0$, *on a*

$$\mathbb{P}(X_{n+1} = j | X_n = i_n, \ldots, X_0 = i_0) = \mathbb{P}(X_{n+1} = j | X_n = i_n). \tag{2.1}$$

La loi conditionnelle de X_{n+1} *sachant* $X_0, \ldots, X_n$ *est égale à sa loi conditionnelle sachant* X_n.
Si cette loi ne dépend pas de n, *on dit que la chaîne de Markov est homogène (en temps).*

La loi d'une chaîne de Markov homogène est caractérisée par ses probabilités de transition

$$P_{i,j} = \mathbb{P}(X_1 = j | X_0 = i) \quad i, j \in \mathbb{Z},$$

et par sa condition initiale :

$$\mathbb{P}(X_0 = i_0, \ldots, X_n = i_n) = \mathbb{P}(X_0 = i_0) P_{i_0, i_1} \ldots P_{i_{n-1}, i_n}.$$

Ultérieurement, nous noterons $\mathbb{P}_i$ la loi de la chaîne de Markov issue de l'état i : pour tout événement A,

$$\mathbb{P}_i(A) = \mathbb{P}(A | X_0 = i).$$

Définition 2.1.5 *Les probabilités de transition* $(P_{i,j})_{i,j\in\mathbb{Z}}$ *définissent une matrice, appelée matrice de transition, à coefficients positifs et dont la somme de chaque ligne est égale à* 1 : *pour tous* $i, j \in \mathbb{Z}$,

$$P_{i,j} \geq 0 \quad ; \quad \sum_{j\in\mathbb{Z}} P_{i,j} = 1.$$

Introduisons la suite des tribus $\mathcal{F}_n = \sigma(X_0, \ldots, X_n)$ engendrées par la chaîne $(X_n)_n$. La tribu $\mathcal{F}_n$ est engendrée par les ensembles de la forme $\{(X_0, X_1, \cdots, X_n) = (i_0, \cdots, i_n)\}$ pour tous $i_0, \cdots, i_n$ entiers relatifs. Elle décrit l'information donnée par le processus jusqu'à l'instant n. Les tribus $\mathcal{F}_n$ sont croissantes (pour l'inclusion) comme l'information qui croît au cours du temps. La suite $(\mathcal{F}_n)_n$ s'appelle la filtration engendrée par la chaîne de Markov $(X_n)_n$.

Remarque 2.1.6 *La suite* $(X_n)_n$ *satisfait la propriété de Markov si et seulement si pour toute fonction f bornée sur $\mathbb{Z}$, et pour tout entier naturel n, on a*

$$\mathbb{E}(f(X_{n+1})|\mathcal{F}_n) = \mathbb{E}(f(X_{n+1})|X_n).$$

En effet, il suffit de vérifier que pour tous $i_0, \cdots, i_n$,

$$\mathbb{E}(f(X_{n+1})|(X_0,\cdots,X_n) = (i_0,\cdots,i_n)) = \sum_{j\in\mathbb{Z}} f(j)\,\mathbb{P}(X_{n+1}=j|(X_0,\cdots,X_n) = (i_0,\cdots,i_n))$$

$$= \sum_{j\in\mathbb{Z}} f(j)\,\mathbb{P}(X_{n+1}=j|X_n=i_n) = \mathbb{E}(f(X_{n+1})|X_n=i_n).$$

Exemples :

1) *Marche aléatoire simple dans $\mathbb{Z}$.* Les déplacements Z_n sont indépendants et équidistribués de loi chargeant $\{-1,1\}$ avec probabilités respectives $1-p$ et p. La marche aléatoire simple est une chaîne de Markov homogène de matrice de transition $(P_{i,j})$ vérifiant

$$P_{i,i+1} = p \ ; \ P_{i,i-1} = 1-p \ ; \ P_{i,j} = 0 \text{ si } j \neq i+1, \ i-1.$$

Si $p = \frac{1}{2}$, la marche aléatoire est symétrique.

Ce modèle peut par exemple décrire le déplacement vertical d'une particule de plancton dans l'océan Atlantique, où la profondeur moyenne est d'environ 3300 m. Si nous considérons sa position à des temps discrets, nous pouvons supposer que cette particule se déplace verticalement comme une marche aléatoire unidimensionnelle. La profondeur est suffisamment grande par rapport à la taille de la cellule pour que le déplacement de celle-ci soit considéré comme possible sur tout $\mathbb{Z}$.

2) *Modèle de dynamique des ressources.* A chaque instant $n \geq 0$, une quantité R de ressources est créée et une quantité aléatoire Z_n en est consommée par un certain groupe d'individus. On suppose que les variables aléatoires $(Z_n)_n$ sont indépendantes et de même loi à valeurs entières et l'on note $p_k = \mathbb{P}(Z_1 = k)$ pour tout entier k. Si l'on note par X_n le niveau des ressources à l'instant n, on obtient la dynamique suivante :

$$X_n = (X_{n-1} + R - Z_n)^+ \quad \text{pour tout } n \geq 1.$$

La suite $(X_n)_n$ forme alors une chaîne de Markov homogène à valeurs dans $\mathbb{N}$, de matrice de transition (P_{ij}) vérifiant pour tous $i, j \in \mathbb{N}$,

$$P_{i,0} = \mathbb{P}(Z_n \geq i+R) = \sum_{k \geq i+R} p_k \ ; \ P_{i,j} = \mathbb{P}(i+R-Z_n=j) = p_{R+i-j} \text{ si } j \leq R+i-1 \ ;$$

$$P_{i,j} = 0 \ \text{ sinon.}$$

3) *Processus de branchement.* Ces modèles ont été introduits pour modéliser les générations successives d'une population. Ils seront développés au Chapitre 3. Désignons par

X_n la taille d'une population à l'instant n. Notons par Y_i^n la variable aléatoire à valeurs entières représentant le nombre de descendants de chaque individu $i \leq X_n$ au temps n. La dynamique de la taille de la population est décrite pour $n \geq 0$ par

$$X_{n+1} = \sum_{i=1}^{X_n} Y_i^n,$$

où la somme est nulle sur $\{X_n = 0\}$. On suppose de plus que les variables aléatoires $(Y_i^n, i, n \in \mathbb{N})$ sont indépendantes et de de même loi. La suite $(X_n)_n$ forme alors une chaîne de Markov homogène à valeurs dans $\mathbb{N}$, de matrice de transition $(P_{i,j})$ vérifiant

$$P_{0,0} = 1 \; ; \; P_{i,j} = \mathbb{P}\bigg(\sum_{k=1}^{i} Y_k^0 = j \bigg) \text{ pour tous } i, j \in \mathbb{N}, i \geq 1.$$

Dans cette exemple, la matrice de transition est difficile à utiliser et nous verrons au Chapitre 3 qu'il est plus simple d'étudier la fonction génératrice de X_n.

4) *Processus de naissance et mort.* Voici un autre modèle markovien de taille de population indexé par le temps discret. Désignons comme précédemment par X_n la taille d'une population à l'instant n. A chaque instant n, un unique individu peut naître ou mourir. Ses probabilités de naissance et mort dépendent de la taille de la population à cet instant. Ainsi, conditionnellement à $\{X_n = i\}$, les probabilités de naissance et mort seront respectivement b_i et d_i. Nous supposerons que $b_0 = d_0 = 0$ et que $d_i > 0$ pour $i \geq 1$. Le processus prend ses valeurs dans $\mathbb{N}$ sauf si l'on impose une contrainte sur la taille de la population, par exemple que celle-ci ne puisse pas dépasser le seuil N. Dans ce cas nous supposerons également que $b_N = 0$. Cette contrainte peut-être une manière de modéliser une compétition des individus pour le partage des ressources : si il y a trop d'individus, ceux-ci utilisent la totalité des ressources pour survivre et n'ont plus les moyens énergétiques pour se reproduire. Les probabilités de transition du processus de naissance et mort sont égales à

$$P_{i,i+1} = b_i \; ; \; P_{i,i-1} = d_i \; ; \; P_{i,i} = 1 - b_i - d_i \; ; P_{i,j} = 0 \text{ si } i \geq 1, \; j \neq i+1, \; i-1, \; i.$$

De plus, $P_{0,0} = 1$, $P_{0,j} = 0$ pour $j \neq 0$ et dans le cas d'une population de taille au plus N, nous aurons également $P_{N,N+1} = b_N = 0$.

Revenons à la situation générale où nous considérons une chaîne de Markov homogène quelconque et pour $n \in \mathbb{N}^*$, notons par $(P_{i,j}^{(n)})$ la matrice définie par

$$P_{i,j}^{(n)} = \mathbb{P}(X_n = j \mid X_0 = i). \tag{2.2}$$

Proposition 2.1.7 *La matrice $P^{(n)}$ est égale au produit de matrices P^n.*

Preuve. Montrons cette propriété par récurrence sur n. Elle est clairement vraie pour $n = 1$. Supposons qu'elle soit satisfaite au temps $n - 1$, c'est-à-dire que $P^{(n-1)} = P^{n-1}$. Nous avons

$$
\begin{aligned}
P_{i,j}^{(n)} &= \mathbb{P}(X_n = j \mid X_0 = i) = \sum_{k \in \mathbb{Z}} \mathbb{P}(X_n = j \, , X_{n-1} = k \mid X_0 = i) \\
&= \sum_{k \in \mathbb{Z}} \mathbb{P}(X_n = j \mid X_{n-1} = k \, , X_0 = i) \, \mathbb{P}(X_{n-1} = k \mid X_0 = i) \\
&= \sum_{k \in \mathbb{Z}} \mathbb{P}(X_n = j \mid X_{n-1} = k) \, \mathbb{P}(X_{n-1} = k \mid X_0 = i) \quad \text{par la propriété de Markov} \\
&= \sum_{k \in \mathbb{Z}} P_{k,j} \, P_{i,k}^{(n-1)} = \sum_{k \in \mathbb{Z}} P_{k,j} \, P_{i,k}^{n-1} \quad \text{par la propriété de récurrence} \\
&= P_{i,j}^n.
\end{aligned}
$$

$\square$

Les relations entre les états de la chaîne de Markov engendrent une classification pour ces états.

On dira que l'état j est atteint depuis l'état i s'il existe $n > 0$ tel que $P_{i,j}^{(n)} > 0$. Cette relation est notée $i \longrightarrow j$. Si $i \longrightarrow j$ et $j \longrightarrow i$, on dit que les états i et j communiquent, et l'on note $i \longleftrightarrow j$: il existe $n > 0$ et $n' > 0$ tels que $P_{i,j}^{(n)} > 0$ et $P_{j,i}^{(n')} > 0$. Il est facile de montrer que cette relation entre i et j définit une relation d'équivalence.

Définition 2.1.8 *Les classes d'équivalence de la relation de communication $i \longleftrightarrow j$ sont appelées les classes de la chaîne de Markov.*

Si il n'y a qu'une seule classe, la chaîne de Markov est dite irréductible.

Une classe C est dite fermée s'il est impossible de passer de C au complémentaire de C en une étape : $P_{i,j} = 0$ pour $i \in C$ et $j \notin C$.

Exemple 2.1.9 Modèle makovien de substitution de base (Allman, Rhodes [3] p. 141). Nous allons décrire un modèle d'évolution moléculaire grâce à une chaîne de Markov à 4 états. Chaque site dans une séquence d'ADN est l'une des 4 bases A, G, C, T (Adénine, Guanine, Cytosine, Thymine), choisie aléatoirement suivant les probabilités p_A, p_G, p_C, p_T telles que $p_A + p_G + p_C + p_T = 1$. Ainsi, le vecteur $P_0 = (p_A, p_G, p_C, p_T)$ décrit la distribution ancestrale des bases dans la séquence d'ADN. Nous supposons que les sites sont indépendants les uns des autres. Supposons de plus que ces bases peuvent muter et qu'une seule mutation peut avoir lieu par génération. Le but est d'étudier l'évolution de la chaîne de Markov qui décrit l'état d'un site de la séquence d'ADN à valeurs dans $\{A, G, C, T\}$ et de distribution initiale P_0. Le modèle d'évolution moléculaire de Jukes Cantor [43] est un cas particulier supposant que les transitions décrivant les probabilités de mutation d'une base à une autre dans la structure d'ADN sont toutes égales à un certain nombre $\frac{\alpha}{3}$, avec $0 < \alpha < 1$. Ainsi la matrice de transition vaut

$$
P = \begin{pmatrix} 1-\alpha & \frac{\alpha}{3} & \frac{\alpha}{3} & \frac{\alpha}{3} \\ \frac{\alpha}{3} & 1-\alpha & \frac{\alpha}{3} & \frac{\alpha}{3} \\ \frac{\alpha}{3} & \frac{\alpha}{3} & 1-\alpha & \frac{\alpha}{3} \\ \frac{\alpha}{3} & \frac{\alpha}{3} & \frac{\alpha}{3} & 1-\alpha \end{pmatrix}.
$$

La chaîne de Markov de matrice de transition P est irréductible. Remarquons également que la somme des éléments de chaque colonne est égale à 1 (on a déjà cette propriété pour les lignes). Dans ce cas, la matrice de transition est dite doublement stochastique. Cela reste vrai pour toutes ses puissances. Si la répartition ancestrale des bases est uniforme, alors elle restera uniforme. En effet, calculons par exemple la probabilité d'avoir une base de Guanine au temps n. Par une analogie entre $\{A, G, C, T\}$ et $\{1, 2, 3, 4\}$, cette probabilité vaut

$$
Q_n^G = \sum_{i=1}^{4} (P_0)_i P_{i,2}^{(n)} = \frac{1}{4} \sum_{i=1}^{4} P_{i,2}^{(n)} = \frac{1}{4}.
$$

En revanche, si la répartition initiale vaut $(\frac{1}{3}, \frac{1}{6}, \frac{1}{6}, \frac{1}{3})$, alors au temps $n = 3$,

$$
Q_3^G = \sum_{i=1}^{4} (P_0)_i P_{i,2}^{(3)} = \frac{1}{3} P_{1,2}^{(3)} + \frac{1}{6} P_{2,2}^{(3)} + \frac{1}{6} P_{3,2}^{(3)} + \frac{1}{3} P_{4,2}^{(3)}.
$$

On peut vérifier facilement que $P_{2,2}^{(3)} = (1-\alpha)^3 + \alpha^2(1-\alpha) + 2\frac{\alpha^3}{9}$ et que donc pour $i \neq 2$, $P_{i,2}^{(3)} = \frac{1}{3}(1 - P_{2,2}^{(3)})$. Ainsi, $Q_3^G = \frac{1}{6}(\frac{5}{3} - \frac{2}{3} P_{2,2}^{(3)})$.

2.2 Etude des temps de passage

2.2.1 Temps d'arrêt et propriété de Markov forte

Il est important de connaître la chaîne de Markov aux temps discrets n, mais certains temps aléatoires vont aussi s'avérer fondamentaux, en particulier ceux dont la connaissance est liée à la dynamique du processus. Considérons une chaîne de Markov $(X_n)_n$. Les temps successifs de passage de ce processus à un état particulier i sont essentiels. On les définit ainsi :

$$
\begin{aligned}
T_i &= \inf\{n \geq 1 \,; X_n = i\} \\
T_i^1 &= T_i \,; \quad T_i^{k+1} = \inf\{n > T_i^k \,; X_n = i\}, \quad \text{pour tout } k \geq 1, \quad (2.3)
\end{aligned}
$$

avec la convention habituelle que l'infimum de l'ensemble vide vaut $+\infty$. La suite $(T_i^k)_k$ décrit les temps de passage successifs de la chaîne en l'état i.

Si $X_0 = i$ alors T_i est le temps de premier retour à l'état i et T_j, $(j \neq i)$, est le temps de premier passage en l'état j. La loi de T_i est alors donnée par les $f_{i,i}^{(n)} = \mathbb{P}(T_i = n \mid X_0 = i)$, pour tout $n \geq 1$ (n peut éventuellement être infini). Remarquons que $f_{i,i}^{(1)} = P_{i,i}$. On verra dans le paragraphe suivant une méthode de calcul de ces lois.

Remarquons que l'observation de $X_0, \ldots, X_n$, c'est-à-dire du processus jusqu'à l'instant n, permet de décider si T_i vaut n ou non, s'il est plus petit ou plus grand que n, puisque par exemple,

$$\{T_i = n\} = \{X_1 \neq i\} \cap \ldots \cap \{X_{n-1} \neq i\} \cap \{X_n = i\}.$$

En d'autres termes, nous avons

$$\{T_i = n\}, \ \{T_i < n\}, \ \{T_i > n\} \ \in \mathcal{F}_n.$$

Nous allons nous intéresser plus généralement à tous les temps aléatoires qui vérifient cette propriété, appelés temps d'arrêt.

Définition 2.2.1 *On appelle temps d'arrêt (relatif à la filtration $(\mathcal{F}_n)_n$) une variable aléatoire T à valeurs dans $\mathbb{N} \cup \{+\infty\}$ qui vérifie que pour tout $n \in \mathbb{N}$,*

$$\{T = n\} \in \mathcal{F}_n. \tag{2.4}$$

Exemple 2.2.2 Les temps aléatoires T_i sont des temps d'arrêt. Plus généralement, pour tout $A \subset \mathbb{Z}$, le temps d'atteinte de A par la chaîne de Markov, défini par

$$T_A = \inf\{n \geq 0 \,;\, X_n \in A\}$$

est un temps d'arrêt. En effet,

$$\{T_A = n\} = \{X_0 \notin A\} \cap \cdots \cap \{X_{n-1} \notin A\} \cap \{X_n \in A\} \in \mathcal{F}_n.$$

Le k-ième temps de passage en A est encore un temps d'arrêt. On peut le montrer par exemple par récurrence sur k en remarquant que

$$\{T_i^k = n\} = \cup_{m=0}^{n-1}\{T_i^{k-1} = m\} \cap \{X_{m+1} \notin A\} \cap \cdots \cap \{X_{n-1} \notin A\} \cap \{X_n \in A\}.$$

En revanche, l'instant de dernier passage en A,

$$L_A = \sup\{n \geq 0 \,;\, X_n \in A\},$$

n'est pas un temps d'arrêt. Pour savoir si $L_A \leq n$, il faut connaître les états de la chaîne ultérieurs à n.

La chaîne de Markov satisfait encore la propriété de Markov si sa loi est conditionnée par la position de la chaîne à un temps d'arrêt. Cette propriété s'appelle la propriété de Markov forte et est fondamentale pour les applications.

Théorème 2.2.3 *(Propriété de Markov forte). Soit $(X_n)_n$ une chaîne de Markov et T un temps d'arrêt. Conditionnellement à X_T sur $\{T < \infty\}$, la suite $(X_{T+n})_{n \geq 1}$ est une chaîne de Markov indépendante de la trajectoire de $(X_n)_n$ jusqu'au temps T. Autrement dit, pour tout événement $A \subset \mathbb{Z}$ tel que $A \cap \{T = n\} \in \mathcal{F}_n$ pour tout n,*

$$\mathbb{P}(A \cap \{X_{T+1} = i_1, \ldots, X_{T+m} = i_m\} \mid X_T = i, T < \infty)$$
$$= \mathbb{P}(A \mid X_T = i, T < \infty)\, \mathbb{P}_i(X_1 = i_1, \ldots, X_m = i_m). \qquad (2.5)$$

Preuve. Il suffit de remarquer que

$$\mathbb{P}(A \cap \{T = n\} \cap \{X_{T+1} = i_1, \ldots, X_{T+m} = i_m\} \mid X_T = i)$$
$$= \mathbb{P}(A \cap \{T = n\} \mid X_T = i)\, \mathbb{P}_i(X_1 = i_1, \ldots, X_m = i_m).$$

$\square$

2.2.2 Loi du premier temps de retour en 0 d'une marche aléatoire simple

Imaginons une particule de plancton se déplaçant sur une colonne verticale. A-t-elle tendance à aller vers la surface ou vers le fond, et va-t-elle y rester ? Pour cela nous pouvons étudier ses temps de passage en un point de la colonne, en fonction des probabilités de monter ou de descendre de cette particule.

Dans ce paragraphe, nous allons étudier les temps de passage en 0 d'une marche aléatoire simple $(X_n)_n$ (sur $\mathbb{Z}$), issue de 0 : $X_n = \sum_{k=1}^{n} Z_k$, et les variables aléatoires Z_k sont indépendantes et de même loi. Nous nous intéressons à la suite des temps d'arrêt où la marche se retrouve à l'origine. Pour décrire ces instants, il suffit de considérer l'instant de premier retour à l'origine, puisque les instants suivants sont des sommes de copies indépendantes de celui-ci par la propriété de Markov forte. En effet, si

$$T_0 = \inf\{n \geq 1 \,;\, X_n = 0\} \in \mathbb{N}^* \cup \{\infty\},$$

désigne l'instant de premier retour en 0, (en posant $\min\{\emptyset\} = \infty$), et T_0^j désigne l'instant du j-ième retour en 0 pour la marche aléatoire, nous remarquons que sur $\{T_0^j < \infty\}$,

$$T_0^{j+1} = T_0^j + \tilde{\tau}_0,$$

où $\tilde{\tau}_0$ est le premier temps d'atteinte de 0 par la marche aléatoire $(X_{T_0^j + n})_{n \geq 0}$. L'égalité reste vraie sur $\{T_0^j = +\infty\}$. Par application de la propriété de Markov forte (2.5) au temps d'arrêt T_0^j, nous en déduisons que $\tilde{\tau}_0$ est indépendant de T_0^j et a même loi que T_0.

Nous souhaitons connaître la loi de T_0. Nous allons calculer sa fonction génératrice. Pour cela, introduisons, pour $n \geq 1$

$$f(n) = \mathbb{P}(T_0 = n) = \mathbb{P}(X_1 \neq 0, \ldots, X_{n-1} \neq 0, X_n = 0).$$

Attention, il se peut que $\mathbb{P}(T_0 = +\infty) > 0$ (si le processus ne revient jamais en 0), auquel cas la fonction génératrice F de T_0, définie pour $s \in [0, 1]$ par

$$F(s) = \mathbb{E}(s^{T_0}) = \sum_{n=1}^{\infty} f(n)\, s^n \,,$$

vérifie $F(1) = 1 - \mathbb{P}(T_0 = +\infty) = \mathbb{P}(T_0 < +\infty)$.

Proposition 2.2.4 *Si $(X_n)_n$ est une marche aléatoire simple issue de 0, la fonction génératrice du premier temps de retour en 0 vaut pour tout $s \in [0, 1]$,*

$$F(s) = 1 - (1 - 4pqs^2)^{1/2}.$$

Preuve. Nous introduisons la fonction auxiliaire Q définie pour $s \in [0, 1]$ par

$$Q(s) = \sum_{n=0}^{\infty} \mathbb{P}(X_n = 0)\, s^n,$$

que l'on calcule plus aisément. Montrons que
(i) $Q(s) = 1 + Q(s)\, F(s)$.
(ii) $Q(s) = (1 - 4pqs^2)^{-1/2}$.
D'après la formule de Bayes,

$$\mathbb{P}(X_n = 0) = \sum_{k=1}^{n} \mathbb{P}(X_n = 0 \,|\, T_0 = k)\, \mathbb{P}(T_0 = k) \,.$$

Les variables aléatoires Z_i sont indépendantes et de même loi et

$$\mathbb{P}(X_n = 0 \,|\, T_0 = k) = \mathbb{P}(X_n - X_k = 0 \,|\, T_0 = k) = \mathbb{P}(X_{n-k} = 0).$$

Nous en déduisons que $a_n = \mathbb{P}(X_n = 0)$ est solution de

$$a_n = \sum_{k=1}^{n} a_{n-k}\, f(k) \,,$$

et $a_0 = 1$. En multipliant par s^n et en sommant en n, puis en utilisant le théorème de Fubini, nous obtenons

$$Q(s) = \sum_{n \geq 0} a_n s^n = 1 + \sum_{n \geq 1} \sum_{k=1}^{n} a_{n-k}\, s^{n-k}\, f(k) s^k$$

$$= 1 + \sum_{k=1}^{\infty} f(k) s^k \sum_{n=k}^{+\infty} a_{n-k}\, s^{n-k} = 1 + F(s)\, Q(s),$$

ce qui démontre (i).

Remarquons que $\frac{X_n+n}{2}$ suit la loi binomiale $\mathcal{B}(n,p)$. En effet, $\frac{X_n+n}{2} = \sum_{i=1}^{n} \frac{(Z_i+1)}{2}$ et les variables aléatoires $\frac{Z_i+1}{2}$ sont indépendantes et de loi de Bernoulli de paramètre p. Ainsi, $\mathbb{P}(X_n = 0) = \binom{n}{n/2} (pq)^{n/2}$ lorsque n est pair et $\mathbb{P}(X_n = 0) = 0$ si n est impair. Nous avons alors

$$
\begin{aligned}
Q(s) &= \sum_{n\geq 0} \binom{2n}{n} (pq)^n s^{2n} = \sum_{n\geq 0} \frac{2^n(2n-1)(2n-3)\cdots 1}{n!} (pq\, s^2)^n \\
&= \sum_{n\geq 0} \frac{(2n-1)(2n-3)\cdots 1}{2^n\, n!} (4pq\, s^2)^n.
\end{aligned}
$$

Nous pouvons identifier le dernier terme en le comparant au développement en série entière

$$
(1+u)^{-\frac{1}{2}} = 1 - \frac{1}{2}u + \frac{(-\frac{1}{2})(-\frac{1}{2}-1)}{2!} u^2 + \ldots + \frac{(-\frac{1}{2})(-\frac{1}{2}-1)\cdots(-\frac{1}{2}-n+1)}{n!} u^n + \cdots
$$

(pour $|u| < 1$). Nous en déduisons (ii), puis la valeur de $F(s)$. $\qquad\square$

Corollaire 2.2.5 *La probabilité que la particule retourne au moins une fois à l'origine vaut*

$$
\mathbb{P}(T_0 < +\infty) = F(1) = 1 - |2p-1| = \begin{cases} 2(1-p) & si\ p > 1/2 \\ 2p & si\ p < 1/2 \\ 1 & si\ p = 1/2 \end{cases}.
$$

Si $p = \dfrac{1}{2}$, $T_0 < +\infty$ p.s.. De plus, le temps moyen de premier retour $\mathbb{E}(T_0)$ est infini.

Preuve. On a

$$
\mathbb{P}(T_0 < +\infty) = \lim_{s \nearrow 1} F(s) = 1 - (1 - 4pq)^{1/2}
$$

$$
= 1 - |2p - 1|
$$

d'après la Proposition 2.2.4. De plus, lorsque $p = 1/2$, $F(s) = 1 - (1 - s^2)^{1/2}$ et

$$
\mathbb{E}(T_0) = \lim_{s \nearrow 1} F'(s) = +\infty.
$$

$\qquad\square$

Remarque 2.2.6 *D'après le Corollaire 2.2.5, la marche aléatoire simple revient presque-sûrement à son point de départ, si et seulement si $p = \dfrac{1}{2}$. Ceci est conforme à la loi des grands nombres, qui entraîne ici que $\mathbb{P}(\lim\limits_{n\to\infty} \dfrac{\sum_{i=1}^{n} Z_i}{n} = 2p - 1) = 1$.*

Notons que lorsque $p = 1/2$, T_0 est fini presque-sûrement, mais le retour à 0 s'effectue lentement puisque le temps moyen de retour en 0 est infini. Par la propriété de Markov forte, nous en déduisons que la marche aléatoire reviendra presque-sûrement une infinité de fois en 0. Cette propriété, vraie pour le point 0, peut s'appliquer à tout point de la marche aléatoire en changeant l'origine. Nous disons dans ce cas que la marche aléatoire est récurrente. Dans le cas contraire (ici sous l'hypothèse $p \neq \frac{1}{2}$), nous dirons que la marche aléatoire est transiente. Une définition générale de ces notions sera donnée dans le paragraphe suivant.

Le modèle de marche aléatoire simple se généralise en supposant que les variables aléatoires Z_n sont indépendantes et de même loi de carré intégrable, et l'on note

$$\mathbb{E}(Z_n) = m \; ; \; Var(Z_n) = \sigma^2. \tag{2.6}$$

Le comportement asymptotique du processus $(X_n)_n$ se déduit de la loi des grands nombres : la suite $\frac{X_n}{n}$ converge presque-sûrement vers m quand n tend vers l'infini. Nous en déduisons que si $m \neq 0$, la marche aléatoire ne pourra plus repasser par 0 à partir d'un certain rang. Ce raisonnement peut également s'appliquer dans le cas d'une dimension supérieure à 1. Le cas où $m = 0$ est plus délicat comme on peut déjà l'observer dans le cas des marches aléatoires symétriques. Nous avons étudié le cas de la dimension 1 dans le Corollaire 2.2.5, mais l'on montre en fait que les propriétés de transience et de récurrence de la marche aléatoire symétrique sont liées à la dimension de l'espace. Nous ne démontrerons pas le théorème suivant.

Théorème 2.2.7 *(Théorème de Pólya, voir par exemple [36].) La marche aléatoire simple symétrique est récurrente si la dimension d est égale à 1 ou 2. Si $d \geq 3$, la marche aléatoire est transiente.*

Nous allons maintenant donner une définition précise de ces propriétés pour une chaîne de Markov et en déduire certains comportements en temps long.

2.3   Récurrence et transience - Théorèmes ergodiques

Nous présentons ici les principaux résultats concernant le comportement d'une chaîne de Markov quand le temps n tend vers l'infini. Ces résultats font partie d'une théorie probabiliste importante qui n'est pas le but de ce livre. Nous renvoyons par exemple aux livres de Pardoux [62] et Graham [36] pour plus de détails.

Nous considérons une chaîne de Markov $(X_n)_n$ et pour chaque état $i \in \mathbb{Z}$, nous définissons le nombre N_i de passages au point i. Ainsi,

$$N_i = \sum_{n \geq 0} \mathbb{1}_{\{X_n = i\}}.$$

Proposition 2.3.1 *La variable aléatoire N_i suit sous $\mathbb{P}_i$ une loi géométrique sur $\mathbb{N}^*$ de paramètre $\mathbb{P}_i(T_i < +\infty)$: pour tout $k \in \mathbb{N}^*$,*

$$\mathbb{P}_i(N_i = k) = \mathbb{P}_i(T_i < +\infty)^{k-1}(1 - \mathbb{P}_i(T_i < +\infty)).$$

Si $\mathbb{P}_i(T_i < +\infty) < 1$, le nombre moyen de passages en i vaut alors

$$\mathbb{E}_i(N_i) = \frac{\mathbb{P}_i(T_i < +\infty)}{1 - \mathbb{P}_i(T_i < +\infty)} < +\infty.$$

Preuve. Remarquons que si la chaîne de Markov part de i, nécessairement $N_i \geq 1$. La propriété de Markov forte (Théorème 2.2.3) permet de montrer que pour tout $k \geq 0$,

$$\mathbb{P}_i(N_i \geq k) = \mathbb{P}_i(T_i < +\infty)^{k-1}.$$

En effet, $\mathbb{P}_i(N_i \geq 1) = 1$ et pour $k \geq 2$,

$$\mathbb{P}_i(N_i \geq k) = \mathbb{P}_i(N_i \geq k, T_i < +\infty) = \mathbb{P}_i(N_i \geq k - 1)\mathbb{P}_i(T_i < +\infty).$$

Nous en déduisons facilement que

$$\mathbb{E}_i(N_i) = \sum_{k \geq 0} \mathbb{P}_i(N_i > k) = \frac{\mathbb{P}_i(T_i < +\infty)}{1 - \mathbb{P}_i(T_i < +\infty)}.$$

$\square$

Nous pouvons ainsi observer deux comportements opposés qui conduisent à donner la définition suivante.

Définition 2.3.2 *Un état $i \in \mathbb{Z}$ est dit transitoire si et seulement si*

$$\mathbb{P}_i(T_i < +\infty) < 1 \iff \mathbb{P}_i(N_i = +\infty) = 0 \iff \mathbb{E}_i(N_i) < +\infty.$$

Un état i est dit récurrent si et seulement si

$$\mathbb{P}_i(T_i < +\infty) = 1 \iff \mathbb{P}_i(N_i = +\infty) = 1 \iff \mathbb{E}_i(N_i) = +\infty.$$

Un entier i est donc un état récurrent si la chaîne de Markov issue de l'état i revient en i en temps fini avec probabilité 1, c'est à dire si $\sum_{n=1}^{\infty} f_{ii}^{(n)} = 1$, où $f_{i,i}^{(n)} = \mathbb{P}(T_i = n \mid X_0 = i)$. L'état i est transient dans le cas contraire.

Proposition 2.3.3 *Si $i \longleftrightarrow j$, alors i et j sont simultanément transitoires ou récurrents. Si la chaîne est irréductible, les états sont soit tous récurrents, soit tous transients et la chaîne est alors dite récurrente ou transitoire. Dans le cas où tous les états sont récurrents, la chaîne est dite irréductible récurrente.*

Preuve. Supposons que i soit récurrent. Alors les temps de passage successifs en i, notés T_i^k, sont finis $\mathbb{P}_i$-presque-sûrement. Appelons Y_k le nombre de passages en j entre T_i^{k-1} et T_i^k. La propriété de Markov forte entraîne que les variables aléatoires Y_k sont indépendantes et équidistribuées sous $\mathbb{P}_i$ et par hypothèse, (puisque $i \longrightarrow j$), $\mathbb{P}_i(Y_1 = 0) < 1$. En particulier, pour tout n,

$$\mathbb{P}_i(\cup_{k \geq 0}\{Y_{k+1} = Y_{k+2} = \cdots = 0\}) = \lim_k \mathbb{P}_i(Y_{k+1} = Y_{k+2} = \cdots = 0)$$

$$= \mathbb{P}_i(\forall k, Y_k = 0) \leq \mathbb{P}_i(Y_1 = \cdots = Y_n = 0) = \mathbb{P}_i(Y_1 = 0)^n,$$

d'où $\mathbb{P}_i(\cup_{k \geq 0}\{Y_{k+1} = Y_{k+2} = \cdots = 0\}) = 0$. Soit $N_j = \sum_{k \geq 1} Y_k$ le nombre de passage en j. Alors

$$\mathbb{P}_i(N_j < +\infty) = \mathbb{P}_i(\cup_{k \geq 0}\{Y_{k+1} = Y_{k+2} = \cdots = 0\}) = 0,$$

et $\mathbb{P}_i(N_j = +\infty) = 1$. La propriété de Markov implique par ailleurs que

$$\mathbb{P}_i(N_j = +\infty) = \mathbb{P}_i(T_j < +\infty)\,\mathbb{P}_j(N_j = +\infty). \tag{2.7}$$

Nous en déduisons que $\mathbb{P}_j(N_j = +\infty) = 1$ et que l'état j est récurrent.   □

Signalons qu'une autre preuve de la Proposition 2.3.3 est donnée dans l'Exercice 2.6.2.

Nous allons maintenant étudier le comportement en temps long d'une chaîne de Markov irréductible et récurrente.

Définition 2.3.4 *Une probabilité stationnaire pour la chaîne de Markov de matrice de transition $(P_{i,j})_{i,j \in \mathbb{N}}$ est une probabilité $\pi = (\pi_i)_{i \in \mathbb{Z}}$ telle que*

$$\pi P = \pi \iff \sum_i \pi_i P_{i,j} = \pi_j, \ \forall j \in \mathbb{Z}. \tag{2.8}$$

Cette probabilité représente un équilibre en loi de la chaîne, au sens où si la condition initiale X_0 a pour loi π, alors à chaque instant n, la variable aléatoire X_n a la loi π. Celle-ci s'appelle aussi *la loi invariante de X*. L'équation (2.8), réécrite sous la forme

$$\sum_{i \neq j} \pi_i P_{i,j} = \pi_j(1 - P_{j,j}),$$

peut être vue comme un bilan égalisant ce qui part de l'état j et ce qui arrive en j. La recherche d'une probabilité invariante se ramène à un problème d'algèbre linéaire, puisque le vecteur π est un vecteur propre à gauche de la matrice P associé à la valeur propre 1. Dans le cas de la dimension finie, l'existence et l'unicité d'un tel vecteur sont liées au théorème de Perron-Frobenius.

En effet, dans le cas particulier d'un espace d'état fini, on a le théorème suivant.

Théorème 2.3.5 *Une chaîne de Markov à espace d'état fini et irréductible admet au moins une probabilité stationnaire π.*

Preuve. Supposons que l'espace d'état soit $\{1, \cdots, N\}$. La matrice P est telle que la somme des éléments de chacune de ses lignes est égale à 1 et chacun de ses coefficients est positif. Ainsi, il est immédiat que 1 est valeur propre associée au vecteur propre à droite dont chaque coordonnée est égale à 1. Par ailleurs, si λ est une valeur propre de P et v un vecteur propre à droite associé à λ tel que $|v_{i_0}| = \max_{i=1,\cdots,N} |v_i|$, on a

$$|\lambda||v_{i_0}| = |\sum_j P_{i_0,j}\, v_j| \le \max_{i=1,\cdots,N} |v_i| = |v_{i_0}|,$$

d'où $|\lambda| \le 1$. La valeur propre 1 est donc une valeur propre supérieure au module de toute autre valeur propre. Comme la chaîne de Markov est irréductible, le théorème de Perron-Frobenius s'applique. (Voir Appendice Théorème 3.7.7). Nous en déduisons que la valeur propre 1 est associée à un vecteur propre à gauche π qui est une probabilité stationnaire de la chaîne de Markov. $\square$

Plus généralement, nous donnons ci-dessous des conditions assurant l'existence et l'unicité d'une probabilité stationnaire. Nous dirons qu'une chaîne de Markov irréductible est récurrente positive si elle est irréductible et si l'un des états i (au moins) est récurrent et vérifie $\mathbb{E}_i(T_i) < +\infty$.

Théorème 2.3.6 *(1) Si une chaîne de Markov $(X_n)_n$ est irréductible de matrice de transition $(P_{i,j})$, récurrente positive tel que pour un état i, $\mathbb{E}_i(T_i) < +\infty$, alors il existe une probabilité stationnaire π telle que $\pi_j > 0$ pour tout j et telle que*

$$\pi_i = \frac{1}{\mathbb{E}_i(T_i)} > 0.$$

(2) Sous les hypothèses de (1), tout état j est récurrent et satisfait également $\mathbb{E}_j(T_j) < +\infty$. Nous en déduisons l'existence et unicité de la probabilité stationnaire π vérifiant pour tout j que $\pi_j = \dfrac{1}{\mathbb{E}_j(T_j)} > 0$.

(3) Réciproquement, si il existe une unique probabilité invariante π strictement positive en chaque état, alors tous les états sont récurrents positifs et $\mathbb{E}_i(T_i) = \dfrac{1}{\pi_i}$.

Preuve. (1) Rappelons que si la chaîne est récurrente, le temps d'arrêt T_i est fini presque-sûrement. Nous supposons de plus ici que $\mathbb{E}_i(T_i) < +\infty$.

Introduisons m_j^i, le nombre moyen de visites de la chaîne à l'état j entre deux temps de passage en i. Nous avons $m_i^i = 1$ et par la propriété de Markov, pour $j \neq i$,

$$
\begin{aligned}
m_j^i &= \mathbb{E}_i\Big(\sum_{n=1}^{T_i} \mathbb{1}_{X_n=j}\Big) = \mathbb{P}_i(X_1 = j, T_i \geq 1) + \sum_{n\geq 2}\mathbb{P}_i(X_n = j, T_i \geq n) \\
&= P_{i,j} + \sum_{i\neq k}\sum_{n\geq 2}\mathbb{P}_i(X_{n-1} = k, T_i \geq n-1, X_n = j) \\
&= P_{i,j} + \sum_{k}\Big(\sum_{n\geq 2}\mathbb{P}_i(X_{n-1} = k, T_i \geq n-1)\Big)P_{k,j} = (m^i.P)_j.
\end{aligned}
$$

Ainsi, $m^i P = m^i$ et la mesure m^i est une mesure invariante. Montrons que cette mesure est strictement positive en chaque point et est de masse finie.

La chaîne est irréductible et donc il existe $n > 0$ tel que $P_{i,j}^{(n)} > 0$. Ainsi, puisque $m_i^i = 1$, nous avons

$$
0 < P_{i,j}^{(n)} = m_i^i P_{i,j}^{(n)} \leq (m^i.P)_j = m_j^i.
$$

De plus, par le théorème de Fubini, nous avons $\sum_{j\in\mathbb{Z}} m_j^i = \mathbb{E}_i(T_i)$, qui est fini par hypothèse.

Nous avons donc montré l'existence d'une probabilité invariante π définie par $\pi_j = \frac{m_j^i}{\mathbb{E}_i(T_i)}$. En particulier, $\pi_i = \frac{1}{\mathbb{E}_i(T_i)}$.

(2) Soit ν une autre mesure invariante, c'est à dire une mesure (positive) sur $\mathbb{Z}$ vérifiant $\nu.P = \nu$. Nous pouvons supposer sans perdre de généralité que $\nu_i = 1$. Alors, pour tout j,

$$
\begin{aligned}
\nu_j &= P_{i,j} + \sum_{k_1\neq i}\nu_{k_1}\, P_{k_1,j} \\
&= P_{i,j} + \sum_{k_1\neq i}P_{i,k_1}\, P_{k_1,j} + \sum_{k_1,k_2\neq i}\nu_{k_2}P_{k_2,k_1}\, P_{k_1,j} \\
&\geq \sum_{n=1}^{\infty}\sum_{k_1,\cdots,k_n\neq i}P_{i,k_n}P_{k_n,k_{n-1}}\cdots P_{k_1,j} + P_{i,j},
\end{aligned}
$$

d'où

$$
\nu_j \geq \sum_{n=0}^{\infty}\mathbb{P}_i(X_{n+1} = j, T_i \geq n+1) = m_j^i.
$$

Ainsi, la mesure $\mu = \nu - m^i$ est une mesure positive, stationnaire et vérifie $\mu_i = 0$. Introduisons alors j et n tel que $P_{j,i}^{(n)} > 0$. Nous avons

$$
0 = \mu_i = \sum_{k}\mu_k P_{k,i}^{(n)} \geq \mu_j P_{j,i}^{(n)}.
$$

Cela entraîne que nécéssairement $\mu_j = 0$, et ceci pour tout j. Nous avons donc montré l'unicité d'une mesure invariante telle $\nu_i = 1$. Ainsi, toute mesure invariante est proportionnelle à m^i. C'est en particulier vrai pour les mesures m^j, pour tout $j \in \mathbb{Z}$. Nous en déduisons que la masse d'une telle mesure est finie et donc, pour tout $j \in \mathbb{Z}$, $\mathbb{E}_j(T_j) < +\infty$. De plus nous en déduisons l'unicité de la probabilité invariante π telle que pour tout j, $\pi_j = \frac{1}{\mathbb{E}_j(T_j)} > 0$.

(3) Réciproquement, soit π une probabilité stationnaire strictement positive en chaque état. De plus supposons qu'un état j soit transitoire. Alors $\sum_{n \geq 0} P_{j,j}^{(n)} = \mathbb{E}_j(N_j) < +\infty$, d'où $\lim_{n \to \infty} P_{j,j}^{(n)} = 0$. Nous en déduisons alors que pour tout i, $\lim_{n \to \infty} P_{i,j}^{(n)} = 0$. En effet, nous pouvons montrer comme pour (2.7) que $\mathbb{E}_i(N_j) = \mathbb{P}_i(T_j < +\infty) \mathbb{E}_j(N_j)$. Ainsi, $\pi_j = \sum_i \pi_i P_{i,j}^{(n)} = 0$ par théorème de convergence dominée, ce qui est contradictoire. Nous en déduisons donc que tous les états sont récurrents. Nous avons vu dans la première partie de la preuve que dans ce cas, la mesure m^i est l'unique mesure stationnaire telle que $m_i^i = 1$. Nous avons donc $m^i = \frac{\pi}{\pi_i}$ et $\mathbb{E}_i(T_i) = \sum_j m_j^i = \frac{1}{\pi_i} \sum_j \pi_j = \frac{1}{\pi_i} < +\infty$. Ainsi, tout état i est récurrent positif. $\qquad \square$

Proposition 2.3.7 *Une chaîne de Markov à valeurs dans un espace d'état fini et irréductible est récurrente positive. Le Théorème 2.3.6 nous donne alors la valeur de l'unique mesure invariante dont l'existence avait été prouvée au Théorème 2.3.5.*

Preuve. En effet, supposons que l'espace d'état soit un ensemble fini F. Il est alors immédiat que $\sum_{i \in F} N_i = +\infty$ et $\sum_{i \in F} \mathbb{E}(N_i) = +\infty$. Comme F est fini, il existe i tel que $\mathbb{E}(N_i) = +\infty$. Mais la propriété de Markov implique que $\mathbb{E}(N_i) = \mathbb{P}(T_i < +\infty) \mathbb{E}_i(N_i)$ et donc que i est récurrent. Nous pouvons alors définir la mesure invariante associée m^i. Comme F est fini, $\mathbb{E}_i(T_i) = \sum_{j \in F} m_j^i$ est fini et i est récurrent positif. $\qquad \square$

Nous souhaitons étudier le comportement en temps long de la chaîne de Markov en étudiant la limite, quand n tend vers l'infini, de $P_{i,j}^{(n)} = \mathbb{P}_i(X_n = j)$. Il faut toutefois s'assurer que cette limite existe ce qui n'est pas toujours le cas. Supposons par exemple que la marche aléatoire prenne ses valeurs dans $\{1, 2\}$ avec les probabilités de transition $P_{1,1} = P_{2,2} = 0$ et $P_{1,2} = P_{2,1} = 1$. Il est immédiat de remarquer que pour tout $n \in \mathbb{N}$,

$$\mathbb{P}_1(X_n = 1) = 1 - \mathbb{P}_1(X_n = 2) = \frac{1 + (-1)^n}{2},$$

et $P_{1,1}^{(n)}$ ne pourra avoir de limite quand n tend vers l'infini.

Pour sursoir à cette difficulté, nous allons considérer des chaînes de Markov irréductibles pour lesquelles deux états peuvent être connectés avec probabilité positive dès que le temps est suffisamment grand. Plus précisément, nous introduisons la définition suivante.

Définition 2.3.8 *La chaîne de Markov est dite apériodique si pour tous états $i, j \in \mathbb{Z}$, il existe $n(i, j) \in \mathbb{N}^*$ tel que pour tout $n \geq n(i, j)$,*

$$\mathbb{P}_i(X_n = j) = P_{i,j}^{(n)} > 0.$$

Remarquons que si la chaîne de Markov est irréductible et si il existe un état i tel que $P_{i,i}^{(n)} > 0$ pour $n \geq n(i)$ assez grand, alors la chaîne est apériodique. En effet soient deux états j et k. Comme la chaîne est irréductible, il existe n_1 et n_2 tels que $P_{j,i}^{(n_1)} > 0$ et $P_{i,k}^{(n_2)} > 0$. Mais alors, pour $n \geq n_1 + n(i) + n_2$, nous avons

$$P_{j,k}^{(n)} \geq P_{j,i}^{(n_1)} P_{i,i}^{(n-n_1-n_2)} P_{i,k}^{(n_2)} > 0.$$

Signalons également qu'il existe une autre définition de l'apériodicité d'une chaîne de Markov, équivalente à celle que nous avons donnée, qui est développée dans l'exercice 2.6.5.

Nous avons observé dans la preuve du Théorème 2.3.6 (3) que si l'état j est transitoire, alors pour n tendant vers l'infini, la limite de $P_{i,j}^{(n)}$ est nulle. Pour espérer obtenir un comportement en temps long non trivial de la chaîne de Markov, nous allons donc supposer que celle-ci est irréductible, apériodique et récurrente positive. Nous allons prouver le théorème de convergence suivant, appelé théorème ergodique (fort).

Théorème 2.3.9 *Soit $(X_n)_n$ une chaîne de Markov irréductible, récurrente positive et apériodique de matrice de transition $(P_{i,j})$. Alors pour tous $i, j \in \mathbb{N}$,*

$$\lim_{n \to \infty} P_{i,j}^{(n)} = \lim_{n \to \infty} \mathbb{P}_i(X_n = j) = \frac{1}{\mathbb{E}_j(T_j)}.$$

Preuve. Nous savons par le Théorème 2.3.6 que la chaîne X a une unique probabilité stationnaire π et que $\pi_j = \frac{1}{\mathbb{E}_j(T_j)}$. La preuve du résultat utilise une technique de couplage. Introduisons deux chaînes indépendantes X^1 et X^2 de même matrice de transition que la chaîne X. La chaîne X^1 est issue de i et X_0^2 a pour loi π. Soit $Y = (X^1, X^2) \in \mathbb{Z}^2$. Nous montrerons au Lemme 2.3.10 que le processus Y est une chaîne de Markov irréductible, récurrente positive et et apériodique. Soit $T = \inf\{n \geq 0, X_n^1 = X_n^2\}$. Bien que les deux chaînes n'aient pas la même condition initiale, elles auront même loi après le temps T. Remarquons que

$$\begin{aligned}
\mathbb{P}(X_n^1 = j) &= \mathbb{P}(X_n^1 = j, T > n) + \mathbb{P}(X_n^1 = j, T \leq n) \\
&= \mathbb{P}(X_n^1 = j, T > n) + \mathbb{P}(X_n^2 = j, T \leq n) \\
&\leq \mathbb{P}(T > n) + \mathbb{P}(X_n^2 = j).
\end{aligned}$$

En inversant les rôles de X^1 et X^2 nous obtenons finalement que

$$|\mathbb{P}(X_n^1 = j) - \mathbb{P}(X_n^2 = j)| \leq \mathbb{P}(T > n).$$

De plus nous savons que $\mathbb{P}(X_n^2 = j) = \pi_j$. La preuve du théorème sera immédiate dès lors que l'on montre que $\mathbb{P}(T > n)$ tend vers 0 quand n tend vers l'infini. Or comme Y est récurrente positive, T, qui est le temps d'atteinte de la diagonale par Y, est fini presque-sûrement, ce qui nous permet de conclure. $\qquad\square$

Lemme 2.3.10 *Si X^1 et X^2 sont deux chaînes de Markov indépendantes, de même matrice de transition P, irréductibles, récurrentes positives et et apériodiques, il en est de même de $Y = (X^1, X^2)$.*

Preuve. Le processus Y est clairement une chaîne de Markov. Sa matrice de transition $(P \otimes P)$ est définie par

$$(P \otimes P)_{(i,k),(j,l)} = P_{i,j} P_{k,l}$$

et $(P \otimes P)^{(n)}_{(i,k),(j,l)} = \mathbb{P}_{(i,k)}(Y_n = (j,l)) = P^{(n)}_{i,j} P^{(n)}_{k,l}$. Montrons qu'elle est irréductible, c'est à dire que pour tous i, j, k, l, il existe n tel que $(P \otimes P)^{(n)}_{(i,k),(j,l)} > 0$. Nous savons qu'il existe n_1 et n_2 tels que $P^{(n_1)}_{i,j} > 0$ et $P^{(n_2)}_{k,l} > 0$ puisque X est irréductible. Nous savons de plus que X est apériodique. Dans ce cas, pour tout état j, il existe $n(j)$ tel que $P^{(n)}_{j,j} > 0$ pour tout $n \geq n(j)$. Prenons alors $n \geq n(j) + n(l) + n_1 + n_2$. Nous avons $P^{(n)}_{i,j} \geq P^{(n_1)}_{i,j} P^{(n(j)+n(l)+n_2)}_{j,j} > 0$, et de même $P^{(n)}_{k,l} > 0$. Ainsi $(P \otimes P)^{(n)}_{(i,k),(j,l)} > 0$. Comme X est récurrente positive, elle admet une unique probabilité stationnaire π et il est facile de voir que $\pi \otimes \pi$ est l'unique probabilité stationnaire pour Y. Par le Théorème 2.3.6 (3), nous en déduisons que Y est récurrente positive. $\qquad\square$

Exemple 2.3.11 Considérons une chaîne de Markov X de naissance et mort à valeurs dans $\{0, \cdots, N\}$, telle que $P_{i,i+1} = b(i)$, $P_{i,i-1} = d(i)$, $P_{i,i} = 1 - b(i) - d(i)$, $d(0) = b(N) = 0$. Supposons que pour tout $i \in \{0, \cdots, N-1\}$, $b(i) > 0$ et que pour tout $i \in \{1, \cdots, N\}$ $d(i) > 0$. (La condition $b(0) > 0$ peut modéliser une forme d'immigration quand la population s'éteint). La chaîne est irréductible et à espace d'état fini. La chaîne est donc récurrente positive et admet une unique probabilité invariante, solution de $\pi P = \pi$ qui s'écrit ici : pour tout $i < N$,

$$b(i-1)\pi_{i-1} + d(i+1)\pi_{i+1} - \pi(i)(b(i) + d(i)) = 0 \; ; \; b(N-1)\pi_{N-1} - d(N)\pi_N = 0.$$

En particulier, cela donne pour $i = N$ que $\frac{\pi(N)}{\pi(N-1)} = \frac{b(N-1)}{d(N)}$. De proche en proche, nous pouvons montrer que pour $i \in \{1, \cdots, N\}$,

$$\pi(i) = \frac{b(0)b(1) \cdots b(i-1)}{d(1)d(2) \cdots d(i)} \pi(0),$$

avec

$$\pi(0) = \left(1 + \sum_{i=1}^{N} \frac{b(0)b(1) \cdots b(i-1)}{d(1)d(2) \cdots d(i)}\right)^{-1}.$$

Cette dernière expression est obtenue en utilisant que $\sum_{i=0}^{N} \pi(i) = 1$.

2.4   Marches aléatoires absorbées ou réfléchies

2.4.1   Barrières absorbantes

Considérons une marche aléatoire sur $\mathbb{Z}$ avec deux barrières absorbantes aux points 0 et $a \in \mathbb{N}^*$. Dans ce cas, la marche s'arrête dès qu'elle atteint 0 ou a. Nous avons donc avec les notations précédentes $P_{0,0} = P_{a,a} = 1$. Une marche aléatoire absorbée en 0 et en a pourra modéliser toute situation de capture comme par exemple la dynamique d'un poisson dans une rivière avec deux filets de pêche aux positions 0 et a ou celle d'une particule de plancton quand le fond de la mer est recouvert de moules (prédatrices de plancton) et la surface recouverte d'une nappe de pollution.

Nous souhaitons savoir avec quelle probabilité la marche aléatoire va être absorbée et dans ce cas, quelle sera la probabilité d'être absorbée dans chacun des pièges.

Notons comme précédemment $\mathbb{P}_k$ la probabilité conditionnée au fait que $X_0 = k$ et O l'événement "la marche est absorbée en 0". Ainsi, $O = \{T_0 < \infty\}$. Nous allons déterminer la probabilité $\mu_k = \mathbb{P}_k(O)$ d'atteindre 0 pour une position initiale k. Nous avons immédiatement

$$\mathbb{P}_k(O) = \mathbb{P}_k(O \mid Z_1 = 1)\, \mathbb{P}(Z_1 = 1) + \mathbb{P}_k(O \mid Z_1 = -1)\, \mathbb{P}(Z_1 = -1)\,, \qquad (2.9)$$

d'où

$$p\,\mu_{k+1} + (1-p)\,\mu_{k-1} - \mu_k = 0 \qquad (2.10)$$

pour $k \in \{1, \ldots, a-1\}$, avec les conditions aux limites $\mu_0 = 1$, $\mu_a = 0$. L'équation (2.10) est une équation de récurrence linéaire, pour laquelle nous cherchons d'abord les solutions de la forme $\mu_k = r^k$. Le nombre r doit satisfaire l'équation caractéristique

$$p\,r^2 - r + (1-p) = 0\,,$$

dont les solutions sont $r_1 = 1$, $r_2 = (1-p)/p$. Deux cas se présentent alors.

- $p \neq 1/2$ (marche asymétrique). Les deux racines sont différentes, les solutions de (2.10) sont de la forme $\mu_k = \alpha\, r_1^k + \beta\, r_2^k$ et α et β sont déterminés par les conditions aux limites. Nous obtenons

$$\mathbb{P}_k(O) = \frac{\left(\frac{1-p}{p}\right)^a - \left(\frac{1-p}{p}\right)^k}{\left(\frac{1-p}{p}\right)^a - 1}\,, \qquad 0 \leq k < a. \qquad (2.11)$$

Procédant de même pour l'événement A : "la marche aléatoire atteint a avant 0", nous constatons que $\mathbb{P}_k(A)$ satisfait (2.10), avec les conditions aux limites $\mu_0 = 0$, $\mu_a = 1$. Le calcul donne alors que $\mathbb{P}_k(A) = 1 - \mathbb{P}_k(O)$: l'individu est piégé en un temps fini, avec probabilité 1.

- $p = 1/2$ (marche symétrique). Dans ce cas, $r_1 = r_2 = 1$ et les solutions de (2.10) sont de la forme $\mu_k = \alpha + \beta\, k$. En tenant compte des conditions aux limites, nous obtenons

$$\mathbb{P}_k(O) = 1 - \frac{k}{a} \quad , \quad \mathbb{P}_k(A) = \frac{k}{a}\,. \tag{2.12}$$

Ici encore le poisson finit par être piégé (presque-sûrement).

Remarquons que si $p > \frac{1}{2}$ et si a est suffisamment grand, alors $\left(\frac{1-p}{p}\right)^a$ est négligeable, et $\mathbb{P}_k(O) \simeq \left(\frac{1-p}{p}\right)^k$ dépend donc exponentiellement de k.

Par exemple supposons que $p = 0,505$ et que $a = 1000$. Alors $\mathbb{P}_2(O) \simeq 0,96$ et $\mathbb{P}_{500}(O) \simeq 4,5 \times 10^{-5}$.

Calculons maintenant la durée moyenne avant l'absorption.

Nous définissons le nombre moyen d'étapes avant l'absorption pour le processus issu de k, donné par $V_k = \mathbb{E}_k(T)$, où T est le temps d'atteinte d'une des barrières,

$$T = \min\{n \geq 0\,;\, X_n = 0 \text{ ou } a\} = T_0 \wedge T_a.$$

Par la propriété de Markov, en conditionnant par le comportement de la chaîne au temps 1, nous obtenons que pour $1 \leq k \leq a - 1$,

$$\mathbb{E}_k(T) = 1 + \mathbb{P}(Z_1 = 1)\,\mathbb{E}_{k+1}(T) + \mathbb{P}(Z_1 = -1)\,\mathbb{E}_{k-1}(T).$$

Cela nous conduit à l'équation de récurrence linéaire avec second membre

$$p\, V_{k+1} + (1 - p)V_{k-1} - V_k = -1 \tag{2.13}$$

pour $1 \leq k \leq a - 1$, avec $V_0 = V_a = 0$. Cette équation est résolue en trouvant les solutions générales et une solution particulière. (L'équation caractéristique est la même que dans les calculs précédents). Finalement, pour $0 \leq k \leq a$,

$$\mathbb{E}_k(T_0 \wedge T_a) = \frac{1}{1 - 2p}\left(k - a\frac{1 - \left(\frac{1-p}{p}\right)^k}{1 - \left(\frac{1-p}{p}\right)^a}\right) \qquad \text{si } p \neq 1/2\,,$$

$$= k(a - k) \qquad\qquad\qquad \text{si } p = 1/2\,. \tag{2.14}$$

Par exemple, si $p = 0,5$ et $a = 10$, alors $\mathbb{E}_1(T_0 \wedge T_{10}) = 9$ et $\mathbb{E}_5(T_0 \wedge T_{10}) = 25$. Si $a = 1000$, on a $\mathbb{E}_1(T_0 \wedge T_{1000}) = 999$ et $\mathbb{E}_{500}(T_0 \wedge T_{1000}) = 250000$.

Marche aléatoire absorbée en 0.

Considérons une marche aléatoire absorbée uniquement en 0. Pour savoir si elle atteindra 0 en temps fini, nous allons faire tendre a vers l'infini dans (2.11) et (2.12). Les événements $\{T_0 < T_a\}$ convergent en croissant vers $\{T_0 < +\infty\}$. Si $p > 1/2$, la probabilité d'arriver à 0 en partant de k vaut $\left(\frac{1-p}{p}\right)^k$. En revanche, si $p \leq 1/2$, cette probabilité vaut 1 pour tout k.

Lien avec la probabilité d'extinction d'une population.

Comme nous l'avons vu dans l'introduction, ce modèle est adapté pour décrire la dynamique d'une population. Imaginons que X_n soit la taille d'une population au temps n. A chaque unité de temps, celle-ci croît de un individu (naissance) avec probabilité p et décroît de un individu (mort) avec probabilité $q = 1 - p$. L'atteinte de 0 signifie l'extinction de la population. S'il n'y a pas d'immigration, la population une fois éteinte ne peut plus renaître et le processus X est donc une marche aléatoire à valeurs dans $\mathbb{N}$ absorbée en 0. Le temps d'atteinte de 0 est alors le temps d'extinction. Nous avons vu ci-dessus que si $q < p$, la probabilité d'extinction d'une population avec k individus au temps 0 vaut $\left(\frac{q}{p}\right)^k$. En revanche, si $q \geq p$, cette probabilité vaut 1 pour tout k. L'interprétation de ce résultat pour une dynamique de population est claire : si la probabilité de naissance p est strictement supérieure à la probabilité de mort q, il y a une probabilité strictement positive de ne pas s'éteindre, qui dépend de la taille initiale de la population, mais dans le cas contraire, la probabilité d'extinction est 1. Remarquons qu'en faisant tendre a vers $+\infty$ dans (2.14), nous obtenons que dans les cas d'extinction presque-sûre,

$$\mathbb{E}_k(T_0) = \frac{k}{q-p} \qquad \text{si } p < q\,,$$

$$= +\infty \qquad \text{si } p = q\,.$$

Dans le cas où $p > q$ et sur l'événement où il n'y a pas extinction, la loi des grands nombres nous montre que la taille de la population tend vers l'infini.

2.4.2 Barrières réfléchissantes

Supposons maintenant que les points 0 et a ne soient pas complètement absorbants et qu'avec une probabilité strictement positive, la marche aléatoire puisse repartir instantanément dans l'autre sens. Si cette probabilité est 1, nous dirons que la marche aléatoire est réfléchie en ce point. Dans le cas général nous supposerons que si la marche aléatoire est en 0, elle a une probabilité $1 - p$ d'y rester et une probabilité p d'aller en 1 et que de même, si elle atteint a, elle a une probabilité p d'y rester et $1 - p$ d'aller en $a - 1$. Dans ce cas, nous pouvons imaginer que la marche aléatoire se déplace indéfiniment entre les barrières avec probabilité positive. Nous souhaitons savoir comment elle se stabilise en temps long. Cette marche aléatoire ne prend qu'un nombre fini de valeurs et il est facile de montrer qu'elle est irréductible et apériodique. Par les Théorèmes 2.3.5 et 2.3.9, nous savons qu'il existe une unique probabilité stationnaire $\pi = (\pi_i)_{i \in \{0,\dots,a\}}$, telle que la loi de X_n converge vers π quand n tend vers l'infini (pour toute condition initiale). La probabilité π satisfait l'équation suivante

$$\pi_i = p\,\pi_{i-1} + (1-p)\,\pi_{i+1}\,, \quad \text{pour } 1 \le i \le a-1$$

avec les conditions aux bords

$$\pi_0 = (1-p)\,\pi_0 + (1-p)\,\pi_1\,; \quad \pi_a = p\,\pi_{a-1} + p\,\pi_a.$$

Cette équation se résout facilement et nous obtenons que

$$\pi_i = \left(\frac{p}{1-p}\right)^i \frac{1 - \left(\frac{p}{1-p}\right)}{1 - \left(\frac{p}{1-p}\right)^{a+1}}\,, \quad \forall i = 0, \cdots, a.$$

Si $p = \frac{1}{2}$, alors $\pi_i = \frac{1}{a+1}$ et la distribution invariante est uniforme sur $\{0, \cdots, a\}$, ce qui est un résultat très intuitif. Si en revanche, $1-p > p \Leftrightarrow p < 1/2$, (respectivement $1-p < p \Leftrightarrow p > 1/2$), alors π_i décroît géométriquement depuis la barrière 0, (respectivement depuis la barrière a).

2.5 Martingales à temps discret

Considérons une marche aléatoire $(X_n)_n$ définie par $X_n = X_0 + \sum_{i=1}^{n} Z_i$, où X_0 est intégrable et les Z_i sont indépendantes, équidistribuées et centrées. Ainsi l'espérance de X_n reste constante égale à $\mathbb{E}(X_0)$. Nous avons en fait une information plus précise. En effet, si $\mathcal{F}_n = \sigma(X_0, \cdots, X_n)$ désigne comme précédemment la tribu du processus jusqu'au temps n, alors

$$\mathbb{E}(X_{n+1} \mid \mathcal{F}_n) = X_n.$$

L'espérance d'un accroissement futur, conditionnellement au passé du processus, est nulle. Les fluctuations aléatoires créées par ces accroissements ne seront pas visibles au niveau macroscopique. Dans ce paragraphe, nous allons formaliser cette propriété. Plus de détails pourront être trouvés dans Neveu [61] ou dans Jacod-Protter [42].

Considérons un espace de probabilité muni d'une filtration, à savoir une suite $\mathcal{F}_0 \subset \mathcal{F}_1 \subset \cdots$ de tribus emboîtées. Typiquement $\mathcal{F}_n = \sigma(X_0, \dots, X_n)$ où $(X_0, X_1, \dots)$ est une suite de variables aléatoires.

• La variable aléatoire T à valeurs dans $\mathbb{N} \cup \{+\infty\}$ est un $\mathcal{F}_n$-temps d'arrêt.

- La tribu $\mathcal{F}_T = \{$événements A tels que $A \cap \{T = n\} \in \mathcal{F}_n\}$ est la tribu des événements antérieurs à T. Elle représente l'information disponible au temps T.

Définition 2.5.1 *Une suite $(X_0, X_1, \ldots)$ de variables aléatoires est une martingale pour la filtration $(\mathcal{F}_n)_n$ si pour tout n, X_n est $\mathcal{F}_n$-mesurable et intégrable et si*

$$\mathbb{E}(X_{n+1}|\mathcal{F}_n) = X_n.$$

Remarquons que la moyenne d'une martingale est constante au cours du temps :

$$\mathbb{E}(X_n) = \mathbb{E}(X_0), \quad \text{pour tout } n \in \mathbb{N}. \tag{2.15}$$

La preuve en est immédiate. En effet, $\mathbb{E}(X_{n+1}) = \mathbb{E}(\mathbb{E}(X_{n+1} \mid \mathcal{F}_n)) = \mathbb{E}(X_n)$.

Un processus $(X_n)_n$ tel que X_n est $\mathcal{F}_n$-mesurable pour tout n est appelé un processus adapté à la filtration $(\mathcal{F}_n)_n$.

Définition 2.5.2 *Nous dirons qu'un processus $(\mathcal{F}_n)_n$-adapté $(X_n)_n$ est une sur-martingale pour la filtration $(\mathcal{F}_n)$ si les variables X_n sont intégrables et satisfont $\mathbb{E}(X_{n+1}|\mathcal{F}_n) \leq X_n$. Respectivement on dira que le processus est une sous-martingale si $\mathbb{E}(X_{n+1}|\mathcal{F}_n) \geq X_n$.*

De tels exemples peuvent être obtenus en considérant des fonctions concaves ou convexes de martingales, comme il est facile de le prouver en utilisant l'inégalité de Jensen pour les espérances conditionnelles. Par exemple, si $(M_n)_n$ est une martingale, le processus $(\exp(-M_n))_n$ sera une sous-martingale.

Nous allons tout d'abord montrer que l'égalité (2.15) reste vraie en un temps d'arrêt T, sous certaines hypothèses, soit de bornitude de T, soit de domination de la martingale. Cette propriété nous permettra d'avoir un outil de calcul performant, comme nous le verrons dans la suite.

Notation On note $n \wedge T := \min(n, T)$ et $X_{n \wedge T}$ la variable aléatoire

$$X_{n \wedge T} : \quad \Omega \quad \to \mathbb{R}$$
$$\omega \quad \mapsto X_{n \wedge T(\omega)}(\omega).$$

Théorème 2.5.3 (Théorème d'arrêt) *Considérons une martingale $(X_n)_n$ pour la filtration $(\mathcal{F}_n)_n$ et soit T un temps d'arrêt par rapport à cette même filtration.*

(i) Le processus arrêté $(X_{n \wedge T})_{n \in \mathbb{N}}$ est une martingale.

(ii) S'il existe $N \in \mathbb{N}$ tel que $\mathbb{P}(T \leq N) = 1$, alors $\mathbb{E}(X_T) = \mathbb{E}(X_0)$.

(iii) Si $\mathbb{P}(T < +\infty) = 1$ et s'il existe Y telle que $\mathbb{E}(Y) < +\infty$ et $|X_{n \wedge T}| \leq Y$ pour tout $n \in \mathbb{N}$ (condition de domination)

$$alors \quad \mathbb{E}(X_T) = \mathbb{E}(X_0).$$

Attention, dans de nombreuses situations, $\mathbb{E}(X_T) \neq \mathbb{E}(X_0)$: ce sont des cas où les hypothèses du théorème ne sont pas vérifiées. Par exemple considérons une marche aléatoire simple sur $\mathbb{N}$ absorbée en 0 issue de $X_0 = 1$. Supposons que $\mathbb{P}(Z_i = 1) = 1/2$. Nous avons vu que dans ce cas $T_0 < \infty$ presque-sûrement (voir Corollaire 2.2.5). Néanmoins, $X_{T_0} = 0$ et son espérance est nulle alors que $\mathbb{E}(X_0) = 1$. La condition de domination n'est donc pas respectée. En effet la marche aléatoire peut atteindre n'importe quel entier avec probabilité positive. Par ailleurs, nous avons vu que $\mathbb{E}(T_0) = +\infty$ et T_0 ne peut pas être borné.

Preuve. (i) Notons $M_n = X_{n \wedge T}$ qui est $\mathcal{F}_n$-mesurable et intégrable dès que X_n l'est. On a $M_n = X_n \mathbb{1}_{T > n-1} + X_T \mathbb{1}_{T \leq n-1}$. Comme

$$X_T \mathbb{1}_{T \leq n-1} = X_1 \mathbb{1}_{T=1} + \cdots + X_{n-1} \mathbb{1}_{T=n-1},$$

avec $\{T = k\} \in \mathcal{F}_k \subset \mathcal{F}_{n-1}$ pour $k \leq n-1$, la variable aléatoire $X_T \mathbb{1}_{T \leq n-1}$ est $\mathcal{F}_{n-1}$-mesurable. Nous en déduisons

$$
\begin{aligned}
\mathbb{E}(M_n \,|\, \mathcal{F}_{n-1}) &= \mathbb{E}\big(X_n \underbrace{\mathbb{1}_{\{T > n-1\}}}_{\in \mathcal{F}_{n-1}} \,|\, \mathcal{F}_{n-1}\big) + \mathbb{E}\big(X_T \mathbb{1}_{T \leq n-1} \,|\, \mathcal{F}_{n-1}\big) \\
&= \mathbb{1}_{T > n-1} \underbrace{\mathbb{E}(X_n \,|\, \mathcal{F}_{n-1})}_{\substack{= X_{n-1} \text{ car} \\ (X_n) \text{ martingale}}} + X_T \mathbb{1}_{T \leq n-1} \\
&= X_{n-1} \mathbb{1}_{T > n-1} + X_T \mathbb{1}_{T \leq n-1} = X_{(n-1) \wedge T} = M_{n-1}.
\end{aligned}
$$

Donc (M_n) est une martingale.

(ii) Le processus $(X_{n \wedge T})$ est une martingale, donc au temps N

$$\mathbb{E}(X_T) = \mathbb{E}(X_{N \wedge T}) = \mathbb{E}(X_{0 \wedge T}) = \mathbb{E}(X_0).$$

(iii) Le processus $(X_{n \wedge T})$ est une martingale, donc $\mathbb{E}(X_{n \wedge T}) = \mathbb{E}(X_0)$. Faisons tendre n vers l'infini dans l'égalité précédente. Comme T est fini presque-sûrement, $X_{n \wedge T}$ converge p.s. vers X_T quand n tend vers l'infini. De plus, l'hypothèse de domination nous permet d'appliquer le théorème de convergence dominée et $\mathbb{E}(X_{n \wedge T}) \to \mathbb{E}(X_T)$. Nous en déduisons que $\mathbb{E}(X_T) = \mathbb{E}(X_0)$. $\qquad\square$

Une propriété fondamentale des martingales est leur comportement asymptotique quand n tend vers l'infini, sous une hypothèse plus forte d'intégrabilité. Cela justifie souvent la mise en évidence de martingales, dès lors que l'on souhaite montrer un résultat de convergence en temps long.

Théorème 2.5.4 (Théorème de convergence des martingales)

Considérons une martingale uniformément de carré intégrable :

$$\sup_n \mathbb{E}(X_n^2) < +\infty.$$

Alors $(M_n)_n$ converge presque-sûrement lorsque n tend vers l'infini, vers une limite M_∞ intégrable vérifiant $M_n = \mathbb{E}(M_\infty|\mathcal{F}_n)$ pour tout $n \in \mathbb{N}$.

La preuve du Théorème 2.5.4 repose sur des inégalités de martingales.

Proposition 2.5.5 *Soit $(M_n)_n$ une $(\mathcal{F}_n)$-martingale.*

(i) Définissons $M_n^* = \sup_{0 \le k \le n} |M_k|$. Soit $a > 0$, alors

$$a\,\mathbb{P}(M_n^* > a) \le \mathbb{E}(|M_n| \mathbb{1}_{M_n^* > a}). \tag{2.16}$$

(ii) Supposons que $\sup_n \mathbb{E}(M_n^2) < +\infty$. Nous en déduisons l'inégalité de Doob :

$$\mathbb{E}((M_n^*)^2) = \mathbb{E}(\sup_{k \le n} |M_k|^2) \le 4\,\mathbb{E}(M_n^2). \tag{2.17}$$

Preuve. (i) Par l'inégalité de Jensen, nous remarquons tout d'abord que $|M_n| \le \mathbb{E}(|M_{n+1}||\mathcal{F}_n)$. Considérons le temps d'arrêt $T = \inf\{k \ge 0, |M_k| > a\} \wedge n$ borné par n. On a les inclusions $\{M_n^* \le a\} \subset \{T = n\}$ et $\{M_n^* > a\} \subset \{|M_T| > a\}$. Ainsi,

$$\mathbb{E}(|M_T|) = \mathbb{E}(|M_T| \mathbb{1}_{\{M_n^* \le a\}}) + \mathbb{E}(|M_T| \mathbb{1}_{\{M_n^* > a\}}) \ge \mathbb{E}(|M_n| \mathbb{1}_{\{M_n^* \le a\}}) + a\,\mathbb{P}(M_n^* > a).$$

Comme T est borné, un argument analogue à celui de la preuve du théorème d'arrêt (ii) implique que $\mathbb{E}(|M_n|) \ge \mathbb{E}(|M_T|)$. Finalement

$$\mathbb{E}(|M_n|) \ge \mathbb{E}(|M_n| \mathbb{1}_{\{M_n^* \le a\}}) + a\,\mathbb{P}(M_n^* > a),$$

et nous en déduisons le résultat.

(ii) Supposons que $\sup_n \mathbb{E}((M_n)^2) < +\infty$. En intégrant (2.16) par rapport à $a > 0$, nous obtenons que $\int_0^{+\infty} a\,\mathbb{P}(M_n^* > a)da \le \int_0^{+\infty} \mathbb{E}(|M_n| \mathbb{1}_{M_n^* > a})da$. Mais par le théorème de Fubini,

$$\int_0^{+\infty} a\,\mathbb{P}(M_n^* > a)da = \mathbb{E}\left(\int_0^{M_n^*} a\,da\right) = \frac{1}{2}\mathbb{E}((M_n^*)^2).$$

En utilisant l'inégalité de Schwartz et de nouveau le théorème de Fubini, nous en déduisons que $\frac{1}{2}\mathbb{E}((M_n^*)^2) \le \mathbb{E}(M_n^2)^{1/2}\mathbb{E}((M_n^*)^2)^{1/2}$ et (2.17) en découle.

$\square$

Preuve du Théorème 2.5.4.

Introduisons les accroissements $\Delta_n = M_n - M_{n-1}$. Il est facile de voir que, grâce à la propriété de martingale, $\mathbb{E}(\Delta_m \Delta_n) = 0$ pour $m \ne n$. Nous pouvons en déduire que

$\mathbb{E}(M_n^2) = \sum_{k=0}^{n} \mathbb{E}(\Delta_k^2)$. Ainsi, l'hypothèse de bornitude dans $\mathbb{L}^2$ est équivalente à la convergence de la série de terme général $\mathbb{E}(\Delta_k^2)$. En particulier, pour tous entiers n et m, on a

$$\mathbb{E}((M_{n+m} - M_n)^2) = \sum_{k=n}^{n+m} \mathbb{E}(\Delta_k^2),$$

et la suite $(M_n)_n$ est de Cauchy dans $\mathbb{L}^2$. Elle converge donc dans $\mathbb{L}^2$ vers une variable aléatoire M_∞ de carré intégrable. De plus, la propriété de martingale et l'inégalité de Schwartz entraînent que pour tout $A \in \mathcal{F}_n$ et pour tous m et n,

$$|\mathbb{E}((M_n - M_\infty)\mathbb{1}_A)| = |\mathbb{E}((M_{n+m} - M_\infty)\mathbb{1}_A)| \leq \mathbb{E}(|M_{n+m} - M_\infty|^2)^{1/2}$$

qui tend vers 0 quand m tend vers l'infini. Ainsi, $M_n = \mathbb{E}(M_\infty \,|\, \mathcal{F}_n)$. Montrons que la convergence a également lieu presque-sûrement. En appliquant l'inégalité de Bienaymé-Chebychev, nous obtenons que pour $\varepsilon > 0$,

$$\varepsilon^2 \, \mathbb{P}(\sup_{k \geq n} |M_k - M_\infty| > \varepsilon) \leq \mathbb{E}\left(\sup_{k \geq n} |M_k - M_\infty|^2 \right)$$
$$\leq 2 \left(\mathbb{E}\left(|M_n - M_\infty|^2 \right) + \mathbb{E}\left(\sup_{k \geq n} |M_k - M_n|^2 \right) \right).$$

Le théorème de convergence monotone entraîne que

$$\mathbb{E}\left(\sup_{k \geq n} |M_k - M_n|^2 \right) = \lim_{N \to \infty} \mathbb{E}\left(\sup_{n \leq k \leq N} |M_k - M_n|^2 \right).$$

Nous pouvons alors appliquer l'inégalité de Doob (2.17) à la martingale $(M_k - M_n)_{k \geq n}$ pour en déduire que

$$\mathbb{E}\left(\sup_{k \geq n} |M_k - M_n|^2 \right) \leq \lim_{N \to \infty} 4 \, \mathbb{E}\left(|M_N - M_n|^2 \right) = 4 \, \mathbb{E}\left(|M_\infty - M_n|^2 \right).$$

Cela implique que pour tout $\varepsilon > 0$, $\mathbb{P}(\sup_{k \geq n} |M_k - M_\infty| > \varepsilon)$ tend vers 0 quand n tend vers l'infini. Les ensembles $\{\sup_{k \geq n} |M_k - M_\infty| > \varepsilon\}$ sont décroissants en n et leur intersection vaut $\limsup_k \{|M_k - M_\infty| > \varepsilon\}$. Nous en déduisons que cet ensemble est de probabilité nulle, ce qui entraîne que la suite (M_n) converge presque-sûrement vers M_∞.

$\square$

2.6 Exercices

Exercice 2.6.1 *Un modèle de croissance d'arbres.*

Introduisons un modèle de chaîne de Markov qui modélise le cycle de vie des arbres. Supposons qu'il y ait 3 stades de croissance : arbre jeune, arbre à maturité et arbre vieux.

Quand un arbre est vieux, il est remplacé par un arbre jeune avec probabilité $p > 0$. Par ailleurs, sachant que les temps de transition sont des périodes de 8 ans, la matrice de la chaîne est donnée par

$$P = \begin{pmatrix} 1/4 & 3/4 & 0 \\ 0 & 1/2 & 1/2 \\ p & 0 & 1-p \end{pmatrix}. \tag{2.18}$$

Montrer que la chaîne est irréductible et apériodique. Calculer sa probabilité stationnaire.

En déduire les temps moyens de récurrence pour chaque état, à savoir le temps qu'il faudra à un arbre d'un certain stade pour être remplacé par un arbre au même stade. Que valent ces temps pour $p = 7/10$?

Exercice 2.6.2

1 - Soit une chaîne de Markov à valeurs entières, de matrice de transition $(P_{i,j})$. Nous reprenons les notations du cours. Notons par $F_{i,i}(s)$ la fonction génératrice du temps de premier retour T_i en l'état i sachant que $X_0 = i$ et par $f_{i,i}^{(n)}$ la probabilité que ce temps soit égal à n. Montrer que

$$P_{i,i}^{(n)} = \sum_{k=1}^{n} f_{i,i}^{(k)} \, P_{i,i}^{(n-k)}.$$

En déduire que pour tout réel s avec $|s| < 1$,

$$P_{i,i}(s) = \frac{1}{1 - F_{i,i}(s)}.$$

2 - Montrer que l'état i est récurrent si et seulement si $\sum_{n=0}^{\infty} P_{i,i}^{(n)} = \infty$.

3 - En déduire que si $i \longleftrightarrow j$, alors i est récurrent si et seulement si j est récurrent.

Exercice 2.6.3 *Une marche aléatoire réfléchie.*

Considérons une suite de variables aléatoires indépendantes $(Z_n)_n$ à valeurs dans $\{-1, 1\}$ et telle que $\mathbb{P}(Y_1 = 1) = p$, $0 < p < 1$. Définissons la chaîne de Markov réfléchie en 0 par $X_0 \in \mathbb{N}$ et par la formule de récurrence

$$X_{n+1} = X_n + Z_{n+1} \, \mathbb{1}_{X_n > 0} + \mathbb{1}_{X_n = 0}.$$

1 - Donner la matrice de transition de la chaîne. En déduire qu'elle est irréductible.

2 - Considérons par ailleurs la marche aléatoire (Y_n) définie par $Y_n = X_0 + \sum_{k=1}^{n} Z_k$. Montrer que presque-sûrement,

$$X_n \geq Y_n, \quad \forall n.$$

Qu'en déduire sur le comportement de $(X_n)_n$ quand $p > 1/2$?

3 - Soit T_0 le temps d'atteinte de 0 par la chaîne $(X_n)_n$. Montrer que sur l'événement aléatoire $\{T_0 \geq n\}$, on a $X_n = Y_n$. En déduire que si $p \leq 1/2$, l'état 1 est récurrent pour $(X_n)_n$. Qu'en déduire pour cette chaîne?

4 - La chaîne $(X_n)_n$ possède-t-elle pour $p \leq 1/2$ une probabilité invariante? Commenter les résultats obtenus.

Exercice 2.6.4 *Modélisation de files d'attente.*

Une file d'attente se forme à un guichet. A chaque instant n, il y a une probabilité p qu'un client arrive et une probabilité $1 - p$ qu'aucun client n'arrive $(0 < p < 1)$. Lorqu'au moins un client est en attente, à chaque instant soit un client est servi sur une unité de temps et quitte le système au temps $n + 1$ avec probabilité q, $0 < q < 1$, soit personne ne quitte le système avec probabilité $1 - q$. Tous les événements ainsi décrits sont indépendants entre eux. On note X_n le nombre de clients présents dans la file d'attente au temps n.

1 - Montrer que la suite $(X_n)_n$ est une chaîne de Markov irréductible dont on donnera la matrice de transition.

2 - Donner une condition nécessaire et suffisante sur p et q pour que la chaîne $(X_n)_n$ possède une unique probabilité stationnaire, notée π. Calculer dans ce cas $\mathbb{E}_\pi(X_n)$.

3 - On supposera que cette condition est satisfaite. Les clients étant servis dans l'ordre d'arrivée, que vaut le temps d'attente moyen d'un client sachant que le système est initialisé avec sa probabilité stationnaire?

4 - Supposons maintenant qu'entre les instants n et $n + 1$ peuvent arriver Y_{n+1} clients, les variables aléatoires Y_n étant indépendantes et équidistribuées et $0 < \mathbb{P}(Y_1 = 0) < 1$. On note φ la fonction génératrice. Donner alors la matrice de transition de la chaîne $(X_n)_n$. En appelant ψ_n la fonction génératrice de X_n, donner une relation de récurrence entre ψ_{n+1}, φ et ψ_n. En déduire qu'il existe une unique probabilité stationnaire pour la chaîne $(X_n)_n$ si et seulement si $\mathbb{E}(Y_1) < q$. Commenter ce résultat.

Exercice 2.6.5 *Une autre définition de l'apériodicité.*

Il existe une autre définition de l'apériodicité que celle donnée par la définition 2.3.8.

Nous définissons la période d'un état i comme le plus grand diviseur commun de tous les entiers $n \geq 1$ tels que $P_{i,i}^{(n)} > 0$. On la note $d(i)$. Si l'état a une période $d(i) > 1$, il est dit périodique de période $d(i)$. Si la période est égale à 1, l'état i est dit apériodique.

Si $P_{i,i}^{(n)} = 0$ pour tout n, on définit par extension $d(i) = 0$.

1 - Montrer que la périodicité est une propriété de classe, c'est-à-dire que si $i \longleftrightarrow j$, alors $d(i) = d(j)$.

Pour cela on montrera que $d(j)$ divise tout nombre k tel que $P_{i,i}^{(k)} > 0$.

2 - Montrer que que si a et b sont deux entiers naturels premiers entre eux, l'ensemble $I = \{a\,u + b\,v; u, v \in \mathbb{N}\}$ contient tous les entiers naturels, sauf peut-être un nombre fini d'entre eux.

3 - En déduire que si $d(i) = 1$, il existe $n(i)$ tel que $P_{i,i}^{(n)} > 0$ pour tout $n \geq n(i)$. On pourra étudier l'ensemble $I(i) = \{n \geq 1, P_{i,i}^{(n)} > 0\}$.

La réciproque de (3) est immédiate. Nous avons donc montré que la marche aléatoire est apériodique si et seulement si tous ses éléments sont apériodiques.

Chapitre 3

Dynamique de population en temps discret

Le hasard des événements viendra troubler sans cesse la marche lente, mais régulière de la nature, la retarder souvent, l'accélérer quelquefois. Condorcet (1743 - 1794), Esquisse d'un tableau historique des progrès de l'esprit humain.

Les processus de vie et de mort et les processus de branchement sont des modèles fondamentaux en dynamique des populations. Nous souhaitons ici étudier, à travers certains modèles probabilistes, les variations, la croissance ou l'extinction d'une population. De nombreux domaines de biologie sont concernés par ces modèles : biologie des populations, cinétique des cellules, croissance bactériologique, réplication de l'ADN. Les questions posées sont les suivantes : pourquoi les extinctions de familles, de populations locales, d'espèces sont-elles si fréquentes ? Sont-elles conséquences de catastrophes ou de changements environnementaux externes aux populations ou sont-elles liées à des comportements intrinsèques des populations ? Si tel est le cas, comment est-ce compatible avec la fameuse loi de croissance exponentielle malthusienne en cas de ressources importantes ? Y a-t-il une dichotomie entre croissance exponentielle et extinction ? ou des formes plus lentes de croissance ? Comment évolue la population si elle persiste en temps long ? Se stabilise-t-elle ?

Dans la suite, le terme de population désignera très généralement un ensemble d'individus, un individu pouvant tout aussi bien désigner une bactérie, un être humain porteur d'une certaine maladie, un éléphant.

Nous allons tout d'abord étudier certains modèles à temps discret, décrivant principalement des dynamiques de généalogies. Nous rappellerons en particulier les principales propriétés satisfaites par le processus de Galton-Watson (appelé aussi processus de Bienaymé-Galton-Watson) et développerons l'étude des distributions quasi-stationnaires.

Il existe une grande littérature concernant ces processus et nous ne serons pas exhaustifs sur la biographie. Nous renverrons par exemple aux livres de Haccou, Jagers, Vatutin [37],

© Springer-Verlag Berlin Heidelberg 2016
S. Méléard, *Modèles aléatoires en Ecologie et Evolution*,
Mathématiques et Applications 77, DOI 10.1007/978-3-662-49455-4_3

Allen [2], Athreya, Ney [5].

3.1 Chaînes de Markov de vie et de mort

Dans les modèles en temps discret, le temps est en général exprimé en nombre de géné-rations ou il décrit un aspect périodique de la loi de reproduction (saisons, années, ...). Il peut aussi, dans certains cas, correspondre simplement à une discrétisation du temps continu. La variable X_n est l'effectif de la population à la génération n. Elle est donc à valeurs dans $\mathbb{N}$.

Nous étudierons le modèle général suivant. Si nous supposons qu'à un instant n, la popu-lation est de taille $i \in \mathbb{N}$ ($X_n = i$), alors chaque individu vivant à la génération n
- meurt lorsque l'on passe de la génération n à la génération $n + 1$,
- donne naissance à un nombre aléatoire de descendants, indépendamment des autres individus.
  On suppose de plus que la loi de la variable "nombre de descendants" ne dépend pas de n et de l'individu de la n-ième génération dont les descendants sont issus, mais peut éventuellement dépendre de la taille i de la population, modélisant ainsi l'influence du nombre d'individus vivants sur la reproduction. Cela peut être par exemple à travers une baisse des ressources et donc moins d'énergie pour la reproduction, ou au contraire à travers une stimulation favorisant la reproduction. Cette loi sera notée $Q^i = (q_l^i, l \in \mathbb{N})$. Ainsi, q_l^i est la probabilité qu'un individu issu d'une population de taille i donne naissance, à la génération suivante, à l individus.
- En outre, il y a possibilité d'immigration d'un nombre aléatoire d'individus, indépen-damment du processus de naissance et mort, de loi $\eta^i = (\eta_l^i, l \in \mathbb{N})$. Ainsi η_l^i désigne la probabilité qu'un nombre l de migrants rejoigne une population de taille i à la géné-ration suivante. Une fois les migrants arrivés, ils se reproduisent et meurent comme les autres individus de la population.

Construction de la chaîne : Donnons-nous sur un espace $(\Omega, \mathcal{A})$, une famille de variables aléatoires à valeurs entières

$$(X_0, (Y_{n,i,k})_{n,i,k \geq 0}, (Z_{n+1,i})_{n,i \geq 0}).$$

La variable aléatoire X_0 modélise le nombre d'individus au temps 0, $Y_{n,i,k}$ le nombre d'enfants du k-ième individu de la n-ième génération, si le nombre total d'individus de cette génération est i, et $Z_{n+1,i}$ modélise le nombre de migrants arrivant à la $(n+1)$-ième génération, sous la même hypothèse $X_n = i$.

Définition 3.1.1 *Pour chaque probabilité μ sur $\mathbb{N}$, on note $\mathbb{P}_\mu$ l'unique probabilité sur l'espace $(\Omega, \mathcal{A})$ sous laquelle ces variables sont indépendantes et telle que*
- *X_0 est de loi μ.*
- *Pour chaque n, i, k, la variable aléatoire $Y_{n,i,k}$ est de loi Q^i.*

• *Pour chaque* n, i, *la variable aléatoire* $Z_{n+1,i}$ *est de loi* η^i.

Partant de X_0, *on définit donc les variables aléatoires* X_n *par récurrence :*

$$X_{n+1} = \sum_{k=1}^{i} Y_{n,i,k} + Z_{n+1,i} \quad si \quad X_n = i, \quad pour \quad i \in \mathbb{N}, \tag{3.1.1}$$

avec la convention qu'une somme "vide" vaut 0.

On note $\mathbb{P}_i$ la probabilité $\mathbb{P}_\mu$ lorsque μ est la masse de Dirac en i c'est à dire quand la population initiale comporte i individus ($X_0 = i$).

La variable aléatoire X_{n+1} est fonction de X_n et des variables $(Y_{n,i,k}, Z_{n+1,i}, i, k \geq 0)$. Il est facile de montrer grâce aux propriétés d'indépendance que $(X_n)_n$ est une chaîne de Markov. Ses probabilités de transition sont données pour tous i, j par

$$P_{i,j} = \mathbb{P}(X_{n+1} = j | X_n = i) = \sum_{k_1, k_2, \ldots, k_i, r \in \mathbb{N}, k_1 + \cdots + k_i + r = j} q_{k_1}^i q_{k_2}^i \cdots q_{k_i}^i \eta_r^i. \tag{3.1.2}$$

Définition 3.1.2 *1) Lorsque les probabilités* Q^i *et* η^i *sont indépendantes de* i, *la dynamique de la population est dite densité-indépendante. Dans le cas contraire, elle est dite densité-dépendante.*

2) Il n'y a pas d'immigration lorsque $\eta_0^i = 1$ *pour tout* i. *La population est alors une population isolée.*

On étudiera tout d'abord des modèles de population densité-indépendante et sans immigration, quand la loi de reproduction ne dépend pas du nombre d'individus présents. Ce modèle ne peut être réaliste que dans des situations de ressources infinies. En effet, dans ce cas, les individus n'exercent pas de pression les uns sur les autres et chacun peut se reproduire librement et indépendamment des autres. En revanche, si les ressources sont limitées, les individus vont combattre pour survivre et le nombre d'individus dans la population aura un effet sur la loi de reproduction. Cette densité-dépendance introduit de la non-linéarité dans les modèles mathématiques. Nous étudierons ce type de modèles dans le Chapitre 5, dans le cadre du temps continu.

Le modèle de chaîne de Markov de vie et de mort peut également être compliqué de façon à décrire la dynamique de plusieurs sous-populations en interaction ou avec mutation. Donnons deux exemples de modèles multi-types avec interaction.

Exemple 3.1.3 *Deux populations en interaction.* Dans cet exemple, on considère une population formée d'individus de deux types $a = 1$ ou $a = 2$. Il n'y a pas d'immigration. La génération n comprend $X_n^{(1)}$ individus de type 1, et $X_n^{(2)}$ individus de type 2. La loi de reproduction d'un individu de type 1, (resp. de type 2), dans une population de i_1

individus de type 1 et i_2 individus de type 2, est la probabilité $Q_1^{i_1,i_2} = (Q_{1,l}^{i_1,i_2})_{l\in\mathbb{N}}$, (resp. $Q_2^{i_1,i_2} = (Q_{2,l}^{i_1,i_2})_{l\in\mathbb{N}}$). Dans ce modèle, les individus de type 1 engendrent des descendants de type 1, mais la loi de reproduction dépend de la composition de la population en types 1 et 2. Cela peut être un exemple de modèle de proie-prédateur ou d'hôte-parasite.

Pour définir rigoureusement cette dynamique, nous considérons une suite de variables aléatoires $(Y_{n,i_1,i_2,k}^a; n, i_1, i_2, k \in \mathbb{N}, a = 1$ ou $2)$ indépendantes entre elles et de loi $Q_a^{i_1,i_2}$ et nous notons par $X_0^{(1)}$ et $X_0^{(2)}$ les effectifs initiaux respectivement de type 1 et de type 2.

On pose alors, pour $a = 1$ ou $a = 2$,

$$X_{n+1}^{(a)} = \sum_{k=1}^{i_a} Y_{n,i_1,i_2,k}^a \quad \text{si } X_n^{(1)} = i_1, \ X_n^{(2)} = i_2, \quad \text{pour tous } i_1, i_2 \in \mathbb{N}.$$

Le processus $(X_n^{(1)}, X_n^{(2)})$ est une chaîne de Markov à valeurs dans $\mathbb{N}^2$, de matrice de transition

$$\begin{aligned} P_{(i_1,i_2),(j_1,j_2)} &= \mathbb{P}(X_{n+1}^{(1)} = j_1, X_{n+1}^{(2)} = j_2 | X_n^{(1)} = i_1, X_n^{(2)} = i_2) \\ &= \sum_{k_1+\cdots+k_{i_1}=j_1;r_1+\cdots+r_{i_2}=j_2} \prod_{l=1}^{i_1} Q_{1,k_l}^{i_1,i_2} \prod_{m=1}^{i_2} Q_{2,r_m}^{i_1,i_2}. \end{aligned}$$

Exemple 3.1.4 *Population isolée avec mutation.* La situation est semblable à celle de l'exemple 3.1.3, mais chaque descendant d'un individu de type 1 (resp. de type 2) peut "muter" et donc devenir de type 2 (resp. de type 1) avec la probabilité α_1 (resp. α_2), les mutations étant indépendantes de la reproduction. Ce modèle peut être utilisé en épidémiologie pour représenter une population d'individus sains (de type 1) et infectés (de type 2). La chaîne $(X_n^{(1)}, X_n^{(2)})$ est encore markovienne, de matrice de transition donnée par

$$P_{(i_1,i_2),(j_1,j_2)} = \sum_{A(i_1,i_2,j_1,j_2)} \prod_{l=1}^{i_1} Q_{1,k_l}^{i_1,i_2} \binom{k_l}{k_l'} \alpha_1^{k_l'} (1-\alpha_1)^{k_l-k_l'} \prod_{m=1}^{i_2} Q_{1,r_m}^{i_1,i_2} \binom{r_m}{r_m'} \alpha_2^{r_m'} (1-\alpha_2)^{r_m-r_m'},$$

où $A(i_1, i_2, j_1, j_2)$ est l'ensemble des familles d'entiers $((k_l, k_l', r_m, r_m'), l = 1, \cdots, i_1; m = 1, \cdots, i_2)$ telles que $0 \le k_l' \le k_l$ et $0 \le r_m' \le r_m$, avec $j_1 = (k_1 - k_1') + \cdots + (k_{i_1} - k_{i_1}') + r_1' + \cdots + r_{i_2}'$ et $j_2 = k_1' + \cdots + k_{i_1}' + (r_1 - r_1') + \cdots + (r_{i_2} - r_{i_2}')$.

Les problèmes qui se posent naturellement pour ce type de modèles concernent le comportement de la chaîne $(X_n)_n$ quand n tend vers l'infini. Par exemple, y a-t-il extinction de toute la population $(X_n \to 0)$ ou d'une sous-population d'un type particulier, ou un régime stationnaire apparaît-il (X_n converge en un certain sens) ou a-t-on "explosion" de la population $(X_n \to +\infty)$? Si $(X_n)_n$ tend vers l'infini, peut-on trouver une normalisation convenable, une suite a_n tendant vers 0, telle que $a_n X_n$ converge ? Cela donnera un ordre de grandeur de la taille de la population et de la vitesse de convergence. D'autres problèmes plus complexes peuvent se poser. Par exemple, que se passe-t-il lorsque l'on étudie le comportement d'une population conditionnellement au fait qu'elle n'est pas éteinte à l'instant n ? C'est l'objet de la quasi-stationnarité qui donne un sens mathématique à des stabilités avant extinction de la population.

Nous n'allons pas pouvoir aborder ces problèmes dans toute leur généralité. Nous allons tout d'abord les développer dans le cadre le plus simple du processus de Galton-Watson.

3.2   Le processus de Bienaymé-Galton-Watson

3.2.1   Définition

La chaîne de Markov de vie et de mort la plus simple est la chaîne de Galton-Watson ou de Bienaymé-Galton-Watson que nous abrégerons en BGW. C'est une chaîne sans immigration et densité-indépendante. La loi de reproduction est une probabilité sur $\mathbb{N}$ indépendante de i,

$$Q = (q_l, l \in \mathbb{N})$$

et la probabilité d'immigration η^i est la masse de Dirac en 0. Nous allons étudier la dynamique du nombre X_n d'individus de cette population au cours des générations successives $n = 0, 1, 2, \ldots$ en supposant que chacun des X_n individus de la n-ième génération engendre un nombre aléatoire $Y_{n,k}$ d'enfants $(1 \leq k \leq X_n)$ de sorte que

$$X_{n+1} = \sum_{k=1}^{X_n} Y_{n,k} \qquad (n \geq 0) . \tag{3.2.3}$$

Les variables aléatoires $(Y_{n,k}, n \geq 0, k \geq 1)$ sont supposées indépendantes entre elles et de même loi Q, qui est la loi d'une variable générique Y. Cette loi est caractérisée par sa fonction génératrice $g(s) = \mathbb{E}(s^Y) = \sum_k q_k s^k$ pour tout $s \in [0, 1]$. Dans toute la suite, nous excluons le cas où $g(s) \equiv s$.

La Figure 3.1 représente les individus des générations 0 à 3, lorsque $X_0 = 1$, $Y_{0,1} = 2$, $Y_{1,1} = 3$, $Y_{1,2} = 1$, $Y_{2,1} = 2$, $Y_{2,2} = 0, Y_{2,3} = 1$, $Y_{2,4} = 3$. Cette figure est une réalisation d'un arbre aléatoire. Dans des situations plus compliquées, il est possible de structurer cet arbre en ajoutant une marque à chaque branche, comme par exemple le type de l'individu incluant des mutations possibles de ce type, l'âge de l'individu ou sa position dans l'espace. Sur cette figure, nous observons la dynamique de la population dans le sens physique du temps (de gauche à droite). Si en revanche, nous la considérons de droite à gauche, nous observons les lignes ancestrales des individus présents au temps 3. Ces deux aspects correspondent aussi aux Chapitres 5 et 6 de cet ouvrage.

Dans le Chapitre 5, nous allons étudier la dynamique des population en temps continu et dans le Chapitre 6, nous allons chercher à comprendre la généalogie d'un échantillon d'individus.

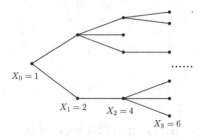

FIGURE 3.1 – L'arbre généalogique du processus de branchement

Le processus de Bienaymé-Galton-Watson est le prototype le plus simple de processus de branchement, défini pour des temps et un espace d'états discrets. Ce modèle a été motivé par l'étude de la survivance des familles nobles françaises (Bienaymé, 1845) ou celle des familles d'aristocrates anglais (Galton, 1873) et plus précisément par l'étude de la non-extinction des descendants mâles qui seuls transmettaient le nom (Voir Bacaer [6]). N hommes adultes d'une nation qui portent des noms de famille différents partent coloniser un pays. On suppose qu'à chaque génération, la proportion d'hommes qui ont l garçons est q_l, $l \in \mathbb{N}$. Que peut-on dire de l'évolution du nombre d'hommes portant tel ou tel nom, au cours du temps ?

De nombreux phénomènes de dynamique de populations peuvent en fait être modélisés par un tel processus, dont la description est simple, mais qui présente néanmoins un comportement non trivial. Le modèle décrit aussi bien la croissance d'une population de cellules, que d'une épidémie dans une population, ou la réplication d'une molécule d'ADN en génétique. Considérons par exemple (voir Kimmel-Axelrod [48], Delmas-Jourdain [30]) une macro-molécule d'ADN qui consiste en une chaîne de N nucléotides. En une unité de temps, cette chaîne est répliquée, chaque nucléotide étant copié de façon correcte avec probabilité p et indépendamment des autres nucléotides. A l'issue de la réplication, la molécule est détruite avec probabilité q ou bien donne naissance à deux molécules avec probabilité $1 - q$. La probabilité de disparition de la population de macro-molécules correctes est alors égale à la probabilité d'extinction d'un nom de famille dans le cas où $q_0 = q$ (destruction), $q_1 = (1 - q)(1 - p^N)$ (non destruction mais réplication incorrecte), $q_2 = (1 - q)p^N$ (non destruction et réplication correcte), et $q_k = 0$ pour $k \geq 3$. Il est facile de calculer l'espérance de la loi de reproduction :

$$\mathbb{E}(Y) = (1 - q)(1 - p^N) + 2(1 - q)p^N = (1 - q)(1 + p^N).$$

3.2.2   Résultats élémentaires

Une propriété immédiate, mais fondamentale, est que 0 *est un état absorbant* : si $X_n = 0$, alors $X_{n+1} = 0$. Le temps d'atteinte de 0, c'est à dire

$$T_0 = \inf\{n \geq 0, X_n = 0\}$$

est appelé temps d'extinction et vérifie $X_n = 0$ si et seulement si $n \geq T_0$. C'est un temps d'arrêt pour la filtration $(\mathcal{F}_n)_n$ où $\mathcal{F}_n = \sigma(X_k, k \leq n)$.

Il est important, du point de vue biologique, de connaître la loi du temps d'extinction, et en particulier la probabilité d'extinction partant d'un nombre i d'individus, pour $i \geq 1$:

$$p_i = \mathbb{P}_i(T_0 < +\infty).$$

Bien-sûr, $p_0 = 1$.

Proposition 3.2.1 *Le processus de Galton-Watson* $(X_n)_n$ *possède la propriété de branchement : sa loi (en tant que processus) sous* $\mathbb{P}_i$ *est la même que la loi de*

$$(Z_n^1 + \cdots + Z_n^i)_n$$

où les $((Z_n^j)_n, 1 \leq j \leq i)$ *sont des chaînes de Markov indépendantes entre elles et qui ont toutes même loi que la chaîne* $(X_n)_n$ *sous* $\mathbb{P}_1$.
La propriété de branchement pour une chaîne de Markov de type (3.1.1) *est caractéristique des chaînes BGW.*

Remarque 3.2.2 *La propriété de branchement permet de ramener l'étude de la loi* $\mathbb{P}_i$ *d'un processus de BGW issu de* i *individus à la loi* $\mathbb{P}_1$ *d'un tel processus issu d'un seul ancêtre.*

Preuve. Par (3.2.3) et $X_0 = i$, nous pouvons écrire $X_n = \sum_{j=1}^{i} Z_n^j$, où Z_n^j désigne le nombre d'individus vivant à l'instant n, et descendant du j-ième individu initial. Par hypothèse, les processus $((Z_n^j)_n, 1 \leq j \leq i)$ sont indépendants.

Réciproquement, la propriété de branchement pour une chaîne de Markov de type (3.1.1) implique que la loi $(P_{i,j}, j \in \mathbb{N})$ est la puissance i-ième de convolution de la loi $(P_{1,j}, j \in \mathbb{N})$. En d'autres termes, on a (3.1.2) avec $q_j^i = P_{1,j}$ et $\eta_0^i = 1$. La chaîne est donc BGW. $\square$

Puisque la loi $(P_{i,j}^{(n)})_{j \in \mathbb{N}}$ est la puissance i-ième de convolution de la loi $(P_{1,j}^{(n)})_{j \in \mathbb{N}}$, nous pouvons calculer plus facilement certaines quantités associées à une population initiée par i individus. Par exemple, la probabilité de s'éteindre avant le temps n vaut

$$\mathbb{P}_i(T_0 \leq n) = \mathbb{P}_1(T_0 \leq n)^i. \tag{3.2.4}$$

Pour le prouver, il suffit de remarquer que le temps d'extinction de $Z_n^1 + \cdots + Z_n^i$ est le maximum des temps d'extinction des Z_n^j, $1 \leq j \leq i$, qui sont indépendants les uns des autres.

Certaines lois de reproduction entraînent des comportements asymptotiques triviaux :
- Si $q_1 = 1$, on a $X_n = X_0$ et l'effectif de la population ne varie pas.
- Si $q_1 < 1$ et si $q_0 + q_1 = 1$, on a $X_{n+1} \leq X_n$. L'effectif de la population décroît et $T_0 < +\infty$ $\mathbb{P}_1$-p.s.. Si $q_0 = 1$, $T_0 = 1$ $\mathbb{P}_1$-p.s. et si $q_0 < 1$, $\mathbb{P}_1(T_0 = k) = q_0 q_1^{k-1}$. ($T_0$ suit une loi géométrique).
- Si $q_1 < 1$ et $q_0 = 0$, alors $X_{n+1} \geq X_n$ et l'effectif de la population croît. On a $T_0 = +\infty$ $\mathbb{P}_1$-p.s.

Dans la suite nous éliminerons ces 3 cas en supposant que

$$q_0 > 0 \quad , \quad q_0 + q_1 < 1. \tag{3.2.5}$$

Proposition 3.2.3 *L'état 0 est absorbant et sous (3.2.5), les autres états sont transients. Si de plus d est le PGCD des $i \geq 1$ tels que $q_i > 0$, les classes sont la classe $C = d\mathbb{N}^* = \{nd, n \geq 1\}$, et tous les singletons $\{i\}$ avec $i \notin C$.*

Preuve. D'après (3.2.3), si $i \geq 1$, on a $P_{i,0} \geq (q_0)^i > 0$, donc i mène à 0, alors que 0 ne mène pas à $i \geq 1$ puisque 0 est absorbant. L'état i ne peut donc pas être récurrent. Les variables aléatoires $Y_{n,k}$ prennent presque-sûrement leurs valeurs dans l'ensemble $\{i, q_i > 0\}$, qui est contenu dans $C \cup \{0\}$, de sorte que pour tout $n \geq 1$, X_n appartient à $C \cup \{0\}$ presque-sûrement. Par suite, un état i ne peut mener qu'à 0 et aux points de C et tout singleton non contenu dans C est une classe. $\qquad\square$

Du point de vue des propriétés ergodiques ou de la stationnarité éventuelle de la chaîne $(X_n)_n$, tout est dit dans la proposition précédente : il y a une seule classe de récurrence $\{0\}$ et une seule probabilité invariante, la masse de Dirac en 0. La chaîne est stationnaire si et seulement si elle part de 0 et elle reste alors toujours en 0. Sinon, du fait que tous les états non nuls sont transients, la chaîne n'a que deux comportements possibles, soit elle converge vers 0, soit elle converge vers $+\infty$. Du point de vue des applications en revanche, nous allons pouvoir répondre à un certain nombre de questions concernant le calcul des probabilités d'extinction p_i, la loi du temps d'extinction T_0, la vitesse d'explosion si $(X_n)_n$ tend vers l'infini, etc.

3.2.3   Le comportement à l'infini

Pour les chaînes BGW, nous allons pouvoir décrire le comportement presque-sûr de la chaîne, quand n tend vers l'infini. Notons par m et m_2 les deux premiers moments de la loi de reproduction Q (qui peuvent éventuellement être infinis).

$$m = \sum_{k=0}^{\infty} k q_k \; ; \; m_2 = \sum_{k=0}^{\infty} k^2 q_k. \tag{3.2.6}$$

Considérons également la fonction génératrice g de Q définie pour $s \in [0,1]$ par

$$g(s) = \sum_{k=0}^{\infty} q_k s^k = \mathbb{E}(s^Y), \qquad (3.2.7)$$

où $Y \in \mathbb{N}$ est une variable aléatoire de loi Q (le nombre d'enfants d'un individu). Cette fonction, croissante sur $[0,1]$, va jouer un rôle important pour l'étude du processus. Par dérivation sous l'espérance et en utilisant le théorème de convergence dominée, il est facile de montrer que g est convexe. De plus, elle est de classe C^{∞} sur $[0,1[$ et est une fois (resp. deux fois) dérivable à gauche en $s = 1$ si et seulement si $m < +\infty$ (resp. $m_2 < +\infty$), et dans ce cas,

$$m = g'(1) \; ; \; m_2 - m = g''(1).$$

Pour $n \geq 1$, notons par g_n la n-ième itérée de g, c'est à dire $g \circ g \circ \cdots \circ g$, n fois. Ainsi $g_{n+1} = g \circ g_n = g_n \circ g$. Etendons la définition par $g_0(s) = s$. Enfin, définissons

$$s_0 = \inf\{s \in [0,1], g(s) = s\}. \qquad (3.2.8)$$

Remarquons que $s_0 > 0$ car $q_0 > 0$ et $s_0 \leq 1$ car $g(1) = 1$.

L'étude du comportement asymptotique de la suite $(g_n)_n$ se ramène à un argument de suite récurrente, développée dans le lemme suivant.

Lemme 3.2.4

a) Si $g'(1) \leq 1$, alors $s_0 = 1$ et $g_n(s)$ croît vers 1 lorsque n tend vers l'infini, pour tout $s \in [0,1]$.

b) Si $g'(1) > 1$, l'équation $g(v) = v$ possède une solution unique s_0 dans $]0,1[$ et $g_n(s)$ croît vers s_0, (respectivement décroît vers s_0), lorsque n tend vers l'infini, pour tout $s \in [0, s_0]$, (respectivement tout $s \in [s_0, 1[$).

Preuve. Nous nous reportons à la Figure 3.2 pour cette preuve. L'application $s \rightarrow g(s)$ de l'intervalle $[0,1]$ dans lui-même est croissante et strictement convexe. De plus $g(1) = 1$. Comme nous avons exclu le cas $g(s) \equiv s$, la courbe g ne coupe pas ou au contraire coupe la diagonale du carré $[0,1]^2$ en un point distinct de $(1,1)$, selon que $g'(1) \leq 1$ ou que $g'(1) > 1$. Ainsi, selon les cas, l'équation de point fixe $g(v) = v$ n'a pas de solution ou possède une unique solution dans $]0,1[$, c'est à dire que soit $s_0 = 1$, soit $s_0 < 1$.

a) Lorsque $g'(1) \leq 1$, nous avons $s \leq g(s)$ et donc $g_n(s) \leq g_{n+1}(s)$ (puisque $g_{n+1} = g \circ g_n$) pour tout s. La limite $\lim_n g_n(s)$ est inférieure à 1 et solution de $g(u) = u$. Elle ne peut alors valoir que 1.

b) De même, si $g'(1) > 1$, nous avons $s \leq g(s) \leq s_0$ ou $s \geq g(s) \geq s_0$ selon que $s \leq s_0$ ou que $s \geq s_0$; il s'en suit que $g_n(s)$ croît (resp. décroît) avec n selon le cas. La limite $\lim_n g_n(s)$, qui est solution de $g(u) = u$ et strictement inférieure à 1 pour $s \neq 1$, est alors nécessairement égale à s_0. $\square$

Nous avons également les propriétés suivantes.

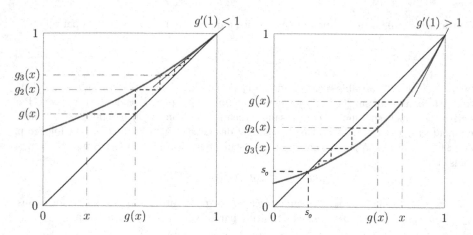

FIGURE 3.2 – La fonction g et ses itérées dans les deux cas $m \leq 1$ et $m > 1$.

Lemme 3.2.5

1) Pour tout $s \in [0,1[$, $1 - g_n(s) \leq m^n(1-s)$.

2) Si $m = 1$ et $m_2 < +\infty$, alors pour tout $s \in [0,1[$, la suite $1 - g_n(s)$ est équivalente à $\frac{2}{n(m_2-1)}$ quand $n \to \infty$.

Preuve. L'inégalité $1 - g(s) \leq m(1-s)$ est évidente, puisque g' est croissante sur $[0,1]$ et que $g'(1) = m$. En itérant cette inégalité, nous obtenons immédiatement l'assertion 1).

Posons $a = \frac{m_2-1}{2} > 0$ (car $m = 1$). Un développement limité de g au voisinage de $s = 1$ montre que pour tout $s \in [0,1[$,

$$1 - g(s) = (1-s)(1 - (1-s)(a + \gamma(s))), \quad \text{où} \lim_{s \to 1} \gamma(s) = 0,$$

puisque $g'(1) = 1$ et $g''(1) = m_2 - 1 = 2a$. Par suite,

$$\frac{1}{1-g(s)} = \frac{1}{1-s} + a + \epsilon(s), \quad \text{où} \lim_{s \to 1} \epsilon(s) = 0.$$

Nous en déduisons que

$$\frac{1}{1-g_{j+1}(s)} = \frac{1}{1-g_j(s)} + a + \epsilon(g_j(s))$$

et en réitérant ces égalités pour $j = n-1, \cdots, 2, 1$, nous obtenons finalement que

$$\frac{1}{1-g_n(s)} = \frac{1}{1-s} + na + \Delta_n(s), \quad \text{où} \Delta_n(s) = \sum_{j=0}^{n-1} \epsilon(g_j(s)).$$

Pour $s \in [0, 1[$ fixé, et quand $j \to \infty$, on sait que $g_j(s) \to 1$ donc $\epsilon(g_j(s)) \to 0$. Cela entraîne que $\frac{\Delta_n(s)}{n} \to 0$ quand n tend vers l'infini, comme limite de Césaro de la suite $(\epsilon(g_n(s)))_n$. Ainsi, quand n tend vers l'infini,

$$1 - g_n(s) = \frac{1}{na} \frac{1}{1 + \frac{1}{na(1-s)} + \frac{\Delta_n(s)}{na}} \underset{n \to +\infty}{\sim} \frac{1}{na} = \frac{2}{n(m_2 - 1)}.$$

Nous avons donc montré 2). $\qquad\square$

Proposition 3.2.6 *Soit G_n la fonction génératrice de X_n. Alors $\forall\ n \geq 0$,*

$$G_{n+1}(s) = G_n\left(g(s)\right). \qquad (3.2.9)$$

En particulier, si $X_0 = i$, nous en déduisons que

$$G_n(s) = (g_n(s))^i \qquad (3.2.10)$$
$$\mathbb{E}_i(X_n) = \mathbb{E}(X_n | X_0 = i) = m^n i. \qquad (3.2.11)$$

Preuve. L'indépendance de X_n et des $(Y_{n,k}, n \geq 1, k \geq 1)$ entraîne que

$$G_{n+1}(s) = \sum_k \mathbb{E}(s^{\sum_{i=1}^k Y_{n,i}} \mathbf{1}_{\{X_n = k\}}) = \sum_k (g(s))^k \mathbb{P}(X_n = k) = G_n(g(s)).$$

(3.2.10) en découle facilement, puis en dérivant cette expression et en faisant tendre s vers 1, nous obtenons (3.2.11). $\qquad\square$

Ce résultat va nous permettre d'étudier le comportement asymptotique de la suite $(X_n)_{n \geq 0}$ et de calculer notamment la probabilité d'extinction de la population.

Remarque 3.2.7 *L'inégalité (3.2.11) entraîne que la population s'éteint lorsque $m = \mathbb{E}(Y) < 1$. En effet, il est facile de voir que pour tout $i \geq 1$,*

$$\mathbb{P}_i(X_n \neq 0) \leq \mathbb{E}_i(X_n) = m^n i. \qquad (3.2.12)$$

Nous allons maintenant énoncer un résultat plus complet. L'étude suivante va nous amener à distinguer 3 cas :
- Le cas sous-critique, quand $m < 1$,
- Le cas critique, quand $m = 1$,
- Le cas surcritique, quand $m > 1$.

Théorème 3.2.8

1) Dans les cas sous-critique et critique (lorsque $m \leq 1$), la probabilité d'extinction vaut $p_i = \mathbb{P}_i(T_0 < +\infty) = 1$. La population s'éteint presque sûrement.

2) Dans le cas sous-critique, le temps moyen d'extinction $\mathbb{E}_i(T_0)$ est fini, tandis que dans le cas critique, $\mathbb{E}_i(T_0) = +\infty$.

3) Dans le cas surcritique ($m > 1$), la suite X_n converge presque-sûrement sous $\mathbb{P}_i$ vers une limite X_∞ qui ne prend que les valeurs 0 et $+\infty$ avec les probabilités

$$p_i = \mathbb{P}_i(T_0 < +\infty) = \mathbb{P}_i(X_\infty = 0) = (s_0)^i \quad , \quad \mathbb{P}_i(X_\infty = +\infty) = 1 - (s_0)^i,$$

où $s_0 \in]0, 1[$ a été défini en (3.2.8).

Preuve. Remarquons que $X_{n+1} = 0$ dès que $X_n = 0$; ainsi les événements $\{X_n = 0\}$ croissent avec n. L'événement $A =$" Extinction de la population " est donc naturellement défini comme réunion croissante de ces ensembles,

$$A = \{T_0 < +\infty\} = \cup_n \{X_n = 0\} \tag{3.2.13}$$

et sa probabilité est donnée par

$$\mathbb{P}(A) = \lim_n G_n(0) .$$

La démonstration du théorème repose donc sur l'étude de la suite $(G_n(0))_n$, avec $G_n(0) = (g_n(0))^i$. Nous utilisons le Lemme 3.2.4.

1) Puisque $\{T_0 \leq n\} = \{X_n = 0\}$, la probabilité

$$\mathbb{P}_i(T_0 \leq n) = \mathbb{P}_1(T_0 \leq n)^i = (g_n(0))^i \tag{3.2.14}$$

converge vers s_0^i quand n tend vers l'infini. Cela entraîne que $\mathbb{P}_i(T_0 < +\infty) = 1$ si $m \leq 1$ d'où la première partie du théorème. De plus, $\mathbb{P}_i(T_0 < +\infty) = (s_0)^i$ quand $m > 1$.

2) Rappelons que

$$\mathbb{E}_i(T_0) = \sum_{n \geq 0} \mathbb{P}_i(T_0 > n) = \sum_{n \geq 0} (1 - g_n(0)^i).$$

Le Lemme 3.2.5 entraîne immédiatement que si $m < 1$, alors $\mathbb{E}_1(T_0) < +\infty$, puisque dans ce cas, la série de terme général m^n est convergente. De plus, nous avons vu que le temps d'extinction de X_n sachant que $X_0 = i$ est le maximum des temps d'extinction des sous-populations issues de chaque individu de la population initiale. Ainsi, pour tout $i \in \mathbb{N}^*$, $\mathbb{E}_i(T_0) < +\infty$.

Si $m = 1$ et $m_2 < +\infty$, alors par la deuxième partie du Lemme 3.2.5, nous savons que $\mathbb{E}_1(T_0) = +\infty$ (la série harmonique diverge), ce qui entraîne alors que $\mathbb{E}_i(T_0) = +\infty$ pour tout $i \geq 1$. L'assertion (2) du théorème est donc montrée. Si $m_2 = +\infty$, la preuve est plus délicate mais l'idée intuitive suivante peut se justifier mathématiquement. En effet dans ce cas, la loi de branchement charge plus les grandes valeurs entières. L'espérance du temps d'extinction va donc être supérieure à celle du cas où m_2 est fini et nous aurons encore $\mathbb{E}_i(T_0) = +\infty$.

3) Il reste à étudier le comportement asymptotique de X_n quand $m > 1$.

Lorsque $m > 1$, l'extinction n'est pas certaine puisque $\mathbb{P}(A) = s_0 < 1$. Rappelons que l'état 0 est absorbant et que les autres états sont transients. Donc deux cas seulement sont possibles : ou bien $X_n = 0$ à partir d'un certain rang (c'est l'extinction), ou bien $X_n \to +\infty$ (c'est l'explosion). Ces deux événements complémentaires ont pour probabilités respectives $(s_0)^i$ et $1 - (s_0)^i$. Cela conclut la preuve du théorème. $\square$

La formule (3.2.14) donne en fait la fonction de répartition du temps d'extinction T_0, et donc sa loi, sous $\mathbb{P}_1$ et sous $\mathbb{P}_i$. On a :

$$\mathbb{P}_1(T_0 = n) = \left\{ \begin{array}{lll} 0 & \text{si} & n = 0 \\ g_n(0) - g_{n-1}(0) & \text{si} & n \in \mathbb{N}^* \\ 1 - s_0 & \text{si} & n = +\infty. \end{array} \right. \qquad (3.2.15)$$

Remarquons que dans le cas surcritique, T_0 est une variable aléatoire à valeurs dans $\mathbb{N} \cup \{+\infty\}$.

Remarque 3.2.9 *Nous avons montré que, dans le cas où la population initiale est composée de i individus, nous nous trouvons dans l'un des 3 cas suivants.*

- *Lorsque $m < 1$, la probabilité de " non-extinction à l'instant n " tend vers 0 à une vitesse géométrique puisque, comme on l'a vu,*

$$\mathbb{P}_i(X_n \neq 0) \leq m^n i.$$

- *Lorsque $m = 1$, cette même probabilité tend beaucoup plus lentement vers zéro. Plus précisément, a vu que si $m_2 < +\infty$,*

$$\mathbb{P}_i(X_n \neq 0) \sim \frac{2i}{n(m_2 - 1)} \qquad \text{lorsque } n \to \infty.$$

- *Lorsque $m > 1$, X_n tend vers 0 ou vers $+\infty$.*

Dans le cas surcritique, il est intéressant de préciser à quelle vitesse X_n tend vers l'infini, sur l'ensemble $\{T_0 = +\infty\}$, qui est donc de probabilité strictement positive $1 - (s_0)^i$. Nous nous limitons au cas où $m_2 < +\infty$. Dans la suite, nous noterons σ^2 la variance de Y.

Théorème 3.2.10 *Si $m > 1$ et $m_2 < +\infty$, la suite $\dfrac{X_n}{m^n}$ converge $\mathbb{P}_i$-presque-sûrement vers une variable aléatoire U qui est presque-sûrement strictement positive sur l'ensemble $\{T_0 = +\infty\}$ et telle que $\mathbb{E}_i(U) = i$.*

Ce résultat nous dit que sur l'ensemble où il n'y a pas extinction, la croissance de X_n vers $+\infty$ est exponentielle (en m^n). C'est l'expression probabiliste de la loi de Malthus.

Preuve. Posons $U_n = \frac{X_n}{m^n}$. Considérons la filtration $(\mathcal{F}_n)_n$ formée de la suite croissante de tribus $\mathcal{F}_n = \sigma(X_k, k \leq n)$. Comme m et m_2 sont les deux premiers moments des variables $Y_{n,k}$, la formule (3.2.3) entraîne que

$$\mathbb{E}_i(X_{n+1} \mid \mathcal{F}_n) \;=\; \mathbb{E}_i\left(\sum_{k=1}^{X_n} Y_{n,k} \mid \mathcal{F}_n\right) = m\,X_n.$$

En effet, conditionner par $\mathcal{F}_n$ revient ici à fixer X_n et nous utilisons alors le fait que les variables aléatoires $Y_{n,k}$ sont indépendantes de X_n. Par un raisonnement similaire, nous obtenons également que

$$
\begin{aligned}
\mathbb{E}_i(X_{n+1}^2 \mid \mathcal{F}_n) &= \mathbb{E}_i\left(\left(\sum_{k=1}^{X_n} Y_{n,k}\right)^2 \mid \mathcal{F}_n\right) = \mathbb{E}_i\left(\sum_{k=1}^{X_n}(Y_{n,k})^2 \mid \mathcal{F}_n\right) + \mathbb{E}_i\left(\sum_{k \neq k'=1}^{X_n} Y_{n,k}Y_{n,k'} \mid \mathcal{F}_n\right) \\
&= m_2 X_n + m^2 X_n(X_n - 1) = \sigma^2 X_n + m^2 X_n^2,
\end{aligned}
\tag{3.2.16}
$$

et donc

$$\mathbb{E}_i(U_{n+1} \mid \mathcal{F}_n) = U_n \;;\; \mathbb{E}_i(U_{n+1}^2 \mid \mathcal{F}_n) = U_n^2 + \frac{\sigma^2}{m^{n+2}} U_n. \tag{3.2.17}$$

Par suite, $\mathbb{E}_i(U_n) = i$ et, comme $m > 1$, en réitérant en n, nous obtenons que

$$\mathbb{E}_i(U_{n+1}^2) = \mathbb{E}_i(U_n^2) + \frac{i\,\sigma^2}{m^{n+2}} = i^2 + \frac{i\sigma^2}{m^2}\sum_{j=0}^{n} m^{-j} \leq i^2 + \frac{i\sigma^2}{m(m-1)}.$$

Nous en déduisons que U_n est une martingale dont les moments d'ordre 2 sont uniformément bornés. Elle converge donc $\mathbb{P}_i$ presque-sûrement et en moyenne vers U quand n tend vers l'infini. (Voir Théorème 2.5.4). En particulier, $\mathbb{E}_i(U) = i$. Il reste à montrer que $U > 0$, $\mathbb{P}_i$ presque-sûrement sur $\{T_0 = +\infty\}$. Posons $r_i = \mathbb{P}_i(U = 0)$. En vertu de la propriété de branchement, la loi de U sous $\mathbb{P}_i$ est la même que celle de $V^1 + \cdots + V^i$, où les V^j sont des variables aléatoires indépendantes de même loi que U sous $\mathbb{P}_1$. Nous en déduisons que $r_i = (r_1)^i$. La propriété de Markov donne

$$\mathbb{P}_1(U = 0 \mid \mathcal{F}_1) = \mathbb{P}_{X_1}(U = 0) = (r_1)^{X_1}.$$

En prenant l'espérance, nous obtenons $r_1 = \mathbb{E}_1(r_1^{X_1}) = g(r_1)$. Ainsi, r_1 est solution de l'équation $g(s) = s$, équation qui admet dans $[0, 1]$ les deux solutions s_0 et 1. Or $\mathbb{E}_1(U) = 1$ implique que $r_1 = \mathbb{P}_1(U = 0) < 1$, donc nécessairement $r_1 = s_0$ et $r_i = (s_0)^i$, c'est à dire que $\mathbb{P}_i(U = 0) = \mathbb{P}_i(T_0 < +\infty)$. Mais à l'évidence, $\{T_0 < +\infty\} \subset \{U = 0\}$, et donc nécessairement la variable aléatoire U est strictement positive $\mathbb{P}_i$ presque-sûrement sur $\{T_0 = +\infty\}$. $\qquad\square$

3.2.4 Cas sous-critique : Analyse fine de l'extinction

Nous nous plaçons ici dans le cas $m < 1$ et nous souhaitons étudier finement les propriétés du temps d'extinction en fonction de la condition initiale. Supposons que $m_2 < +\infty$ et notons comme précédemment $\sigma^2 = Var(Y)$.

Proposition 3.2.11 *1) Pour tout $i, n \in \mathbb{N}^*$,*

$$\frac{i(1-m)\, m^{n+1}}{\sigma^2(1-m^n) + m^{n+1}(1-m)} \left(1 - \frac{(i-1)m^n}{2}\right) \ \leq\ \mathbb{P}_i(X_n > 0) \leq\ i\, m^n, \qquad (3.2.18)$$

ce qui donne un encadrement précis de $\mathbb{P}_i(X_n > 0)/m^n$.

2) Si n est suffisamment grand, nous avons

$$i\,\frac{1-m}{\sigma^2}\, m^{n+1} \ \leq\ \mathbb{P}_i(X_n > 0) \leq\ i\, m^n.$$

Preuve. 1) Nous avons déjà vu précédemment que

$$\mathbb{P}_i(X_n > 0) \leq i\, \mathbb{P}_1(X_n > 0) \leq i\, \mathbb{E}_1(X_n) = i\, m^n,$$

ce qui prouve l'inégalité de droite.

Pour l'inégalité de gauche, étudions tout d'abord le cas où il y a un seul ancêtre. Remarquons que $\sigma^2 = m_2 - m^2$. Nous avons

$$\left(\mathbb{E}_1(X_n \mathbb{1}_{X_n>0})\right)^2 \leq \mathbb{E}_1(X_n^2)\, \mathbb{P}_1(X_n > 0),$$

d'où

$$\mathbb{P}_1(X_n > 0) \geq \frac{\mathbb{E}_1(X_n)^2}{\mathbb{E}_1(X_n^2)} = \frac{m^{2n}}{\mathbb{E}_1(X_n^2)}.$$

Or, comme nous l'avons montré précédemment en (3.2.16),

$$\mathbb{E}_1(X_n^2 | \mathcal{F}_{n-1}) \ =\ m_2 X_{n-1} + m^2\, X_{n-1}(X_{n-1} - 1).$$

D'où

$$\begin{aligned}
\mathbb{E}_1(X_n^2) &= (m_2 - m^2)\mathbb{E}_1(X_{n-1}) + m^2\, \mathbb{E}_1((X_{n-1})^2) \\
&= \sigma^2 m^{n-1} + m^2\, \mathbb{E}_1((X_{n-1})^2) \\
&= \sigma^2 \left(m^{n-1} + m^n + \ldots + m^{2(n-1)}\right) + m^{2n}\mathbb{E}_1((X_0)^2) \\
&= \sigma^2\, m^{n-1}\frac{1 - m^n}{1 - m} + m^{2n}.
\end{aligned}$$

Prouvons maintenant le cas général d'une condition initiale $i \in \mathbb{N}^*$.

Remarquons que

$$\begin{aligned}
\mathbb{P}_i(X_n > 0) &= 1 - \mathbb{P}_i(X_n = 0) = 1 - (\mathbb{P}_1(X_n = 0))^i \\
&= 1 - (1 - \mathbb{P}_1(X_n > 0))^i.
\end{aligned}$$

Nous utilisons alors le fait que $\forall k \in \mathbb{N}, x \in [0, 1]$,

$$1 - (1 - x)^k \geq kx - \frac{k(k - 1)}{2}\, x^2,$$

dû au fait que $kx - (1 - (1 - x)^k) = k(k - 1) \int_0^x du \int_0^u (1 - y)^{k-2} dy$. Nous avons alors

$$\mathbb{P}_i(X_n > 0) \geq i\, \mathbb{P}_1(X_n > 0) \left(1 - \frac{i - 1}{2}\, \mathbb{P}_1(X_n > 0)\right),$$

d'où la première assertion de la proposition.

2) Quand n est grand, le terme prépondérant dans le terme de gauche de l'inégalité (3.2.18) vaut $\frac{1-m}{\sigma^2}\, m^{n+1}$, ce qui donne la deuxième assertion .   □

Il est intéressant d'un point de vue écologique d'étudier le temps moyen d'extinction d'une population sous-critique en fonction de la taille de la population initiale. Le résultat suivant va répondre à cette question pour une population sous-critique initialement très grande.

Proposition 3.2.12 *Considérons un processus de Galton-Watson $(X_n)_n$ sous critique ($m < 1$) et tel que $X_0 = i$. Supposons de plus que $m_2 < +\infty$ et posons $c_1 = \frac{(1-m)m}{\sigma^2}$. Soit T_0 le temps d'atteinte de 0 du processus $(X_n)_n$.*

Alors, pour i suffisamment grand,

$$\left(\frac{\log i - \log \log i}{|\log m|}\right)\left(1 - \frac{1}{i^{c_1}}\right) \leq \mathbb{E}_i(T_0) \leq \frac{\log i}{|\log m|} + \frac{2 - m}{1 - m}.$$

Corollaire 3.2.13 *Dans les mêmes conditions que ci-dessus, nous avons*

$$\mathbb{E}_i(T_0) \sim_{i \to \infty} \frac{\log i}{|\log m|}. \tag{3.2.19}$$

Remarque 3.2.14 *Ce corollaire a des conséquences écologiques importantes : même si au temps 0, la population est extrêmement grande, elle va s'éteindre rapidement si le nombre moyen d'enfants par individu est inférieur à 1. En effet, $\log i$ est négligeable devant i quand $i \to +\infty$.*

Preuve. Introduisons $\phi(i) = \frac{\log i}{|\log m|}$ et $\psi(i) = \frac{\log \log i}{|\log m|}$. Nous avons

$$
\begin{aligned}
\mathbb{E}_i(T_0) &= \sum_n \mathbb{P}_i(T_0 > n) \\
&= \sum_{n=0}^{[\phi(i)]} \mathbb{P}_i(T_0 > n) + \sum_{n=[\phi(i)]+1}^{\infty} \mathbb{P}_i(T_0 > n) \\
&\leq \phi(i) + 1 + i \sum_{n=[\phi(i)]+1}^{\infty} m^n \\
&\leq \phi(i) + 1 + i \frac{m^{\phi(i)}}{1-m} , \quad \text{car } m < 1, \\
&\leq \frac{\log i}{|\log m|} + \frac{2-m}{1-m},
\end{aligned}
$$

car

$$
i \, m^{[\phi(i)]} \leq i \, e^{-\frac{\log i}{|\log m|} \ln m} = 1.
$$

Nous obtenons ainsi l'inégalité de droite de la Proposition 3.2.12.

Pour l'inégalité de gauche, remarquons tout d'abord que

$$
e^{-c_1 i \, m^{\phi(i) - \psi(i)}} = e^{-c_1 m^{-\psi(i)}} = e^{-c_1 e^{-\psi(i) \log m}} = e^{-c_1 \log i} = e^{c_1 \log \frac{1}{i}} = \frac{1}{i^{c_1}}.
$$

Nous en déduisons que pour $\phi(i) - \psi(i)$ assez grand,

$$
\begin{aligned}
\mathbb{P}_i(T_0 \leq \phi(i) - \psi(i)) &= (1 - \mathbb{P}_1(T_0 > \phi(i) - \psi(i)))^i \\
&\leq e^{-i \mathbb{P}_1(T_0 > \phi(i) - \psi(i))} \leq e^{-i c_1 m^{\phi(i) - \psi(i)}} = \frac{1}{i^{c_1}},
\end{aligned}
$$

car $(1-x)^k \leq e^{-kx}$ et par la Proposition 3.2.11 2).

Ainsi, si $n \leq \phi(i) - \psi(i)$, nous avons

$$
\begin{aligned}
\mathbb{P}_i(T_0 > n) &\geq \mathbb{P}_i(T_0 > \phi(i) - \psi(i)) \\
&\geq 1 - \mathbb{P}_i(T_0 \leq \phi(i) - \psi(i)) \\
&\geq 1 - \frac{1}{i^{c_1}},
\end{aligned}
$$

d'où

$$
\begin{aligned}
\mathbb{E}_i(T_0) \geq \sum_{n=0}^{[\phi(i) - \psi(i)]} \mathbb{P}_i(T_0 > n) &\geq \left(1 - \frac{1}{i^{c_1}}\right) ([\phi(i) - \psi(i)] + 1) \\
&\geq \left(\frac{\log i - \log \log i}{|\log m|}\right) \left(1 - \frac{1}{i^{c_1}}\right).
\end{aligned}
$$

□

Exemple : Application à l'extinction des baleines noires en Atlantique du Nord (Cf. Caswell et al. [15] et Haccou-Jagers-Vatutin [37])

Nous nous intéressons à la loi de reproduction des baleines femelles. L'unité de temps est un an. La probabilité de mourir est $\beta \in [0,1]$ et la probabilité d'avoir un petit femelle (en un an) est $\alpha \in [0,1]$. La loi de reproduction est donc donnée par $q_0 = \beta$, $q_1 = (1-\beta)(1-\alpha)$, $q_2 = \alpha(1-\beta)$. En 1994, des estimations donnent $q_0 = 0,06$ et $\alpha = 0,038$. Alors $m = q_1 + 2q_2 = (1-\beta)(1+\alpha) = 0,976 < 1$, et le processus de Galton-Watson est sous-critique, avec $\sigma^2 = q_1 + 4q_2 = 0,095$. D'autre part des études statistiques estiment à 150 le nombre de baleines en 1994.

Cherchons pendant combien d'années l'on peut être certain qu'avec 99% de chances, il n'y aura pas extinction. On fait le calcul en appliquant la Proposition 3.2.11.

$$\mathbb{P}(X_n > 0 \,|\, X_0 = 150) \geq 0,99 \quad \text{dès que} \quad i(1-m)\frac{m^n+1}{\sigma^2} \geq 0,99$$
$$\Longleftrightarrow \quad n \leq 150.$$

Ainsi, avec 99% de chances et si il n'y a pas de changement environnemental, les baleines survivront jusqu'en 2144.

Cherchons maintenant dans combien d'années les baleines auront 99% de chances d'avoir disparu.

$$\mathbb{P}(X_n = 0 \,|\, X_0 = 150) \geq 0,99 \quad \text{dès que} \quad i\,m^n \leq 0,01$$
$$\Longleftrightarrow \quad n \geq 395.$$

Ainsi, nous pouvons assurer avec 99% de chances que si il n'y a pas de changement environnemental, les baleines auront disparu en 2389.

Le Corollaire 3.2.13 appliqué à $m = 0,976$ et $i = 150$ donne que $\mathbb{E}_i(T_0) \simeq 206$.

Remarque 3.2.15 *Bien-sûr, le modèle de branchement est très approximatif pour décrire le comportement de la population de baleines et ces calculs donnent seulement un ordre de grandeur du temps d'extinction. De plus, quand la population devient de petite taille, les processus de reproduction entraînent plus facilement l'accumulation de mutations délétères qui accroissent la mauvaise adaptation des baleines au milieu et pourront entraîner une accélération de leur extinction. On appelle cette accélération "le vortex d'extinction". Des recherches sont développées actuellement pour modéliser cette spirale d'extinction. Voir par exemple [26].*

3.3 Relation entre processus de Bienaymé-Galton-Watson et modèle de généalogie.

Etudions le comportement d'un processus de BGW conditionné à rester de taille constante N. Nous allons voir que dans ce cas, si la loi de reproduction du BGW est une loi de Poisson, la loi conditionnelle est liée au modèle de Wright-Fisher, que nous étudierons en détail dans le Chapitre 6.

Théorème 3.3.1 *Soit N un entier non nul. Considérons un processus X de Galton-Watson, dont la loi de reproduction est une loi de Poisson de paramètre m et supposons que $X_0 = N$. Alors, conditionnellement au fait que X garde la même valeur N, ($X_n = N$, pour tout n), la répartition des descendants $(Y_1, \cdots, Y_N)$ de chaque individu de la génération précédente suit une loi multinomiale de paramètres $(N, \frac{1}{N}, \cdots, \frac{1}{N})$.*

Preuve. Soit D_i le nombre de descendants de l'individu i dans le modèle de BGW conditionné à rester de taille constante N. Soit $(k_1, \cdots, k_N)$, un N-uplet d'entiers de somme N. On a alors

$$
\begin{aligned}
\mathbb{P}_N(D_1 = k_1, \cdots, D_N = k_N) &= \mathbb{P}_N(Y_1 = k_1, \cdots, Y_N = k_N | X_1 = N) \\
&= \frac{\prod_{i=1}^N \mathbb{P}(Y_i = k_i)}{\mathbb{P}_N(X_1 = N)},
\end{aligned}
$$

où les variables aléatoires Y_i, désignant le nombre de descendants de l'individu i dans le modèle de BGW, sont indépendantes. Appelons comme précédemment g la fonction génératrice de la loi de reproduction, qui est supposée être une loi de Poisson de paramètre m. On a pour tout $s \in [0, 1]$

$$
g(s) = \exp(-m(1 - s)),
$$

et la fonction génératrice de X_1 sous $\mathbb{P}_N$ est $g(s)^N = \exp(-Nm(1 - s))$. La loi de X_1 sous $\mathbb{P}_N$ est donc une loi de Poisson de paramètre mN. Nous en déduisons que

$$
\begin{aligned}
\mathbb{P}(D_1 = k_1, \cdots, D_N = k_N) &= \frac{N!}{e^{-mN}(Nm)^N} \prod_{i=1}^N e^{-m} \frac{m^{k_i}}{k_i!} \\
&= \frac{N!}{k_1! \cdots k_N!} \left(\frac{1}{N} \right)^N.
\end{aligned}
$$

Nous reconnaissons ici la loi multinomiale de paramètres $(N, \frac{1}{N}, \cdots, \frac{1}{N})$. $\square$

3.4 Comportement quasi-stationnaire

Revenons ici au cas d'un processus de branchement monotype. Nous avons vu que dans les cas sous-critique ou critique, le processus de BGW $(X_n)_n$ s'éteint presque-sûrement. Mais le temps nécessaire à l'extinction peut être très long (par exemple dans le cas critique) et dans une échelle de temps qui n'est pas l'échelle de temps humaine. On peut alors dans certains cas observer une apparente stationnarité de la population, alors que celle-ci est en voie d'extinction. Ainsi, une étude faite sur des serpents à sonnettes en Arizona (cf. Renault, Ferrière, Porter, non publié), montre que la moyenne du nombre de descendants vaut $m = 0,91$. Le processus est donc très nettement sous-critique. L'étude expérimentale montre toutefois qu'après une phase de décroissance violente de la population, celle-ci semble s'être stabilisée.

Notre but dans ce paragraphe est de donner un sens mathématique à cette stabilité avant extinction. Par analogie avec la recherche d'une probabilité invariante (ou stationnaire), la question peut être posée sous l'une des formes suivantes :

1 - Existe-t-il une probabilité sur $\mathbb{N}^*$ qui laisse invariante la loi conditionnelle de X_n sachant que la population n'est pas éteinte au temps n ? Une telle probabilité, si elle existe, sera appelée probabilité (ou distribution) quasi-stationnaire.

2 - La limite de la loi conditionnelle de X_n sachant que la population n'est pas éteinte au temps n,

$$\lim_{n \to \infty} Loi(X_n | X_n > 0),$$

existe-telle ?

Nous allons introduire les notions de distribution quasi-stationnaire et de limite de Yaglom (du nom du mathématicien qui introduisit cette notion pour des processus de branchement [73]) pour une chaîne de Markov absorbée en 0 et en donner quelques propriétés fondamentales. Nous étudierons ensuite plus précisément le cas des processus de BGW.

La notion de quasi-stationarité est très riche et pour une étude plus approfondie de ses propriétés, nous renvoyons à Collet-Martinez-San Martin [23] ou à Méléard-Villemonais [57].

3.4.1 Distribution quasi-stationnaire et limite de Yaglom

Soit $(X_n)_n$ une chaîne de Markov sur $\mathbb{N}$ absorbée en 0. Nous supposons de plus qu'elle atteint 0 presque-sûrement. Notons comme précédemment par T_0 le temps d'atteinte de 0. Ainsi,

$$\mathbb{P}(T_0 < +\infty) = 1. \tag{3.4.20}$$

Pour toute probabilité $\nu = (\nu_j)_{j \geq 1}$ sur $\mathbb{N}^*$, nous noterons $\mathbb{P}_\nu = \sum_{j \geq 1} \nu_j \mathbb{P}_j$.

Définition 3.4.1 *Une probabilité ν sur $\mathbb{N}^*$ est une probabilité ou distribution quasi-stationnaire pour le processus X si elle vérifie que pour tout $j \geq 1$ et pour tout n,*

$$\mathbb{P}_\nu(X_n = j \mid T_0 > n) = \nu_j.$$

Remarque 3.4.2 *Remarquons que l'événement conditionnant $\{T_0 > n\} = \{X_n \neq 0\}$ a une probabilité qui tend vers 0 quand n tend vers l'infini puisque T_0 est fini presque-sûrement. On conditionne donc par un événement de plus en plus rare, quand n augmente.*

Définition 3.4.3 *Le processus de Markov $(X_n)_n$ admet la limite de Yaglom μ si μ est une probabilité sur $\mathbb{N}^*$ telle que pour tout $j \geq 1$ et pour tout $i \geq 1$,*

$$\lim_{n \to \infty} \mathbb{P}_i(X_n = j \mid T_0 > n) = \mu_j.$$

Proposition 3.4.4 *Une limite de Yaglom pour le processus est une distribution quasi-stationnaire.*

Remarque 3.4.5 *Remarquons que quand elle existe, la limite de Yaglom est unique. Il n'en n'est pas de même pour les distributions quasi-stationnaires comme nous le verrons au paragraphe suivant. Ainsi certaines distributions quasi-stationnaires ne sont pas des limites de Yaglom.*

Preuve. Soit μ la limit de Yaglom d'une chaîne de Markov $(X_n)_n$ à valeurs entières. C'est donc une probabilité sur $\mathbb{N}^*$. Nous voulons montrer que c'est une distribution quasi-stationnaire. Considérons une fonction f, définie et bornée sur $\mathbb{N}^*$. Nous avons par définition et pour tout $i \geq 1$,

$$\mu(f) = \lim_{n \to \infty} \mathbb{P}_i(f(X_n) \mid T_0 > n) = \lim_{n \to \infty} \frac{\mathbb{P}_i(f(X_n) ; T_0 > n)}{\mathbb{P}_i(T_0 > n)}.$$

Appliquons cette propriété à la fonction $f(l) = \mathbb{P}_l(T_0 > k)$, où $k \geq 1$. Nous en déduisons par la propriété de Markov

$$\mathbb{P}_\mu(T_0 > k) = \lim_{n \to \infty} \frac{\mathbb{P}_i(T_0 > k + n)}{\mathbb{P}_i(T_0 > n)}.$$

Si maintenant nous considérons la fonction $f(l) = \mathbb{P}_l(X_k \in A; T_0 > k)$, où A est une partie de $\mathbb{N}^*$ et si nous appliquons de nouveau la propriété de Markov, nous obtenons

$$\begin{aligned}
\mathbb{P}_\mu(X_k \in A; T_0 > k) &= \lim_{n \to \infty} \frac{\mathbb{P}_i(X_{k+n} \in A; T_0 > k + n)}{\mathbb{P}_i(T_0 > n)} \\
&= \lim_{n \to \infty} \frac{\mathbb{P}_i(X_{k+n} \in A; T_0 > k + n)}{\mathbb{P}_i(T_0 > k + n)} \frac{\mathbb{P}_i(T_0 > k + n)}{\mathbb{P}_i(T_0 > n)}.
\end{aligned}$$

Par la Définition 3.4.3, nous savons que $\frac{\mathbb{P}_i(X_{k+n} \in A; T_0 > k+n)}{\mathbb{P}_i(T_0 > k+n)}$ converge vers $\mu(A)$ quand n tend vers l'infini et que $\frac{\mathbb{P}_i(T_0 > k+n)}{\mathbb{P}_i(T_0 > n)}$ converge vers $\mathbb{P}_\mu(T_0 > k)$. Nous en déduisons que pour tout ensemble A de $\mathbb{N}^*$ et pour tout $k \geq 1$,

$$\mu(A) = \mathbb{P}_\mu(X_k \in A \mid T_0 > k).$$

Ainsi, la probabilité μ est une distribution quasi-stationnaire pour le processus. □

Proposition 3.4.6 *Soit ν une probabilité quasi-stationnaire sur $\mathbb{N}^*$. Alors il existe un nombre réel $\rho(\nu) \in (0, 1)$ tel que*

$$\mathbb{P}_\nu(T_0 > n) = \rho(\nu)^n. \tag{3.4.21}$$

Ainsi, si le processus est issu d'une distribution quasi-stationnaire, son temps d'extinction suit une loi géométrique de paramètre $\rho(\nu)$.

Preuve. Par la propriété de Markov, nous avons

$$\begin{aligned}
\mathbb{P}_\nu(T_0 > n + k) &= \mathbb{E}_\nu\big(\mathbb{P}_{X_n}(T_0 > k)\mathbb{1}_{T_0 > n}\big) \\
&= \mathbb{P}_\nu(T_0 > n)\,\mathbb{E}_\nu(\mathbb{P}_{X_n}(T_0 > k) \mid T_0 > n).
\end{aligned}$$

Par la Définition 3.4.1 , nous avons

$$\mathbb{E}_\nu(\mathbb{P}_{X_n}(T_0 > k) \mid T_0 > n) = \mathbb{P}_\nu(T_0 > k).$$

Ainsi, pour tous n, k,

$$\mathbb{P}_\nu(T_0 > n + k) = \mathbb{P}_\nu(T_0 > n)\,\mathbb{P}_\nu(T_0 > k).$$

Un raisonnement élémentaire invoquant (3.4.20) permet de conclure. □

Proposition 3.4.7 *Soit ν une probabilité quasi-stationnaire sur $\mathbb{N}^*$. Alors pour tout $0 < \gamma < -\log \rho(\nu)$,*

$$\mathbb{E}_\nu(e^{\gamma T_0}) < +\infty. \tag{3.4.22}$$

En particulier, il existe $i \in \mathbb{N}^*$, tel que $\mathbb{E}_i(e^{\gamma T_0}) < +\infty$.

Cette proposition suggère que si, avec probabilité positive, la population peut s'éteindre après un temps extrêmement long, alors le processus n'aura pas de distribution quasi-stationnaire. Cela sera le cas pour un processus de BGW critique. (Voir Théorème 3.4.8 ci-dessous).

Preuve. Puisque sous ν, T_0 suit une loi géométrique de paramètre $\rho(\nu)$, le moment exponentiel $\mathbb{E}_\nu(e^{\gamma T_0})$ sera fini si $\gamma < -\log \rho(\nu)$, comme nous le voyons dans le calcul ci-dessous :

$$\mathbb{E}_\nu(e^{\gamma T_0}) = \sum_{n \geq 1} e^{\gamma n}(\rho(\nu))^n(1 - \rho(\nu)) = \frac{e^\gamma(1 - \rho(\nu))}{1 - e^\gamma \rho(\nu)}.$$

Puisque $\mathbb{E}_\nu(e^{\gamma T_0}) = \sum_{i \geq 1} \nu_i\,\mathbb{E}_i(e^{\gamma T_0})$, nous en déduisons la dernière assertion. □

3.4.2 Distributions quasi-stationnaires pour une chaîne de BGW

Etudions les distributions quasi-stationnaires d'un processus de BGW et l'existence d'une limite de Yaglom.

Théorème 3.4.8 *Soit $(X_n)_n$ une chaîne de BGW et m la moyenne de sa loi de reproduction.*

(i) Il n'y a pas de distribution quasi-stationnaire si la chaine est critique ou surcritique.

(ii) Si la chaine est sous-critique , Il existe une limite de Yaglom $\mu = (\mu_j)_{j \geq 1}$ sur $\mathbb{N}^*$, telle que $\forall i, j \geq 1$,

$$\lim_{n \to \infty} \mathbb{P}_i(X_n = j \mid X_n > 0) = \mu_j. \tag{3.4.23}$$

De plus, la fonction génératrice $\hat{g}$ de μ est l'unique solution de l'équation : pour tout $s \in [0, 1]$,

$$1 - \hat{g}(g(s)) = m(1 - \hat{g}(s)). \tag{3.4.24}$$

(iii) Il y a une infinité de distributions quasi-stationnaires pour une chaine de BGW sous-critique.

Preuve. La preuve est adaptée de Athreya et Ney [5] p. 13-14 et de Seneta et Vere-Jones [67]. Elle va utiliser principalement les fonctions génératrices, dont nous avons vu qu'elles étaient un outil particulièrement adapté, dès lors que l'on a la propriété de branchement.

(i) Dans les cas critique et surcritique, nous avons $\mathbb{E}_1(T_0) = +\infty$, ce qui implique que $\mathbb{E}_\nu(T_0) = +\infty$ pour toute probabilité ν sur $\mathbb{N}^*$. Cela contredit donc l'existence d'une distribution quasi-stationnaire, par la Proposition 3.4.7.

(ii) Notons comme précédemment par g_n la fonction génératrice de $(X_n)_n$. Pour chaque $n \in \mathbb{N}^*$, nous introduisons la fonction génératrice conditionnelle définie pour $s \in [0, 1]$ par

$$
\begin{aligned}
\hat{g}_n(s) &= \mathbb{E}_1(s^{X_n} \mid X_n > 0) = \frac{\mathbb{E}_1(s^{X_n} \mathbb{1}_{X_n > 0})}{\mathbb{P}_1(X_n > 0)} \\
&= \frac{\mathbb{E}_1(s^{X_n}) - \mathbb{P}_1(X_n = 0)}{1 - \mathbb{P}_1(X_n = 0)} \\
&= \frac{g_n(s) - g_n(0)}{1 - g_n(0)} = 1 - \frac{1 - g_n(s)}{1 - g_n(0)} \in [0, 1]. \tag{3.4.25}
\end{aligned}
$$

Remarquons que par définition, cette loi conditionnelle ne charge pas le point 0.

Montrons que pour s fixé, la suite $n \to \frac{1 - g_n(s)}{1 - g_n(0)}$ est croissante. Nous écrivons

$$\frac{1 - g_{n+1}(s)}{1 - g_{n+1}(0)} = \frac{1 - g_{n+1}(s)}{1 - g_n(s)} \frac{1 - g_n(s)}{1 - g_n(0)} \frac{1 - g_n(0)}{1 - g_{n+1}(0)}.$$

Or, les fonctions génératrices sont convexes et donc leur taux d'accroissement est croissant. Ainsi, la fonction $u \to \frac{1-g(u)}{1-u}$ est croissante, et nous en déduisons que

$$\frac{1-g_{n+1}(s)}{1-g_n(s)} \geq \frac{1-g_{n+1}(0)}{1-g_n(0)} \quad \text{et} \quad \frac{1-g_{n+1}(s)}{1-g_{n+1}(0)} \geq \frac{1-g_n(s)}{1-g_n(0)}.$$

Ainsi, la suite $\left(\frac{1-g_n(s)}{1-g_n(0)}\right)_n$ est croissante et majorée par 1, car $g_n(s) \geq g_n(0)$. La suite $(\hat{g}_n(s))_n$ est donc décroissante et minorée par 0 et converge vers $\hat{g}(s) \in [0,1]$. La fonction $\hat{g}$ est alors la fonction génératrice d'une mesure finie de masse inférieure ou égale à 1. Si nous montrons que $\hat{g}$ est continue en 1, nous pourrons alors conclure par un théorème de Paul Lévy que $\hat{g}$ est la fonction génératrice d'une probabilité μ qui ne charge pas 0 (Voir Métivier [58] p.183).

Pour cela, nous montrons tout d'abord que $\hat{g}$ est solution d'une équation fonctionnelle. Nous avons

$$1-\hat{g}(s) = \lim_n \frac{1-g_{n+1}(s)}{1-g_{n+1}(0)} = \lim_n \frac{1-g_{n+1}(s)}{1-g_n(0)} \frac{1-g_n(0)}{1-g_{n+1}(0)}.$$

Mais

$$\lim_{n\to\infty} \frac{1-g_n(0)}{1-g_{n+1}(0)} = \lim_{u\to 1} \frac{1-u}{1-g(u)} = \frac{1}{m},$$

car $m = g'(1)$. De plus,

$$\lim_n \frac{1-g_n(g(s))}{1-g_n(0)} = 1-\hat{g}(g(s)),$$

par définition de $\hat{g}$. Nous obtenons alors que $1-\hat{g}(g(s)) = m(1-\hat{g}(s))$ et $\hat{g}$ est solution de (3.4.24). Quand s tend vers 1, le passage à la limite dans l'équation (3.4.24) entraîne la continuité de $\hat{g}$ en 1.

A priori, la fonction $\hat{g}$ dépend du point de départ de la chaîne. Montrons qu'il n'en est rien. Supposons qu'il y ait initialement i individus. Alors, de même que précédemment, nous avons

$$\hat{g}_{n,i}(s) = \mathbb{E}_i(s^{X_n} \mid X_n > 0) = \frac{\mathbb{E}_i(s^{X_n}) - \mathbb{P}_i(X_n = 0)}{1-\mathbb{P}_i(X_n=0)} = \frac{(\mathbb{E}_1(s^{X_n}))^i - (\mathbb{P}_1(X_n=0))^i}{1-(\mathbb{P}_1(X_n=0))^i}.$$

Comme le processus $(X_n)_n$ est sous-critique, les quantités $\mathbb{E}_1(s^{X_n})$ et $\mathbb{P}_1(X_n=0)$ tendent vers 1 quand n tend vers l'infini. Nous en déduisons que

$$\mathbb{E}_i(s^{X_n}) = 1 + i\left(\mathbb{E}_1(s^{X_n}) - 1\right) + o(\mathbb{E}_1(s^{X_n}) - 1),$$
$$\mathbb{P}_i(X_n = 0) = 1 - i\,\mathbb{P}_1(X_n > 0) + o(\mathbb{P}_1(X_n > 0)).$$

Par suite,

$$\mathbb{E}_i(s^{X_n} \mid X_n > 0) \sim_{n\to\infty} \frac{\mathbb{E}_1(s^{X_n}) - 1 + \mathbb{P}_1(X_n > 0)}{1-1+\mathbb{P}_1(X_n > 0)} = \frac{\mathbb{E}_1(s^{X_n}) - \mathbb{P}_1(X_n = 0)}{1-\mathbb{P}_1(X_n = 0)},$$

d'où $\hat{g}_{n,i}(s)$ converge vers $\hat{g}(s)$ quand n tend vers l'infini.

Ainsi, μ est la limite de Yaglom de la chaîne et satisfait (3.4.23).

Prouvons maintenant que $\hat{g}$ est l'unique solution de (3.4.24). Supposons qu'il existe deux fonctions génératrices $\hat{g}$ et $\hat{h}$ satisfaisant (3.4.24). Par récurrence, nous pouvons montrer que pour tout $n \geq 1$ et $s \in [0,1]$,

$$\hat{g}(g_n(s)) = m^n \hat{g}(s) - (m^{n-1} + \cdots + m + 1)(m-1),$$
$$\hat{h}(g_n(s)) = m^n \hat{h}(s) - (m^{n-1} + \cdots + m + 1)(m-1).$$

Nous en déduisons que

$$\hat{g}'(g_n(s))\, g_n'(s) = m^n \hat{g}'(s)\,;\; \hat{h}'(g_n(s))\, g_n'(s) = m^n \hat{h}'(s).$$

Puisque dans le cas sous-critique, la suite $(g_n(0))$ tend en croissant vers 1, il existera pour tout $s \in [0,1]$, un entier k tel que

$$g_k(0) \leq s \leq g_{k+1}(0).$$

Ainsi nous avons

$$\frac{\hat{g}'(s)}{\hat{h}'(s)} = \frac{\hat{g}'(g_n(s))}{\hat{h}'(g_n(s))} \leq \frac{\hat{g}'(g_{n+k+1}(0))}{\hat{g}'(g_{n+k}(0))} = \frac{\hat{g}'(0)}{\hat{h}'(0)} \frac{m\, g_{n+k}'(0)}{g_{n+k+1}'(0)} = \frac{\hat{g}'(0)}{\hat{h}'(0)} \frac{m}{g'(g_{n+k}(0))}.$$

Quand n tend vers l'infini, nous en déduisons que pour tout $s \in [0,1]$, $\frac{\hat{g}'(s)}{\hat{h}'(s)} \leq \frac{\hat{g}'(0)}{\hat{h}'(0)}$. Nous pouvons établir l'inégalité inverse de manière similaire et en déduire l'égalité des deux expressions. Comme de plus, puisque $\hat{g}$ et $\hat{h}$ sont deux fonctions génératrices de probabilités sur $\mathbb{N}^*$, nous savons que $\hat{g}(0) = \hat{h}(0) = 0$ et $\hat{g}(1) = \hat{h}(1) = 1$. Nous en déduisons finalement l'égalité des deux fonctions.

(iii) Nous allons maintenant conclure la preuve du théorème en montrant qu'il existe une infinité de distributions quasi-stationnaires pour le processus de BGW sous-critique.

Soit $a \in]0,1[$ une constante et définissons μ_a, la probabilité sur $\mathbb{N}^*$ de fonction génératrice $g^{\mu_a}(s) = 1 - (1-s)^a$. Nous avons

$$\mathbb{E}_{\mu_a}\left(s^{X_n} \mid X_n > 0\right) = 1 - \frac{1 - g^{\mu_a} \circ g_n(s)}{1 - g^{\mu_a} \circ g_n(0)} = 1 - \left(\frac{1 - g_n(s)}{1 - g_n(0)}\right)^a.$$

Si nous notons par ν_a la probabilité de fonction génératrice $g^{\nu_a}(s) = 1 - (1-\hat{g}(s))^a$, nous en déduisons alors que

$$\lim_{n \to \infty} \mathbb{E}_{\mu_a}\left(f(X_n) \mid X_n > 0\right) = \nu_a(f),$$

pour toute fonction f bornée sur $\mathbb{N}^*$. Par une preuve similaire à celle de la Proposition 3.4.4, nous en déduisons que ν_a est une distribution quasi-stationnaire du processus. Remarquons que $\nu = \nu_1$. Ainsi la famille $(\nu_a)_{a \in]0,1]}$ est une collection infinie de distributions quasi-stationnaires pour le processus $(X_n)_n$. $\qquad\square$

3.5   Extension 1 : Les chaînes densité-dépendantes

Nous allons considérer maintenant, de manière un peu superficielle, des chaînes BGW qui sont densité-dépendantes et sans immigration. Bien sûr, ce sont des modèles beaucoup plus crédibles du point de vue de la biologie. Nous les développerons plus en détail dans le cadre du temps continu, dans le Chapitre 5. L'état 0 est toujours un état absorbant, et le temps d'extinction est encore $T_0 = \inf\{n : X_n = 0\}$. En revanche, la "propriété de branchement" n'est plus valide.

Typiquement, une telle chaîne modélise l'évolution d'une population de type BGW en prenant en compte des ressources limitées qui diminuent les possibilités de reproduction, lorsque l'effectif i de la population augmente. Il est alors naturel de supposer que les moyennes $m(i)$ des lois de reproduction $Q(i)$ et les probabilités de mort sans descendance $q_0(i)$ vérifient :

$$m(i+1) \leq m(i), \qquad q_0(i) \leq q_0(i+1). \qquad (3.5.26)$$

Par exemple, considérons un cadre d'interaction appelé "logistique" :

$$q_0(i) = \frac{q_0 + Ci}{1 + Ci} \; ; \; q_\ell(i) = \frac{q_\ell}{1 + Ci},$$

où $(q_\ell)_{\ell \in \mathbb{N}}$ est une probabilité sur $\mathbb{N}$ et C une constante strictement positive. Ce modèle vérifie bien les propriétés (3.5.26).

Nous allons nous contenter de montrer un résultat partiel d'extinction. Nous verrons dans la preuve que la densité-dépendance entraîne de grosses complications techniques. Rappelons que $m(i) < 1$ implique $q_0(i) > 0$, puisque $m(i) = \sum_{\ell \geq 1} \ell\, q_\ell(i) \geq \sum_{\ell \geq 1} q_\ell(i) = 1 - q_0(i)$.

Théorème 3.5.1 *Supposons que la loi de reproduction vérifie $q_0(i) > 0$ et $m(i) < +\infty$ pour tout $i \geq 1$. Supposons de plus qu'il existe un $a \in\,]0,1[$ tel que $m(i) \leq a$ pour tout $i \geq 1$ sauf (éventuellement) pour un nombre fini. Alors nous avons extinction presque-sûre du processus : $\mathbb{P}_i(T_0 < +\infty) = 1$ pour tout i.*

Notons que sous (3.5.26) les hypothèses de ce théorème se réduisent à $q_0(1) > 0$ et $\lim_{i \to \infty} m(i) < 1$.

Preuve. Comme $q_0(i) \geq 1 - m(i) \geq 1 - a$ si $m(i) \leq a$, nous avons d'après les hypothèses que

$$b = \inf_{\{i\,;\, m(i) \leq a\}} q_0(i) \in\,]0,1[$$

Le même calcul que dans le cas densité-indépendant montre que $\mathbb{E}_i(X_{n+1}|\mathcal{F}_n) = X_n\, m(X_n)$

(avec $m(0) = 0$). Ainsi, la suite

$$Z_n = \begin{cases} X_0, & \text{si } n = 0 \\ X_n / \prod_{l=0}^{n-1} m(X_l) & \text{si } n \geq 1 \end{cases}$$

est une martingale positive, d'espérance $\mathbb{E}_i(Z_n) = i$. Elle converge alors $\mathbb{P}_i$–presque-sûrement vers une limite finie. Par suite, la variable aléatoire $M = \sup_n Z_n$ est finie $\mathbb{P}_i$–presque-sûrement et nous avons

$$X_n \leq M U_n, \qquad \text{où} \quad U_n = \prod_{l=0}^{n-1} m(X_l). \tag{3.5.27}$$

Soit $\alpha_N(i,j)$ le nombre de fois où X_n passe en $j \geq 1$ entre les instants 0 et N, en partant de i. Comme 0 est un état absorbant, ce nombre est égal au nombre de fois où $X_n = j$ et $X_{n+1} > 0$ pour n entre 0 et $N-1$, plus éventuellement 1. Donc pour $j \geq 1$,

$$\alpha_N(i,j) = \mathbb{E}_i\left(\sum_{n=0}^{N} \mathbb{1}_{\{X_n = j\}}\right) \leq 1 + \mathbb{E}_i\left(\sum_{n=0}^{N-1} \mathbb{1}_{\{X_n = j, X_{n+1} > 0\}}\right).$$

Comme $p_{j0} = q_0(j)^j \geq b^j$ si $m(j) \leq a$, nous pouvons en déduire par la propriété de Markov qu'alors,

$$\mathbb{P}_i(X_n = j, X_{n+1} > 0) = (1 - q_0(j)^j)\,\mathbb{P}_i(X_n = j) \leq (1 - b^j)\,\mathbb{P}_i(X_n = j),$$

puis que

$$\alpha_N(i,j) \leq 1 + (1 - b^j)\alpha_{N-1}(i,j).$$

En itérant cette relation et comme $\alpha_0(i,j) \leq 1$, nous obtenons

$$\alpha_N(i,j) \leq 1 + (1 - b^j) + \ldots + (1 - b^j)^N \leq 1/b^j.$$

En faisant tendre N vers l'infini, nous en déduisons que $\mathbb{E}_i(\sum_n \mathbb{1}_{\{X_n = j\}}) < +\infty$. Le nombre de visites de la chaîne en j partant de i est intégrable.

Soit C l'ensemble (fini) des j tels que $m(j) > a$. Nous avons, si $X_0 = i$,

$$U_n \leq a^{\sum_{k=0}^{n-1} \mathbb{1}_{\{X_k \in C^c\}}} \prod_{j \in C} m(j)^{\alpha_{n-1}(i,j)}.$$

Mais comme chaque variable aléatoire $\sum_n \mathbb{1}_{\{X_n = j\}}$ est presque-sûrement finie pour $j \in C$, le nombre de passages par C est fini presque-sûrement. Ainsi, $\sum_{k=0}^{n-1} \mathbb{1}_{\{X_k \in C^c\}}$ tend vers l'infini avec n. Par suite U_n converge vers 0 presque-sûrement quand n tend vers l'infini et (3.5.27) entraîne qu'il en est de même de la suite X_n. Comme X_n est à valeurs entières et que 0 est absorbant, cela donne le résultat. $\qquad \square$

3.6   Extension 2 : Chaîne de BGW avec immigration

Ce paragraphe est essentiellement issu de Lambert [53].

Nous avons vu que la chaîne de BGW a un comportement limite "dégénéré" en un certain sens et il n'y a pas de probabilité invariante hormis la masse de Dirac en 0. La situation est différente avec de l'immigration, comme nous allons le voir ci-dessous.

Reprenons le modèle introduit au Chapitre 3.1, en supposant que pour tout $i \in \mathbb{N}$,

$$Q^i = Q \; ; \; \eta^i = \eta.$$

Ainsi, la chaîne de vie et de mort est densité-indépendante avec immigration et est décrite par

$$X_{n+1} = \sum_{k=1}^{i} Y_{n,k} + Z_{n+1} \text{ si } X_n = i, \text{ pour } i \in \mathbb{N}. \tag{3.6.28}$$

Les variables aléatoires $(Z_n)_{n \geq 1}$ ont la même loi η qu'une variable aléatoire Z.

La différence essentielle avec la chaîne de BGW simple (sans immigration) est que 0 n'est plus un état absorbant, puisque $P_{0,j} = \eta_j$ est strictement positif pour au moins un $j \geq 1$.

Dans la suite, nous supposons que

$$0 < q_0 < 1 \; , \; q_1 < 1 \; , \; \eta_0 < 1. \tag{3.6.29}$$

Comme dans le paragraphe précédent, notons par m l'espérance de la loi de reproduction. Dès son apparition, chaque immigrant se comporte comme les individus déjà présents dans la population et engendre donc un arbre de BGW composé de ses descendants, avec la même loi de reproduction.

Les théorèmes suivants décrivent le comportement en temps long du processus de BGW avec immigration. Ces théorèmes sont plus subtils à montrer que dans le cas sans immigration et nous n'en donnerons que des démonstrations partielles.

Théorème 3.6.1 *Supposons $m < 1$. Notons $\log^+ Z = \sup(\log Z, 0)$. On a alors la dichotomie suivante.*

$$\mathbb{E}(\log^+ Z) < +\infty \implies (X_n) \text{ converge en loi.}$$
$$\mathbb{E}(\log^+ Z) = +\infty \implies (X_n) \text{ converge en probabilité vers} + \infty.$$

Remarquons que ce théorème entraîne en particulier la convergence en loi de $(X_n)_n$ pour $m < 1$ et $\mathbb{E}(Z) < +\infty$. Ainsi, dans un cas sous-critique où la population sans immigration s'éteindrait presque-sûrement, une immigration va entraîner, soit la convergence vers un état limite non trivial, soit même une explosion de la population.

Théorème 3.6.2 *Supposons $m > 1$. On a alors la dichotomie suivante.*

$$\mathbb{E}(\log^+ Z) < +\infty \implies \lim_n m^{-n} X_n \text{ existe et est finie p.s..}$$

$$\mathbb{E}(\log^+ Z) = +\infty \implies \limsup_n c^{-n} X_n = +\infty \text{ pour toute constante } c > 1.$$

Ce théorème explore le comportement de X_n dans le cas de reproduction surcritique. Dans le premier cas, X_n se comporte quand n tend vers l'infini de manière exponentielle, comme dans le cas du processus de BGW sans immigration. En revanche, si $\mathbb{E}(\ln^+ Z) = +\infty$, la taille de la population explose plus vite qu'une fonction exponentielle.

Pour prouver ces théorèmes, nous allons utiliser le lemme suivant :

Lemme 3.6.3 *Soient $\zeta_1, \zeta_2, \cdots$ des variables aléatoires positives indépendantes et de même loi distribuée comme ζ. Alors pour tout $c > 1$,*

$$\mathbb{E}(\log^+ \zeta) < +\infty \implies \sum_{n \geq 1} c^{-n} \zeta_n < +\infty \text{ p.s.}$$

$$\mathbb{E}(\log^+ \zeta) = +\infty \implies \limsup_n c^{-n} \zeta_n = +\infty \text{ p.s.}$$

Preuve du Lemme 3.6.3. (i) Montrons tout d'abord que toute suite de variables aléatoires $W_1, W_2, \cdots$ positives indépendantes et équidistribuées (de même loi que W), $\limsup_n \dfrac{W_n}{n}$ vaut presque-sûrement 0 ou l'infini suivant que $\mathbb{E}(W)$ est fini ou non. En effet, soit $\varepsilon > 0$. Nous avons alors

$$\sum_n \mathbb{P}\left(\frac{W_n}{n} > \varepsilon\right) = \sum_n \sum_{i > n\varepsilon} \mathbb{P}(W_n = i) = \sum_i \sum_{n < \frac{i}{\varepsilon}} \mathbb{P}(W_n = i) = \sum_i \frac{i}{\varepsilon} \mathbb{P}(W = i) = \frac{1}{\varepsilon} \mathbb{E}(W).$$

Si $\mathbb{E}(W) < +\infty$, le Théorème de Borel-Cantelli entraîne que $\mathbb{P}(\limsup_n \{\frac{W_n}{n} > \varepsilon\}) = 0$ et ainsi, la suite $(\frac{W_n}{n})_n$ converge presque-sûrement vers 0. Si au contraire $\mathbb{E}(W) = +\infty$, et puisque les W_i sont indépendantes, alors la probabilité ci-dessus vaut 1, et donc $\frac{W_n}{n}$ tend vers l'infini presque-sûrement.

(ii) Revenons maintenant à la preuve du Lemme 3.6.3. Considérons une suite $(\zeta_n)_n$ de variables aléatoires indépendantes et de même loi. Remarquons que si les résultats asymptotiques énoncés dans le Lemme 3.6.3 sont vrais pour la sous-suite des $\zeta_n > 1$, ils seront encore vrais pour tous les ζ_n. Limitons-nous à cette sous-suite et posons $W_n = \log(\zeta_n)$. Soit aussi $c > 1$ et $a = \log c > 0$. Alors pour tout n tel que $\zeta_n > 1$, on a $c^{-n} \zeta_n = \exp -n(a - \frac{W_n}{n})$. L'application de (i) à la suite $(W_n)_n$ entraîne le résultat escompté. $\square$

Preuve du Théorème 3.6.1. Remarquons que le processus de BGW avec immigration $(X_n)_n$ issu de 0 et évalué à la génération n a même loi que

$$\sum_{k=0}^n \xi_{n,k},$$

où les variables aléatoires à valeurs entières $\xi_{n,k}$ sont indépendantes et pour chaque k, $\xi_{n,k}$ décrit la contribution à la génération n des immigrants arrivés à la génération $n-k$. Ainsi $\xi_{n,k}$ est la valeur à la génération k d'un processus de BGW sans immigration lié à la loi de reproduction Y et ne dépend donc pas de n.

Nous cherchons à déterminer si $X_\infty = \sum_{k=0}^{\infty} \xi_{n,k}$ est une variable aléatoire finie ou infinie. Il est possible de montrer (grâce à un résultat appelé la loi du zéro-un, cf. [42] Théorème 10.6), que X_∞ est finie presque-sûrement ou infinie presque-sûrement. Rappelons que Z_k désigne le nombre d'immigrants arrivant à la génération k. Remarquons que $\xi_{n,0} = Z_n$, $\xi_{n,1}$ est égal au nombre d'enfants des Z_{n-1} migrants de la génération $n-1$, etc. De plus, les variables aléatoires $(Z_k)_{k\geq 1}$ sont indépendantes et de même loi que Z, donc $\mathbb{E}(\log^+ Z) = \mathbb{E}(\log^+ Z_k)$, pour tout $k \geq 1$. Soit $\mathcal{G}$ la tribu engendrée par les variables aléatoires $Z_k, k \in \mathbb{N}^*$. Supposons tout d'abord que $\mathbb{E}(\log^+ Z) < +\infty$. Nous avons alors

$$\mathbb{E}(X_\infty | \mathcal{G}) = \sum_{k=0}^{\infty} Z_k \, m^k.$$

En effet $\xi_{n,0}$ a pour loi Z, l'espérance conditionnelle de $\xi_{n,1}$ sachant $\mathcal{G}$ est égale à l'espérance du nombre d'individu de la première génération issue de Z_1 individus, c'est-à-dire mZ_1, etc. Nous pouvons alors appliquer le Lemme 3.6.3 (avec $c = \frac{1}{m}$ puisque $m < 1$), et en déduire que l'espérance conditionnelle est finie presque-sûrement, ce qui entraine que X_∞ est finie presque-sûrement.

Par un argument un peu plus compliqué que nous ne développerons pas ici, il est possible de montrer la réciproque, à savoir que si X_∞ est finie presque-sûrement, $\mathbb{E}(\log^+ Z) < +\infty$. Remarquons que si $\mathbb{E}(X_\infty) < +\infty$ presque-sûrement, cette réciproque est immédiate grâce au Lemme 3.6.3. $\qquad\square$

Preuve du Théorème 3.6.2. Considérons tout d'abord le cas où $\mathbb{E}(\log^+ Z) = +\infty$. Grâce au Lemme 3.6.3, nous savons que $\limsup_n c^{-n} Z_n = +\infty$, pour tout $c > 1$. Comme $X_n \geq Z_n$, le résultat s'en suit.

Supposons maintenant que $\mathbb{E}(\log^+ Z) < +\infty$.

Soit $\mathcal{H}_n^{\mathcal{Z}}$ la tribu engendrée par $X_0, X_1, \cdots, X_n$ ainsi que par toutes les variables aléatoires $Z_k, k \in \mathbb{N}^*$. Nous avons alors

$$
\begin{aligned}
\mathbb{E}\left(\frac{X_{n+1}}{m^{n+1}}\middle|\mathcal{H}_n^{\mathcal{Z}}\right) &= \frac{1}{m^{n+1}}\mathbb{E}\left(\sum_{i=1}^{X_n} Y_i + Z_{n+1}\middle|\mathcal{H}_n^{\mathcal{Z}}\right) \\
&= \frac{X_n}{m^n} + \frac{Z_{n+1}}{m^{n+1}} \geq \frac{X_n}{m^n},
\end{aligned}
$$

car $Z_{n+1} \geq 0$. Nous en déduisons que $\left(\dfrac{X_n}{m^n}\right)_n$ est une $\mathcal{H}_n^{\mathcal{Z}}$-sous-martingale et que, par une récurrence immédiate,

$$\mathbb{E}\left(\frac{X_n}{m^n}\middle|\mathcal{H}_0^{\mathcal{Z}}\right) = X_0 + \sum_{k=1}^{n} \frac{Z_k}{m^k}, \quad \text{pour tout } n \geq 1.$$

Dans le cas où $\mathbb{E}(Z) < +\infty$, nous en déduisons que

$$\sup_n \mathbb{E}\left(\frac{X_n}{m^n}\right) \leq \mathbb{E}(X_0) + \sum_{k=1}^{\infty} \mathbb{E}\left(\frac{Z_k}{m^k}\right) \leq \mathbb{E}(X_0) + \frac{\mathbb{E}(Z)}{m-1}.$$

La suite $(X_n/m^n)_n$ est ainsi une sous-martingale d'espérance uniformément bornée. Elle converge alors presque-sûrement vers une variable aléatoire finie presque-sûrement. (Pour ce résultat de convergence pour les sous-martingales qui généralise le Théorème 2.5.4, voir par exemple [61]).

Dans le cas où nous avons seulement l'hypothèse $\mathbb{E}(\log^+ Z) < +\infty$, la preuve est nettement plus subtile. Le Lemme 3.6.3, appliqué avec $\zeta = Z$ et $c = m$ $(m > 1)$ entraîne que

$$\mathbb{E}\left(\frac{X_n}{m^n}\Big|\mathcal{H}_0^Z\right) \leq X_0 + \sum_{k=1}^{\infty} \frac{Z_k}{m^k} < +\infty \quad p.s..$$

Nous devons alors appliquer un théorème de convergence conditionnel, car conditionnellement à la donnée de X_0 et des Z_k, $k \geq 1$, la suite $(X_n/m^n)_n$ est d'espérance uniformément bornée.

$\square$

3.7 Extension 3 : le processus de BGW multitype

Comme nous l'avions suggéré dans les exemples du Paragraphe 3.1.1, il est intéressant du point de vue pratique de considérer la dynamique d'une population composée de sous-populations d'individus de types différents. Le type d'un individu est défini comme un attribut (ou un ensemble d'attributs) qui reste fixé durant la vie de l'individu. Des exemples classiques de tels types sont la taille à la naissance, le sexe, le génotype de l'individu, son stade de maturité (juvénile, reproducteur) ... Le type peut affecter la distribution du nombre de descendants. Par exemple des individus juvéniles peuvent devenir des individus reproducteurs (aptes à la reproduction) ou rester juvéniles (inaptes à la reproduction), mais les individus reproducteurs produiront toujours des individus juvéniles. Les distributions des descendances seront donc différentes. (Elles n'ont pas le même support). Un autre exemple est celui des génotypes : le génotype d'un parent affecte de manière évidente le génotype de ses descendants et peut aussi affecter leur effectif. Dans un modèle avec reproduction clonale (asexuée) et mutations, un individu aura, avec une probabilité proche de 1, le même génotype que son parent mais avec une petite probabilité, il pourra être de génotype mutant. Si c'est le cas, l'individu de type mutant produira à son tour des individus portant ce nouveau type, avec une loi de reproduction qui pourra être différente de la loi de reproduction initiale. Ces différences entre les lois de reproduction des différents génotypes peuvent servir à modéliser la sélection sur la fertilité ou sur les chances de survie, et l'évolution.

Nous supposons que les individus ne prennent qu'un nombre fini K de types distincts. Le modèle de BGW multi-type consiste à décrire une population dans laquelle pour chaque type $j \in \{1, \cdots, K\}$, un individu de type j génère à la génération suivante, et indépendamment de tous les autres, un K-uplet décrivant la répartition de ses descendants en les K types.

Exemple : La population est composée de deux types $\heartsuit$ et $\spadesuit$. Nous avons 5 individus pour une certaine génération et à la génération suivante nous obtenons :

première génération : $\heartsuit$ $\heartsuit$ $\spadesuit$ $\spadesuit$ $\spadesuit$
deuxième génération : $(\heartsuit, \heartsuit)$ $(\heartsuit, \spadesuit)$ $(\heartsuit, \spadesuit, \spadesuit)$ $(\heartsuit, \spadesuit, \spadesuit)$ $(\spadesuit)$.

Nous supposerons de plus que pour chaque type j fixé, les k-uplets aléatoires issus de chaque individu de type j sont indépendants et de même loi, et que les descendances de tous les individus sont indépendantes entre elles.

Plus précisément, nous allons introduire le processus à valeurs vectorielles (colonnes)

$$X_n = \left(X_n^{(1)}, \cdots, X_n^{(K)}\right)^T,$$

(V^T désigne le vecteur colonne, transposé du vecteur ligne V), décrivant le nombre d'individus de chaque type à la génération n, qui est à valeurs dans $\mathbb{N}^K$. Supposons que la distribution initiale soit définie par le vecteur $\left(X_0^{(1)}, \cdots, X_0^{(K)}\right)^T$. La première génération sera alors définie par le vecteur $\left(X_1^{(1)}, \cdots, X_1^{(K)}\right)^T$, où pour $k \in \{1, \cdots, K\}$,

$$X_1^{(k)} = \sum_{j=1}^{K} \sum_{i=1}^{X_0^{(j)}} Y_j^{(k)}(i).$$

La variable aléatoire $Y_j^{(k)}(i)$ représente le nombre d'enfants de type k issus du i-ième individu de type j. On a indépendance des descendances aléatoires correspondant à des types j différents. Pour j fixé, et conditionnellement à $X_0^{(j)}$, les vecteurs aléatoires $Y_j^{(1)}, \cdots, Y_j^{(k)}, \cdots Y_j^{(K)}$ sont indépendants. De plus, pour chaque j, k, chaque vecteur $\left(Y_j^{(k)}(i), 1 \leq i \leq X_0^{(j)}\right)$ est composé de variables aléatoires indépendantes et de même loi.

Dans l'exemple "coeur et pique", nous avons $X_0 = \begin{pmatrix} 2 \\ 3 \end{pmatrix}$ et $X_1 = \begin{pmatrix} 5 \\ 6 \end{pmatrix}$.

Remarque 3.7.1 *Soulignons que les descendants de chaque individu d'un certain type sont indépendants et de même loi, et que les descendances d'individus distincts à la n-ième génération sont indépendantes les unes des autres.*

Définition 3.7.2 *Ces processus sont appelés **processus de Galton-Watson multi-types** et font partie de la classe des **processus de branchement multi-types**.*

Pour ces processus de Galton-Watson multi-types, les fonctions génératrices vont jouer le même rôle fondamental que dans le cas monotype.

Pour tout $n \in \mathbb{N}$, tout type $j \in \{1, \cdots, K\}$ et $\mathbf{s} = (s_1, \cdots, s_K) \in [0, 1]^K$, nous allons définir la j-ième fonction génératrice $f_n^j(\mathbf{s})$ qui déterminera la distribution du nombre de descendants de chaque type à la génération n, produits par une particule de type j.

$$f_n^j(\mathbf{s}) = \mathbb{E}\left(s_1^{X_n^{(1)}} \cdots s_K^{X_n^{(K)}} \,\middle|\, X_0^{(j)} = 1, X_0^{(m)} = 0, \forall m \neq j \right) = \sum_{i_1, \cdots, i_K \geq 0} p_n^j(i_1, \cdots, i_K) s_1^{i_1} \cdots s_K^{i_K},$$

où $p_n^j(i_1, \cdots, i_K)$ est la probabilité qu'un parent de type j produise i_1 descendants de type 1, ..., i_K descendants de type K, à la génération n.

Exemple 3.7.3 *Considérons une population de lynx. Ces animaux sont tout d'abord juvéniles. En grandissant les lynx deviennent pour la plupart aptes à la reproduction mais sont incapables de se reproduire s'ils ne se retrouvent pas dans une meute. Ils sont alors dits flottants. Dès lors qu'ils sont en meute, ils peuvent se reproduire. Toutefois, il arrive qu'un individu ne puisse s'intégrer à la meute et reste flottant. La population de lynx est donc composée de 3 types : juvénile (J), flottant (F), reproducteur (R). Donnons-nous $\sigma, \sigma', \rho \in (0, 1)$. Un individu passe*

- *de l'état J à l'état F avec probabilité σ*
- *de l'état J à l'état J avec probabilité $1 - \sigma$*
- *de l'état F à l'état R avec probabilité σ'*
- *de l'état F à l'état F avec probabilité $1 - \sigma'$*
- *de l'état R à l'état F avec probabilité $1 - \rho$ (le lynx sort de la meute)*
- *Enfin, un individu de type R se reproduit avec probabilité ρ et donne un nombre aléatoires de juvéniles qui suit une loi de Poisson de paramètre m.*

A la première génération , nous aurons donc

$$f_1^1(s_1, s_2, s_3) = \sigma s_2 + (1 - \sigma)s_1$$
$$f_1^2(s_1, s_2, s_3) = \sigma' s_3 + (1 - \sigma')s_2$$
$$f_1^3(s_1, s_2, s_3) = e^{m(s_1 - 1)}\rho s_3 + (1 - \rho)s_2.$$

Par un raisonnement analogue à celui du cas monotype, nous pouvons montrer la formule de récurrence suivante.

Proposition 3.7.4 *Pour tout $j \in \{1, \cdots, K\}$, pour tout $n \in \mathbb{N}^*$ et $\mathbf{s} = (s_1, \cdots, s_K) \in [0, 1]^K$,*

$$\begin{aligned} f_n^j(\mathbf{s}) &= f_{n-1}^j\left(f_1^1(\mathbf{s}), f_1^2(\mathbf{s}), \cdots, f_1^K(\mathbf{s}) \right) \\ &= f_1^j\left(f_{n-1}^1(\mathbf{s}), f_{n-1}^2(\mathbf{s}), \cdots, f_{n-1}^K(\mathbf{s}) \right). \end{aligned}$$

Il y aura extinction de la population à un certain temps n s'il y a extinction de chaque type et donc si pour tout $j \in \{1, \cdots, K\}$, $X_n^{(j)} = 0$. En raisonnant toujours comme dans le cas monotype, il est possible de calculer ces probabilités d'extinction en fonction des solutions du système donné dans le théorème suivant. (Nous référons à Athreya-Ney [5] pour la preuve).

Théorème 3.7.5

$$\mathbb{P}\left(X_n^{(j)} = 0, \forall j \ \Big| \ X_0^{(j)} = k_j, \forall j\right) = \prod_{j=1}^{K} \left(U_n^{(j)}\right)^{k_j},$$

où $U_n^{(j)}, j \in \{1, \cdots, K\}$ est l'unique solution du système : pour tout $j \in \{1, \cdots, K\}$,

$$\begin{cases} U_0^{(j)} &= \quad\quad\quad 0 \\ U_n^{(j)} &= f_1^j\left(U_{n-1}^{(1)}, \cdots, U_{n-1}^{(K)}\right). \end{cases}$$

Il est alors possible d'en déduire des résultats décrivant le comportement en temps long du processus, suivant le même raisonnement que dans le cas monotype, voir Athreya-Ney [5] pour plus de détails.

Nous allons uniquement nous intéresser ici au comportement asymptotique de la matrice des espérances du processus et en déduire une généralisation des cas sous-critique, critique, surcritique développés dans le Chapitre 3.2.

La reproduction moyenne est décrite par une matrice

$$M = (m_{kj})_{k,j \in \{1,\cdots,K\}}, \tag{3.7.30}$$

où

$$m_{kj} = \mathbb{E}(Y_j^{(k)})$$

est le nombre moyen d'individus de type k issus d'un individu de type j. La somme des coefficients de la k-ième ligne représente donc le nombre moyen d'individus de type k à chaque reproduction et la somme des coefficients de la j-ième colonne représente le nombre moyen d'individus issus d'un individu de type j.

Proposition 3.7.6 *L'espérance du nombre d'individus de type k à la génération n vérifie*

$$\mathbb{E}(X_n^{(k)}) = \mathbb{E}(\mathbb{E}(X_n^{(k)}|X_{n-1})) = \sum_{j=1}^{K} m_{kj}\mathbb{E}(X_{n-1}^{(j)}) = \left(M \, \mathbb{E}(X_{n-1})\right)_k. \tag{3.7.31}$$

Ainsi, nous avons l'égalité vectorielle

$$\mathbb{E}(X_n) = M \, \mathbb{E}(X_{n-1}) = M^n \, \mathbb{E}(X_0). \tag{3.7.32}$$

Preuve. Il suffit d'écrire

$$\mathbb{E}(X_n^{(k)} \mid X_{n-1}) = \mathbb{E}\left(\sum_{j=1}^{K} \sum_{i=1}^{X_{n-1}^{(j)}} Y_j^{(k)}(i) \,\bigg|\, X_{n-1}\right) = \sum_{j=1}^{K} \mathbb{E}(Y_j^{(k)}) \, X_{n-1}^{(j)}.$$

$\square$

Il y aura sous-criticalité et extinction si la matrice $M^n \to 0$ et sur-criticalité si $M^n \to +\infty$ (dans un sens à définir). Une question qui se pose est alors de savoir si l'on peut caractériser la criticalité par un seul paramètre scalaire.

De manière évidente, la matrice M est positive, au sens où tous ses termes sont positifs.

Dans la suite, nous ferons l'hypothèse supplémentaire suivante (voir Athreya-Ney [5], Haccou-Jagers-Vatutin [37]) :

Il existe un entier n_0 tel que tous les éléments de la matrice M^{n_0} sont strictement positifs.

(3.7.33)

De telles matrices ont des propriétés intéressantes (cf. Serre [68]).

D'un point de vue biologique, cela veut dire que toute configuration initiale peut amener en temps fini à toute autre composition de la population en les différents types.

Énonçons le théorème fondamental suivant.

Théorème 3.7.7 *Théorème de Perron-Frobenius (cf. [68], [37]).*
Soit M une matrice carrée $K \times K$ à coefficients positifs et satisfaisant (3.7.33). Alors
1) il existe un unique nombre réel $\lambda_0 > 0$ tel que
* λ_0 *est une valeur propre simple de* M,
* *toute valeur propre* λ *de* M *(réelle ou complexe) est telle que*

$$|\lambda| \leq \lambda_0.$$

La valeur propre λ_0 est appelée valeur propre dominante de M.
2) le vecteur propre à gauche $u = (u_1, \cdots, u_K)$ et le vecteur propre à droite $v = (v_1, \cdots, v_K)$ correspondant à la valeur propre λ_0 peuvent être choisis tels que

$$u_k > 0 \,;\, v_k > 0 \,;\, \sum_{k=1}^{K} u_k = 1 \quad;\quad \sum_{k=1}^{K} u_k v_k = 1.$$

Dans ces conditions, les vecteurs propres sont uniques. De plus,

$$M^n = \lambda_0^n A + B^n,$$

où $A = (v_k u_j)_{k,j \in \{1,\cdots,K\}}$ et B sont des matrices telles que :

- $AB = BA = 0,$
- Il existe des constantes $\rho \in]0, \lambda_0[$ et $C > 0$ telles qu'aucun des éléments de la matrice B^n n'excède $C\rho^n$.

Remarquons qu'il est facile de vérifier que $A = (v_k u_j)_{k,j \in \{1, \cdots, K\}}$ satisfait : $Av = v$, $A^t u = u$ et que $A^n = A$ pour tout n. (A^t désigne la matrice transposée de A).

Pour une lecture plus facile des résultats nous allons en fait appliquer ce théorème à la matrice M^t transposée de M. Notons λ_0 désigne la valeur propre dominante commune à M et M^t. Nous obtenons alors immédiatement la proposition suivante.

Proposition 3.7.8 Le processus de branchement multitype de matrice de reproduction M (satisfaisant (3.7.33)) est
- sous-critique si $\lambda_0 < 1$,
- critique si $\lambda_0 = 1$,
- surcritique si $\lambda_0 > 1$.
En particulier, si $\lambda_0 < 1$, le processus de branchement multitype s'éteint presque-sûrement.
Plus précisément,

$$\mathbb{E}(X_n) \sim_{n \to \infty} (\lambda_0)^n A^t \, \mathbb{E}(X_0).$$

Si la population initiale se réduit à un individu de type j, on a

$$\mathbb{E}_j(X_n^{(k)}) \sim_{n \to \infty} (\lambda_0)^n u_k v_j.$$

Pour une population initiale d'un seul individu de type donné, la limite du nombre moyen d'individus de type k divisé par la taille moyenne de la population, quand le temps tend vers l'infini, sera donnée par

$$\lim_{n \to \infty} \frac{\mathbb{E}(X_n^{(k)})}{\mathbb{E}(|X_n|)} = \frac{u_k}{u_1 + \cdots + u_K} = u_k,$$

où $|X_n|$ désigne le nombre total d'éléments de la population à la génération n.

Preuve. La preuve est une application immédiate du Théorème de Perron-Frobenius.

$$\mathbb{E}_j(X_n^{(k)}) = \left(\lambda_0^n A_{kj}^t + (B^n)_{kj}^t \right) \mathbb{E}_j(X_0) \sim_{n \to \infty} \lambda_0^n u_k v_j.$$

Le calcul des proportions limites est alors immédiat. □

Ainsi, u_k représente la proportion d'individus de type k et v_j représente la fertilité d'un individu de type j. D'un point de vue biologique, nous en déduisons que dans une population satisfaisant l'hypothèse (3.7.33), tous les types croissent (en moyenne) au même taux λ_0 et les proportions d'individus de chaque type vont se stabiliser en temps long vers une valeur strictement positive. En revanche, les nombres moyens d'individus peuvent différer suivant le type de l'individu initial : plus fertile est le type de l'ancêtre, plus grande est sa descendance.

Revenons à l'Exemple 3.7.3. Dans ce cas la matrice de reproduction moyenne aura la forme suivante

$$M = \begin{pmatrix} 1-\sigma & 0 & \rho\,m \\ \sigma & 1-\sigma' & 1-\rho \\ 0 & \sigma' & 0 \end{pmatrix}.$$

Il est facile de vérifier que M^2 est à coefficients strictement positifs et la matrice M vérifie les hypothèses du théorème de Perron-Frobenius. Il est difficile de trouver la valeur propre dominante par un calcul élémentaire sauf dans des cas particuliers. Par exemple, si $m = 1$, nous pouvons montrer que $\lambda = 1$ est valeur propre et que le polynôme caractéristique vaut pour $\lambda \in \mathbb{C}$,

$$\det(M - \lambda I) = -(\lambda - 1)\Big(\lambda^2 + (\sigma + \sigma' - 1)\lambda + \sigma'(\sigma + \rho - 1)\Big).$$

Ainsi, si en particulier $(\sigma + \sigma' - 1)^2 - 4\sigma'(\sigma + \rho - 1) < 0$ (ce qui sera le cas le plus courant car σ, σ', ρ sont des nombres proches de 1), alors 1 est la racine simple de la matrice. Cela entraînera donc dans ce cas que le processus est critique.

Nous allons simplifier le problème en oubliant les individus flottants. Nous avons donc deux types, juvéniles et reproducteurs, et la matrice de reproduction moyenne vaut alors

$$M = \begin{pmatrix} s_1 & m \\ s_2 & 0 \end{pmatrix}.$$

Elle vérifie encore les hypothèses du théorème de Perron-Frobenius. Soit $\lambda \in \mathbb{C}$.

$$\det(M - \lambda I) = -\lambda(s_1 - \lambda) - s_2 m \sigma.$$

Le discriminant vaut $\Delta = (s_1)^2 + 4\rho m s_2 > 0$ et la racine positive vaut $\lambda_0 = \frac{s_1 + \sqrt{\Delta}}{2}$. Une analyse immédiate montre que

$$\lambda_0 > 1 \iff 1 - s_1 - m s_2 < 0$$
$$\lambda_0 < 1 \iff 1 - s_1 - m s_2 > 0$$
$$\lambda_0 = 1 \iff 1 - s_1 - m s_2 = 0.$$

Ainsi, la population de lynx va s'éteindre si $1 - s_1 - m s_2 > 0$ et se développer avec probabilité positive si $1 - s_1 - m s_2 < 0$. La valeur critique pour la moyenne de la loi de reproduction des reproducteurs est donc $\frac{1-s_1}{s_2}$.

La Proposition 3.7.8 donne un comportement en moyenne, mais il est également possible d'étudier le comportement presque-sûr du processus stochastique, comme cela a été fait dans le cadre du processus de Galton-Watson (cf. Athreya [5] chap. 5). Nous pouvons alors résumer les résultats dans le théorème suivant.

Théorème 3.7.9 *Si* $\lambda_0 \le 1$, *la population s'éteint presque-sûrement.*

Si $\lambda_0 > 1$, *la population survit avec probabilité positive et croît géométriquement, avec taux de croissance* λ_0 *sur son ensemble de persistance. La répartition dans chaque type est donnée par le vecteur* v.

3.8   Exercices

Exercice 3.8.1 *Un modèle épidémiologique*

Au temps n, une population est constituée d'individus sains en quantité S_n et d'individus infectés en quantité I_n. À chaque pas de temps, indépendamment,

- chaque individu sain est infecté avec probabilité τ, et avec probabilité $1-\tau$ est remplacé par un nombre aléatoire d'individus sains, de fonction génératrice notée g ;
- chaque individu infecté meurt avec probabilité a, et avec probabilité $1-a$ est remplacé par un nombre aléatoire d'individus infectés, de fonction génératrice g.

Le but du problème est d'étudier le comportement asymptotique de cette population et en particulier son extinction. On suppose que $a, \tau \in]0, 1[$ pour éviter les cas dégénérés.

On note $\mathbb{P}_{(i,j)}$ la loi de la marche aléatoire (S_n, I_n) quand $(S_0, I_0) = (i, j)$.

1 - Comment interprétez-vous le fait que la fonction g soit la même pour les deux lois de reproduction ?

On pose $u_n = \mathbb{P}_{(1,0)}(S_n + I_n = 0)$, $v_n = \mathbb{P}_{(0,1)}(S_n + I_n = 0)$.

2 - Justifier que pour tout $i, j, n \in \mathbb{N}$,

$$\mathbb{P}_{(i,j)}(S_n = 0, I_n = 0) = u_n^i \, v_n^j.$$

3 - Montrer les relations suivantes :

$$\begin{cases} u_{n+1} & = & \tau v_n + (1-\tau)\, g(u_n) \\ v_{n+1} & = & a + (1-a)\, g(v_n). \end{cases}$$

En déduire les équations vérifiées par q_1 et q_2, où q_1 (respectivement q_2) désigne la probabilité d'extinction d'une population issue d'un individu sain (respectivement infecté).

Discuter en fonction de τ, les valeurs de q_1 et q_2 dans le cas où $g(s) = s^2$ et $a = \frac{1}{2}$.

4 - On suppose que g est dérivable en 1.

Calculer le nombre moyen $(\mathbb{E}(S_n), \mathbb{E}(I_n))$ d'individus sains et infectés au temps n en fonction de $(\mathbb{E}(S_{n-1}), \mathbb{E}(I_{n-1}))$.

Donner la valeur propre maximale de la matrice des reproductions moyennes. Peut-on en déduire directement le critère d'extinction global de la population ?

Dans quel cas la taille moyenne de la population d'individus sains tend vers l'infini quand $n \to \infty$?

Dans quel cas la taille moyenne de la population d'individus infectés tend vers l'infini quand $n \to \infty$?

Exercice 3.8.2

Nous étudions l'impact de la vaccination sur la transmission d'une maladie infectieuse dans une population d'individus. La propagation de cette maladie est modélisée par un processus de Bienaymé-Galton-Watson (BGW). Par unité de temps, chaque malade peut, indépendamment des autres, infecter k ($k \geq 0$) individus (préalablement sains) et leur transmettre la maladie avec probabilité p_k. On note $\mathbb{P}_i$ la loi de ce processus issu de i individus.

Nous supposons maintenant que dans cette population, chaque individu sain est vacciné avec probabilité α, $0 \leq \alpha \leq 1$ et ne peut donc pas être contaminé. (On suppose que la taille de la population est suffisamment grande pour que seule cette probabilité importe).

1 - Quelle est la probabilité $p_{k,\alpha}$ (en fonction des $p_j, j \in \mathbb{N}$ et de α), qu'un individu infecté transmette réellement la maladie à k individus.

2 - Fixons $\alpha \in [0,1]$. Soit g la fonction génératrice associée à la loi (p_k), de moyenne m.

Donner en fonction de g la valeur de la fonction génératrice g_α associée à la loi $(p_{k,\alpha})$.

Montrer que pour s fixé, la fonction $\alpha \to g_\alpha(s)$ est croissante.

3 - En déduire le nombre moyen d'individus infectés par malade, en fonction de m.

Quel est le nombre α_{min} minimum qu'il faut choisir, pour assurer que la maladie soit totalement enrayée?

Commenter ce résultat.

4 - On se place maintenant sous l'hypothèse que $\alpha \geq \alpha_{min}$. Soit T_α le temps d'extinction de la maladie.

Montrer que pour $n \in \mathbb{N}$, la fonction $\alpha \to \mathbb{P}_i(T_\alpha \leq n)$ est une fonction croissante.

Comment analysez-vous ce résultat?

5 - Supposons que le processus initial de contamination soit un processus de BGW, et que chaque individu puisse infecter $0, 1, 2$ individus avec probabilités respectivement p_0, p_1, p_2.

Donner une condition sur p_0 et p_2 pour que $\alpha_{min} > 0$.

Donner la valeur de $\alpha_{min} > 0$ dans ce cas.

Que vaut

$$\mathbb{P}_1(T_{\alpha_{min}} < \infty)?$$

Exercice 3.8.3 *Un modèle d'île avec immigration*

On s'intéresse ici à une population située sur une île. La taille de la population à l'instant n est décrite par un processus de Galton-Watson $(X_n)_{n \geq 0}$:

$$X_0 = 1, \qquad X_{n+1} = \sum_{i=1}^{X_n} Y_{n,i},$$

où les $Y_{n,i}$ sont des variables aléatoires indépendantes et identiquement distribuées comme une variable aléatoire Y de variance σ^2 finie. On suppose en outre que $\mathbb{P}(Y = 1) < 1$.

1 - Quelles hypothèses de modélisation sont faites ici ? Quand la population survit-elle avec probabilité strictement positive ?

On suppose dans le reste de l'exercice que $\mathbb{E}(Y) = 1$ et $\mathrm{Var}(Y) = \sigma^2 < +\infty$. Rappelons alors que $\lim_{n \to \infty} n \, \mathbb{P}(X_n > 0) = \frac{2}{\sigma^2}$. (Voir Lemme 3.2.5)

2 - On veut que la population puisse survivre jusqu'à un temps n grand avec une probabilité d'au moins $\varepsilon \in (0, 1)$. Quelle doit alors être la taille initiale minimale x_0 de la population ?

On souhaite maintenant prendre en compte des immigrations aléatoires d'un continent vers l'île. Pour ce faire, on suppose que la taille de la population est décrite par le processus $(Z_n)_{n \geq 0}$ défini par :

$$Z_0 = 1, \qquad Z_{n+1} = \sum_{i=1}^{Z_n} Y_{n,i} + I_{n+1},$$

où les variables I_n sont indépendantes et de même loi, distribuées comme une variable aléatoire $I \geq 0$ et indépendantes de tous les $Y_{k,j}$, $k, j \geq 0$. On suppose également que $\mathbb{E}(I) < +\infty$.

3 - Quelles hypothèses de modélisation fait-on ici ?

4 - Montrer que $(Z_n - n \, \mathbb{E}(I))_n$ est une martingale. A quoi pourrait-on s'attendre pour l'évolution de la taille de la population sur l'île ?

Nous allons étudier en détail le comportement asymptotique de Z_n. Pour cela, notons g la fonction génératrice de Y et f celle de I.

5 - Notons h_n la fonction génératrice de Z_n (issu de $Z_0 = 1$).

a) Montrer que pour tout $n \geq 0$ et $s \in [0, 1]$:

$$h_{n+1}(s) = h_n(g(s))f(s).$$

En déduire que, si on note $g_k(s) = g \circ g \circ \ldots \circ g$ la composée $k$ième de g, alors

$$h_n(s) = g_n(s) \prod_{k=0}^{n-1} f(g_k(s)),$$

avec par convention $g_0(s) = s = h_0(s)$.

b) Montrer que pour tout $\lambda > 0$, il existe une suite d'entiers $(m_n)_{n \geq 0}$ telle que

$$\mathbb{P}(X_{m_{n+1}} > 0) \leq 1 - \exp(-\lambda/n) \leq \mathbb{P}(X_{m_n} > 0).$$

Montrer alors que

$$\lim_{n \to \infty} \frac{m_n}{n} = \frac{2}{\sigma^2 \lambda}.$$

c) En déduire que

$$\mathbb{P}(X_{n+m_n} = 0) \prod_{k=0}^{n-1} f\big(\mathbb{P}(X_{k+m_n} = 0)\big) \leq \mathbb{E}\big(e^{-\lambda Z_n/n}\big) \leq \mathbb{P}(X_{n+m_{n+1}} = 0) \prod_{k=0}^{n-1} f\big(\mathbb{P}(X_{k+m_{n+1}} = 0)\big).$$

6 - On admet que

$$\lim_{n \to \infty} \log\big(\mathbb{E}\big(e^{-\lambda Z_n/n}\big)\big) = \lim_{n \to \infty} -\frac{2f'(1)}{\sigma^2} \sum_{k=0}^{n-1} \frac{1}{k + m_n} = -\frac{2f'(1)}{\sigma^2} \log\left(1 + \frac{\sigma^2 \lambda}{2}\right). \quad (3.8.34)$$

a) Préciser alors la convergence de Z_n/n lorsque n tend vers l'infini. On utilisera le fait qu'une loi Gamma G de paramètres (α, θ), dont la densité est égale à $\frac{x^{\alpha-1}e^{-x/\theta}}{\Gamma(\alpha)\theta^\alpha} \mathbf{1}_{\{x>0\}}$, est caractérisée par sa transformée de Laplace

$$\mathbb{E}\big(e^{-\lambda G}\big) = (1 + \theta\lambda)^{-\alpha} = \exp\big\{ -\alpha \log(1 + \theta\lambda)\big\}, \qquad \forall \lambda \geq 0.$$

b) Que pouvez-vous dire du comportement asymptotique de $Z_n - n\,\mathbb{E}(I)$? Commenter ce résultat en liaison avec la question 4).

Exercice 3.8.4 *Chaîne de Bienaymé-Galton-Watson conditionnée à l'extinction.*

Soit $(Z_n; n \geq 0)$ une chaîne de Bienaymé-Galton-Watson de loi de reproduction $\mu = (\mu(k), k \in \mathbb{N})$, vérifiant $\mu(0) > 0$ et $\sum_{k \geq 0} k\mu(k) \in \,]1, +\infty[$.
On note g la fonction génératrice de μ, E l'événement $\{\lim_{n \to \infty} Z_n = 0\}$ et $(Z_n^e; n \geq 0)$ la chaîne conditionnée à l'extinction : la loi de $(Z_n^e; n \geq 0)$ est définie par

$$\mathbb{P}(Z_0^e = z_0, \ldots, Z_n^e = z_n) = \mathbb{P}(Z_0 = z_0, \ldots, Z_n = z_n | E) \quad \text{pour tout } n, z_0, \ldots, z_n \in \mathbb{N}.$$

Partie I

I.1 - Que peut-on dire de la probabilité d'extinction $q = \mathbb{P}(E | Z_0 = 1)$?
Pour $i \in \mathbb{N}$, exprimer $\mathbb{P}(E | Z_0 = i)$ en fonction de q.

I.2 - Pour tous $n, i, j, z_0, \ldots, z_{n-1} \in \mathbb{N}$ tels que $\mathbb{P}(Z_0 = z_0, \ldots, Z_{n-1} = z_{n-1}, Z_n = i) > 0$, montrer que

$$\mathbb{P}(Z_{n+1} = j | Z_0 = z_0, \ldots, Z_{n-1} = z_{n-1}, Z_n = i, E) = \frac{\mathbb{P}(E | Z_0 = j)\mathbb{P}(Z_1 = j | Z_0 = i)}{\mathbb{P}(E | Z_0 = i)}.$$

I.3 - En déduire une expression de $\mathbb{P}(Z_{n+1} = j | Z_0 = z_0, \ldots, Z_{n-1} = z_{n-1}, Z_n = i, E)$ en fonction de i, j, q et $\mathbb{P}(Z_1 = j | Z_0 = i)$.

I.4 - Montrer que $(Z_n^e; n \geq 0)$ est une chaîne de Markov dont on identifiera le noyau de transition.

I.5 - En déduire que $(Z_n^e; n \geq 0)$ est une chaîne de Bienaymé-Galton-Watson dont la fonction génératrice g^e de la loi de reproduction μ^e est définie par $g^e(s) = q^{-1}g(qs)$ pour tout $s \in [0, 1]$.

Partie II

On suppose désormais que μ est une loi de Poisson de paramètre $\theta > 1$: $\mu(k) = e^{-\theta}\theta^k/k!$ pour tout $k \in \mathbb{N}$.

II.1 - Donner la fonction génératrice g de la loi μ. Quelle est l'équation vérifiée par $q = \mathbb{P}(E | Z_0 = 1)$?

II.2 - Montrer que $e^{\theta - 1} > \theta$. En déduire que $q < 1/\theta$.

II.3 - Quelle est la loi de reproduction μ^e de la chaîne $(Z_n^e; n \geq 0)$?

Chapitre 4

Mouvement brownien et processus de diffusion

*Randomness : vient du vieux terme de vénerie "randon", à propos de "la course impé-
tueuse et rapide d'un animal sauvage autour de son terroir". Ce terme a aussi donné le
mot randonnée. (Dictionnaire Littré).*

Les exemples de marches aléatoires développés dans le chapitre 2 sont très simples, mais
montrent toutefois que les calculs donnant les probabilités d'atteinte de barrières, les
temps moyens avant d'être piégé ou la probabilité invariante, deviennent vite compliqués.
On peut imaginer que des dynamiques plus complexes (dimension plus grande, forme
compliquée du domaine spatial, ...) peuvent amener de grandes difficultés techniques.
Nous allons dépasser cette difficulté en considérant des approximations de ces marches
aléatoires dans des échelles spatiale et temporelle bien choisies. Ces approximations sont
des processus aléatoires définis pour tout temps de $\mathbb{R}_+$ et presque-sûrement à trajectoires
continues. Leur prototype est le mouvement brownien, fondamental dans la modélisation
probabiliste et obtenu comme limite de marches aléatoires simples symétriques renormalisées. Ce processus est presque-sûrement à trajectoires continues et nulle part dérivables.
Le mouvement brownien est un processus fondamental en probabilités, aux propriétés
innombrables. Toutefois nous ne donnons dans ce livre que ses particularités les plus
importantes, liées à la propriété de martingale et à la propriété de Markov. Grâce au
mouvement brownien, nous allons pouvoir modéliser des dynamiques temporelles plus
sophistiquées et définir des équations différentielles perturbées aléatoirement, appelées
équations différentielles stochastiques. Pour cela, il est nécessaire de donner un sens à une
intégrale par rapport au mouvement brownien. C'est l'objet du calcul stochastique dont
nous donnerons les éléments essentiels. Grâce aux équations différentielles stochastiques,
nous pourrons proposer de nouveaux modèles de dynamiques de taille de population ou
de proportion d'allèles ou de déplacements spatiaux.

Il existe une très riche littérature sur le mouvement brownien, le calcul stochastique et
les équations différentielles stochastiques et la liste de nos références n'est pas exhaustive.

© Springer-Verlag Berlin Heidelberg 2016
S. Méléard, *Modèles aléatoires en Ecologie et Evolution*,
Mathématiques et Applications 77, DOI 10.1007/978-3-662-49455-4_4

Nous référerons de manière privilégiée aux livres de Comets–Meyre [25], Ikeda–Watanabe [40], Karatzas–Shreve [45], Revuz–Yor [66].

4.1 Convergence fini-dimensionnelle de marches aléatoires renormalisées

Nous allons donner une approche intuitive de la définition et de l'existence du mouvement brownien, en ébauchant sa construction comme limite de marches aléatoires renormalisées en temps et en espace.

Une marche aléatoire simple symétrique sur $\mathbb{Z}$ et nulle en 0 saute d'une unité d'espace pendant chaque unité de temps. Ce type de modèle semble inadéquat dès lors que l'on considère des mouvements très erratiques et qui semblent varier presque continûment, comme les mouvements de micro-organismes, d'insectes, de particules de pollen à la surface de l'eau. Dans de telles situations, les échelles de taille sont très petites et les changements de position très rapides. Néanmoins les déplacements peuvent être vus comme ceux d'une marche aléatoire accélérée et vue de loin. Un changement d'échelles d'espace et de temps va permettre, à partir d'une marche aléatoire simple symétrique nulle en 0, de définir l'objet limite décrivant ce type de comportement, à savoir le mouvement brownien. La bonne échelle va être donnée par le théorème de la limite centrale. Comme le pas d'espace et le pas de temps vont tendre vers 0, l'objet limite sera une fonction aléatoire définie sur $\mathbb{R}_+$ et à valeurs réelles.

Fixons un intervalle de temps $[0, t]$. Nous allons effectuer un changement d'échelles sur une marche aléatoire simple symétrique afin d'obtenir un objet limite non dégénéré.

Soit $(Z_n)_n$ une suite de variables aléatoires indépendantes et équidistribuées, telles que

$$\mathbb{P}(Z_1 = 1) = \mathbb{P}(Z_1 = -1) = \frac{1}{2}.$$

Nous changeons le temps de telle sorte que les sauts aient lieu à tous les temps $\frac{1}{n}$. Il y aura donc $[nt]$ sauts sur l'intervalle $[0, t]$, où $[nt]$ désigne la partie entière de nt. Nous étudions alors la marche aléatoire X, définie aux temps $[nt]$:

$$X_{[nt]} = \sum_{k=1}^{[nt]} Z_k \ ; \ X_0 = 0.$$

Notre but est d'en connaître le comportement asymptotique, quand n tend vers l'infini. Remarquons que comme l'individu saute tous les temps $\frac{1}{n}$, cette limite rend les changements de position très rapides.

Comme l'espérance de $X_{[nt]}$ est nulle et que sa variance vaut $[nt]$, la renormalisation naturelle, pour avoir un objet probabiliste convergeant quand n tend vers l'infini, est une échelle spatiale d'ordre $\frac{1}{\sqrt{n}}$. Cette approche intuitive est confirmée par le théorème de la limite centrale. En effet, les variables aléatoires Z_k sont indépendantes et de même loi centrée réduite. Donc quand t est fixé,

$$\frac{X_{[nt]}}{\sqrt{[nt]}} \underset{n \to \infty}{\overset{\text{en loi}}{\longrightarrow}} W, \tag{4.1.1}$$

où W désigne une variable aléatoire de loi normale $\mathcal{N}(0,1)$ centrée réduite. Nous pouvons alors écrire

$$\frac{X_{[nt]}}{\sqrt{n}} = \frac{X_{[nt]}}{\sqrt{[nt]}} \frac{\sqrt{[nt]}}{\sqrt{n}},$$

et en utilisant que $\frac{\sqrt{[nt]}}{\sqrt{n}}$ converge vers $\sqrt{t}$ quand n tend vers l'infini, nous en déduisons la

Proposition 4.1.1 *Pour tout t fixé, la suite de variables aléatoires $(X_t^n)_n$ définie par*

$$X_t^n = \frac{1}{\sqrt{n}} \sum_{k=1}^{[nt]} Z_k = \frac{X_{[nt]}}{\sqrt{n}}, \tag{4.1.2}$$

converge en loi quand n tend vers l'infini, vers une variable aléatoire de loi normale, centrée et de variance t.

Remarque 4.1.2 *1) Si nous supposons que les variables aléatoires Z_k étaient de moyenne $m \neq 0$, alors nous aurions un comportement asymptotique différent. En effet, la loi des grands nombres entraînerait la convergence presque-sûre de la suite de variables aléatoires $\frac{X_{[nt]}}{n}$ vers mt. Ainsi, la variable aléatoire $X_{[nt]}$ serait d'ordre n et la limite de $\frac{X_{[nt]}}{n}$ serait déterministe.*

2) Soient b et σ deux réels. Pour tout t fixé, la suite de variables aléatoires définies par

$$W_t^n = \sum_{k=1}^{[nt]} \left(\frac{\sigma}{\sqrt{n}} Z_k + \frac{b}{n} \right) \tag{4.1.3}$$

converge en loi vers $\sigma W_t + bt$ quand n tend vers l'infini, où W_t suit la loi normale $\mathcal{N}(0,t)$, centrée et de variance t. La limite est alors la somme d'un terme déterministe qui représente le comportement moyen du processus et d'une variable aléatoire normale de variance $\sigma^2 t$ qui modélise les fluctuations autour de cette tendance moyenne.

Nous pouvons également considérer l'approximation linéaire

$$Y_t^n = \frac{X_{[nt]}}{\sqrt{n}} + \frac{nt - [nt]}{\sqrt{n}} Z_{[nt]+1}.$$

Proposition 4.1.3 *Pour chaque t fixé, la suite de variables aléatoires $(Y_t^n)_n$ converge en loi, quand n tend vers l'infini, vers une variable aléatoire de loi normale, centrée et de variance t.*

Preuve. Puisque $\frac{nt-[nt]}{\sqrt{n}} \leq \frac{1}{\sqrt{n}}$, la quantité $\mathbb{E}\left(\left(\frac{nt-[nt]}{\sqrt{n}}Z_{[nt]+1}\right)^2\right)$ tend vers 0 quand n tend vers l'infini. Ainsi, la suite de variables aléatoires $\left(\frac{nt-[nt]}{\sqrt{n}}Z_{[nt]+1}\right)_n$ converge en moyenne quadratique et donc en loi vers 0. Par ailleurs, pour chaque n, les variables aléatoires $\frac{X_{[nt]}}{\sqrt{n}}$ et $\frac{nt-[nt]}{\sqrt{n}}Z_{[nt]+1}$ sont indépendantes. Nous pouvons alors utiliser le théorème de Lévy (voir [55] Théorème 6.3.9) qui caractérise la convergence en loi de la suite $(Y_t^n)_n$ à l'aide de la convergence des fonctions caractéristiques. Soit $u \in \mathbb{R}$. Nous avons

$$\mathbb{E}\left(e^{iuY_t^n}\right) = \mathbb{E}\left(e^{iu\frac{X_{[nt]}}{\sqrt{n}}}\right)\mathbb{E}\left(e^{iu\frac{nt-[nt]}{\sqrt{n}}Z_{[nt]+1}}\right),$$

et cette quantité converge vers $e^{-\frac{tu^2}{2}}$ quand n tend vers l'infini. Cela entraîne que pour chaque t fixé, la suite de variables aléatoires $(Y_t^n)_n$ converge en loi vers une variable aléatoire de loi normale $\mathcal{N}(0,t)$, centrée et de variance t. □

Ces convergences en loi à t fixé ne sont pas suffisantes pour caractériser la convergence d'une fonction aléatoire du temps. Nous verrons dans le paragraphe suivant qu'il est nécessaire d'avoir au moins la convergence de tout p-uplet de coordonnées, ce que nous allons montrer maintenant.

Proposition 4.1.4 *(i) Pour tout p-uplet de temps $0 \leq t_1 < t_2 < \cdots < t_p$, la suite de vecteurs aléatoires $(X_{t_1}^n, X_{t_2}^n, \cdots, X_{t_p}^n)$ converge en loi, lorsque n tend vers l'infini, vers le p-uplet $(B_{t_1}, B_{t_2}, \cdots, B_{t_p})$. La loi du vecteur $(B_{t_1}, B_{t_2}, \cdots, B_{t_p})$ est entièrement caractérisée par le fait que les accroissements $(B_{t_1}, B_{t_2} - B_{t_1}, \cdots, B_{t_p} - B_{t_{p-1}})$ sont indépendants et que pour chaque t_i, la variable aléatoire B_{t_i} suit la loi normale centrée de variance t_i.*

(ii) La suite de vecteurs aléatoires $(Y_{t_1}^n, Y_{t_2}^n, \cdots, Y_{t_p}^n)$ converge également en loi vers $(B_{t_1}, B_{t_2}, \cdots, B_{t_p})$.

Preuve. Considérons une suite finie de temps $0 \leq t_1 < t_2 < \cdots < t_p$. Nous savons que les variables $X_{t_1}^n, X_{t_2}^n - X_{t_1}^n, \cdots, X_{t_p}^n - X_{t_{p-1}}^n$ sont indépendantes, et de plus,

$$X_{t_j}^n - X_{t_{j-1}}^n = \frac{1}{\sqrt{n}}\left(Z_{[nt_{j-1}]+1} + \cdots + Z_{[nt_j]}\right) = \frac{\sqrt{[nt_j] - [nt_{j-1}]}}{\sqrt{n}} \times \frac{Z_{[nt_{j-1}]+1} + \cdots + Z_{[nt_j]}}{\sqrt{[nt_j] - [nt_{j-1}]}}.$$

Le premier terme du membre de droite tend vers $\sqrt{t_j - t_{j-1}}$ et le deuxième converge en loi vers une variable aléatoire normale centrée réduite. Puisque les coordonnées sont indépendantes, nous en déduisons (par une nouvelle utilisation du Théorème de Lévy), que

$$(X_{t_1}^n, X_{t_2}^n - X_{t_1}^n, \cdots, X_{t_p}^n - X_{t_{p-1}}^n) \xrightarrow[n\to\infty]{\text{en loi}} (W_{t_1}, W_{t_2-t_1}, \cdots, W_{t_p-t_{p-1}})$$

où les coordonnées limites sont indépendantes et suivent respectivement les lois $\mathcal{N}(0, t_1)$, $\mathcal{N}(0, t_2 - t_1)$, $\cdots$, $\mathcal{N}(0, t_p - t_{p-1})$. Mais alors,

$$X_{t_2}^n = X_{t_1}^n + (X_{t_2}^n - X_{t_1}^n) \; ; \; \cdots ; \; X_{t_p}^n = X_{t_1}^n + \cdots + (X_{t_p}^n - X_{t_{p-1}}^n)$$

et par suite,

$$(X_{t_1}^n, X_{t_2}^n, \cdots, X_{t_p}^n) \xrightarrow[n \to \infty]{\text{en loi}} (B_{t_1}, B_{t_2}, \cdots, B_{t_p}).$$

Le vecteur $(B_{t_1}, B_{t_2}, \cdots, B_{t_p})$ est tel que les accroissements $(B_{t_1}, B_{t_2} - B_{t_1}, \cdots, B_{t_p} - B_{t_{p-1}})$ sont indépendants. De plus, pour chaque t_i, la variable aléatoire B_{t_i} suit la loi normale centrée de variance t_i.

La preuve de (ii) découle de (i) et du raisonnement de la Proposition 4.1.3. □

Pour chaque famille finie $0 \leq t_1 < t_2 < \cdots < t_p$, nous avons construit un vecteur aléatoire $(B_{t_1}, B_{t_2}, \cdots, B_{t_p})$ unique en loi. Une question naturelle est de vouloir généraliser cette convergence à celle d'un nombre infini de coordonnées. Plus précisément, nous pouvons nous demander si la collection de variables aléatoires $(X_t^n, t \in \mathbb{R}_+)$ converge (et en quel sens ?) vers une collection de variables aléatoires $(B_t, t \in \mathbb{R}_+)$ définie de manière unique. Cette question a engendré de multiples problèmes mathématiques et n'a été finalement résolue qu'en 1933 par Kolmogorov.

4.2 Processus aléatoire et mouvement brownien

Définition 4.2.1 *On appelle processus aléatoire $(X_t)_{t \geq 0}$ une famille de variables aléatoires indexée par $\mathbb{R}_+$, toutes ces variables étant définies sur le même espace de probabilité $(\Omega, \mathcal{A}, \mathbb{P})$. On suppose ici que chaque X_t est à valeurs réelles.*
On peut également voir ce processus comme une variable aléatoire X définie sur $(\Omega, \mathcal{A}, \mathbb{P})$ et à valeurs dans l'ensemble des fonctions $x : t \mapsto x_t$ de $\mathbb{R}_+$ dans $\mathbb{R}$, qui à chaque ω associe la fonction $t \mapsto X_t(\omega)$.

La théorie moderne des probabilités repose sur les résultats fondamentaux de Kolmogorov (1933) qui permettent de construire sur l'ensemble des fonctions de $\mathbb{R}_+$ dans $\mathbb{R}$ une tribu qui rend l'application X mesurable de $(\Omega, \mathcal{A})$ vers $\mathbb{R}^{\mathbb{R}_+}$ (et permet donc de parler de fonction aléatoire). Cette tribu est la plus petite tribu qui rend les applications $x \mapsto x_t$ mesurables de $\mathbb{R}^{\mathbb{R}_+}$ dans $\mathbb{R}$ pour tout $t > 0$ et est appelée tribu produit. Sa construction est décrite dans [25] et détaillée dans [58] et [60]. Elle va en particulier permettre de caractériser la loi du processus (i.e. une probabilité sur un espace de trajectoires), par la connaissance des lois de vecteurs aléatoires (probabilités sur $\mathbb{R}^k$).

Théorème 4.2.2 (Kolmogorov, 1933) *La loi d'un processus $(X_t, t \geq 0)$, probabilité sur $\mathbb{R}^{\mathbb{R}_+}$, est caractérisée par ses lois marginales de dimension finie, définies comme étant les lois des k-uplets $(X_{t_1}, ..., X_{t_k})$, pour tous temps $t_1, ..., t_k$.*

Ce théorème, que nous ne démontrerons pas, est extrêmement utile pour prouver des unicités en loi pour les processus. Il va nous permettre en particulier de caractériser la loi d'un processus $(B_t, t \in \mathbb{R}_+)$, appelé mouvement brownien, dont les coordonnées fini-dimensionnelles sont caractérisées (en loi) par la Proposition 4.1.4. Mais tout d'abord, nous allons généraliser la notion de processus à acroissements indépendants et stationnaires (PAIS), déjà vue pour des marches aléatoires (voir Définition 2.1.2) au cadre des processus à temps continu.

Définition 4.2.3 *Le processus $(X_t, t \in \mathbb{R}_+)$ est un processus à acroissements indépendants et stationnaires (PAIS) si pour tous réels positifs $0 \leq t_1 < t_2 < \cdots < t_k$, les variables aléatoires $(X_{t_1}, X_{t_2} - X_{t_1}, \ldots, X_{t_k} - X_{t_{k-1}})$ sont indépendantes et si $X_{t_2} - X_{t_1}$ a même loi que $X_{t_2 - t_1} - X_0$.*

Dans ce cas, la loi du processus est caractérisée par les lois de ses accroissemements.

Proposition 4.2.4 *Soit $(X_t, t \geq 0)$ un processus à accroissements indépendants et stationnaires. La loi du processus $(X_t, t \geq 0)$ est caractérisée par les lois des variables aléatoires $X_t - X_0$, pour $t \geq 0$ et par celle de X_0.*

Preuve. Considérons un n-uplet $0 \leq t_1 \leq \cdots \leq t_n$. Comme les variables aléatoires $X_{t_1}, X_{t_2} - X_{t_1}, \cdots, X_{t_n} - X_{t_{n-1}}$ sont indépendantes, la loi du vecteur $(X_{t_1}, X_{t_2} - X_{t_1}, \cdots, X_{t_n} - X_{t_{n-1}})$ est connue dès lors que l'on connaît les lois des coordonnées : c'est le produit tensoriel de ces lois. De plus la loi de la coordonnée $X_{t_k} - X_{t_{k-1}}$ est égale à la loi de $X_{t_k - t_{k-1}} - X_0$, qui est supposée connue. Il suffit alors d'utiliser le fait que la loi du vecteur aléatoire $(X_{t_1}, X_{t_2}, \cdots, X_{t_n})$ est caractérisée par sa fonction caractéristique. En effet, nous pouvons remarquer que pour $(u_1, \cdots, u_n) \in \mathbb{C}$ et en posant $X_{t_0} = 0$,

$$\mathbb{E}\left(e^{i\sum_{k=1}^n u_k X_{t_k}}\right) = \mathbb{E}\left(e^{i\sum_{k=1}^n (u_k + \cdots + u_n)(X_{t_k} - X_{t_{k-1}})}\right) = \Pi_{k=1}^n \mathbb{E}\left(e^{i(u_k + \cdots + u_n)(X_{t_k} - X_{t_{k-1}})}\right).$$

Le Théorème 4.2.2 permet de conclure.   □

Nous sommes alors en mesure de définir le mouvement brownien.

Définition 4.2.5 *Un mouvement brownien est un processus $(B_t, t \in \mathbb{R}_+)$ à accroissements indépendants et stationnaires, tel que pour tout temps t fixé, B_t suit la loi $\mathcal{N}(0, t)$ normale centrée de variance t.*

Plus précisément, pour tous $s, t \geq 0$, la variable $B_{t+s} - B_t$ est indépendante des variables $(B_r : r \leq t)$, $B_0 = 0$, et de plus, la loi de l'accroissement $B_{t+s} - B_t$ est la loi normale $\mathcal{N}(0, s)$. Elle ne dépend donc que de s.

Théorème 4.2.6 *La loi d'un processus $(B_t, t \geq 0)$ à accroissements indépendants et stationnaires, nul en 0 et tel que pour tout t, B_t a la loi normale $\mathcal{N}(0, t)$, est unique. C'est la loi du mouvement brownien.*

Preuve. Nous adaptons à ce cas particulier la preuve de la Proposition 4.2.4. Comme nous l'avons vu au Théorème 4.2.2, il suffit de caractériser de manière unique la loi du vecteur $(B_{t_1}, \ldots, B_{t_k})$, pour tout entier k et pour tous temps $t_1, \ldots, t_k$. Nous pouvons nous limiter à supposer que $0 \leq t_1 < t_2 < \ldots < t_k$, quitte à changer les notations. Les variables aléatoires $B_{t_1}, B_{t_2} - B_{t_1}, \ldots, B_{t_k} - B_{t_{k-1}}$ sont indépendantes et de lois respectives $\mathcal{N}(0, t_1), \mathcal{N}(0, t_2 - t_1), \ldots, \mathcal{N}(0, t_k - t_{k-1})$. Le k-uplet $B_{t_1}, B_{t_2} - B_{t_1}, \ldots, B_{t_k} - B_{t_{k-1}}$ a donc pour loi le produit tensoriel des lois. Pour obtenir la loi de $(B_{t_1}, \ldots, B_{t_k})$, il suffit d'observer que celle-ci est la loi image de la précédente par l'application $(x_1, x_2, \ldots, x_k) \longrightarrow (x_1, x_1 + x_2, \ldots, x_1 + x_2 + \ldots + x_k)$. Elle est caractérisée de manière unique. $\square$

Historiquement, le mouvement brownien est associé à l'analyse de mouvements dont la dynamique au cours du temps est si désordonnée qu'il semble difficile de la prévoir, même pour un temps très court. C'est Robert Brown, botaniste anglais, qui décrivit en 1827 le mouvement erratique de fines particules organiques (particules de pollen) en suspension dans un gaz ou un fluide. Ce mouvement très irrégulier ne semblait pas admettre de tangente ; on ne pouvait donc pas parler de sa vitesse, ni a fortiori lui appliquer les lois de la mécanique. Le mouvement brownien fut introduit par Bachelier en 1900 pour modéliser la dynamique du prix des actions à la Bourse. Il fut redécouvert par Einstein en 1905 et est devenu l'un des outils majeurs en physique statistique et dans la modélisation probabiliste.

Remarque 4.2.7 *Il y a plusieurs preuves de l'existence. Notre choix a été de construire le mouvement brownien comme limite de marches aléatoires renormalisées.*

Nous allons formaliser un peu plus les résultats du paragraphe 3.1.

Définition 4.2.8 *On dit que la suite de processus $(Z_t^n, t \geq 0)_n$ converge en loi au sens des marginales de dimension finie vers le processus $(Z_t, t \geq 0)$ si pour tout p-uplet de temps $0 \leq t_1 < t_2 < \cdots < t_p$, le p-uplet de variables aléatoires $(Z_{t_1}^n, Z_{t_2}^n, \cdots, Z_{t_p}^n)$ converge en loi, lorsque n tend vers l'infini, vers le p-uplet $(Z_{t_1}, Z_{t_2}, \cdots, Z_{t_p})$.*

Remarque 4.2.9 *Comme nous l'avons rappelé ci-dessus (Théorème 4.2.2), la loi d'un processus stochastique Z est caractérisée par la loi de tous les p-uplets $(Z_{t_1}, Z_{t_2}, \cdots, Z_{t_p})$. Ceci entraîne donc que la convergence en loi d'une suite de processus au sens des marginales fini-dimensionnelles, permet d'en caractériser la limite (en loi).*

Théorème 4.2.10 *Les suites de processus $(X_t^n, t \geq 0)_n$ et $(Y_t^n, t \geq 0)_n$ convergent en loi, au sens des marginales fini-dimensionnelles, vers un mouvement brownien $(B_t, t \geq 0)$.*

Preuve. Il suffit d'appliquer la Proposition 4.1.4 et le Théorème 4.2.6.

La loi de $(B_{t_1}, B_{t_2}, \cdots, B_{t_p})$ est bien la loi des marginales aux temps $0 \leq t_1 < t_2 < \cdots < t_p$ d'un mouvement brownien. $\square$

Nous allons maintenant étudier la dynamique des processus aléatoires $(t \to X_t^n)_n$, qui sautent d'une amplitude $\frac{1}{\sqrt{n}}$ tous les temps $\frac{1}{n}$, et de leurs interpolations linéaires continues $(t \to Y_t^n)_n$. En fait, les deux suites de processus convergent vers la même limite, en tant que fonctions du temps à valeurs réelles lorsque n tend vers l'infini, et cette limite est un mouvement brownien. Pour prouver cette approximation, il faut définir une notion de convergence en loi pour une suite de processus stochastiques $(Z_t^n, t \in \mathbb{R}_+)_n$ lorsque n tend vers l'infini. La preuve d'une telle convergence fonctionnelle dépasse le cadre mathématique de cet ouvrage et nous conseillons au lecteur les ouvrages suivants : [11], [32] ou [45]. Nous n'avons montré ici que la convergence en loi au sens des marginales fini-dimensionnelles. Néanmoins, si le lecteur accepte qu'il y a convergence fonctionnelle, il comprendra que la limite doit être un processus à trajectoires continues en temps. En effet, l'amplitude des sauts de X_t^n vaut $\frac{1}{\sqrt{n}}$ et tend donc vers 0 quand n tend vers l'infini. Par ailleurs, les intervalles entre les temps de saut sont égaux à $\frac{1}{n}$ et tendent également vers 0.

La convergence est illustrée par les simulations données dans les figures 4.1 et 4.2.

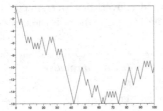 

FIGURE 4.1 – marche aléatoire en dimension 1, $n = 100$ et $n = 200$.

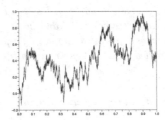

FIGURE 4.2 – mouvement brownien en dimension 1

4.3 Quelques propriétés du mouvement brownien

• A l'aide de la définition du mouvement brownien (Définition 4.2.5), nous pouvons montrer les deux propriétés fondamentales suivantes, dont la preuve est laissée en exercice (voir Exercice 4.8.1).

Proposition 4.3.1 *Soit $(B_t, t \geq 0)$ un mouvement brownien.*

(i) Propriété de symétrie : Le processus B' défini pour tout $t > 0$ par $B'_t = -B_t$, est un mouvement brownien.

(ii) Propriété d'auto-similarité : Pour tout $c > 0$, le processus $B^{(c)}$ défini pour tout $t > 0$ par $B_t^{(c)} = \frac{1}{c} B_{c^2 t}$, est un mouvement brownien.

Cette propriété d'auto-similarité justifie l'aspect fractal des trajectoires du mouvement brownien.

• Nous pouvons facilement calculer la covariance de B_t et B_s pour tous $t, s > 0$:

$$\mathbb{E}(B_t B_s) = t \wedge s.$$

En effet, si $s < t$ et puisque les accroissements sont indépendants,

$$\mathbb{E}(B_t B_s) = \mathbb{E}((B_t - B_s)B_s + B_s^2) = \mathbb{E}(B_t - B_s)\,\mathbb{E}(B_s) + \mathbb{E}(B_s^2) = s.$$

• Il est également possible de décrire le comportement en temps long du mouvement brownien grâce à la "loi du logarithme itéré" suivante.

Proposition 4.3.2

$$\mathbb{P}\left(\limsup_{t \to +\infty} \frac{B_t}{\sqrt{2t \log \log t}} = 1 \quad et \quad \liminf_{t \to +\infty} \frac{B_t}{\sqrt{2t \log \log t}} = -1 \right) = 1. \qquad (4.3.4)$$

La preuve de la Proposition 4.3.2 sera développée dans l'Exercice 4.8.4.

• Etudions maintenant les propriétés de régularité des trajectoires du mouvement brownien. Remarquons tout d'abord qu'il n'est pas nécessaire d'inclure une propriété de régularité des trajectoires dans la définition du mouvement brownien. En effet, si un processus vérifie toutes les propriétés de la Définition 4.2.5 , il admet une modification à trajectoires continues, au sens où il existe une fonction aléatoire W à valeurs dans l'ensemble des fonctions continues de $\mathbb{R}_+$ dans $\mathbb{R}$ telle que pour tout $t \geq 0$, $\mathbb{P}(B_t = W_t) = 1$. La preuve de ce résultat est fondée sur le critère suivant, appelé critère de continuité de Kolmogorov.

Théorème 4.3.3 *Critère de continuité de Kolmogorov. Soit $X : \Omega \times [0,1] \to \mathbb{R}$ un processus stochastique et supposons qu'il existe trois constantes strictement positives γ, β, C avec, pour tous $0 \le s, t \le 1$,*

$$\mathbb{E}(|X_t - X_s|^\gamma) \le C\,|t - s|^{1+\beta}. \tag{4.3.5}$$

Alors X admet une modification presque-sûrement à trajectoires continues.

La grande force de ce théorème est qu'il caractérise une propriété de régularité des trajectoires (donc ω par ω) par une propriété des moments du processus. Il faut exiger un peu plus qu'une simple lipschitzianité de ces moments, mais pas beaucoup plus. Bien sûr, il est possible de généraliser l'intervalle de temps $[0,1]$ à tout intervalle de temps $[0,T]$.

Preuve. Nous allons montrer que X admet une modification $\tilde{X}$ qui a une trajectoire hölderienne pour tout ordre $\alpha < \frac{\beta}{\gamma}$. Introduisons l'ensemble D des points dyadiques de $[0,1]$: $D = \cup_m D_m$, où $D_m = \{2^{-m}i;\ i\ \text{entier} \in [0, 2^m]\}$. Soit $\Delta_m = \{(s,t) \in D_m^2;\ |s-t| = 2^{-m}\}$. Il y a moins de 2^{m+1} telles paires. Posons $K_m = \sup_{(s,t)\in\Delta_m} |X_s - X_t|$.

Par hypothèse, on a

$$\mathbb{E}(K_m^\gamma) \le \sum_{(s,t)\in\Delta_m} \mathbb{E}(|X_s - X_t|^\gamma) \le C\,2^{-m(1+\beta)}\,2^{m+1} = 2\,C\,2^{-m\beta}.$$

Fixons m. Pour tout point s (resp. t) de D, il existe une suite croissante (s_n) de D, (resp. (t_n)), telle que pour tout $n \ge m$, $s_n \le s, t_n \le t$ avec $s_n, t_n \in D_n$ et $s_n = s$ (resp. $t_n = t$) pour un n. Si $(s,t) \in D^2$ avec $|s - t| \le 2^{-m}$, on pose $s_m = t_m$ ou $(s_m, t_m) \in \Delta_m$. Dans tous les cas, nous avons

$$X_s - X_t = \sum_{i=m}^{\infty}(X_{s_{i+1}} - X_{s_i}) + X_{s_m} - X_{t_m} + \sum_{i=m}^{\infty}(X_{t_{i+1}} - X_{t_i}),$$

où les séries sont en fait des sommes finies. Nous en déduisons que

$$|X_s - X_t| \le K_m + 2\sum_{i=m+1}^{\infty} K_i \le 2\sum_{i=m}^{\infty} K_i.$$

Définissons $M_\alpha = \sup\{|X_s - X_t|/|s - t|^\alpha;\ s, t \in D, s \ne t\}$. Nous avons

$$
\begin{aligned}
M_\alpha &\le \sup_{m\in\mathbb{N}} \left\{ 2^{(m+1)\alpha} \sup_{2^{-(m+1)}\le|s-t|\le 2^{-m}} |X_s - X_t|;\ s, t \in D, s \ne t \right\} \\
&\le \sup_{m\in\mathbb{N}} \left\{ 2.2^{(m+1)\alpha} \left(\sum_{i=m}^{\infty} K_i \right) \right\} \\
&\le 2^{(\alpha+1)} \sum_{i=0}^{\infty} 2^{i\alpha} K_i.
\end{aligned}
$$

Pour $\gamma \geq 1$ et $\alpha < \beta/\gamma$, nous avons

$$\mathbb{E}((M_\alpha)^\gamma)^{1/\gamma} \leq 2^{(\alpha+1)} \sum_{i=0}^{\infty} 2^{i\,\alpha}\, \mathbb{E}((K_i)^\gamma)^{1/\gamma} \leq 2^{(\alpha+1)}\,(2C)^{1/\gamma} \sum_{i=0}^{\infty} 2^{i\,(\alpha-(\beta/\gamma))} < +\infty.$$

Pour $\gamma < 1$, le même raisonnement s'applique à $\mathbb{E}((M_\alpha)^\gamma)$.

Ainsi, pour presque tout ω, X est uniformément continu sur D. Nous allons alors poser, pour un tel ω et $t \in [0,1]$,

$$\tilde{X}_t(\omega) = \lim_{s \to t,\, s \in D} X_s(\omega).$$

En effet, l'uniforme continuité et le critère de Cauchy impliquent que $X_{s_n}(\omega)$ admet une limite, indépendante de toute suite $s_n \in D$ et convergeant vers t. Observons que trivialement, $\tilde{X}_t = X_t$ pour $t \in D$. De plus, si $t \notin D$ et si $s_n \in D$ est une suite convergeant vers t, alors par définition, X_{s_n} converge presque-sûrement vers $\tilde{X}_t$. Par ailleurs, par hypothèse, $\mathbb{P}(|X_t - X_{s_n}| > \varepsilon) \leq C\varepsilon^{-\gamma}|t - s_n|^{1+\beta}$, et X_{s_n} converge en probabilités vers X_t. Nous en déduisons que $\tilde{X}$ est clairement la modification désirée. $\qquad\square$

Dans le cas du mouvement brownien, la variable aléatoire $B_t - B_s$ est une variable aléatoire normale centrée de variance $|t - s|$, donc

$$\mathbb{E}(|B_t - B_s|^4) = 3\,(t - s)^2.$$

Nous en déduisons immédiatement le corollaire suivant.

Corollaire 4.3.4 *Il existe un processus B presque-sûrement à trajectoires continues, à accroissements indépendants et tel que pour tout t, la variable aléatoire est centrée, normale et de variance t. De plus, les trajectoires du processus sont höldériennes d'ordre α pour tout $\alpha < 1/2$ au sens où, pour presque tout ω, il existe une constante $C(\omega)$ telle que pour tous $0 \leq s, t \leq T$, $|B_t(\omega) - B_s(\omega)| \leq C(\omega)\,|t - s|^\alpha$.*

Un tel processus est appelé mouvement brownien standard. Dans toute la suite nous ne considérerons que de tels processus que nous appellerons plus simplement mouvements browniens.

En dehors de ces résultats de continuité, les propriétés de régularité du mouvement brownien sont très mauvaises. Remarquons tout d'abord que B a peu de chances d'être à variation finie. En effet, puisque $E(|B_{i/n} - B_{(i-1)/n}|^2) = \frac{1}{n}$, $|B_{i/n} - B_{(i-1)/n}|$ est d'ordre de grandeur $\frac{1}{\sqrt{n}}$. Ainsi $\sum_{i=1}^{[nt]} |B_{i/n} - B_{(i-1)/n}|$ est d'ordre de grandeur $\sqrt{n}$ et ne peut pas converger pas quand n tend vers l'infini. En revanche nous allons montrer que la situation est différente si l'on considère la "variation quadratique approchée de B au niveau n", définie comme étant le processus

$$V(B, n)_t = \sum_{i=1}^{[nt]} (B_{i/n} - B_{(i-1)/n})^2. \qquad (4.3.6)$$

L'indépendance des accroissements du mouvement brownien va nous permettre de montrer la proposition suivante.

Proposition 4.3.5 *Pour tout $t > 0$, la suite de variables aléatoires $(V(B, n)_t)_n$ définie par (4.3.6) converge vers t dans $\mathbb{L}^2$, quand n tend vers l'infini.*

Remarquons que cette limite est déterministe. Cela donne un caractère intrinsèque au mouvement brownien et cela aura une grande importance dans la construction de l'intégrale stochastique.

Preuve. Chaque accroissement $B_{i/n} - B_{(i-1)/n}$ est de loi normale $\mathcal{N}(0, 1/n)$ et donc $\mathbb{E}(V(B, n)_t) = \frac{[nt]}{n}$. Nous écrivons alors

$$\mathbb{E}\left((V(B,n)_t - t)^2\right) \leq 2\left(\mathbb{E}\left(V(B,n)_t - \frac{[nt]}{n}\right)^2 + \left(\frac{[nt]}{n} - t\right)^2\right). \tag{4.3.7}$$

Comme les accroissements $(B_{i/n} - B_{(i-1)/n})^2 - \frac{1}{n}$ sont indépendants et que $\mathbb{E}\left((B_{i/n} - B_{(i-1)/n})^2\right) = \frac{1}{n}$ et $\mathbb{E}\left((B_{i/n} - B_{(i-1)/n})^4\right) = \frac{3}{n^2}$, nous pouvons en déduire les calculs suivants.

$$\begin{aligned}
\mathbb{E}\left(\left(\sum_{i=1}^{[nt]} \left(B_{i/n} - B_{(i-1)/n}\right)^2 - \frac{[nt]}{n}\right)^2\right) &= \sum_{i=1}^{[nt]} \mathbb{E}\left(\left(\left(B_{i/n} - B_{(i-1)/n}\right)^2 - \frac{1}{n}\right)^2\right) \\
&= \sum_{i=1}^{[nt]} \left(\mathbb{E}\left(\left(B_{i/n} - B_{(i-1)/n}\right)^4\right) - \frac{1}{n^2}\right) \\
&= \frac{2}{n^2} \times [nt].
\end{aligned}$$

Ainsi, $\mathbb{E}\left((V(B,n)_t - t)^2\right)$ est équivalent à $\frac{2t}{n}$ et converge vers 0 quand n tend vers l'infini. Nous en déduisons que $(V(B,n)_t)_n$ converge vers t dans $\mathbb{L}^2$. $\square$

Une conséquence fondamentale, qui montre la grande irrégularité des trajectoires du mouvement brownien, est la proposition suivante.

Proposition 4.3.6 *Les trajectoires $t \mapsto B_t$ sont presque-sûrement nulle part dérivables.*

Remarque 4.3.7 *Pour cette raison, nous ne pourrons pas définir simplement l'intégrale $\int_0^t f(s)dB_s(\omega)$, pour ω donné. Cela va justifier ultérieurement la construction de l'intégrale stochastique.*

Preuve. Nous savons que la convergence dans $\mathbb{L}^2$ d'une suite de variables aléatoires entraîne la convergence presque-sûre d'une sous-suite. Ainsi, nous déduisons de la Proposition 4.3.5 qu'en dehors d'un ensemble de probabilité nulle, et pour toute paire de nombres rationnels p, q, il existe une subdivision $(t_i)_i$ de pas $\frac{1}{n}$ de $[p, q]$ telle que

$$\lim_{n \to +\infty} \sum_{i=[np]}^{[nq]} \left(B_{t_i}(\omega) - B_{t_{i-1}}(\omega) \right)^2 = q - p.$$

Si nous avions $|B_t(\omega) - B_s(\omega)| \le k|t - s|$ pour $p \le s < t \le q$, nous en déduirions que

$$\sum_{i=[np]}^{[nq]} \left(B_{t_i}(\omega) - B_{t_{i-1}}(\omega) \right)^2 \le k^2 \, (q - p) \, \sup_i |t_i - t_{i-1}| = \frac{k^2(q - p)}{n}.$$

Quand $n \to \infty$, le fait que le terme de gauche tende vers une limite finie non nulle entraînerait une contradiction. Les trajectoires du mouvement brownien ne peuvent donc être lipschitziennes sur aucun sous-intervalle $[p, q]$ de $\mathbb{R}_+$, avec p et q nombres rationnels. Par densité de $\mathbb{Q}$ dans $\mathbb{R}$, nous en déduisons que les trajectoires du mouvement brownien ne sont presque-sûrement nulle part dérivables. $\qquad\square$

4.4 Propriété de Markov et mouvement brownien

Nous avons défini au Chapitre 2.1.1 ce qu'est la filtration associée à une chaîne de Markov, ou plus généralement associée à un processus indexé par le temps discret. C'est une suite croissante (pour l'inclusion) de tribus qui modélise l'évolution de l'information donnée par le processus au cours du temps. Nous allons généraliser cette notion pour un processus indexé par le temps continu.

Remarque 4.4.1 *Dans la suite, les processus que nous considérerons auront presque-sûrement des trajectoires continues à droite et admettant une limite à gauche en tout point. Cette propriété de régularité en temps est fondamentale pour que les propriétés de Markov et de martingale aient un sens. Cette propriété d'être continu à droite et d'avoir une limite à gauche (càdlàg) sera donc implicite dans la suite de cet ouvrage.*

Définition 4.4.2 *Soit $X = (X_t)_{t \ge 0}$ un processus aléatoire défini sur un espace de probabilité $(\Omega, \mathcal{A}, P)$. On appelle filtration engendrée par X la famille croissante $(\mathcal{F}_t^X)_{t \ge 0}$, où $\mathcal{F}_t^X$ est la tribu engendrée par les variables aléatoires $\{X_s, s \le t\}$. La tribu $\mathcal{F}_t^X$ est la plus petite tribu rendant mesurables les variables X_s, pour $s \le t$. Elle décrit les événements réalisés par le processus avant l'instant t.*

Nous pouvons généraliser la notion de propriété de Markov au temps continu.

Définition 4.4.3 *Un processus* $(X_t, t \geq 0)$ *satisfait la propriété de Markov si pour tous* $s, t \geq 0$, *et pour toute fonction* f *mesurable bornée sur* $\mathbb{R}$,

$$\mathbb{E}(f(X_{t+s})|\mathcal{F}_t^X) = \mathbb{E}(f(X_{t+s})|X_t). \qquad (4.4.8)$$

Le processus X *est alors appelé processus de Markov.*

La formule (4.4.8) entraîne en particulier que l'espérance conditionnelle de $f(X_{t+s})$ sachant $\mathcal{F}_t^X$ est une fonction mesurable de X_t. Cette fonction dépend a priori de s et de t. Un cas particulier important est celui où elle ne dépend que du temps s, c'est à dire de l'accroissement entre t et $t + s$.

Définition 4.4.4 *Si pour tout* $s \geq 0$, *il existe une fonction mesurable bornée* h_s *sur* $\mathbb{R}$, *telle que pour tout* $t \geq 0$,

$$\mathbb{E}(f(X_{t+s})|\mathcal{F}_t^X) = h_s(X_t),$$

le processus X *est appelé processus de Markov homogène en temps.*

Limitons-nous maintenant à l'étude des processus de Markov homogènes en temps. Introduisons la famille d'opérateurs $(P_t)_{t \geq 0}$, définis pour toute fonction mesurable bornée f et tout $x \in \mathbb{R}$ par

$$P_t f(x) = \mathbb{E}(f(X_t)|X_0 = x). \qquad (4.4.9)$$

Nous avons alors que $h_s(x) = P_s f(x)$ et donc

$$\mathbb{E}(f(X_{t+s})|\mathcal{F}_t^X) = P_s f(X_t). \qquad (4.4.10)$$

Proposition 4.4.5 *La famille d'opérateurs* $(P_t)_{t \geq 0}$ *suffit à caractériser la loi du processus* X.

Preuve. En effet, si $0 < s < t$ et si f et g sont deux fonctions mesurables bornées et $x \in \mathbb{R}$, on a grâce à la propriété de Markov et à (4.4.10)

$$
\begin{aligned}
\mathbb{E}(f(X_s)\, g(X_t)|X_0 = x) &= \mathbb{E}(\mathbb{E}(f(X_s)\, g(X_t)\,|\mathcal{F}_s^X)\,|X_0 = x) \\
&= \mathbb{E}(f(X_s)\, \mathbb{E}(g(X_t)\,|\mathcal{F}_s^X)\,|X_0 = x) \\
&= \mathbb{E}(f(X_s)\, P_{t-s}g(X_s)\,|X_0 = x) \\
&= P_s(f\, P_{t-s}g)(x).
\end{aligned}
$$

Les marginales bi-dimensionnelles de X sont donc caractérisées par le semi-groupe $(P_t)_t$. Il est facile de montrer qu'il en est de même des marginales d-dimensionnelles, ce qui caractérise la loi du processus. (Voir Théorème 4.2.2). $\qquad \square$

Nous pouvons également montrer que la famille $(P_t)_t$ vérifie la propriété dite de semi-groupe :

$$P_{t+s}f(x) = P_t(P_sf)(x) = P_s(P_tf)(x) \; ; \; P_0f(x) = f(x).$$

En effet, de la même façon que ci-dessus, nous avons

$$
\begin{aligned}
P_{t+s}f(x) &= \mathbb{E}(f(X_{t+s}) \,|X_0 = x) \\
&= \mathbb{E}(\,\mathbb{E}(f(X_{t+s}) \,|\mathcal{F}_t^X) \,|X_0 = x) \\
&= \mathbb{E}(P_sf(X_t) \,|X_0 = x) = P_t(P_sf)(x).
\end{aligned}
$$

Définition 4.4.6 *La famille d'opérateurs $(P_t)_{t\geq 0}$ définie par (4.4.9) est appelée le semi-groupe de transition du processus de Markov homogène X.*

Théorème 4.4.7 *Le mouvement brownien est un processus de Markov homogène, de semi-groupe de transition défini pour f mesurable bornée et pour tous $x \in \mathbb{R}$, $t > 0$ par*

$$P_tf(x) = \mathbb{E}(f(B_t) \,|B_0 = x) = \int_{\mathbb{R}} f(y) \,\frac{1}{\sqrt{2\pi t}}\exp\left(-\frac{(y-x)^2}{2t}\right) \, dy. \qquad (4.4.11)$$

Preuve. Considérons un mouvement brownien B sur $(\Omega, \mathcal{A}, P)$, et $(\mathcal{F}_t^B)_{t\geq 0}$ la filtration qu'il engendre. Puisqu'il est à accroissements indépendants, la variable $Y = B_{t+s} - B_s$ est indépendante de la tribu $\mathcal{F}_s^B$ et a pour loi la loi normale $\mathcal{N}(0,t)$. Ainsi pour chaque fonction f borélienne bornée sur $\mathbb{R}$, pour tous $t, s > 0$,

$$\mathbb{E}(f(B_{t+s})|\mathcal{F}_s^B) = \mathbb{E}(f(B_s + Y)|\mathcal{F}_s^B) = \int_{\mathbb{R}} \frac{1}{\sqrt{2\pi t}} e^{-x^2/2t} f(B_s + x) \, dx. \qquad (4.4.12)$$

Cette formule montre que conditionnellement à $\mathcal{F}_s^B$, la loi de B_{t+s} dépend du passé (i.e. de toutes les variables B_r pour $r \leq s$) par la loi de la valeur "présente" B_s du processus, à travers une fonction de l'accroissement de temps t. Le mouvement brownien est donc un processus de Markov homogène, de semi-groupe de transition donné par (4.4.11). $\quad\square$

Remarquons que pour le mouvement brownien, $P_tf(x) = \int_{\mathbb{R}} f(y) \, p(t,x,y) dy$, avec

$$p(t,x,y) = \frac{1}{\sqrt{2\pi t}}\exp\left(-\frac{(y-x)^2}{2t}\right). \qquad (4.4.13)$$

La fonction $p(t,x,.)$ est la densité au temps t du mouvement brownien, issu de x au temps 0.

En utilisant (4.4.13), il est facile de montrer par des calculs simples que si f est une fonction continue bornée, la fonction $u(t,x) = P_tf(x) = \int p(t,x,y) f(y) dy$ est l'unique solution régulière de l'équation aux dérivées partielles

$$\frac{\partial u}{\partial t}(t,x) = \frac{1}{2}\frac{\partial^2 u}{\partial x^2}(t,x) \quad ; \quad u(0,x) = f(x), \; x \in \mathbb{R}, t > 0. \qquad (4.4.14)$$

Cette équation aux dérivées partielles s'appelle l'équation de la chaleur. Nous avons donc exhibé une solution probabiliste à cette équation, à savoir $u(t,x) = \mathbb{E}(f(B_t)|B_0 = x)$.

La définition du mouvement brownien se généralise au cas multi-dimensionnel.

Définition 4.4.8 *Un mouvement brownien d-dimensionnel est un d-uplet $B = (B^i)_{1 \leq i \leq d}$ de d mouvements browniens à valeurs réelles $B^i = (B_t^i)_{t \geq 0}$, indépendants entre eux.*

Ce processus est encore un processus de Markov homogène et à accroissements indépendants et stationnaires. Une simulation de sa trajectoire est donnée à la Figure 4.4 dans le cas bi-dimensionnel. Le processus peut être obtenu comme limite de marches aléatoires renormalisées, comme le suggère la Figure 4.3.

Le semi-groupe du mouvement brownien d-dimensionnel est défini pour ϕ mesurable bornée sur $\mathbb{R}^d$, $x \in \mathbb{R}^d$ et $t > 0$, par

$$P_t\phi(x) = \int_{\mathbb{R}^d} \phi(y) \frac{1}{(2\pi t)^{d/2}} \exp\left(-\frac{\|y - x\|^2}{2t}\right) dy, \qquad (4.4.15)$$

où $\|.\|$ désigne la norme euclidienne et dy la mesure de Lebesgue sur $\mathbb{R}^d$. Comme en dimension 1, le mouvement brownien admet une densité en chaque temps $t > 0$, qui permet d'obtenir la solution explicite de l'équation de la chaleur en dimension d

$$\frac{\partial u}{\partial t}(t,x) = \frac{1}{2}\Delta u(t,x) \quad ; \quad u(0,x) = \phi(x), \ x \in \mathbb{R}^d, t > 0. \qquad (4.4.16)$$

4.5   Martingales à temps continu et temps d'arrêt

4.5.1   Martingales à temps continu

Nous allons mettre en évidence une propriété fondamentale du mouvement brownien concernant le comportement de ses fluctuations, à savoir la propriété de martingale.

Soit $(B_t, t \geq 0)$ un mouvement brownien. Nous avons introduit au chapitre précédent la filtration $(\mathcal{F}_t^B)_t$ engendrée par ce mouvement brownien : $\mathcal{F}_t^B = \sigma(B_s, s \leq t)$ (voir Définition 4.4.2). En fait cette filtration n'est pas suffisamment grosse pour pouvoir développer le calcul stochastique dans le chapitre suivant. Nous allons introduire la filtration augmentée de B, à savoir une filtration $(\mathcal{F}_t)_t$ pour laquelle B est encore un mouvement brownien, qui contient les ensembles négligeables et qui est continue à droite, au sens où pour tout $t \geq 0$,

$$\mathcal{F}_t = \cap_{\varepsilon > 0}\mathcal{F}_{t+\varepsilon}.$$

La tribu $\mathcal{F}_t$ va donc permettre de prendre en compte des événements liés au comportement du processus immédiatement après t. La construction de la filtration $(\mathcal{F}_t)_t$ est développée par exemple dans [45] Chap.2.7.

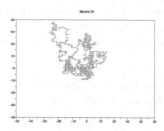

FIGURE 4.3 – marche aléatoire en dimension 2

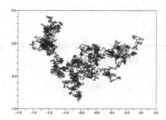

FIGURE 4.4 – mouvement brownien en dimension 2

Puisque pour tout $t \geq 0$, B_t est $\mathcal{F}_t$-adapté et que B est à accroissements indépendants et stationnaires, nous remarquons facilement que pour tous $s \leq t$,

$$\mathbb{E}(B_t \mid \mathcal{F}_s) = B_s, \qquad (4.5.1)$$

$$\mathbb{E}(B_t^2 - t \mid \mathcal{F}_s) = B_s^2 - s. \qquad (4.5.2)$$

En effet,

$$\mathbb{E}(B_t \mid \mathcal{F}_s) = \mathbb{E}(B_s + B_t - B_s) = B_s + \mathbb{E}(B_t - B_s) = B_s;$$
$$\mathbb{E}(B_t^2 - t \mid \mathcal{F}_s) = \mathbb{E}((B_t - B_s)^2 + 2B_s(B_t - B_s) + B_s^2 - t) = t - s + B_s^2 - t = B_s^2 - s.$$

La propriété (4.5.1) satisfaite par le mouvement brownien signifie que les accroissements futurs du mouvement brownien conditionnellement à l'information donnée par le processus jusqu'au temps présent sont de moyenne nulle. Cette propriété généralise au temps continu la notion de martingale que nous avons introduite pour le temps discret (cf. Définition 2.5.1).

Définition 4.5.1 *Un processus $(X_t, t \geq 0)$ est dit adapté à une filtration $(\mathcal{F}_t)$ si pour t, X_t est $\mathcal{F}_t$-mesurable, c'est-à-dire que pour tout borélien A de $\mathbb{R}$, l'événement $\{X_t \in A\}$ appartient à $\mathcal{F}_t$. (L'information concernant X_t est contenue dans $\mathcal{F}_t$).*

Dans ce paragraphe, tout processus X sera supposé adapté à la filtration $(\mathcal{F}_t)_t$ du mouvement brownien B. Intuitivement, cela signifie que les événements du type $\{X_t \in A\}$ peuvent s'exprimer à partir de la connaissance de la trajectoire brownienne B jusqu'au temps t.

Définition 4.5.2 *Un processus à valeurs réelles $M = (M_t)_{t \geq 0}$, adapté à $(\mathcal{F}_t)$, est une martingale si chaque variable M_t est intégrable et si*

$$s \leq t \quad \Longrightarrow \quad \mathbb{E}(M_t | \mathcal{F}_s) = M_s. \tag{4.5.3}$$

En particulier, l'espérance $\mathbb{E}(M_t)$ d'une martingale ne dépend pas de t : pour tout t,

$$\mathbb{E}(M_t) = \mathbb{E}(M_0). \tag{4.5.4}$$

Pour plus de détails, nous renvoyons aux livres suivants (mais cela n'est pas exhaustif) : Shreve-Karatzas [45], Revuz-Yor [66].

Voyons tout d'abord quelques exemples fondamentaux de martingales adaptées à la filtration brownienne.

Proposition 4.5.3 *Les trois processus $\mathcal{F}_t$-adaptés suivants sont des martingales.*

1. *Le mouvement brownien $(B_t, t \geq 0)$.*
2. *Le processus $(M_t, t \geq 0)$ défini pour tout t par $M_t = B_t^2 - t$.*
3. *Le processus $(M_t^\lambda, t \geq 0)$ défini par $M_t^\lambda = \exp(\lambda B_t - \frac{\lambda^2}{2} t)$, pour tout $\lambda \in \mathbb{R}$.*

Preuve. Les propriétés (4.5.1) et (4.5.2) entraînent de manière immédiate que les processus B et M sont des martingales. De plus, il est clair que pour tout $\lambda > 0$, M^λ est $\mathcal{F}_t$-adapté et que M_t^λ est intégrable, puisque $\mathbb{E}(|M_t^\lambda|) = \mathbb{E}(M_t^\lambda) = 1$. En effet, il est facile de vérifier que pour une variable aléatoire U de loi $\mathcal{N}(0, \sigma^2)$, $\mathbb{E}(\exp(\lambda U)) = \exp\left(\frac{\lambda^2 \sigma^2}{2}\right)$. De plus, si $s \leq t$, nous pouvons écrire $\mathbb{E}\left(M_t^\lambda | \mathcal{F}_s\right) = M_s^\lambda \, \mathbb{E}\left(\exp(\lambda(B_t - B_s) - \frac{\lambda^2}{2}(t - s))\right)$, puisque $B_t - B_s$ est indépendant de $\mathcal{F}_s$. Comme $\mathbb{E}\left(\exp(\lambda(B_t - B_s) - \frac{\lambda^2}{2}(t - s))\right) = 1$, nous en déduisons que $\mathbb{E}\left(M_t^\lambda | \mathcal{F}_s\right) = M_s^\lambda$. $\qquad\square$

Nous avons en fait une réciproque de cette proposition, qui est une caractérisation du mouvement brownien due à Paul Lévy.

Proposition 4.5.4 *Soit $(M_t)_{t \geq 0}$ un processus stochastique à valeurs réelles et à trajectoires presque-sûrement continues. Les deux propriétés suivantes sont équivalentes :*
(i) $(M_t)_{t \geq 0}$ et $(M_t^2 - t)_{t \geq 0}$ sont des martingales pour la filtration engendrée par M.
(ii) $(M_t)_{t \geq 0}$ est un mouvement brownien.

Il suffit de prouver $(i) \implies (ii)$. Pour cela, on montre que pour tout $0 \leq s \leq t$, $E(e^{\lambda(M_t - M_s)}|\mathcal{F}_s) = e^{\frac{\lambda^2}{2}(t-s)}$, ce qui suffit à caractériser le mouvement brownien. L'idée intuitive de la preuve est simple : faire un développement limité à l'ordre 2 de $e^{\lambda x}$ et utiliser (i). Néanmoins les détails techniques sont nombreux et nous renvoyons au livre de Comets-Meyre [25]. Une autre preuve moins élémentaire consiste à utiliser le calcul stochastique.

4.5.2 Inégalités fondamentales et comportement à l'infini

Une des raisons qui font que les martingales sont centrales dans la théorie des probabilités est qu'elles permettent d'obtenir des inégalités très utiles en pratique. Nous avons déjà prouvé ces inégalités en temps discret dans la Proposition 2.5.5. Elles sont donc vraies pour un processus à temps continu restreint aux temps rationnels. Puisque que tous les processus sont continus à droite et limités à gauche, les résultats se généralisent à tout temps par un passage à la limite, dont nous ne donnerons pas les détails. Les inégalités ci-dessous sont connues sous le nom d'inégalités de Doob.

Proposition 4.5.5 *Considérons une martingale $(M_t, t \geq 0)$. Nous avons alors pour tout $\alpha > 0$ et tout $p > 1$,*

$$\mathbb{P}(\sup_{s \leq t} |M_s| \geq \alpha) \leq \frac{\mathbb{E}(|M_t|)}{\alpha} \tag{4.5.5}$$

et

$$\mathbb{E}((\sup_{s \leq t} |M_s|)^p) \leq \left(\frac{p}{p-1}\right)^p \mathbb{E}(|M_t|^p). \tag{4.5.6}$$

Il est facile de montrer par l'inégalité de Jensen que pour $s < t$, $\mathbb{E}(|M_t| \, |\mathcal{F}_s) \geq |M_s|$ et donc que $t \to \mathbb{E}(|M_t|)$ est croissante. La grande force de ces inégalités est de pouvoir, en quelque sorte, échanger l'espérance et le supremum.

L'une des plus puissantes propriétés des martingales est le théorème suivant, qui décrit le comportement en temps long d'une martingale dont les premiers moments $E(|M_t|)$ sont uniformément bornés (en t). Ce théorème a beaucoup d'applications. La preuve généralise celle du théorème analogue pour les martingales à temps discret et utilise certaines variations des inégalités fondamentales de martingales. Nous ne la développerons pas dans ce livre et nous renvoyons le lecteur à des références classiques (Shreve-Karatzas [45], Revuz-Yor [66]).

Théorème 4.5.6 *Si $(M_t, t \geq 0)$ est une martingale satisfaisant*

$$\sup_{t \in \mathbb{R}_+} \mathbb{E}(|M_t|) < +\infty, \tag{4.5.7}$$

alors il existe une variable aléatoire $M_\infty \in]-\infty, +\infty[$ intégrable telle que M_t converge presque-sûrement vers M_∞ quand t tend vers l'infini.

Remarque 4.5.7 *Ce théorème est l'un des rares résultats de convergence presque-sûre en temps long. C'est pourquoi de nombreuses preuves pour prouver la convergence d'un processus quand le temps tend vers l'infini, consistent à mettre en évidence une martingale et à lui appliquer ensuite le Théorème 4.5.6 .*

Observons que la propriété d'intégrabilité (4.5.7) n'est pas vraie pour le mouvement brownien B, pour lequel $\mathbb{E}(|B_t|) = \sqrt{2t/\pi}$, ni pour le processus M de la Proposition 4.5.3, pour lequel $\mathbb{E}(|M_t|) = ct$ pour une constante $c > 0$, tandis qu'elle est vraie pour le troisième exemple. En effet, pour tout λ, $\mathbb{E}(|M_t^\lambda|) = \mathbb{E}(M_t^\lambda) = 1$. Dans ce cas, le Théorème 4.5.6 implique que pour chaque nombre réel λ, il existe $M_\infty^\lambda \in]-\infty, +\infty[$ telle que M_t^λ converge presque-sûrement vers M_∞^λ quand t tend vers l'infini. On peut de plus montrer dans ce dernier cas, en utilisant la loi du logarithme itéré (énoncée en Proposition 4.3.2), que $M_\infty^\lambda = 0$ si $\lambda \neq 0$, et que par ailleurs, $M_\infty^\lambda = 1$ si $\lambda = 0$, puisque $M_t^0 = 1$ pour tout t. Ainsi, l'égalité (4.5.4) est clairement fausse quand $t = +\infty$, sauf dans le cas où $\lambda = 0$.

Une question importante est de savoir quand l'égalité (4.5.3) reste vraie pour $t = +\infty$. Comme nous venons de le remarquer par l'exemple 3 de la Proposition 4.5.3, les hypothèses doivent être strictement plus fortes que l'hypothèse d'intégrabilité (4.5.7). La bonne hypothèse est une hypothèse d'uniforme intégrabilité que nous définissons maintenant.

Définition 4.5.8 *On dit que le processus $(M_t, t \in \mathbb{R}_+)$ est uniformément intégrable si pour tout $A > 0$,*

$$\lim_{A \to \infty} \Big\{ \sup_{t \in \mathbb{R}_+} \mathbb{E}(|M_t| \, \mathbb{1}_{|M_t| > A}) \Big\} = 0. \tag{4.5.8}$$

Théorème 4.5.9 *Si la martingale M est uniformément intégrable, alors M_t converge presque-sûrement vers M_∞ quand t tend vers l'infini et pour tout $t > 0$,*

$$M_t = \mathbb{E}(M_\infty | \mathcal{F}_t). \tag{4.5.9}$$

En particulier,

$$\mathbb{E}(M_\infty) = \mathbb{E}(M_0). \tag{4.5.10}$$

Corollaire 4.5.10 *Les propriétés (4.5.9) et (4.5.10) sont satisfaites dès lors que la martingale M satisfait l'une des trois propriétés suivantes :*
1) La martingale M est bornée, au sens où il existe $K > 0$ tel que

$$\forall \, \omega, \, \forall \, t, \, |M_t(\omega)| \leq K. \tag{4.5.11}$$

2) La martingale M est uniformément de carré intégrable, au sens où elle vérifie la propriété $\sup_{t \in \mathbb{R}_+} \mathbb{E}(M_t^2) < +\infty$.
3) La martingale est définie sur un intervalle de temps borné $[0, T]$.

Preuve. (du Corollaire 4.5.10). Il suffit de vérifier que chacun des trois cas entraîne l'uniforme intégrabilité de la martingale M. C'est évident pour une martingale bornée. Le deuxième cas découle de l'inégalité de Markov : $A\,\mathbb{E}(|M_t|\,\mathbb{1}_{|M_t|>A}) \leq \mathbb{E}(M_t^2)$. Dans le troisième cas, nous pouvons tout d'abord remarquer que pour tout $t \in [0,T]$, $\mathbb{E}(|M_t|) \leq \mathbb{E}(|M_T|)$ et donc $\mathbb{P}(|M_t| > A)$ converge vers 0 uniformément sur $[0,T]$, quand A tend vers l'infini. Comme M_T est intégrable, cela permet également de conclure par convergence dominée qu'il en est de même de $\mathbb{E}(|M_T|\,\mathbb{1}_{|M_t|>A})$. La conclusion vient alors de l'inégalité suivante :

$$\mathbb{E}(|M_t|\,\mathbb{1}_{|M_t|>A}) \;=\; \mathbb{E}(|\mathbb{E}(M_T|\,\mathcal{F}_t)|\,\mathbb{1}_{|M_t|>A}) \leq \mathbb{E}(\mathbb{E}(|M_T|\,|\,\mathcal{F}_t)\,\mathbb{1}_{|M_t|>A}) = \mathbb{E}(|M_T|\,\mathbb{1}_{|M_t|>A}).$$

$\square$

Preuve. (du Théorème 4.5.9). Comme M est uniformément intégrable, nous pouvons écrire

$$\mathbb{E}(|M_t|) = \mathbb{E}(|M_t|\,\mathbb{1}_{|M_t|\leq A}) + \mathbb{E}(|M_t|\,\mathbb{1}_{|M_t|>A}) \leq A + \mathbb{E}(|M_t|\,\mathbb{1}_{|M_t|>A}),$$

d'où nous déduisons que (4.5.7) est satisfaite et que M_∞ existe et est d'espérance finie. Montrons (4.5.9). Soit $F \in \mathcal{F}_s$ un événement aléatoire. Nous voulons montrer que

$$\mathbb{E}(M_\infty\,\mathbb{1}_F) = \mathbb{E}(M_s\,\mathbb{1}_F).$$

Nous savons que pour tout $t > s$,

$$\mathbb{E}(M_t\,\mathbb{1}_F) = \mathbb{E}(M_s\,\mathbb{1}_F).$$

Il s'agit donc de faire tendre t vers l'infini. Remarquons que c'est immédiat si M est bornée, en appliquant le théorème de convergence dominée. Sous l'hypothèse d'uniforme intégrabilité, l'idée intuitive est la suivante : sur l'événement $|M_t| \leq A$, on peut se ramener à l'argument précédent et l'événement complémentaire $|M_t| > A$ est "uniformément" négligeable pour A suffisamment grand.

Développons plus précisément cette idée : soit $\varepsilon, A > 0$,

$$\mathbb{E}(|M_t - M_\infty|\,\mathbb{1}_F) \;=\; \mathbb{E}(|M_t - M_\infty|\,\mathbb{1}_F\,\mathbb{1}_{|M_t - M_\infty|\leq \varepsilon}) + \mathbb{E}(|M_t - M_\infty|\,\mathbb{1}_F\,\mathbb{1}_{|M_t - M_\infty|>\varepsilon})$$
$$\leq \;\varepsilon + \mathbb{E}(|M_\infty|\,\mathbb{1}_F\,\mathbb{1}_{|M_t - M_\infty|>\varepsilon}) + \mathbb{E}(|M_t|\,\mathbb{1}_F\,\mathbb{1}_{|M_t - M_\infty|>\varepsilon}).$$

La convergence presque-sûre de M_t vers M_∞ entraîne sa convergence en probabilité et $\mathbb{P}(|M_t - M_\infty| > \varepsilon)$ tend vers 0 quand t tend vers l'infini (pour tout $\varepsilon > 0$ fixé). Puisque M_∞ est intégrable, le second terme de l'expression ci-dessus tend donc vers 0 (par théorème de convergence dominée). Etudions le troisième terme. Nous avons

$$\mathbb{E}(|M_t|\,\mathbb{1}_F\,\mathbb{1}_{|M_t - M_\infty|>\varepsilon}) \;=\; \mathbb{E}(|M_t|\,\mathbb{1}_F\,\mathbb{1}_{|M_t - M_\infty|>\varepsilon}\,\mathbb{1}_{|M_t|>A}) + \mathbb{E}(|M_t|\,\mathbb{1}_F\,\mathbb{1}_{|M_t - M_\infty|>\varepsilon}\,\mathbb{1}_{|M_t|\leq A}).$$

Le premier terme est inférieur à $\mathbb{E}(|M_t|\,\mathbb{1}_{|M_t|>A})$ et tend vers 0 uniformément en t quand A tend vers l'infini et le second terme est inférieur à $A\,\mathbb{P}(|M_t - M_\infty| > \varepsilon)$. Regroupant toutes ces informations, avec ε suffisamment petit, nous en déduisons le résultat. $\square$

Remarque 4.5.11 *Si Y est une variable aléatoire intégrable, nous remarquons que le processus M défini par $M_t = \mathbb{E}(Y|\mathcal{F}_t)$ est une martingale vérifiant la propriété (4.5.7). En effet, pour tout $t > 0$,*

$$\mathbb{E}(|M_t|) = \mathbb{E}(|\mathbb{E}(Y|\mathcal{F}_t)|) \leq \mathbb{E}(|Y|) < +\infty.$$

De plus, $\mathbb{E}(Y^2) < +\infty$ entraîne que (4.5.9) est satisfaite et M est donc une martingale jusqu'à l'infini.

Cela s'applique en particulier si Y est l'indicatrice d'un événement aléatoire.

Supposons par exemple que la taille d'une population au temps t soit représentée par un processus de markov X_t et que Y soit l'indicatrice de l'événement "Extinction de la population", c'est-à-dire l'événement $\{\lim_{t\to\infty} X_t = 0\}$. Alors, si $u(x)$ désigne la probabilité d'extinction quand la population initiale est de taille x, nous en déduirons par la propriété de Markov que $M_t = u(X_t)$ définit une martingale bornée.

4.5.3   Le théorème d'arrêt

Comme dans le cas discret, les temps d'arrêt jouent un rôle très important en théorie des probabilités. Nous allons montrer ici que la propriété de martingale s'étend sous certaines hypothèses aux temps d'arrêt, et nous en verrons des applications importantes aux temps d'atteinte de domaines.

La définition d'un temps d'arrêt dans le cas du temps continu généralise celle du cas discret.

Définition 4.5.12 *Etant donnée une filtration $(\mathcal{F}_t)$, une variable aléatoire $T \in [0, +\infty]$ est un temps d'arrêt si l'événement $\{T \leq t\}$ appartient à $\mathcal{F}_t$ pour tout $t \geq 0$.*

En dehors des temps constants, l'exemple fondamental de temps d'arrêt est le temps d'atteinte d'un ensemble fermé A par un processus adapté continu X.

Proposition 4.5.13 *Soit $(X_t, t \geq 0)$ un processus continu. Soit A un ensemble fermé de $\mathbb{R}$. Définissons le temps d'entrée de X dans A par*

$$T_A = \inf\{t \geq 0; X_t \in A\}$$

(avec la convention $\inf \emptyset = +\infty$). Le temps T_A est un temps d'arrêt pour la filtration engendrée par X.

Preuve. Pour tout t, nous avons

$$\{T_A \leq t\} = \left\{\omega\,;\, \inf_{s \in \mathbb{Q}, s \leq t} d(X_s(\omega), A) = 0\right\},$$

où $d(x, A)$ représente la distance d'un point $x \in \mathbb{R}$ à l'ensemble A. Il est évident que le terme de droite appartient à $\mathcal{F}_t$. □

Ce théorème devient très délicat dès que A est seulement un borélien de $\mathbb{R}$ ou dès que X est seulement un processus continu à droite et limité à gauche. Dans ce cas, la propriété reste vraie, mais pour la filtration augmentée du processus.

En revanche, le dernier temps avant un temps fixé s où X visite A, défini par $S = \sup\{t \leq s, X_t \in A\}$ (où $\sup \emptyset = 0$) n'est pas un temps d'arrêt. En effet, pour $t < s$, l'événement $\{\omega, S(\omega) \leq t\}$ est dans $\mathcal{F}_s$ mais pas dans $\mathcal{F}_t$: il dépend de toute la trajectoire de $X(\omega)$ jusqu'au temps s.

Proposition 4.5.14 *Si S et T sont deux temps d'arrêt, alors le temps aléatoire $S \wedge T$ défini par $S \wedge T(\omega) = S(\omega) \wedge T(\omega) = \min(S(\omega), T(\omega))$ est un temps d'arrêt.*

La preuve de cette proposition est laissée au lecteur.

Si M est une martingale, on note M_T la variable aléatoire définie sur Ω par $M_T(\omega) = M_{T(\omega)}(\omega)$. Remarquons que dès que M_∞ est bien définie, les temps d'arrêt peuvent prendre la valeur infinie, pourvu que l'on pose $M_T = M_\infty$ sur l'ensemble $\{T = \infty\}$.

Nous allons généraliser le Théorème 2.5.3 au temps continu et en donner une réciproque.

Théorème 4.5.15 *1) Soit M une martingale. Si T est un temps d'arrêt borné, on a*

$$\mathbb{E}(M_T) = \mathbb{E}(M_0). \tag{4.5.12}$$

2) Soit X un processus $\mathcal{F}_t$-adapté tel que pour tout t, $\mathbb{E}(|X_t|) < +\infty$. Alors X est une martingale si et seulement si pour tout temps d'arrêt T borné, $X_T \in \mathbb{L}^1$ et $\mathbb{E}(X_T) = \mathbb{E}(X_0)$.

Preuve. 1) Considérons la suite de temps aléatoires T_n définis par

$$T_n(\omega) = \frac{k}{2^n}, \quad \text{si} \quad \frac{k-1}{2^n} \leq T(\omega) < \frac{k}{2^n}.$$

Il est facile de vérifier que les temps T_n sont des temps d'arrêt à valeurs finies, puisque T est borné. Ainsi, il existe K tel que pour tout n,

$$\mathbb{E}(M_{T_n}) = \sum_{k=0}^{K2^n} \mathbb{E}(M_{\frac{k}{2^n}} \mathbb{1}_{\{T_n = \frac{k}{2^n}\}}) = \sum_{k=0}^{K2^n} \mathbb{E}(\mathbb{E}(M_K | \mathcal{F}_{\frac{k}{2^n}}) \mathbb{1}_{\{T_n = \frac{k}{2^n}\}}) = \mathbb{E}(M_K) = E(M_0).$$

$$\tag{4.5.13}$$

Nous voulons passer à la limite en n dans (4.5.13). Par construction, la suite (T_n) converge presque-sûrement et en décroissant vers T. Comme M est continue à droite, il s'en suit que M_{T_n} converge presque-sûrement vers M_T. Comme T est borné par K, nous pouvons nous limiter à considérer la martingale M sur $[0, K]$ où elle est uniformément intégrable. Ainsi, la suite $(M_{T_n})_n$ est uniformément intégrable et converge presque-sûrement vers M_T, elle converge alors en moyenne vers M_T et la conclusion suit.

2) Il suffit de montrer que si les espérances de X_T et X_0 sont égales pour tout temps d'arrêt borné, alors X est une martingale. Soient $s < t$ et $A \in \mathcal{F}_s$. Définissons le temps aléatoire T par

$$T = t\,\mathbb{1}_{A^c} + s\,\mathbb{1}_A.$$

Il est facile de vérifier que T est un temps d'arrêt borné. Ainsi,

$$\mathbb{E}(X_T) = \mathbb{E}(X_t\,\mathbb{1}_{A^c}) + \mathbb{E}(X_s\,\mathbb{1}_A) = \mathbb{E}(X_0).$$

Par ailleurs, comme t est (de manière évidente) un temps d'arrêt borné, nous avons également

$$\mathbb{E}(X_t) = \mathbb{E}(X_t\,\mathbb{1}_{A^c}) + \mathbb{E}(X_t\,\mathbb{1}_A) = \mathbb{E}(X_0).$$

Nous en déduisons que $\mathbb{E}(X_s\,\mathbb{1}_A) = \mathbb{E}(X_t\,\mathbb{1}_A)$ et $\mathbb{E}(X_t\,|\mathcal{F}_s) = X_s$. Ainsi le processus X est une martingale. $\square$

Nous pouvons en déduire facilement la proposition suivante, extrêmement utile dans la pratique, comme nous le verrons au paragraphe suivant.

Proposition 4.5.16 *Considérons une martingale M et un temps d'arrêt T. Alors le processus M^T défini par $M_t^T = M_{t \wedge T}$ est une martingale, appelée martingale arrêtée au temps T.*

Preuve. Pour tout t, $M_{T \wedge t}$ est $\mathcal{F}_t$-mesurable et dans $\mathbb{L}^1$. Soit S un temps d'arrêt borné. Alors $T \wedge S$ est un temps d'arrêt borné et $\mathbb{E}(M_{T \wedge S}) = \mathbb{E}(M_0)$. Nous en déduisons que $\mathbb{E}(M_S^T) = \mathbb{E}(M_0^T)$, ce qui assure par le Théorème 4.5.15 que M^T est une martingale. $\square$

Remarque 4.5.17 *Observons que (4.5.12) peut être fausse si T n'est pas borné. Par exemple pour le mouvement brownien B et si $T = \inf\{t \geq 0, B_t = 1\}$, nous avons $\mathbb{E}(B_0) = 0 < \mathbb{E}(B_T) = 1$. Dans ce cas, le temps aléatoire T est presque sûrement fini, mais n'est pas borné et a même une espérance infinie (voir (4.5.16)).*

En revanche, dans le cas d'une martingale bornée (vérifiant (4.5.11)), on a le

Théorème 4.5.18 *Si M est une martingale bornée, alors (4.5.12) a lieu pour tout temps d'arrêt T.*

Preuve. La preuve est immédiate grâce à la Proposition 4.5.16. En effet, puisque pour tout t, nous avons $\mathbb{E}(M_{T \wedge t}) = \mathbb{E}(M_0)$, il suffit de faire tendre t vers l'infini et d'utiliser le théorème de convergence dominée, grâce à la bornitude de M. $\square$

4.5.4 Applications au mouvement brownien

Nous allons montrer dans ce paragraphe comment la propriété de martingale et l'utilisation de temps d'arrêt permettent de faire des calculs et en particulier d'obtenir les lois de certaines fonctionnelles du mouvement brownien.

Nous allons tout d'abord généraliser la propriété de Markov du mouvement brownien aux temps d'arrêt. Pour cela nous devons décrire l'information accumulée jusqu'à un temps d'arrêt T. Supposons qu'un événement aléatoire A fasse partie de cette information. Son occurrence ou sa non-occurence seront décidées au temps T. En particulier, $A \cap \{T \leq t\}$ doit appartenir à $\mathcal{F}_t$. Nous en déduisons la définition suivante.

Définition 4.5.19 *Soit T un temps d'arrêt pour la filtration $(\mathcal{F}_t)_t$. La tribu $\mathcal{F}_T$ des événements antérieurs à T est l'ensemble des événements aléatoires A tels que pour tout $t \geq 0$, $A \cap \{T \leq t\} \in \mathcal{F}_t$.*

A - Propriété de Markov forte

Remarquons tout d'abord que le mouvement brownien vérifie la propriété de Markov forte, à savoir que la propriété de Markov se généralise aux temps d'arrêt, sur l'ensemble où ils sont finis.

Théorème 4.5.20 *Si T est un temps d'arrêt, alors sur l'ensemble $\{T < +\infty\}$, le processus défini par $B_s^{(T)} = B_{T+s} - B_T$ est encore un mouvement brownien, indépendant de la trajectoire jusqu'au temps T. Le mouvement brownien est fortement markovien : pour tout borélien A,*

$$\mathbb{E}_x(B_{T+t} \in A \mid \mathcal{F}_T) = \mathbb{E}_x(B_{T+t} \in A \mid X_T) \quad \text{p.s. sur } \{T < +\infty\}. \quad (4.5.14)$$

Preuve. Montrons le théorème pour un temps d'arrêt borné. En vertu de la caractérisation de Paul Lévy de la Proposition 4.5.4, nous allons montrer que les deux processus $(B_s^{(T)}, s \geq 0)$ et $((B_s^{(T)})^2 - s, s \geq 0)$ sont des martingales. Nous utilisons la caractérisation 2) du Théorème 4.5.15. Considérons un autre temps d'arrêt borné S. Il suffit de montrer que

$$\mathbb{E}(B_{T+S} - B_T) = 0 \; ; \; \mathbb{E}((B_{T+S} - B_T)^2 - S) = 0.$$

Ces égalités sont immédiates grâce à la partie 1) du Théorème 4.5.15. Nous en déduisons immédiatement (4.5.14). $\qquad \square$

B - Loi du temps d'atteinte d'un point.

1) Utilisation du théorème d'arrêt des martingales.

Soit B un mouvement brownien, et introduisons pour $a > 0$ le temps d'arrêt

$$T_a = \inf\{t > 0, B_t = a\}.$$

Remarquons que grâce à la Proposition 4.3.2 (loi du logarithme itéré), l'ensemble $\{t > 0, B_t = a\}$ est presque-sûrement non borné.

Considérons la martingale $M_t^\lambda = \exp(\lambda B_t - \frac{\lambda^2}{2}t)$ pour un $\lambda > 0$ arbitraire et $N = (M^\lambda)^{T_a}$, qui est la martingale, arrêtée au temps T_a. Ainsi nous avons $N_t = M_{T_a \wedge t}^\lambda$, d'où nous déduisons $0 < N_t \le e^{a\lambda}$, ce qui entraîne que N est bornée.

Nous pouvons donc appliquer le Théorème 4.5.15 et (4.5.12) à la martingale N et au temps d'arrêt T_a, ce qui donne $\mathbb{E}(N_{T_a}) = \mathbb{E}(N_0) = 1$. Puisque $N_{T_a} = \exp(\lambda a - \frac{\lambda^2}{2}T_a)$ et en posant $\theta = \lambda^2/2$, nous en déduisons que

$$\mathbb{E}(e^{-\theta T_a}) = e^{-a\sqrt{2\theta}}. \tag{4.5.15}$$

En faisant tendre θ vers 0 et par théorème de convergence dominée, il est facile d'obtenir

$$\mathbb{P}(T_a < +\infty) = 1. \tag{4.5.16}$$

De même en dérivant par rapport à θ (ce que l'on peut justifier par théorème de convergence monotone), puis en faisant tendre θ vers 0, nous obtenons $\mathbb{E}(T_a \mathbb{1}_{T_a < +\infty}) = +\infty$ et donc a fortiori

$$\mathbb{E}(T_a) = +\infty. \tag{4.5.17}$$

Si B est un mouvement brownien, $-B$ l'est aussi et les propriétés (4.5.16) et (4.5.17) sont également vraies si $a < 0$.

Ainsi, le mouvement brownien atteint chaque point avec probabilité 1, mais il mettra un temps infini à les atteindre. Intuitivement, cette propriété se comprend du fait de l'irrégularité fractale des trajectoires.

Grâce au Théorème 4.5.20, il est très facile de déduire de (4.5.16) la propriété de récurrence du mouvement brownien, en conditionnant par les temps de passage successifs au point a. La preuve de la proposition suivante est laissée à titre d'exercice au lecteur.

Proposition 4.5.21 *Avec probabilité 1, pour tout $t \ge 0$, le processus B visite infiniment souvent chaque nombre réel a après le temps t.*

L'expression (4.5.15) donne la transformée de Laplace de la variable T_a en θ, qui peut être inversée (Voir [25] p.187). Cela montre que T_a admet une densité sur $\mathbb{R}_+$ donnée par

$$f_a(u) = \frac{a}{\sqrt{2\pi u^3}} e^{-a^2/2u}, \ u \ge 0. \tag{4.5.18}$$

La loi de T_a s'appelle une loi stable d'indice $1/2$.

Nous allons donner une deuxième méthode, plus probabiliste, permettant de trouver la loi de T_a. Celle-ci repose sur une propriété du mouvement brownien, appelée principe de réflexion.

2) Le principe de réflexion.

Introduisons le processus $(S_t, t \geq 0)$ continu croissant et défini par $S_t = \sup_{s \leq t} B_s$. Ce processus et les temps d'arrêt T_a sont inverses l'un de l'autre au sens où $\{T_a \leq t\} = \{S_t \geq a\}$ et donc

$$T_a = \inf\{t; S_t \geq a\} \quad \text{et} \quad S_t = \inf\{a, T_a \geq t\}.$$

Le Théorème 4.5.20 permet de montrer le principe de réflexion suivant.

Proposition 4.5.22 *Pour $a > 0$, pour tout $t > 0$,*

$$\mathbb{P}(S_t \geq a) = \mathbb{P}(T_a \leq t) = 2\mathbb{P}(B_t \geq a) = \mathbb{P}(|B_t| \geq a) = 2\Big(1 - \Phi\Big(\frac{a}{\sqrt{t}}\Big)\Big), \quad (4.5.19)$$

où Φ désigne la fonction de répartition de la loi $\mathcal{N}(0, 1)$, définie par $\Phi(t) = P(U \leq t)$ si U est une variable normale centrée réduite.

Remarque 4.5.23 *1) Ce résultat nous donne la fonction de répartition de T_a et par un argument classique de dérivation de cette fonction, nous pouvons retrouver (ou en déduire) que la loi de T_a a la densité donnée par (4.5.18).*

2) La propriété (4.5.19) entraîne en particulier que pour tout t, les variables aléatoires S_t et $|B_t|$ ont même loi puisqu'elles ont même fonction de répartition. Toutefois, les processus $(S_t, t \geq 0)$ et $(|B_t|, t \geq 0)$ n'ont pas même loi, puisque le premier est croissant et que le deuxième revient presque-sûrement vers 0 comme nous l'avons vu ci-dessus.

Preuve. Le nom de ce résultat vient de l'argument heuristique suivant. Parmi les trajectoires qui atteignent a avant le temps t, "une moitié" sera supérieure à a au temps t. En effet,

$$\mathbb{P}(T_a \leq t) = \mathbb{P}(T_a \leq t, B_t \geq a) + \mathbb{P}(T_a \leq t, B_t < a).$$

Mais $\mathbb{P}(T_a \leq t, B_t \geq a) = \mathbb{P}(B_t \geq a)$ car le mouvement brownien étant à trajectoires continues et issu de 0, il doit nécessairement passer par a pour devenir supérieur à a. Par ailleurs, par la propriété de Markov forte (Théorème 4.5.20) et par symétrie du mouvement brownien, nous avons

$$
\begin{aligned}
\mathbb{P}(T_a \leq t, B_t < a) &= \mathbb{E}(\mathbb{1}_{T_a \leq t} \mathbb{E}(B_t < a | \mathcal{F}_{T_a})) \\
&= \mathbb{E}(\mathbb{1}_{T_a \leq t} \mathbb{E}(B_{t - T_a + T_a} < B_{T_a} | \mathcal{F}_{T_a})) \\
&= \int_0^t \mathbb{E}(B_{t-s} < 0) \, \mathbb{P}(T_a \in ds) = \frac{1}{2} \mathbb{P}(T_a \leq t).
\end{aligned}
$$

Nous en déduisons (4.5.19). □

C - Temps d'atteinte des bornes d'un intervalle.

Considérons maintenant $a > 0$ et $b > 0$ et soit $T = T_a \wedge T_{-b}$. D'après (4.5.16), nous avons $\mathbb{P}(T < +\infty) = 1$. Etudions plus précisément ce temps de sortie de l'intervalle $]-b, a[$.

Proposition 4.5.24 *Pour un mouvement brownien issu de 0, les probabilités de sortie de l'intervalle* $]-b, a[$ *par l'une ou l'autre borne sont données par*

$$\mathbb{P}(T_a < T_{-b}) = \frac{b}{a+b} \quad ; \quad \mathbb{P}(T_{-b} < T_a) = \frac{a}{a+b}. \qquad (4.5.20)$$

De plus,

$$\mathbb{E}(T_a \wedge T_{-b}) = ab. \qquad (4.5.21)$$

Plus b est grand, plus le mouvement brownien a de chances de sortir par a de l'intervalle $]-b, a[$.

Preuve. Puisque $\mathbb{P}(T < +\infty) = 1$, nous savons que

$$\mathbb{P}(T_a < T_{-b}) + \mathbb{P}(T_{-b} < T_a) = 1.$$

Par ailleurs, la martingale arrêtée $M_t = B_{T \wedge t}$ est bornée par $\sup(a, b)$, et nous pouvons appliquer (4.5.12) au temps T. Cela entraîne que

$$0 = \mathbb{E}(M_0) = \mathbb{E}(M_T) = a\,\mathbb{P}(T = T_a) - b\,\mathbb{P}(T = T_{-b}). \qquad (4.5.22)$$

Mais $\{T = T_a\} = \{T_a < T_{-b}\}$ et $\{T = T_{-b}\} = \{T_{-b} < T_a\}$ de sorte que finalement, nous pouvons calculer les probabilités de sortir par l'une ou l'autre borne de l'intervalle $]-b, a[$ et obtenir (4.5.20). Pour montrer (4.5.21), nous allons utiliser un argument similaire en utilisant la martingale $M_t = B_t^2 - t$. En effet, $\mathbb{E}(M_{T \wedge t}) = 0$ pour tout $t \geq 0$. Par ailleurs nous avons

$$\mathbb{E}(M_{T \wedge t}) = a^2\,\mathbb{P}(B_T = a, T \leq t) + b^2\,\mathbb{P}(B_T = -b, T \leq t) + \mathbb{E}(B_t^2 \mathbb{1}_{T > t}) - \mathbb{E}(T \wedge t).$$

Par convergence dominée et convergence monotone quand t tend vers l'infini, nous en déduisons que

$$\mathbb{E}(M_T) = 0 = a^2\,\mathbb{P}(B_T = a) + b^2\,\mathbb{P}(B_T = -b) - \mathbb{E}(T),$$

d'où le résultat. □

D - Applications aux temps d'atteinte de barrières.

Comme dans le cas des marches aléatoires nous allons nous intéresser à des barrières absorbantes ou réfléchissantes.

Barrière absorbante en 0

Imaginons une particule de plancton issue de $x > 0$ (la position 0 est le fond de la mer) et qui diffuse verticalement suivant un mouvement brownien. Nous supposons que la surface est à la hauteur a du fond, et dans un premier temps nous supposerons que $a = +\infty$, c'est-à-dire que la profondeur est suffisamment grande par rapport à la taille de la cellule pour que son déplacement soit considéré comme possible sur tout $\mathbb{R}_+$. Le fond de la mer est recouvert de prédateurs, et la particule est absorbée dès qu'elle touche le fond (comme dans le cas discret étudié précédemment). Avant d'être absorbée, la particule a pour position au temps t un mouvement brownien issu de x, défini par $X_t = x + B_t$. Cherchons le temps moyen de capture d'une particule issue d'une profondeur $x > 0$. Ce temps est donné par $m(x) = \mathbb{E}(T_0 | X_0 = x)$, où $T_0 = \inf\{t : X_t = 0\}$.

En adaptant la preuve de (4.5.17), nous obtenons immédiatement que $m(x) = +\infty$.

Supposons maintenant que la surface de la mer soit à la hauteur $a > 0$ et que la particule soit aussi absorbée à la surface, si elle y parvient (nappe de pétrole, pollution, baleine). Cette cellule va alors se déplacer suivant un mouvement brownien issu de $x \in [0, a]$, absorbé en 0 et en a. Ainsi, dans ce cas,

$$m(x) = \mathbb{E}(T_0 \wedge T_a | X_0 = x) = \mathbb{E}_x(T_0 \wedge T_a).$$

Nous pouvons alors appliquer le raisonnement du paragraphe précédent en remplaçant b par $-x$ et a par $a - x$. Nous obtenons que

$$\mathbb{P}_x(T_a < T_0) = \frac{x}{a} \quad ; \quad \mathbb{P}_x(T_0 < T_a) = 1 - \frac{x}{a},$$

puis que $m(x) = x(a - x)$.

Barrière réfléchissante en a

Supposons maintenant que la surface de la mer soit à la hauteur a et que la cellule de plancton se réfléchisse naturellement à la surface. Elle va alors se déplacer suivant un mouvement brownien issu de x, absorbé en 0 et réfléchi en a. Si le mouvement brownien atteint a avant 0, il va se comporter après réflexion comme un nouveau mouvement brownien issu de a et indépendant du précédent. Pour ce deuxième mouvement brownien, la probabilité d'atteindre 0 en partant de a va alors être la même que la probabilité d'atteindre $2a$ en partant de a pour le premier (propriété de Markov forte). Nous allons adapter les calculs du cas précédent en remplaçant a par $2a$. Ainsi, dans ce cas,

$$m(x) = \mathbb{E}(T_0 \wedge T_{2a} | X_0 = x) = x(2a - x)$$

où $0 < x < a$.

Nous avons donc montré les résultats suivants.

Proposition 4.5.25 *(i) L'espérance du temps de sortie de* $]0, a[$ *par un mouvement brownien issu de* x *est donnée par*

$$\mathbb{E}_x(T_0 \wedge T_a) = x(a - x).$$

(ii) L'espérance du premier temps d'atteinte de 0 *par un mouvement brownien issu de* x *et réfléchi en* a *est donnée par*

$$\mathbb{E}_x(T_0 \wedge T_{2a}) = x(2a - x).$$

4.6   Intégrales stochastiques et équations différentielles stochastiques

Nous avons vu à la Remarque 4.1.2 -2) que certaines normalisations de marches aléatoires peuvent conduire à des processus de type $t \to bt + \sigma B_t$, somme d'une fonction déterministe et d'un processus aléatoire. Si $b \neq 0$, le premier terme décrit la tendance centrale et le deuxième terme en est une perturbation aléatoire. Ce processus peut modéliser la dynamique d'une particule dont la vitesse est b en moyenne, avec des fluctuations aléatoires de variance $\sigma^2 t$. Dans cette partie, nous allons généraliser ce type de processus.

Supposons par exemple que la vitesse de déplacement d'une particule de plancton dépende de l'hétérogénéité de la colonne d'eau dans laquelle elle évolue. Par exemple, la température de l'eau ou la pollution peuvent avoir une influence sur la vitesse (le plancton peut se déplacer plus vite en eaux chaudes et ralentir si la température baisse). Cette hétérogénéité va se traduire par le fait que les coefficients b et σ vont dépendre de la position spatiale où se trouve le plancton. Nous allons développer cette idée.

Usuellement, quand les fluctuations aléatoires sont inexistantes ou extrêmement petites, la description du mouvement d'une particule est décrite par la solution d'une équation différentielle ordinaire, de type

$$dx_t = b(x_t)dt,$$

où la fonction $b(x)$ modélise la dépendance spatiale de la vitesse. Supposons que le mouvement soit perturbé par une composante aléatoire. Comme nous l'avons vu ci-dessus, nous pouvons modéliser l'alea des fluctuations d'une particule pendant un temps infinitésimal dt par une variable aléatoire de loi normale centrée de variance σdt et que l'on peut penser comme "σdB_t" (puisque B_t a pour variance t). Si nous supposons de plus que l'écart-type des fluctuations dépend de la position de la particule au temps t, le mouvement aléatoire de la particule sera une fonction aléatoire $t \to X_t$, solution d'une équation qui pourrait avoir la forme

$$dX_t = b(X_t)dt + \sigma(X_t)dB_t. \qquad (4.6.1)$$

Une équation de ce type est appelée une équation différentielle stochastique. On pourrait croire que c'est une généralisation d'une équation différentielle ordinaire mais en fait, elle ne peut pas avoir le même sens, puisque nous avons vu que les trajectoires browniennes ne sont nulle part dérivables (cf. Proposition 4.3.6).

Si nous supposons que la condition initiale est une variable aléatoire X_0, une solution de (4.6.1) est par définition la solution de l'équation intégrale

$$X_t = X_0 + \int_0^t b(X_s)ds + \int_0^t \sigma(X_s)dB_s. \qquad (4.6.2)$$

Un problème majeur est donc de donner un sens à l'intégrale $\displaystyle\int_0^t \sigma(X_s)dB_s$, qui va être une intégrale de nature différente d'une intégrale usuelle. Cette intégrale, appelée intégrale stochastique, a été construite par Itô en 1944.

4.6.1   Intégrales stochastiques

Nous souhaitons donner un sens à l'intégrale $\int_0^t H_s dB_s$ pour B un mouvement brownien et $H = (H_t)_{t \geq 0}$ un processus presque-sûrement à trajectoires continues et borné, (même si ces hypothèses pourraient être un peu allégées). Une telle intégrale portera le nom d'intégrale stochastique.

L'idée naturelle serait d'obtenir $\int_0^t H_s dB_s$ comme limite des sommes discrètes

$$I(H,n)_t = \sum_{i=1}^{[nt]} H_{(i-1)/n}(B_{i/n} - B_{(i-1)/n}). \qquad (4.6.3)$$

La variable $B_{i/n} - B_{(i-1)/n}$ est d'ordre $1/\sqrt{n}$, car elle est centrée et de variance $1/n$, et donc $H_{(i-1)/n}(B_{i/n} - B_{(i-1)/n})$ est également d'ordre $1/\sqrt{n}$. La variable $I(H,n)_t$ est donc d'ordre $\sqrt{n}$. Ce raisonnement heuristique nous indique que la suite de variables aléatoires $(I(H,n)_t)_n$ ne pourra en général pas converger. (Cela est cohérent avec le fait que les trajectoires de B sont à variation infinie).

Pourtant, une sorte de "miracle" a lieu, si l'on suppose de plus que le processus H est adapté à la filtration du mouvement brownien $(\mathcal{F}_t)$ et que l'on calcule la norme $\mathbb{L}^2$ de $I(H,n)_t$.

Comme H est adapté à la filtration $(\mathcal{F}_t)$, $H_{(i-1)/n}$ est $\mathcal{F}_{(i-1)/n}$-mesurable et la variable aléatoire

$$Y(n,i) = H_{(i-1)/n}(B_{i/n} - B_{(i-1)/n})$$

satisfait

$$\mathbb{E}(Y(n,i)|\mathcal{F}_{(i-1)/n}) = H_{(i-1)/n}\,\mathbb{E}(B_{i/n} - B_{(i-1)/n}|\mathcal{F}_{(i-1)/n}) = 0,$$

puisque $B_{i/n} - B_{(i-1)/n}$ est indépendant de $\mathcal{F}_{(i-1)/n}$ et centré. Supposons que le processus H considéré soit borné par une constante C. Alors

$$\mathbb{E}(Y(n,i)^2|\mathcal{F}_{(i-1)/n}) = H_{(i-1)/n}^2\,\frac{1}{n} \le \frac{C^2}{n}.$$

De plus, si $i < j$,

$$
\begin{aligned}
\mathbb{E}(Y(n,i)Y(n,j)) &= \mathbb{E}\Big(\mathbb{E}(H_{(i-1)/n}(B_{i/n} - B_{(i-1)/n})\,H_{(j-1)/n}(B_{j/n} - B_{(j-1)/n})\,|\,\mathcal{F}_{\frac{j-1}{n}})\Big) \\
&= \mathbb{E}\Big(H_{(i-1)/n}(B_{i/n} - B_{(i-1)/n})\,H_{(j-1)/n})\,\mathbb{E}(B_{j/n} - B_{(j-1)/n}\Big) = 0,
\end{aligned}
$$

$$(4.6.4)$$

par l'indépendance des accroissements du mouvement brownien. Ainsi dans ce cas, les termes croisés s'annulent. Nous avons déjà rencontré un tel phénomène lors de la convergence de la marche aléatoire symétrique renormalisée vers le mouvement brownien, Proposition 4.1.1, qui correspond ici à $H = 1$.

Nous en déduisons que $I(H,n)_t = \sum_{i=1}^{[nt]} Y(n,i)$ est une variable aléatoire centrée et de variance

$$\sum_{i=1}^{[nt]} \mathbb{E}(Y(n,i)^2) \le C^2 t.$$

Nous pouvons montrer beaucoup mieux, à savoir le théorème suivant.

Théorème 4.6.1 *Soit H un processus borné, continu et adapté à la filtration d'un mouvement brownien B. Alors, la suite*

$$I(H,n)_t = \sum_{i=1}^{[nt]} H_{(i-1)/n}(B_{i/n} - B_{(i-1)/n})$$

converge dans $\mathbb{L}^2$, quand n tend vers l'infini, vers une limite, notée

$$\int_0^t H_s dB_s.$$

Définition 4.6.2 *La variable aléatoire de carré intégrable $\int_0^t H_s dB_s$ est appelée l'intégrale stochastique de H par rapport à B sur l'intervalle $[0, t]$.*

Remarque 4.6.3 *1 - On peut montrer que pour toute partition croissante $(t_n)_n$ de $[0, t]$ de pas tendant vers 0, une approximation analogue à (4.6.3) obtenue en remplaçant $\frac{i}{n}$ par t_n converge dans $\mathbb{L}^2$ également vers la même limite. C'est en cela que le Théorème 4.6.1 prend toute sa force.*

2 - La convergence des sommes de Riemann énoncée dans le Théorème 4.6.1 est liée à l'adaptation du processus. Si $H_{(i-1)/n}(B_{i/n} - B_{(i-1)/n})$ est remplacé par $H_{t(n,i)}(B_{i/n} - B_{(i-1)/n})$, avec $(i-1)/n < t(n,i) \leq i/n$, comme il est possible de le faire pour les approximations par les sommes de Riemann pour les intégrales usuelles, la suite associée $I(H,n)_t$ ne converge pas nécessairement et si elle converge, la limite peut être différente de $\int_0^t H_s dB_s$.

3 - Insistons sur le fait que l'intégrale stochastique n'est pas une intégrale usuelle, prise pour chaque valeur de ω, mais est définie comme limite $\mathbb{L}^2$ et n'a donc de sens que presque-sûrement. Comme nous l'avons vu précédemment, l'objet dB_t n'est qu'une notation et n'est en aucun cas une mesure définie ω par ω.

Preuve. On montre que, à t fixé, la suite $(I(H,n)_t)_n$ est une suite de Cauchy dans $\mathbb{L}^2$. Montrons tout d'abord que pour $m \in \mathbb{N}^*$ fixé, la suite $\mathbb{E}\big((I(H,n)_t - I(H,mn)_t)^2\big)$ tend vers 0 quand n tend vers l'infini. Chaque intervalle $(\frac{i-1}{n}, \frac{i}{n}]$ d'amplitude $\frac{1}{n}$ est composé de m sous intervalles $(\frac{i-1}{n}, \frac{i-1}{n} + \frac{1}{mn}], \cdots, (\frac{i-1}{n} + \frac{m-1}{mn}, \frac{i}{n}]$. Nous avons alors

$$I(H,n)_t - I(H,mn)_t$$

$$= \sum_{i=1}^{[nt]} H_{\frac{i-1}{n}}\big(B_{i/n} - B_{(i-1)/n}\big) - \sum_{i=1}^{[nt]} \sum_{j=1}^{m} H_{\frac{i-1}{n} + \frac{j-1}{mn}}\big(B_{\frac{i-1}{n} + \frac{j}{mn}} - B_{\frac{i-1}{n} + \frac{j-1}{mn}}\big)$$

$$= \sum_{i=1}^{[nt]} \sum_{j=1}^{m}\big(B_{\frac{i-1}{n} + \frac{j}{mn}} - B_{\frac{i-1}{n} + \frac{j-1}{mn}}\big)\big(H_{\frac{i-1}{n}} - H_{\frac{i-1}{n} + \frac{j-1}{mn}}\big).$$

Par le même raisonnement que précédemment dans (4.6.4) (en conditionnant), il est facile de montrer que

$$\mathbb{E}\big((I(H,n)_t - I(H,mn)_t)^2\big) = \sum_{i=1}^{[nt]} \sum_{j=1}^{m} \mathbb{E}\left(\big(B_{\frac{i-1}{n} + \frac{j}{mn}} - B_{\frac{i-1}{n} + \frac{j-1}{mn}}\big)^2 \big(H_{\frac{i-1}{n}} - H_{\frac{i-1}{n} + \frac{j-1}{mn}}\big)^2\right)$$

$$= \frac{1}{mn} \sum_{i=1}^{[nt]} \sum_{j=1}^{m} \mathbb{E}\left(\big(H_{\frac{i-1}{n}} - H_{\frac{i-1}{n} + \frac{j-1}{mn}}\big)^2\right).$$

Nous pouvons en déduire par l'uniforme continuité de H sur $[0, t]$ et grâce au théorème de convergence dominée que cette quantité tend vers 0 quand n tend vers l'infini. En faisant un raisonnement analogue pour $\mathbb{E}((I(H,m)_t - I(H,mn)_t)^2)$ quand n tend vers l'infini, nous pouvons finalement en déduire que la suite $(I(H,n)_t)_n$ est une suite de Cauchy dans $\mathbb{L}^2$. Cela entraîne la convergence de la suite $(I(H,n)_t)_n$ dans $\mathbb{L}^2$. $\square$

Propriétés de l'intégrale stochastique

Les propriétés essentielles de l'intégrale stochastique se déduisent des propriétés de $I(H,n)_t$ par passage à la limite.

Théorème 4.6.4 *Soient H et K des processus bornés, continus et adaptés à la filtration d'un mouvement brownien B.*

1. *Pour tous réels α et β, $\int_0^t (\alpha H_s + \beta K_s) dB_s = \alpha \int_0^t H_s\, dB_s + \beta \int_0^t K_s\, dB_s$.*

2. *Le processus M défini par $M_t = \int_0^t H_s\, dB_s$ est une martingale continue de carré intégrable, nulle en 0, et donc d'espérance nulle.*

3. *Si de plus, $N_t = \int_0^t K_s\, dB_s$, le processus MN défini par*

$$M_t N_t - \int_0^t H_s K_s\, ds \qquad (4.6.5)$$

est une martingale continue nulle en 0. Il s'en suit que

$$\mathbb{E}(M_t N_t) = \mathbb{E}\left(\int_0^t H_s K_s\, ds \right). \qquad (4.6.6)$$

En particulier, l'isométrie fondamentale suivante est satisfaite :

$$\mathbb{E}(M_t^2) = \mathbb{E}\left(\left(\int_0^t H_s\, dB_s \right)^2 \right) = \mathbb{E}\left(\int_0^t H_s^2\, ds \right). \qquad (4.6.7)$$

Ces formules sont fondamentales car elles ramènent le calcul du moment d'ordre 2 d'une intégrale stochastique à un calcul intégral classique.

Preuve. 1. C'est évident par passage à la limite.

2. Par construction M est adapté et de carré intégrable. Si on prend la partition $t_i = s + \frac{(t-s)i}{n}$ de $[s,t]$, on a également $\int_s^t H_u dB_u = \lim_n \sum_i H_{t_{i-1}}(B_{t_i} - B_{t_{i-1}})$, où la limite est prise dans $\mathbb{L}^2$. Remarquons que cette convergence entraîne la convergence des moments d'ordre 1 et d'ordre 2, ce qui va être utile ci-dessous. De plus,

$$\begin{aligned}
\mathbb{E}\left(\int_s^t H_u dB_u \Big| \mathcal{F}_s \right) &= \lim_n \sum_i \mathbb{E}\left(H_{t_{i-1}}(B_{t_i} - B_{t_{i-1}}) | \mathcal{F}_s \right) \\
&= \lim_n \sum_i \mathbb{E}\left(H_{t_{i-1}} \mathbb{E}(B_{t_i} - B_{t_{i-1}} | \mathcal{F}_{t_{i-1}}) | \mathcal{F}_s \right) = 0.
\end{aligned}$$

Nous en déduisons que M est une martingale. Remarquons que $I(H,n)_t$ peut encore s'écrire

$$I(H,n)_t = \sum_{i=1}^{[nt]} H_{(i-1)/n}(B_{t \wedge i/n} - B_{t \wedge (i-1)/n})$$

et est une martingale continue en temps. Nous pouvons appliquer l'inégalité de Doob (4.5.6) à la martingale $M_t - I(H,n)_t$. Nous aurons alors pour $\varepsilon > 0$

$$\mathbb{P}\left(\sup_{t \in [0,T]} |M_t - I(H,n)_t| > \varepsilon \right) \leq \frac{4}{\varepsilon^2} \mathbb{E}(|M_T - I(H,n)_T|^2)$$

qui tend vers 0 quand n tend vers l'infini. Ainsi, la suite $I(H, n)$ converge en probabilité vers M dans l'ensemble des fonctions continues sur $[0, T]$ muni de la norme uniforme. On peut alors en extraire une sous-suite telle que $I(H, n_k)$ converge presque-sûrement vers M, pour la topologie de la convergence uniforme. Nous en déduisons en particulier que M est presque-sûrement à trajectoires continues sur $[0, T]$.

3. Montrons que $M_t^2 - \int_0^t H_s ds$ est une martingale. Comme M est une martingale, nous avons pour $s < t$,

$$\mathbb{E}(M_t^2 - M_s^2 | \mathcal{F}_s) = \mathbb{E}((M_t - M_s)^2 | \mathcal{F}_s)$$

et il suffit de vérifier que

$$\mathbb{E}((M_t - M_s)^2 | \mathcal{F}_s) = \mathbb{E}\left(\left(\int_s^t H_u dB_u\right)^2 | \mathcal{F}_s\right) = \mathbb{E}\left(\int_s^t H_u^2 du | \mathcal{F}_s\right).$$

Par des arguments analogues à ceux invoqués pour (4.6.4), nous avons

$$\mathbb{E}\left(\left(\int_s^t H_u dB_u\right)^2 | \mathcal{F}_s\right)$$

$$= \mathbb{E}\left(\lim_n \left(\sum_i H_{t_{i-1}}(B_{t_i} - B_{t_{i-1}})\right)^2 | \mathcal{F}_s\right) = \lim_n \mathbb{E}\left(\left(\sum_i H_{t_{i-1}}(B_{t_i} - B_{t_{i-1}})\right)^2 | \mathcal{F}_s\right)$$

$$= \lim_n \left[\sum_i \mathbb{E}\left(\mathbb{E}(H_{t_{i-1}}^2 (B_{t_i} - B_{t_{i-1}})^2 | \mathcal{F}_{t_{i-1}}) | \mathcal{F}_s\right)\right.$$

$$\left. + 2\sum_{i<j} \mathbb{E}\left(\mathbb{E}(H_{t_{i-1}} H_{t_{j-1}}(B_{t_i} - B_{t_{i-1}})(B_{t_j} - B_{t_{j-1}}) | \mathcal{F}_{t_{j-1}}) | \mathcal{F}_s\right)\right]$$

$$= \lim_n \sum_i \mathbb{E}\left(H_{t_{i-1}}^2 (t_i - t_{i-1}) | \mathcal{F}_s\right) = \mathbb{E}\left(\int_s^t H_u^2 du | \mathcal{F}_s\right).$$

Les passages à la limite sont justifiés par la convergence des sommes partielles dans $\mathbb{L}^2$ et la dernière limite est une convergence de sommes de Riemann.

La formule (4.6.5) s'en déduit alors facilement en étudiant $(M + N)^2$ et $(M - N)^2$. $\qquad \square$

Remarque 4.6.5 *L'intégrale stochastique peut être généralisée sur $[0, T]$ à tout inté-grande $(H_t, t \in [0, T])$ adapté et continu tel que $\mathbb{E}\left(\int_0^T H_s^2 ds\right) < +\infty$. De plus l'isométrie (4.6.7) est conservée.*

La preuve de cette généralisation est plus délicate et nécessite un argument de prolonge-ment d'opérateur que nous ne développerons pas ici.

4.6.2 Equations différentielles stochastiques (EDS)

Nous sommes maintenant en mesure de définir ce qu'est la solution d'une équation diffé-rentielle stochastique.

Définition 4.6.6 *Sur un espace de probabilité* $(\Omega, \mathcal{F}, \mathbb{P})$, *considérons un mouvement brownien* $(B_t, t \geq 0)$ *et une variable aléatoire réelle* X_0 *indépendante de* B. *Soit* $(\mathcal{F}_t)_{t\geq 0}$ *la filtration engendrée par le mouvement brownien* B *et par* X_0. *Considérons également des fonctions boréliennes* b *et* σ, *définies sur* $\mathbb{R}$. *Nous appelons solution de l'équation différentielle stochastique (EDS)*

$$dX_t = b(X_t)dt + \sigma(X_t)dB_t \; ; \quad X_0 \tag{4.6.8}$$

tout processus $(X_t, t \geq 0)$ *continu, adapté à la filtration* $(\mathcal{F}_t)_{t\geq 0}$ *et vérifiant pour tout* $t \geq 0$,

$$X_t = X_0 + \int_0^t b(X_s)ds + \int_0^t \sigma(X_s)dB_s. \tag{4.6.9}$$

Observons que l'adaptation de X est nécessaire pour que l'intégrale stochastique dans (4.6.9) ait un sens.

Nous allons chercher des conditions suffisantes pour avoir existence et unicité d'une solution. Dans le cas purement déterministe d'une équation différentielle ordinaire, de la forme

$$dX_t = b(X_t)dt, \qquad X_0 = x_0, \tag{4.6.10}$$

où la fonction b et la condition initiale x_0 sont données, un résultat classique (le théorème de Cauchy-Lipschitz) énonce que (4.6.10) admet une et une seule solution dès que b est lipschitzienne. Pour l'équation différentielle stochastique (4.6.8), nous pouvons prouver un résultat analogue dans l'ensemble des processus adaptés, presque-sûrement à trajectoires continues et de carré intégrable uniformément sur $[0, T]$:

$$\mathbb{L}_T^2 = \left\{ X \text{ processus adapté continu}, \mathbb{E}\left(\sup_{t \leq T} |X_t|^2 \right) < \infty \right\}.$$

Théorème 4.6.7 *Supposons que les coefficients* b *et* σ *soient lipschitziens et que la condition initiale* X_0 *soit dans* $\mathbb{L}^2$. *Alors pour tout* $T > 0$, *il existe une unique (à indistinguabilité près) solution* $(X_t, t \in [0, T])$ *dans* $\mathbb{L}_T^2$, *à l'équation différentielle stochastique (4.6.9)*

$$X_t = X_0 + \int_0^t b(X_s)ds + \int_0^t \sigma(X_s)dB_s.$$

Définition 4.6.8 *Le processus* X *est appelé processus de diffusion.*

Les fonctions $\sigma(x)$ *et* $b(x)$ *sont appelées respectivement coefficient de diffusion et coefficient de dérive de* X.

Preuve. L'argument de la preuve consiste essentiellement en un théorème de point fixe dans $\mathbb{L}_T^2$. Notons par K_b et K_σ les constantes de Lipschitz de b et σ. Remarquons que dans ce cas, les deux fonctions b et σ sont sous-linéaires, au sens où il existe une constante $\tilde{K}_b > 0$ telle que $|b(x)|^2 \le \tilde{K}_b(1 + |x|^2)$ et même chose pour σ.

(i) Unicité. Supposons qu'il existe deux processus X et Y appartenant à $\mathbb{L}_T^2$ et solutions de (4.6.9). Remarquons que dans ce cas, $\mathbb{E}(\sup_{t \le T} |b(X_t)|^2) < +\infty$ et il en sera de même en remplaçant X par Y ou b par σ. Nous avons alors

$$
\begin{aligned}
\mathbb{E}(|X_t - Y_t|^2) &\le 2\mathbb{E}\left(\left(\int_0^t (b(X_s) - b(Y_s))ds\right)^2 + \left(\int_0^t (\sigma(X_s) - \sigma(Y_s))dB_s\right)^2\right) \\
&\le 2\left(T \int_0^t \mathbb{E}(|b(X_s) - b(Y_s)|^2)ds + \int_0^t \mathbb{E}(|\sigma(X_s) - \sigma(Y_s)|^2)ds\right) \\
&\le 2(T K_b^2 + K_\sigma^2) \int_0^t \mathbb{E}(|X_s - Y_s|^2)ds.
\end{aligned}
$$

Nous avons utilisé l'inégalité de Cauchy-Schwarz pour le premier terme de l'inégalité et l'isométrie (4.6.7) pour le deuxième terme, puis la propriété de lipschitzianité de σ et b.

La fonction $s \mapsto \mathbb{E}(|X_s - Y_s|^2)$ est borélienne bornée par hypothèse car $X - Y$ appartient à $\mathbb{L}_T^2$. Nous pouvons alors appliquer le lemme de Gronwall à cette fonction (voir le Lemme 4.6.9 ci-dessous) et en déduire ainsi que pour tout t, $X_t = Y_t$ presque-sûrement. Ainsi pour tout t rationnel il existe un ensemble négligeable N_t tel que si $\omega \notin N_t$, $X_t(\omega) = Y_t(\omega)$. Mais alors, $N = \cup_{t \in \mathbb{Q} \cap [0,T]} N_t$ est un ensemble négligeable comme réunion dénombrable d'ensembles négligeables. De plus, pour tout $\omega \notin N$, pour tout $t \in \mathbb{Q} \cap [0,T]$, $X_t(\omega) = Y_t(\omega)$. La continuité de X et Y permet alors d'en conclure que les trajectoires de X et Y coïncident presque sûrement et que ces deux processus sont donc indistinguables.

Remarquons qu'une autre preuve de ce résultat utilise l'inégalité de Hölder pour le terme de dérive et l'inégalité de martingale (4.5.6), appliquée à la martingale $\int_0^t \sigma(X_s)dB_s$ et à $p = 2$. En effet, pour tout $u \le T$,

$$
\begin{aligned}
\mathbb{E}\left(\sup_{t \le u} |X_t - Y_t|^2\right) &\le 2\mathbb{E}\left(\sup_{t \le u}\left(\int_0^t (b(X_s) - b(Y_s))ds\right)^2 + \sup_{t \le u}\left(\int_0^t (\sigma(X_s) - \sigma(Y_s))dB_s\right)^2\right) \\
&\le 2\left(T \int_0^u \mathbb{E}(|b(X_s) - b(Y_s)|^2)ds + 4\int_0^u \mathbb{E}(|\sigma(X_s) - \sigma(Y_s)|^2)ds\right) \\
&\le 2\left(T \int_0^u \mathbb{E}(\sup_{v \le s}|b(X_v) - b(Y_v)|^2)ds + 4\int_0^u \mathbb{E}(\sup_{v \le s}|\sigma(X_v) - \sigma(Y_v)|^2)ds\right) \\
&\le 2(T K_b + 4K_\sigma) \int_0^u \mathbb{E}(\sup_{v \le s}|X_v - Y_v|^2)ds,
\end{aligned}
$$

ce qui donne également le résultat puisque dans ce cas nous obtenons immédiatement grâce au lemme de Gronwall que les processus X et Y sont indistinguables sur $[0, T]$.

(ii) Existence. L'idée consiste à définir de manière itérative la suite de processus $(X^n)_n$ sur $[0, T]$ par $X_t^0 = X_0$ et pour tout n, par

$$X_t^n = X_0 + \int_0^t b(X_s^{n-1})ds + \int_0^t \sigma(X_s^{n-1})dB_s.$$

Montrons tout d'abord que les processus X^n appartiennent à $\mathbb{L}_T^2$. Fixons n. Nous allons utiliser une technique de localisation, en introduisant pour $k \in \mathbb{N}^*$ les temps d'arrêt

$$T_k = \inf\{t > 0, |X_t^n| \geq k\},$$

avec la convention $\inf \emptyset = +\infty$. Ainsi à k fixé, les variables aléatoires $X_{t \wedge T_k}^n$ sont bornées. Comme b et σ, étant lispchitziennes, sont bornées par des fonctions affines, les variables aléatoires $b(X_{t \wedge T_k}^n)$ et $\sigma(X_{t \wedge T_k}^n)$ sont également bornées. En particulier, $\int_0^{t \wedge T_k} \sigma(X_s^n)dB_s$ est une martingale.

En appliquant alors l'inégalité de Hölder au terme de dérive et l'inégalité de martingale (4.5.6) à l'intégrale stochastique avec $p = 2$, nous avons pour tout $u \leq T$,

$$\begin{aligned}
\mathbb{E}\Big(\sup_{t \leq u} |X_{t \wedge T_k}^n|^2 \Big) &\leq 4\,\mathbb{E}\Big(X_0^2 + \sup_{t \leq u} \Big(\int_0^{t \wedge T_k} b(X_s^{n-1})ds \Big)^2 + \sup_{t \leq u} \Big(\int_0^{t \wedge T_k} \sigma(X_s^{n-1})dB_s \Big)^2 \Big) \\
&\leq 4\Big(\mathbb{E}(X_0^2) + T \int_0^{u \wedge T_k} \mathbb{E}(|b(X_s^{n-1})|^2)ds + 4 \int_0^{u \wedge T_k} \mathbb{E}(|\sigma(X_s^{n-1})|^2)ds \Big) \\
&\leq 4\Big(\mathbb{E}(X_0^2) + T \int_0^{u \wedge T_k} \mathbb{E}(\sup_{v \leq s} |b(X_v^{n-1})|^2)ds + 4 \int_0^{u \wedge T_k} \mathbb{E}(\sup_{v \leq s} |\sigma(X_v^{n-1})|^2)ds \Big) \\
&\leq \widetilde{C}(b, \sigma, T) \Big(\mathbb{E}(X_0^2) + \int_0^{u \wedge T_k} \mathbb{E}(\sup_{v \leq s} |X_v^{n-1}|^2)ds \Big),
\end{aligned}$$

où $\widetilde{C}(b, \sigma, T)$ est une constante indépendante de k. De proche en proche, nous pouvons en déduire que

$$\mathbb{E}\Big(\sup_{t \leq T} |X_{t \wedge T_k}^n|^2 \Big) \leq C(b, \sigma, T),$$

et $C(b, \sigma, T)$ ne dépend pas de k.

En particulier, cela entraîne que la suite $(T_k)_k$ converge p.s. vers l'infini. En effet, dans le cas contraire, il existerait un temps $\widetilde{T}$ tel que $\mathbb{P}(\sup_k T_k < \widetilde{T}) > 0$. Nous aurions alors $\mathbb{E}\big(\sup_{t \leq \widetilde{T} \wedge T_k} (X_t^n)^2 \big) \geq k^2 \,\mathbb{P}(\sup_k T_k < \widetilde{T})$, ce qui contredirait la finitude du supremum en k du terme de gauche. Nous en déduisons que

$$\mathbb{E}\big(\sup_{t \leq T} (X_t^n)^2 \big) < +\infty.$$

Par des calculs analogues, nous pouvons montrer qu'il existe une constante $C > 0$ telle que pour tout n,

$$\mathbb{E}\Big(\sup_{s \leq t} |X_s^n - X_s^{n-1}|^2 \Big) \leq C \int_0^t E\big(\sup_{u \leq s} |X_u^{n-1} - X_u^{n-2}|^2 \big)ds.$$

Cette inégalité peut être réitérée, ce qui donne

$$\mathbb{E}\Big(\sup_{t \leq T} |X_t^n - X_t^{n-1}|^2\Big) \leq C^* \frac{(CT)^{n-1}}{(n-1)!},$$

où $C^* = \mathbb{E}(\sup_{t \leq T} |X_t^1 - X_0|^2) < +\infty$ car b et σ sont bornées. Mais alors

$$\mathbb{P}\Big(\sup_{t \leq T} |X_t^n - X_t^{n-1}| > \frac{1}{2^n}\Big) \geq 4C^* \frac{(4CT)^{n-1}}{(n-1)!},$$

qui est le terme général d'une série convergente. Nous en déduisons par le lemme de Borel-Cantelli que la série de terme général $\sup_{t \leq T} |X_t^n - X_t^{n-1}|$ converge presque-sûrement, et qu'ainsi, la suite $(X^n)_n$ converge presque sûrement et uniformément sur tout compact, vers un processus continu X. Il est facile de montrer que ce processus est solution de l'équation différentielle stochastique (4.6.8) et qu'il appartient à $\mathbb{L}_T^2$ pour tout $T > 0$. $\square$

Lemme 4.6.9 *Ce lemme est couramment appelé Lemme de Gronwall.*
Soit $T > 0$ et f une fonction borélienne positive et bornée sur $[0, T]$. Supposons de plus qu'il existe deux constantes positives α et β telles que pour tout $t \in [0, T]$,

$$f(t) \leq \alpha + \beta \int_0^t f(s)ds. \tag{4.6.11}$$

Alors pour tout $t \in [0, T]$,

$$f(t) \leq \alpha e^{\beta t}.$$

En particulier, si $\alpha = 0$, la fonction f est identiquement nulle.

Preuve. Itérons (4.6.11). Nous obtenons

$$f(t) \leq \alpha + \alpha(\beta t) + \alpha \frac{(\beta t)^2}{2} + \cdots + \alpha \frac{(\beta t)^n}{n!} + \beta^{n+1} \int_0^t ds_1 \int_0^{s_1} ds_2 \cdots \int_0^{s_n} f(s_{n+1})ds_{n+1}.$$

Si f est majorée par A, le dernier terme est majoré par $A\frac{(\beta t)^{n+1}}{(n+1)!}$ et tend vers 0 quand n tend vers l'infini, ce qui conclut le lemme. $\square$

Remarque 4.6.10 *1) Le fait que l'on obtienne une solution dans un espace $\mathbb{L}_T^2$ n'est pas surprenant : c'est en effet dans ce cadre que l'on a développé le calcul stochastique.*
2) Nous avons défini la solution de l'EDS (4.6.8) à partir de la donnée d'un mouvement brownien B et d'une condition initiale X_0. Une autre approche (plus faible) consiste à définir une solution comme la donnée d'un espace de probabilité, d'un mouvement brownien, d'une condition initiale de même loi que X_0 et d'un processus X satisfaisant (4.6.9). Cela conduit à une autre notion d'unicité, appelée unicité faible, dans le cas où les lois de deux solutions au sens précédent (appelées solutions faibles) coïncident. Cette notion est plus faible que l'unicité trajectorielle. (Voir par exemple Revuz-Yor [66], Théorème (1.7)).

Il existe un résultat d'existence et unicité trajectorielle de la solution de l'EDS (4.6.9) qui ne nécessite pas la lipschitzianité du coefficient de diffusion σ.

Théorème 4.6.11 *Soit $X_0 \in \mathbb{L}^2$. Nous supposons que les fonctions b et σ sont boréliennes et satisfont*

$$|b(x) - b(y)| + |\sigma(x) - \sigma(y)|^2 \leq C|x - y|. \tag{4.6.12}$$

Dans ce cas, il existe sur tout intervalle de temps $[0, T]$ une unique (à indistinguabilité près) solution trajectorielle à l'EDS (4.6.9) issue de X_0.

Preuve. Nous ne donnerons ici que quelques arguments de preuve. Pour la preuve complète, nous renvoyons le lecteur à [45] Chapitre 5.5 ou à [40] chap.IV Théorèmes 2.2 et 3.3.

Le Théorème 3.2 de [40] prouve l'unicité forte d'une solution de cette équation. Le Théorème 2.2 de [40] montre que dès que les coefficients b et σ sont continus et bornés sur $\mathbb{R}$, il existe une solution (X, B) à (4.6.9), obtenue comme limite (en loi) de processus discrétisés (en temps). Appliquons ce résultat à notre cas. Introduisons pour tout $n \in \mathbb{N}^*$ le temps d'arrêt $T_n = \inf\{t \geq 0, X_t = n\}$. Nous pouvons en déduire, en considérant les restrictions des coefficients b et σ à l'intervalle $[0, n]$ que la solution $X_{t \wedge T_n}$ est bien définie pour tout n et que de plus (par des arguments de calcul stochastique que nous avons déjà utilisés)

$$\mathbb{E}\big(\sup_{s \leq t}(X_{s \wedge T_n})^2\big) \leq \widetilde{C}\left(1 + \int_0^t \mathbb{E}\big(\sup_{u \leq s}(X_{u \wedge T_n})^2\big)ds\right),$$

où $\widetilde{C}$ est une constante positive indépendante de n. Puisque le processus est borné par n avant T_n, le lemme de Gronwall implique que $\sup_n \mathbb{E}\big(\sup_{t \leq T \wedge T_n}(X_t)^2\big) < +\infty$. Par les arguments utilisés dans la preuve du Théorème 4.6.7, nous en déduisons que la suite $(T_n)_n$ converge p.s. vers l'infini, qu'une solution est bien définie sur tout intervalle de temps $[0, T]$ et que de plus elle vérifie $\mathbb{E}\big(\sup_{t \leq T}(X_t)^2\big) < +\infty$. $\square$

L'hypothèse (4.6.12) permet à σ d'être seulement höldérienne de coefficient $1/2$. Dans la suite, nous utiliserons ce résultat avec $\sigma(x) = \sqrt{x}$ dans le cas de la diffusion de Feller (4.7.26) ou $\sigma(x) = \sqrt{x(1-x)}$ dans le cas de la diffusion de Wright-Fisher (4.7.31). Ces processus sont classiques en dynamique des populations ou en génétique des populations et leur justification à partir de modèles discrets sera développée aux Chapitres 5 et 6. Nous donnerons quelques propriétés de l'équation de Feller et de l'équation de Wright-Fisher à la fin de ce chapitre.

4.6.3   Système différentiel stochastique

Nous avons défini une équation différentielle stochastique en dimension 1 mais cette notion peut se généraliser en dimension d, dès lors que sont donnés un vecteur $b(\cdot) = (b_i(\cdot))_{1 \leq i \leq d}$, composé de d fonctions boréliennes, une matrice $\sigma(\cdot) = ((\sigma_{i,j}(\cdot)))_{1 \leq i \leq d, 1 \leq j \leq m}$ composée de dm fonctions boréliennes et $B = (B^j)_{1 \leq j \leq m}$ un mouvement brownien m-dimensionnel. Dans ce cas, nous pouvons définir la solution d'un système d'équations différentielles stochastiques comme suit.

Définition 4.6.12 *Etant donnés un mouvement brownien m-dimensionnel B et un vecteur aléatoire $X_0 \in \mathbb{R}^d$ indépendant de B, on appelle solution du système différentiel stochastique*

$$dX_t = \sigma(X_t).dB_t + b(X_t)dt$$

un processus $X = (X^i)_{1 \leq i \leq d}$ continu adapté et à valeurs dans $\mathbb{R}^d$ tel que

$$X_t = X_0 + \int_0^t \sigma(X_s).dB_s + \int_0^t b(X_s)ds,$$

au sens où pour tout $1 \leq i \leq d$,

$$X_t^i = X_0^i + \sum_{j=1}^m \int_0^t \sigma_{ij}(X_s)dB_s^j + \int_0^t b_i(X_s)ds. \qquad (4.6.13)$$

Par une preuve analogue à celle du Théorème 4.6.7 en remplaçant la valeur absolue par la norme euclidienne dans $\mathbb{R}^d$, il est facile de montrer que si les coefficients b_i et $\sigma_{i,j}$ sont lipschitziens (pour tous i et j) et si X_0 est de carré intégrable, il existe une unique solution à (4.6.13) de carré intégrable uniformément sur $[0, T]$.

4.6.4   Propriété de Markov d'une solution d'EDS

Dans toute la suite, nous nous plaçons sous les hypothèses du Théorème 4.6.7 et nous avons l'existence et l'unicité trajectorielle d'une solution à l'équation différentielle stochastique (4.6.8) sur tout $\mathbb{R}_+$, au sens où la solution existe et est unique sur tout intervalle de temps fermé borné de $\mathbb{R}_+$.

Théorème 4.6.13 *Le processus X, solution de l'équation différentielle stochastique (4.6.8) est un processus de Markov homogène. C'est même un processus fortement markovien.*

Preuve. Fixons $T > 0$. Nous considérons alors l'équation différentielle stochastique suivante,

$$dX_t' = b(X_t') \, dt + \sigma(X_t') \, dB_t^T, \qquad X_0' = X_T, \qquad (4.6.14)$$

où $B_t^T = B_{T+t} - B_T$. Le processus B^T est encore un mouvement brownien, indépendant du passé avant T, et donc indépendant de X_T. Les coefficients dans l'équation (4.6.14) étant lipschitziens, la solution X' existe et est unique.

Définissons maintenant un nouveau processus X'' par $X_t'' = X_t$ si $t < T$ et $X_t'' = X_{t-T}'$ si $t \geq T$. Clairement, au vu de (4.6.14), X'' satisfait l'équation (4.6.9). Ainsi, par l'unicité, on obtient $X'' = X$, et $X_{T+t} = X_t'$ si $t \geq 0$.

Il s'en suit que la variable aléatoire X_{T+t} dépend seulement de X_T et de B^T, et la loi conditionnelle de X_{T+t} sachant $X_T = x$ est égale à la loi de X_t si $X_0 = x$. Nous en déduisons alors que X est un processus de Markov homogène.

En reprenant l'argument précédent pour un temps d'arrêt T fini au lieu d'un temps fixe, nous obtenons également la propriété de Markov forte pour X. □

Dans la suite, nous noterons $(P_t)_{t \geq 0}$ le semi-groupe de transition de la solution X de l'équation différentielle stochastique (4.6.8), défini pour toute fonction continue bornée f par

$$P_t f(x) = \mathbb{E}(f(X_t)|X_0 = x). \tag{4.6.15}$$

Par la propriété de Markov, il est possible de montrer la propriété de semi-groupe, comme dans le cas brownien :

$$P_{t+s}f = P_t(P_s f) = P_s(P_t f). \tag{4.6.16}$$

4.6.5 Formule d'Itô

Quand $t \mapsto x(t)$ est une fonction réelle, continue et à variation finie, la formule d'intégration par parties implique que pour toute fonction f continûment dérivable, on a

$$f(x(t)) = f(x(0)) + \int_0^t f'(x(s))dx(s). \tag{4.6.17}$$

Celle-ci devient fausse quand la fonction x est remplacée par un mouvement brownien B. En effet, si (4.6.17) était vraie, en prenant $f(x) = x^2$, nous obtiendrions $B_t^2 = 2\int_0^t B_s dB_s$ et, puisque le processus défini par l'intégrale stochastique est encore une martingale, nous pourrions en déduire que B_t^2 est une martingale. Or, nous avons vu à la Proposition 4.5.3 que le processus $B_t^2 - t$ est aussi une martingale. Par différence, le "processus" t devrait alors être une martingale, ce qui est évidemment faux.

Ainsi (4.6.17) est fausse pour le mouvement brownien. Pour obtenir une formule juste, il faut ajouter un terme et supposer plus de régularité sur f.

Théorème 4.6.14 *(Formule d'Itô). Considérons X solution de l'équation différentielle stochastique (4.6.9). Soit f une fonction de classe C^2, bornée et à dérivées bornées, alors on a*

$$f(X_t) = f(X_0) + \int_0^t f'(X_s)b(X_s)ds + \int_0^t f'(X_s)\sigma(X_s)dB_s + \frac{1}{2}\int_0^t f''(X_s)\sigma^2(X_s)\,ds, \tag{4.6.18}$$

où f' est la première et f'' la seconde dérivées de f.

Preuve. Nous allons seulement donner ici une idée de la preuve avec $X_t = B_t$. Nous pouvons déjà remarquer que pour $t_i = \frac{it}{n}$,

$$
\begin{aligned}
B_t^2 &= \lim_n \sum_{i=1}^{n} (B_{t_i}^2 - B_{t_{i-1}}^2) \\
&= 2\lim_n \sum_{i=1}^{n} B_{t_{i-1}}(B_{t_i} - B_{t_{i-1}}) + \lim_n \sum_{i=1}^{n} (B_{t_i} - B_{t_{i-1}})^2.
\end{aligned}
$$

En vertu du Théorème 4.6.1, nous savons que le premier terme du membre de droite converge vers $2\int_0^t B_s dB_s$ et par la Proposition 4.3.5, le deuxième terme converge vers t. Finalement cela donne

$$
B_t^2 = 2\int_0^t B_s\, dB_s + t, \tag{4.6.19}
$$

et nous retrouvons ainsi que $B_t^2 - t$ est une martingale.

Si maintenant nous considérons une fonction $f \in C_b^2$, au sens où f, f', f'' sont continues et bornées, nous allons écrire un développement de Taylor de $f(B_t)$. Un développement à l'ordre 1 donne

$$
f(B_t) = f(B_0) + \sum_{i=1}^{n} f'(B_{\theta_i})(B_{t_i} - B_{t_{i-1}}),
$$

avec $\theta_i \in]t_{i-1}, t_i[$. Comme $f'(B_{\theta_i})$ n'est pas $\mathcal{F}_{t_{i-1}}$-mesurable, nous ne savons pas comment converge le terme de droite quand n tend vers l'infini. Nous sommes donc amenés à considérer un développement de Taylor de $f(B_t)$ à l'ordre 2. Nous écrivons

$$
f(B_t) = f(B_0) + \sum_{i=1}^{n} f'(B_{t_{i-1}})(B_{t_i} - B_{t_{i-1}}) + \frac{1}{2}\sum_{i=1}^{n} f''(B_{\theta_i})(B_{t_i} - B_{t_{i-1}})^2.
$$

Dans ce cas, la première somme du terme de droite converge dans $\mathbb{L}^2$ vers $\int_0^t f'(B_s)dB_s$. Montrons que le deuxième terme converge vers $\frac{1}{2}\int_0^t f''(B_s)ds$. Remarquons tout d'abord que par convergence des sommes de Riemann et théorème de convergence dominée,

$$
\lim_n \mathbb{E}\Big(\Big(\sum_{i=1}^{n} f''(B_{t_{i-1}})(t_i - t_{i-1}) - \int_0^t f''(B_s)ds\Big)^2\Big) = 0.
$$

Par ailleurs, nous avons

$$
\mathbb{E}\Big(\Big(\sum_{i=1}^{n} f''(B_{\theta_i})(B_{t_i} - B_{t_{i-1}})^2 - \sum_{i=1}^{n} f''(B_{t_{i-1}})(B_{t_i} - B_{t_{i-1}})^2\Big)^2\Big)
$$

$$
\leq \mathbb{E}\Big(\sup_i |f''(B_{\theta_i}) - f''(B_{t_{i-1}})|^2 \Big(\sum_{i=1}^{n} (B_{t_i} - B_{t_{i-1}})^2\Big)^2\Big).
$$

Comme $|\theta_i - t_{i-1}| \leq \frac{t}{n}$, que $t \to B_t$ est presque-sûrement uniformément continue sur $[0,T]$, $\left(\sup_i |f''(B_{\theta_i}) - f''(B_{t_{i-1}})|^2\right)$ tend presque-sûrement vers 0 quand n tend vers l'infini. Comme f'' est continue et bornée,

$$\sup_i |f''(B_{\theta_i}) - f''(B_{t_{i-1}})|^2 \Big(\sum_{i=1}^n (B_{t_i} - B_{t_{i-1}})^2\Big)^2 \leq 2\|f''\|_\infty^2 \Big(\sum_{i=1}^n (B_{t_i} - B_{t_{i-1}})^2\Big)^2,$$

et $\mathbb{E}\left(\left(\sum_{i=1}^n (B_{t_i} - B_{t_{i-1}})^2\right)^2\right)$ est borné par $C^{te} t^2$. Nous en déduisons par théorème de convergence dominée que $\sum_{i=1}^n f''(B_{\theta_i})(B_{t_i} - B_{t_{i-1}})^2 - \sum_{i=1}^n f''(B_{t_{i-1}})(B_{t_i} - B_{t_{i-1}})^2$ converge vers 0 dans $\mathbb{L}^2$.

De plus, par un raisonnement désormais classique (en introduisant les conditionnements adhoc, cf Proposition 4.3.5), nous avons

$$\mathbb{E}\Big(\Big(\sum_{i=1}^n f''(B_{t_{i-1}})(B_{t_i} - B_{t_{i-1}})^2 - \sum_{i=1}^n f''(B_{t_{i-1}})(t_i - t_{i-1})\Big)^2\Big)$$

$$\leq \ \|f''\|_\infty^2 \sum_{i=1}^n \mathbb{E}\Big(\Big((B_{t_i} - B_{t_{i-1}})^2 - (t_i - t_{i-1})\Big)^2\Big)$$

$$\leq \ 2\|f''\|_\infty^2 \sum_{i=1}^n (t_i - t_{i-1})^2$$

$$\leq \ \frac{2t^2}{n}\|f''\|_\infty^2$$

qui tend vers 0 quand n tend vers l'infini. En regroupant toutes ces remarques, nous obtenons finalement la formule d'Itô pour $f(B_t)$. Nous pourrions sans peine généraliser ce raisonnement à tout processus X_t solution d'une EDS. $\qquad\square$

Remarque 4.6.15 *1) Si f est de classe C^2, la formule est encore vraie tant que chaque terme de la formule d'Itô a du sens. Rappelons que le terme stochastique sera bien défini dès que $\mathbb{E}\left(\int_0^t (f'(B_s))^2 ds\right) < \infty$.*

2) Comme X est solution de l'EDS (4.6.9), X_t est la somme d'une martingale et d'un terme à variation finie. Dans ce cas, on dit que $(X_t, t \geq 0)$ est une semi-martingale. Si f est de classe C^2, le processus $f(X_t)$ garde cette structure de semi-martingale.

Exemple 4.6.16 La formule d'Itô appliquée à $f(x) = x^2$ et à X solution de l'EDS (4.6.9) donne

$$X_t^2 = X_0^2 + 2\int_0^t X_s\,\sigma(X_s)dB_s + \int_0^t (2X_s\,b(X_s) + \sigma^2(X_s))ds.$$

Il existe une version multi-dimensionnelle de la formule d'Itô, qui se démontre par des arguments analogues.

Théorème 4.6.17 *Considérons une solution X de (4.6.13) : pour tout $1 \leq i \leq d$,*

$$X_t^i = X_0^i + \sum_{j=1}^{m} \int_0^t \sigma_{i,j}(X_s)dB_s^j + \int_0^t b_i(X_s)ds.$$

Alors pour toute fonction ϕ de classe C_b^2 de $\mathbb{R}^d$ dans $\mathbb{R}$, nous avons

$$
\begin{aligned}
\phi(X_t) = {} & \phi(X_0) + \int_0^t \sum_{i=1}^{d} \partial_i \phi(X_s) b_i(X_s) ds + \sum_{j=1}^{m} \int_0^t \sum_{i=1}^{d} \partial_i \phi(X_s) \sigma_{i,j}(X_s) dB_s^j \\
& + \frac{1}{2} \int_0^t \sum_{i,k=1}^{d} (\sigma \sigma^t)_{i,k}(X_s) \partial_{ik}^2 \phi(X_s) ds.
\end{aligned}
$$

Corollaire 4.6.18 *Si X est solution de l'EDS uni-dimensionnelle (4.6.9) et si $\psi(t,x)$ est une fonction définie sur $\mathbb{R}_+ \times \mathbb{R}$ de classe C_b^1 en t et C_b^2 en x, alors*

$$
\begin{aligned}
\psi(t, X_t) = {} & \psi(0, X_0) + \int_0^t \partial_x \psi(s, X_s) \sigma(X_s) dB_s \\
& + \int_0^t \left(\partial_t \psi(s, X_s) + \partial_x \psi(s, X_s) b(X_s) + \frac{1}{2} \partial_x^2 \psi(s, X_s) \sigma^2(X_s) \right) ds.
\end{aligned}
$$

La formule d'Itô est fondamentale et extrêmement utile. Nous en verrons de nombreuses applications dans la suite de cet ouvrage. Elle nous permet en particulier de montrer dans le paragraphe suivant les liens qui unissent la solution d'une équation différentielle stochastique et la solution d'une équation aux dérivées partielles, liens qui nous seront utiles pour faire des calculs explicites liés à ces diffusions.

4.6.6 Générateur - Lien avec les équations aux dérivées partielles

Soit $(X_t, t \leq T)$ la solution de l'équation différentielle stochastique (4.6.9). Supposons que les fonctions σ et b soient des fonctions lipschitziennes et bornées. Pour toute fonction f bornée de classe C^2 à dérivées bornées, le processus $\int_0^t f'(X_s)\sigma(X_s) \, dB_s$ est une martingale, puisque l'intégrande est adapté, continu et borné. Prenons l'espérance de chaque terme dans (4.6.18). Alors,

$$\mathbb{E}(f(X_t)) = \mathbb{E}(f(X_0)) + \int_0^t \mathbb{E}\left(f'(X_s)b(X_s) + \frac{1}{2}\sigma^2(X_s)f''(X_s) \right) ds.$$

Cela entraîne que la famille d'opérateurs (P_t) définie en (4.6.15) satisfait

$$P_t f(x) = f(x) + \int_0^t P_s\left(f'b + \frac{1}{2}\sigma^2 f'' \right)(x) \, ds.$$

Nous pouvons en déduire par le théorème de convergence dominée que pour f dans C_b^2, la fonction $t \mapsto P_t f(x)$ est dérivable en 0 pour chaque x.

Plus généralement, nous pouvons définir le générateur infinitésimal A de $(X_t, t \leq T)$ de la manière suivante :

Définition 4.6.19 *Le générateur infinitésimal de $(X_t, t \leq T)$ est défini sur son domaine de définition par*

$$Af(x) = \lim_{t \to 0, t > 0} \frac{P_t f(x) - f(x)}{t} = b(x)\, f'(x) + \frac{1}{2}\, \sigma^2(x)\, f''(x), \qquad (4.6.20)$$

où la convergence est une convergence simple bornée.
En particulier, les fonctions de C_b^2 sont dans le domaine de A.

Ainsi, pour tout $x \in \mathbb{R}$,

$$P_t f(x) = f(x) + \int_0^t P_s(Af)(x)\, ds,$$

et nous obtenons alors l'équation de Kolmogorov progressive :

$$\frac{\partial}{\partial t} P_t f(x) = P_t(Af)(x).$$

De plus, si la loi de X_t issue de x admet une densité $p_t(x, y)$, nous aurons alors $P_t f(x) = \int_{\mathbb{R}} f(y)\, p_t(x, y)\, dy$ et pour f C^∞ à support compact,

$$
\begin{aligned}
\int_{\mathbb{R}} f(y) p_t(x, y) dy &= f(x) + \int_0^t \int_{\mathbb{R}} \left(f'(y) b(y) + \frac{1}{2}\sigma^2(y) f''(y) \right) p_s(x, y)\, dy\, ds, \\
&= f(x) + \int_{\mathbb{R}} f(y) \int_0^t \left(-\frac{\partial}{\partial y}(b(y) p_s(x, y)) + \frac{1}{2}\frac{\partial^2}{\partial y^2}(\sigma^2(y) p_s(x, y)) \right) ds\, dy,
\end{aligned}
$$

en utilisant une intégration par parties et le théorème de Fubini. Nous en déduisons que pour tout x, $(p_t(x, .))$ est solution (faible) de l'équation aux dérivées partielles

$$\frac{\partial}{\partial t}(p_t(x, y)) = -\frac{\partial}{\partial y}(b(y) p_t(x, y)) + \frac{1}{2}\frac{\partial^2}{\partial y^2}(\sigma^2(y) p_t(x, y)). \qquad (4.6.21)$$

Cette équation est appelée *équation de Fokker-Planck*.

Si les coefficients σ et b sont réguliers et la densité $p_t(x, y)$ est une fonction régulière de (t, y), cette densité est une solution forte de l'équation (4.6.21).

De la dérivation de la deuxième égalité de (4.6.16) par rapport à s, au point $s = 0$, se déduit une deuxième équation, dite équation de Kolmogorov rétrograde :

$$\frac{\partial}{\partial t} P_t f(x) = A(P_t f)(x). \qquad (4.6.22)$$

Dans le cas où la loi de X_t issue de x admet une densité $p_t(x, y)$ deux fois dérivable en x, nous en déduisons que

$$
\begin{aligned}
P_t f(x) &= f(x) + \int_0^t A(P_s f)(x) ds \\
&= f(x) + \int_0^t \left\{ b(x) \frac{\partial}{\partial x} \left(\int p_s(x, y) f(y) dy \right) + \frac{1}{2} \sigma^2(x) \frac{\partial^2}{\partial x^2} \left(\int p_s(x, y) f(y) dy \right) \right\} ds.
\end{aligned}
$$

Finalement, nous obtenons pour tout y,

$$
\frac{\partial}{\partial t} (p_t(x, y)) = b(x) \frac{\partial}{\partial x} p_t(x, y) + \frac{1}{2} \sigma^2(x) \frac{\partial^2}{\partial x^2} p_t(x, y). \tag{4.6.23}
$$

Nous avons ainsi exhibé des solutions d'équations aux dérivées partielles à partir d'objets probabilistes. Ces équations modélisent macroscopiquement (en moyenne) un phénomène dont les fluctuations aléatoires sont décrites par le processus de diffusion sous-jacent.

Sous certaines hypothèses, il est possible de prouver que la loi de X_t sachant que $X_0 = x$ admet une densité. Par exemple nous avons le

Théorème 4.6.20 *Si la fonction b est lipschitzienne bornée et si σ est de classe C_b^1 avec $\sigma(x) \geq \sigma^* > 0$ pour tout x, alors pour tout $t > 0$, il existe une fonction $(x, y) \mapsto p_t(x, y)$ sur $\mathbb{R} \times \mathbb{R}$, telle que $P_t f(x) = \int p_t(x, y) f(y) dy$, (et ceci même si la condition initiale est déterministe).*

Preuve. Ce résultat montre l'effet de régularisation dû au mouvement brownien. Donnons une idée succincte de la preuve. Grâce aux propriétés de σ, la fonction $f(x) = \int_0^x \frac{1}{\sigma(u)} du$ est bijective et de classe C^2. Nous pouvons appliquer la formule d'Itô.

$$
f(X_t) = f(X_0) + B_t + \int_0^t \left(\frac{b(X_s)}{\sigma(X_s)} - \sigma'(X_s) \right) ds.
$$

Le processus $(f(X_t))_t$ est donc la somme d'un mouvement brownien et d'un terme de dérive à coefficient borné. Nous utilisons alors un théorème très connu appelé Théorème de Girsanov (mais qui sort du cadre de ce cours, voir par exemple [45] Chap. 3) qui montre en particulier que la loi du processus $f(X)$ est équivalente à celle d'un mouvement brownien. Nous en déduisons que pour tout $t > 0$, la variable aléatoire $f(X_t)$ admet une densité par rapport à la mesure de Lebesgue et il existe une fonction h_t mesurable positive d'intégrale 1 telle que pour toute fonction continue bornée g,

$$
\mathbb{E}(g \circ f(X_t)) = \int_{\mathbb{R}} g(z) h_t(z) dz.
$$

La bijectivité de f permet de conclure. □

Prouver dans un cadre plus général l'existence de densité pour les marginales de la solution d'une équation différentielle stochastique et en montrer la régularité est l'objet du calcul de Malliavin. De nombreux résultats existent, en particulier dans le cas multi-dimensionnel, dépendant des propriétés de la matrice σ.

4.6.7   Applications aux temps d'atteinte de barrières

Il est intéressant du point de vue des applications de savoir comment un processus de diffusion se comporte quand il évolue dans un intervalle borné et en particulier son comportement à la frontière de cet intervalle. Nous allons donc reprendre dans ce cadre les problèmes d'atteinte de barrières absorbantes et réfléchissantes que nous avons étudiés pour le mouvement brownien.

Dans ce paragraphe, nous considérons un processus de diffusion X solution de l'équation différentielle stochastique (4.6.8) avec les coefficients b et σ lipschitziens et le coefficient de diffusion σ minoré par un nombre strictement positif : pour tout x, $\sigma(x) \geq \sigma^* > 0$. Nous nous donnons $a < c$ deux réels.

Barrières absorbantes

Supposons que le processus de diffusion X, issu de $x \in]a, c[$, soit absorbé dès qu'il touche le bord de l'intervalle $]a, c[$. Comme les fonctions σ et b sont lipschitziennes, elles sont bornées sur $[a, c]$. Comme précédemment, nous notons T_a et T_c les temps d'atteinte respectifs de a et de c pour ce processus de diffusion absorbé et

$$T_{a,c} = T_a \wedge T_c.$$

Remarquons que $T_{a,c}$ est un temps d'arrêt. Nous introduisons pour $x \in [a, c]$ les fonctions

$$
\begin{aligned}
Q(x) &= -\int_0^x \frac{2b(z)}{\sigma^2(z)} dz, \\
f(x) &= \int_0^x \exp\left(-\int_0^y \frac{2b(z)}{\sigma^2(z)} dz\right) dy = \int_0^x e^{Q(y)} dy
\end{aligned}
\tag{4.6.24}
$$

et

$$g(x) = -\int_a^x e^{Q(y)} \left(\int_a^y \frac{2e^{-Q(z)}}{\sigma^2(z)} dz\right) dy + \frac{\int_a^x e^{Q(y)} dy}{\int_a^c e^{Q(y)} dy} \int_a^c e^{Q(y)} \left(\int_a^y \frac{2e^{-Q(z)}}{\sigma^2(z)} dz\right) dy.$$

Il est facile de vérifier que les fonctions f et g sont des fonctions de classe C_b^2 et sont solutions respectivement de $f(0) = 0$ et pour tout x,

$$Af(x) = \frac{1}{2}\sigma^2(x)f''(x) + b(x)f'(x) = 0,$$

et $g(a) = g(c) = 0$ et pour tout x,

$$Ag(x) = \frac{1}{2}\sigma^2(x)g''(x) + b(x)g'(x) = -1.$$

Proposition 4.6.21

Pour tout $x \in]a, c[$,

$$\mathbb{E}_x(T_{a,c}) = g(x) < +\infty \quad , \quad \mathbb{P}_x(T_a < T_c) = \frac{f(c) - f(x)}{f(c) - f(a)}.$$

Preuve. Nous appliquons la formule d'Itô à la fonction g, ce qui donne

$$
\begin{aligned}
g(X_{t \wedge T_{a,c}}) &= g(X_0) + \int_0^{t \wedge T_{a,c}} g'(X_s)\sigma(X_s)dB_s + \int_0^{t \wedge T_{a,c}} \left(\frac{1}{2}\sigma^2(X_s)g''(X_s) + b(X_s)g'(X_s)\right) ds \\
&= g(X_0) + \int_0^{t \wedge T_{a,c}} g'(X_s)\sigma(X_s)dB_s - t \wedge T_{a,c}.
\end{aligned}
$$

Le processus $\int_0^{t \wedge T_{a,c}} g'(X_s)\sigma(X_s)dB_s$ est une martingale arrêtée. Ainsi, pour tout $t > 0$,

$$\mathbb{E}_x(g(X_{t \wedge T_{a,c}})) = g(x) - \mathbb{E}_x(t \wedge T_{a,c}). \tag{4.6.25}$$

Nous en déduisons que pour tout $t > 0$,

$$\mathbb{E}_x(t \wedge T_{a,c}) \leq 2\|g\|_\infty,$$

où $\|g\|_\infty$ est le supremum de g sur $[a, c]$, puis en faisant tendre t vers l'infini, que

$$\mathbb{E}_x(T_{a,c}) < +\infty.$$

En particulier, $T_{a,c}$ est fini presque-sûrement et $\mathbb{E}_x(T_{a,c}) = g(x)$ car $g(a) = g(c) = 0$.

Appliquons maintenant la formule d'Itô à la fonction f.

$$
\begin{aligned}
f(X_t) &= f(X_0) + \int_0^t f'(X_s)\sigma(X_s)dB_s + \int_0^t \left(\frac{1}{2}\sigma^2(X_s)f''(X_s) + b(X_s)f'(X_s)\right) ds \\
&= f(X_0) + \int_0^t f'(X_s)\sigma(X_s)dB_s.
\end{aligned}
$$

Ainsi $(f(X_{t \wedge T_{a,c}}), t \geq 0)$ est une martingale bornée (car $X_t \in [a, c]$) et $\mathbb{E}(f(X_t)) = \mathbb{E}(f(X_0))$. Nous pouvons donc appliquer le théorème d'arrêt au temps d'arrêt $T_a \wedge T_c$. Ainsi

$$\mathbb{E}_x(f(X_{T_a \wedge T_c})) = f(a)\mathbb{P}_x(T_a < T_c) + f(c)\mathbb{P}_x(T_c < T_a) = f(x),$$

et par ailleurs comme nous l'avons vu ci-dessus,

$$\mathbb{P}_x(T_a < T_c) + \mathbb{P}_x(T_c < T_a) = 1.$$

Nous en déduisons ainsi que pour tout $x \in (a, c)$,

$$\mathbb{P}_x(T_a < T_c) = \frac{f(c) - f(x)}{f(c) - f(a)} \quad ; \quad \mathbb{P}_x(T_c < T_a) = \frac{f(x) - f(a)}{f(c) - f(a)}.$$

$\square$

Barrières réfléchissantes

Nous supposons maintenant que le processus part de $x \in [a, c]$, évolue comme la diffusion à l'intérieur de l'intervalle et est réfléchi instantanément quand il atteint le bord. Comme dans le cas de la marche aléatoire, on a l'intuition que le processus va évoluer indéfiniment dans l'intervalle en se stabilisant quand le temps tend vers l'infini. Nous voulons en chercher la loi invariante. Celle-ci va être limite de la loi de X_t quand t tend vers l'infini. En adaptant les résultats du Paragraphe 2.5.3, nous pouvons montrer que la loi du processus réfléchi en a et en c est solution de l'équation de Fokker-Planck (4.6.21)

$$\frac{\partial}{\partial t}(p_t(x, y)) = -\frac{\partial}{\partial y}(b(y)p_t(x, y)) + \frac{1}{2}\frac{\partial^2}{\partial y^2}(\sigma^2(y)p_t(x, y)).$$

avec les conditions de Neumann aux bords $\frac{\partial}{\partial y}p_t(x, a) = \frac{\partial}{\partial y}p_t(x, c) = 0$.

Si l'on fait tendre t vers l'infini, nous obtenons que la densité limite q est solution de l'équation différentielle ordinaire

$$\frac{\partial}{\partial y}(b(y)q(y)) = \frac{1}{2}\frac{\partial^2}{\partial y^2}(\sigma^2(y)q(y)),$$

avec les conditions aux bords $q'(a) = q'(c) = 0$.

Nous pouvons alors résoudre cette équation et obtenir la mesure invariante du processus.

4.7   Equations différentielles stochastiques pour l'étude des populations

4.7.1   Equation de Feller

L'équation de diffusion de Feller, du nom du mathématicien W. Feller qui l'a introduite (voir [35]), modélise la taille d'une population dans le cas où une propriété d'indépendance des généalogies issues d'individus distincts est vérifiée. Cette équation sera étudiée plus en détail dans les Chapitres 5 et 7, où nous verrons en particulier la justification de cette équation comme approximation d'un processus discret décrivant la taille d'une population. Cette équation est donnée par

$$dZ_t = rZ_t dt + \sqrt{\gamma Z_t}dB_t \quad ; \quad Z_0 = z_0 > 0, \tag{4.7.26}$$

où $(B_t, t \geq 0)$ est un mouvement brownien standard, $r \in \mathbb{R}$ et $\gamma > 0$.

Le paramètre r est appelé taux de croissance. Les termes infinitésimaux de dérive et de variance sont proportionnels à Z. Par le Théorème 4.6.11, nous avons existence et unicité trajectorielle d'une solution qui appartient à $\mathbb{L}_T^2$ pour tout $T > 0$. S'il est nécessaire de mentionner la condition initiale, nous noterons $Z^{(z_0)}$ cette solution.

En introduisant, comme dans la preuve du Théorème 4.6.11 les temps d'atteinte T_n des entiers n, nous savons que la suite $(T_n)_n$ converge vers l'infini p.s., et que pour tout $t > 0$, $\mathbb{E}(Z_{t \wedge T_n}) = z_0 + r \int_0^t \mathbb{E}(Z_{s \wedge T_n}) ds$. Nous en déduisons par convergence monotone que

$$\mathbb{E}(Z_t) = z_0 e^{rt}.$$

Ainsi, $\mathbb{E}(Z_t)$ converge vers $+\infty$ si $r > 0$, vers 0 si $r < 0$, et reste égal à z_0 si $r = 0$.

Etudions plus finement le comportement du processus X au bord de l'intervalle $(0, +\infty)$. Comme $z_0 > 0$, $z_0 \in (\frac{1}{n}, n)$, pour n entier non nul bien choisi. La fonction Q définie par (4.6.24) vaut ici $Q(x) = -\dfrac{2r\,x}{\gamma}$ si $r \neq 0$ et $Q(x) = 0$ si $r = 0$. Les calculs développés au Paragraphe 3.6.6 montrent alors que si $r \neq 0$,

$$\mathbb{P}_{z_0}(T_{\frac{1}{n}} < T_n) = \frac{e^{-\frac{2rn}{\gamma}} - e^{-\frac{2rz_0}{\gamma}}}{e^{-\frac{2rn}{\gamma}} - e^{-\frac{2r\frac{1}{n}}{\gamma}}}.$$

En faisant tendre n vers l'infini, nous voyons que si $r < 0$, $\mathbb{P}_{z_0}(T_0 < \infty) = 1$. Nous pouvons montrer le même résultat pour le cas critique $r = 0$ puisque si r est proche de 0, un équivalent de $\mathbb{P}_{z_0}(T_{\frac{1}{n}} < T_n)$ vaut $\frac{n-z_0}{n+1/n}$. Ainsi pour $r \leq 0$, le processus tend vers 0 p.s.. Quand $r = 0$, Z est un processus dont l'espérance pour chaque t est constante et qui tend presque sûrement vers 0 en temps long. (Les hypothèses du théorème de convergence dominée ne sont pas vérifiées.)

Dans le cas où $r > 0$, nous obtenons que

$$\mathbb{P}_{z_0}(T_0 < \infty) = e^{-\frac{2rz_0}{\gamma}} = \left(e^{-\frac{2r}{\gamma}}\right)^{z_0}.$$

La dernière égalité montre que la probabilité d'atteindre 0 en partant d'une condition initiale z_0 est égale à la probabilité d'atteindre 0 en partant de la condition initiale 1, à la puissance z_0. Cette particularité est liée à la propriété de branchement, que nous allons prouver ci-dessous. Rappelons que cette propriété a été introduite dans le cadre de l'étude du processus de Galton-Watson, Proposition 3.2.1. La propriété de branchement signifie que la loi de la somme de deux solutions de (4.7.26) indépendantes issues de deux conditions initiales distinctes, (modélisant deux populations disjointes de même dynamique), est celle d'une solution de (4.7.26) issue de la somme des conditions initiales. Ainsi l'effet des conditions initiales est additif.

Proposition 4.7.1 *Le processus Z satisfait la propriété de branchement, i.e.*

$$Z^{(z_0+z_0')} \overset{d}{=} Z^{(z_0)} + Z'^{(z_0')} \qquad (z_0, z_0' \in \mathbb{R}_+),$$

où $Z^{(z_0)}$ et $Z'^{(z_0')}$ sont deux solutions de l'équation de Feller (4.7.26), mais dirigées par deux mouvements browniens indépendants B et B'.

Preuve. Pour simplifier la notation, écrivons $X_t = Z_t + Z'_t$, aver $Z_0 = z_0$, $Z'_0 = z'_0$ et Z et Z' sont deux solutions de (4.7.26) indépendantes. Le processus X satisfait

$$X_t = z_0 + z'_0 + \int_0^t rX_s ds + \int_0^t \sqrt{\gamma Z_s}\, dB_s + \sqrt{\gamma Z'_s}\, dB'_s, \tag{4.7.27}$$

où B et B' sont deux mouvements browniens indépendants.

Introduisons le processus defini par

$$\int_0^t \frac{1}{\sqrt{\gamma X_s}}(\sqrt{\gamma Z_s}\, dB_s + \sqrt{\gamma Z'_s}\, dB'_s).$$

Tant que X ne s'annule pas (la nullité de X implique la nullité de Z et Z'), les intégrandes sont bornés et ce processus est une martingale continue. Pour sursoir au fait que X peut s'annuler, nous introduisons un mouvement brownien $\widetilde{B}$ indépendant de B et B', construit sur un espace auxiliaire, et définissons le processus

$$B''_t = \int_0^t \frac{1}{\sqrt{\gamma X_s}}\mathbb{1}_{\{X_s \neq 0\}}(\sqrt{\gamma Z_s}\, dB_s + \sqrt{\gamma Z'_s}\, dB'_s) + \int_0^t \mathbb{1}_{\{X_s = 0\}}\, d\widetilde{B}_s,$$

qui est une martingale continue. Nous pouvons montrer facilement que

$$\mathbb{E}((B''_t)^2) = \mathbb{E}\left(\int_0^t \frac{\gamma(Z_s + Z'_s)}{\gamma X_s}\mathbb{1}_{\{X_s \neq 0\}}\, ds + \int_0^t \mathbb{1}_{\{X_s = 0\}}\, ds\right) = t.$$

Ce calcul peut s'étendre à tout temps d'arrêt borné. Cela implique par le Théorème 4.5.15 que $(B''_t)^2 - t$ définit une martingale et la Proposition 4.5.4 entraîne que B'' est un mouvement brownien.

L'équation (4.7.27) peut alors s'écrire

$$X_t = z_0 + z'_0 + \int_0^t rX_s ds + \int_0^t \sqrt{\gamma X_s}dB''_s,$$

le processus X est donc solution de (4.7.26) avec la condition initiale $z_0 + z'_0$. □

La propriété de branchement entraîne en particulier que pour tout $\lambda > 0$,

$$\mathbb{E}_{z_0 + z'_0}\Big(\exp(-\lambda Z_t)\Big) = \mathbb{E}_{z_0}\Big(\exp(-\lambda Z_t)\Big)\mathbb{E}_{z'_0}\Big(\exp(-\lambda Z_t)\Big).$$

La fonction $g_t(z) = \mathbb{E}_z\Big(\exp(-\lambda Z_t)\Big)$ satisfait donc $g_t(z + z') = g_t(z)g_t(z')$. De plus, la fonction g_t est décroissante en z. En effet, si deux solutions de (4.7.26) sont construites sur le même espace de probabilité avec $z \leq z'$, alors presque-sûrement pour tout t, $Z_t^{(z)} \leq Z_t^{(z')}$. Pour le prouver, supposons le contraire. Cela entraîne que si T est le premier temps où les deux trajectoires se rencontrent, nécessairement $\mathbb{P}(T < +\infty) > 0$. Mais alors, la propriété de Markov forte et l'unicité forte des solutions entraînent que les deux solutions coïncident après le temps d'arrêt T. On a donc encore l'inégalité.

Nous en déduisons finalement qu'il existe un nombre réel positif $u_t(\lambda)$, appelé exposant de Laplace de Z, tel que

$$g_t(z) = e^{-u_t(\lambda)z}.$$

Appliquons (4.6.22) à $z \to f_\lambda(z) = \exp(-\lambda z)$ et pour $z = 1 : \frac{\partial}{\partial t} P_t f_\lambda(1) = A P_t f_\lambda(1)$ où A est le générateur infinitésimal de Z, défini par $Af(x) = \frac{\gamma}{2} x f''(x) + r x f'(x)$, (voir (4.6.20)). Puisque $P_t f_\lambda(z) = g_t(z) = \exp(-z u_t(\lambda))$, cela donne

$$-\frac{\partial u_t(\lambda)}{\partial t} \exp(-u_t(\lambda)) = \left(r u_t(\lambda) - \frac{\gamma}{2}(u_t(\lambda))^2\right) \exp(-u_t(\lambda)).$$

Nous en déduisons que l'exposant de Laplace $u_t(\lambda)$ est solution de

$$\frac{\partial}{\partial t} u_t(\lambda) = r u_t(\lambda) - \frac{\gamma}{2}(u_t(\lambda))^2, \qquad u_0(\lambda) = \lambda. \tag{4.7.28}$$

La résolution (élémentaire) de l'équation donne que pour tout t,

$$u_t(\lambda) = \frac{2r\lambda e^{rt}}{2r - \gamma\lambda(1 - e^{rt})}.$$

Cela entraîne en particulier que

$$\mathbb{P}_1(T_0 < t) = \lim_{\lambda \to \infty} \mathbb{E}_1\left(\exp(-\lambda Z_t)\right) = \lim_{\lambda \to \infty} \exp(-u_t(\lambda)) = \exp\left(-\frac{2r e^{rt}}{\gamma(e^{rt} - 1)}\right),$$

ce qui caractérise la loi de T_0. En faisant tendre t vers l'infini, nous pouvons retrouver la probabilité d'extinction : si $r \leq 0$, $\mathbb{P}_1(T_0 < \infty) = 1$ et si $r > 0$, $\mathbb{P}_1(T_0 < \infty) = e^{-\frac{2r}{\gamma}}$.

4.7.2 Equation de Feller logistique

L'équation de Feller n'est pas satisfaisante, si l'on souhaite prendre en compte l'effet de régulation de la population due aux interactions écologiques. Nous allons considérer l'équation différentielle stochastique suivante, appelée équation de Feller logistique,

$$dY_t = (rY_t - cY_t^2)dt + \sqrt{\gamma Y_t}\,dB_t, \tag{4.7.29}$$

avec $r \in \mathbb{R}$, $c > 0$, $\gamma > 0$ et $Y_0 > 0$ p.s.. Un processus solution de l'équation (4.7.29) peut-être obtenu par construction comme limite de processus de naissance et mort renormalisés dans le cas où la compétition entre les individus est modélisée à travers le terme quadratique et le paramètre de compétition c (voir Chapitre 5, paragraphe 5.6.2).

Nous pouvons montrer qu'une solution de cette équation n'explose pas, en la comparant à une solution de l'équation de Feller (4.7.26). Cela repose sur le lemme de comparaison suivant.

Lemme 4.7.2 *Soient b_1 et b_2 deux fonctions boréliennes bornées telles que $b_1 \geq b_2$ et que b_1 soit lipschitzienne. Considérons X^1 et X^2 solutions de l'EDS (4.6.8) avec σ et b_1 (resp. b_2) définies sur le même espace de probabilité avec le même mouvement brownien. Alors, si nous supposons que $X_0^1 \geq X_0^2$, nous aurons*

$$\mathbb{P}(X_t^1 \geq X_t^2, \text{ pour tout } t) = 1.$$

La preuve de ce lemme utilise des outils de calcul stochastique que nous n'avons pas abordés dans le cadre de ce cours. Nous renvoyons par exemple au Théorème 3.7 dans [40]. Nous pouvons en déduire qu'une solution de (4.7.29) sera presque-sûrement inférieure à la solution de l'équation de Feller ($c = 0$) issue de la même condition initiale et dirigée par le même mouvement brownien. Ainsi elle sera bien définie sur tout $\mathbb{R}_+$.

Introduisons le changement de variable $x = 2\sqrt{\frac{y}{\gamma}}$ et appliquons la formule d'Itô. Nous obtenons que le processus $X = 2\sqrt{\frac{Y}{\gamma}}$ est solution de l'EDS

$$dX_t = dB_t - q(X_t)dt,$$

où

$$q(x) = \frac{1}{2x} - \frac{rx}{2} + \frac{c\gamma x^3}{8}.$$

La fonction q est définie et de classe C^1 sur $(0, +\infty)$. Nous avons donc existence et unicité trajectorielle jusqu'au temps d'explosion $T_0 \wedge T_\infty$.

Nous souhaitons connaître le comportement du processus X, et donc de Y, en temps long. Comme au Chapitre 4.6.6, introduisons les fonctions Q et f définies par

$$Q(x) = 2 \int_1^x q(y)dy \quad ; \quad f(x) = \int_1^x e^{Q(y)}dy.$$

Un calcul élémentaire donne que pour $x > 0$,

$$Q(x) = \log x - \frac{r}{2}(x^2 - 1) + \frac{c\gamma}{16}(x^4 - 1).$$

Si de plus $[a, b] \subset (0, +\infty)$ et $x \in [a, b]$, nous savons que $\mathbb{E}_x(T_a \wedge T_b) < \infty$ et que $\mathbb{P}_x(T_a < T_b) = \frac{f(b) - f(x)}{f(b) - f(a)}$. Observons que $f(b)$ tend vers l'infini quand b vers $+\infty$ et que $f(0^+) < \infty$. De plus nous avons vu que $T_\infty = +\infty$ p.s.. Nous en déduisons que $\mathbb{P}_x(T_0 < +\infty) = 1$. Le processus X atteint 0 presque-sûrement. Il en est de même pour Y et cela, quelque soit le taux de croissance r. Le cas intéressant est celui où $r > 0$ pour lequel, sans compétition ($c = 0$), la population peut exploser avec probabilité positive (voir le paragraphe précédent). La compétition entre les individus régule la croissance de la population et la mène presque-sûrement à l'extinction, quelle que soit la condition initiale. Nous pouvons ainsi mesurer, sur ce modèle très simple, l'impact que peut avoir l'environnement sur la survie de la population.

4.7.3   Processus de Ornstein-Uhlenbeck

Nous souhaitons modéliser le déplacement d'un animal influencé par la présence d'un foyer (sa tanière, sa source de nourriture, $\cdots$). Supposons que l'animal se déplace sur une route, une rivière, un brin d'herbe ou tout espace de dimension 1 : l'espace d'état des positions est $\mathbb{R}$. Nous supposons également que son foyer se situe en 0. Nous notons X_t la position de l'animal au temps t. Cette position est définie comme solution de l'équation

$$dX_t = -X_t dt + \sigma dB_t, \quad X_0 = x \in \mathbb{R}, \tag{4.7.30}$$

où B est un mouvement brownien. Un tel processus est appelé processus de Ornstein-Uhlenbeck. L'existence et l'unicité trajectorielle sont immédiates puisque le coefficient de dérive est linéaire et le coefficient de diffusion constant. Le coefficient σ quantifie les fluctuations aléatoires de l'animal dont la tendance centrale est de revenir à son foyer. Nous nous intéressons à la distance que l'animal peut parcourir au cours d'une excursion hors du foyer. Soit $x > 0$. Ici encore nous allons utiliser le Paragraphe 4.6.6 pour calculer $\mathbb{P}_x(T_0 < T_L)$, pour tout $L > 0$ (Nous avons vu que ces temps d'atteinte sont finis presque-sûrement). Nous obtenons, en posant $f(x) = \int_1^x e^{\frac{y^2}{\sigma^2}} dy$, que

$$\mathbb{P}_x(T_L < T_0) = \frac{f(x) - f(0)}{f(L) - f(0)}.$$

En utilisant une intégration par parties, nous pouvons écrire

$$f(x) = \int_1^x e^{\frac{y^2}{\sigma^2}} dy = \frac{\sigma^2}{2} \frac{1}{x} e^{\frac{x^2}{\sigma^2}} + \frac{\sigma^2}{2} \int_1^x \frac{1}{y^2} e^{\frac{y^2}{\sigma^2}} dy + C^{te},$$

et en déduire que

$$\lim_{x \to \infty} x e^{-\frac{x^2}{\sigma^2}} f(x) = \frac{\sigma^2}{2}.$$

En effet, soit $\varepsilon > 0$. Ecrivons

$$
\begin{aligned}
x e^{-\frac{x^2}{\sigma^2}} \int_1^x \frac{1}{y^2} e^{\frac{y^2}{\sigma^2}} dy &= x e^{-\frac{x^2}{\sigma^2}} \int_1^{x-\varepsilon} \frac{1}{y^2} e^{\frac{y^2}{\sigma^2}} dy + x e^{-\frac{x^2}{\sigma^2}} \int_{x-\varepsilon}^x \frac{1}{y^2} e^{\frac{y^2}{\sigma^2}} dy \\
&\leq x e^{-\frac{x^2}{\sigma^2}} \int_1^{x-\varepsilon} e^{\frac{y^2}{\sigma^2}} dy + x \int_{x-\varepsilon}^x \frac{1}{y^2} dy \\
&\leq x(x - \varepsilon - 1) e^{-\frac{x^2 - (x-\varepsilon)^2}{\sigma^2}} + \frac{\varepsilon \, x}{x(x - \varepsilon)}.
\end{aligned}
$$

Les deux termes du membre de droite tendent vers 0 quand x tend vers l'infini. Nous en déduisons que

$$\mathbb{P}_x(T_L < T_0) \sim_{L \to \infty} \frac{2f(x)}{\sigma^2} L e^{-\frac{L^2}{\sigma^2}}.$$

Cela implique que

$$\sum_{n=1}^{\infty} \mathbb{P}_x(T_n < T_0) < +\infty.$$

Nous pouvons appliquer le lemme de Borel-Cantelli et en déduire que presque-sûrement, il y a seulement un nombre fini d'ensembles $\{T_n < T_0\}$ réalisés. Ainsi, presque-sûrement, il existe une distance D (le maximum de ces entiers n) que l'animal ne dépassera pas au cours d'une excursion donnée hors du foyer.

4.7.4   Autres exemples de déplacements spatiaux

Voici quelques exemples de déplacements spatiaux spécifiques modélisés par des équations différentielles stochastiques. Ces exemples ne sont en rien exhaustifs mais illustrent certains contextes biologiques. Le lecteur pourra approfondir leur étude dans les publications correspondantes.

1 - *Evolution d'un virus dans une cellule* (Lagache et Holcman [51]). Ce modèle est utilisé pour comprendre les premiers stades de l'infection virale où le virus entre dans la cellule et s'infiltre jusqu'au noyau. Le mouvement du virus comporte une succession de phases balistiques le long de microtubules (les autoroutes de la cellule) et de phases de diffusion pour passer d'un microtubule à l'autre. Le virus est absorbé dès qu'il arrive dans le noyau. La dynamique du virus peut être résumée par l'équation de diffusion bi-dimensionnelle

$$dX_t = b(X_t)dt + \sqrt{2D}\, dB_t,$$

à laquelle s'ajoute un terme de dégradation du virus au cours du temps.

2 - *Déplacement d'un poisson* (Cattiaux, Chafaï, Motsch [17]). Dans ce modèle, on identifie la mer à une surface. Le mouvement du poisson est décrit en utilisant trois variables : la position $X \in \mathbb{R}^2$, la vitesse angulaire $\theta \in \mathbb{R}$ et la courbure $K \in \mathbb{R}$. La dynamique est aléatoire et suit le système d'équations différentielles suivant.

$$\begin{aligned}
dX_t &= \tau(\theta_t, K_t)\, dt, \\
d\theta_t &= K_t\, dt, \\
dK_t &= -K_t\, dt + \sqrt{2\alpha}\, dB_t.
\end{aligned}$$

Des simulations de ce modèle donnent la Figure 4.5, qui représente la trajectoire $t \rightarrow (X_t^1, X_t^2)$ avec $\alpha = 1$ et $\tau(\theta, K) = \frac{1}{1+2|K|}\,(\cos\theta, \sin\theta)$.

3 - *Agrégation de fourmis* (Boi, Capasso, Morale [13], Capasso, Oelschläger [59]). L'agrégation est un phénomène très important pour expliquer la dynamique des populations. Elle concerne des populations de tous types : colonnes de fourmis, bancs de poissons, amas de cellules cancéreuses, interactions sociales. Les auteurs décrivent la position (aléatoire) de chaque fourmi et modélisent l'intégralité du mouvement des fourmis par un système d'équations différentielles stochastiques. Les N fourmis sont aux positions respectives $X_t^1, \ldots, X_t^N$, au temps t. La position de la k-ième fourmi satisfait l'EDS

$$dX_t^k = H(X_t^1, \ldots, X_t^N)dt + \sigma_N(X_t^1, \ldots, X_t^N)dB_t^k.$$

Les mouvements browniens B^k sont indépendants. La fonction H modélise la forte attraction chimique qui pousse les fourmis à se former en colonnes.

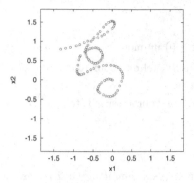

FIGURE 4.5 –

4.7.5   Processus de Wright-Fisher

Dans le Chapitre 6, nous introduirons et étudierons les modèles classiques de génétique des populations. Ces modèles décrivent l'évolution de la proportion d'individus porteurs d'un allèle A dans une population de taille constante où les individus portent les allèles A ou a. L'un des modèles est le célèbre processus de diffusion de Wright-Fisher, justifié au Théorème 6.3.1. Cette diffusion est la solution de l'équation différentielle stochastique

$$Z_t = z + \int_0^t \sqrt{Z_s(1 - Z_s)}\, dB_s, \tag{4.7.31}$$

où $(B_t, t \geq 0)$ est un mouvement brownien standard et $z \in]0, 1[$. Le Théorème 4.6.11 a montré qu'il y a existence et unicité d'une solution. De plus les points 0 et 1 sont absorbants. Ces points correspondent à des états où la population est composée d'individus tous de même type : soit d'allèle A (Z=1), soit d'allèle a (Z=0). Dans ce cas, on dit que l'allèle A (resp. l'allèle a) s'est fixé dans la population. Etudions le temps de fixation de l'un des allèles, à savoir

$$T^* = \inf\{t > 0, Z_t = 0 \text{ ou } 1\},$$

avec la convention que $\inf \emptyset = +\infty$.

Le générateur du processus de Wright-Fisher est donné pour $h \in C_b^2$ par

$$Lh(z) = \frac{1}{2}z(1 - z)\, h''(z).$$

Appliquons les calculs du Paragraphe 4.6.6 (avec les mêmes notations) avec $\sigma(z) = z(1-z)$ et $b(z) = 0$. Nous obtenons $Q(z) = 0$, $f(z) = z$. Nous savons que $\mathbb{E}_z(T^*) = g(z)$, où g est la solution de $\frac{1}{2}z(1 - z)\,g''(z) = -1$, avec $g(0) = g(1) = 0$. Il est facile de voir que $g(z) = -2(z \log z + (1 - z)\log(1 - z))$. Nous avons donc

$$\mathbb{E}_z(T^*) = -2(z \log z + (1 - z)\log(1 - z)) \ ; \ \mathbb{P}_z(T_0 < T_1) = 1 - z. \tag{4.7.32}$$

4.8   Exercices

Exercice 4.8.1 Soit $(B_t, t \geq 0)$ un mouvement brownien.

1 - Montrer que le processus B', tel que pour tout $t > 0$ $B'_t = -B_t$, définit un nouveau mouvement brownien.

2 - Montrer que pour tout $c > 0$, le processus B^c tel que $B_t^{(c)} = \frac{1}{c} B_{c^2 t}$, définit un nouveau mouvement brownien.

Exercice 4.8.2 *Dispersion de plantes ou d'animaux (cf. Renshaw [65]) .*

Nous étudions ici la dispersion au cours du temps d'une population, à partir d'une origine $(0, 0)$ dans un espace de dimension 2. Pour chaque individu, elle est modélisée par $(X_t, Y_t) = D(B_t^1, B_t^2)$, où (B_t^1, B_t^2) est un mouvement brownien bi-dimensionnel. Pour chaque t, la dispersion peut-être également mesurée par les coordonnées polaires (R_t, θ_t).

1 - Donner la loi de (R_t, θ_t) pour $t > 0$. Qu'en déduire sur les variables aléatoires R_t et θ_t ? Quelle est la loi de R_t ?
Quelle est la loi de la surface S_t balayée par R_t ? Montrer qu'en moyenne, ces surfaces forment des cercles concentriques en expansion au cours du temps.

2 - On suppose que la population est constante et de taille N. On appelle front d'onde au temps t le nombre $F(t) \in \mathbb{R}_+$ tel que presque-sûrement, l'on puisse trouver un et un seul individu à une distance $r > F(t)$. Donner la valeur de $F(t)$ en fonction de N et t.

3 - Supposons maintenant que N a une croissance déterministe exponentielle en fonction de t, de taux $\lambda > 0$. Montrer qu'alors, le front $F(t)$ avance avec vitesse constante.

4 - Ce modèle est appliqué à l'étude de la dispersion de certains chênes qui ont colonisé l'Angleterre après la dernière glaciation.
Ces chênes produisent à partir de 60 ans, et pendant plusieurs centaines d'années, des glands qui vont se disperser (en particulier grâce aux oiseaux), et permettre la propagation spatiale de l'espèce. Nous supposerons donc que l'unité de temps est une génération (60 ans). Nous souhaitons mesurer cette dispersion sous l'hypothèse qu'elle répond au modèle ci-dessus. On suppose que les premiers chênes sont apparus à la fin de l'âge de glace il y a 18000 ans et l'on estime à 9×10^6 le nombre de chênes matures produits par un chêne en une génération.
Sachant que le front d'ondes a augmenté de 600 miles, trouver le coefficient de dispersion D par génération pour cette espèce.

Exercice 4.8.3 Le processus $(X_t)_{t \geq 0}$ est une sous-martingale si pour chaque $t \geq 0$, X_t est intégrable et si pour $0 \leq s \leq t$, $\mathbb{E}(X_t | \mathcal{F}_s) \geq X_s$, où $\mathcal{F}_s = \sigma(X_u, u \leq s)$.

Soit une sous-martingale positive $(X_t)_{t\geq 0}$. Montrer que pour tout $c > 0$, on a

$$\mathbb{P}(\sup_{s\leq t} X_s \geq c) \leq \frac{1}{c}\,\mathbb{E}(X_t).$$

En déduire que si $(B_t)_{t\geq 0}$ est un mouvement brownien, alors pour tout $c > 0$,

$$\mathbb{P}(\sup_{s\leq t} B_s \geq c) \leq e^{-\frac{c^2}{2t}}.$$

Indication : on pourra étudier $e^{\theta B_t}$, pour $\theta > 0$.

Exercice 4.8.4 *Loi du logarithme itéré*

Dans cet exercice, nous allons démontrer la Proposition 4.3.2. Introduisons pour t grand la fonction $h(t) = \sqrt{2t \log\log t}$.

1 - Soit $K > 1$ et $\delta > 0$. Pour tout $n \in \mathbb{N}$, définissons $C_n = \sqrt{2(1+\delta)K^n \log\log(K^n)}$.

1-a - Utiliser l'exercice 4.8.3 et le lemme de Borel-Cantelli pour montrer que

$$\mathbb{P}(\limsup_{n\to\infty}\{\sup_{s\leq K^n} B_s \geq C_n\}) = 0.$$

1-b - En déduire qu'avec probabilité 1, $\limsup_{t\to\infty} \frac{B_t}{h(t)} \leq 1$.

2 - Soit $N \in \mathbb{N}$ et $\varepsilon \in\,]0,1[$. Pour tout $n \in \mathbb{N}$, on introduit l'ensemble

$$F_n = \{B_{N^{n+1}} - B_{N^n} > (1-\varepsilon)\,h(N^{n+1} - N^n)\}.$$

2-a - Soit φ la densité de la loi normale centrée réduite. Montrer que

$$\frac{\varphi(x)}{x} = \int_x^\infty \left(1 + \frac{1}{y^2}\right)\varphi(y)dy \leq \left(1 + \frac{1}{x^2}\right)\int_x^\infty \varphi(y)dy.$$

2-b - En déduire que

$$\mathbb{P}(F_n) \geq \frac{1}{\sqrt{2\pi}}\exp\left(\frac{-y^2}{2}\right)\left(\frac{y}{1+y^2}\right),$$

où $y = (1-\varepsilon)\sqrt{2\log\log(N^{n+1} - N^n)}$.

2-c - En utilisant à nouveau le lemme de Borel-Cantelli, montrer que

$$\mathbb{P}(\limsup_{n\to\infty} F_n) = 1.$$

2-d - Conclure.

Exercice 4.8.5 *Se reproduire avant d'être dévoré.*

On considère une araignée d'eau se déplaçant le long d'une rivière comme un mouvement brownien uni-dimensionnel $(B_t : t \geq 0)$ et attendue en un point $a > 0$ par une bande de grenouilles qui la happera immédiatement. Supposons que l'araignée se reproduise au bout d'un temps exponentiel de paramètre $\mu > 0$, indépendant de son déplacement. On cherche à savoir si et quand l'araignée va mourir et si elle aura le temps de se reproduire auparavant.

1 - Interpréter biologiquement l'hypothèse d'indépendance entre le déplacement et la reproduction de l'araignée.

2 - Soit $\lambda > 0$. Montrer que $\exp(\lambda B_t - \lambda^2 t/2)$ est une martingale.

3 - On note T_a le temps d'atteinte de a par le mouvement brownien. Montrer que $\exp(\lambda B_{t \wedge T_a} - \lambda^2 (t \wedge T_a)/2)$ est une martingale bornée.

4 - Montrer que la probabilité p que l'araignée meure sans descendance est donnée par

$$p = \exp\left(-a\sqrt{2\mu}\right).$$

5 - Il y a maintenant une autre colonie de grenouilles en position $-a$.

On note $T_a^\star := T_a \wedge T_{-a}$ le premier temps d'atteinte de l'une des zones à grenouilles par l'araignée. Trouver une martingale qui permette de calculer la nouvelle probabilité p de mort sans reproduction et montrer que

$$p = \frac{1}{\cosh(a\sqrt{2\mu})}.$$

6 - À l'aide du résultat précédent, montrer que

$$\mathbb{E}\left(T_a^\star e^{-\mu T_a^\star}\right) = \frac{a}{\sqrt{2\mu}} \frac{\sinh(a\sqrt{2\mu})}{\cosh^2(a\sqrt{2\mu})}.$$

7 - En déduire rigoureusement que $\mathbb{E}(T_a^\star) = a^2$ et retrouver ce résultat à l'aide d'une martingale très simple.

Exercice 4.8.6 *Diffusion de Feller (cf. Feller [35]).*

Soit $T > 0$. Soit $(Z_t, t \geq 0)$ le processus de diffusion défini comme l'unique solution, (dans l'ensemble des processus $\{(Y_t, t \geq 0) \; ; \; E(\sup_{t \leq T} |Y_t|^2) < +\infty\}$), de l'équation différentielle stochastique suivante

$$dZ_t = rZ_t dt + \sqrt{\sigma Z_t} dB_t , \quad Z_0 = z_0 > 0, \qquad (4.8.33)$$

pour $r \in \mathbb{R}$ et $\sigma > 0$. On l'appelle processus de diffusion de Feller.

1 - Calculer la moyenne et la variance de ce processus.

2 - Rappeler la formule d'Itô pour ce processus.

3 -Trouver une fonction f de classe C^2, bornée et de dérivées première et seconde bornées, définie de $\mathbb{R}_+$ dans $\mathbb{R}_+$ et telle que $f(Z_t)$ soit une martingale, pour la filtration engendrée par le mouvement brownien.

4 - En déduire la probabilité d'extinction de cette diffusion en fonction de la condition initiale z_0.

Exercice 4.8.7 *Diffusion de Feller logistique.*

On s'intéresse au processus markovien Z solution de l'équation différentielle stochastique

$$dZ_t = (rZ_t - cZ_t^2)\, dt + \sqrt{Z_t}\, dB_t, \qquad Z_0 = z_0 > 0,$$

où $r, c > 0$ et $(B_t)_{t\geq 0}$ est un mouvement brownien standard. On appelle cette solution *diffusion de Feller logistique*.

1 - Justifier que lorsque $c = 0$, la solution Z_t de cette équation différentielle stochastique existe pour tout $t \geq 0$ et est unique.

2 - Donner une interprétation du terme $\sqrt{Z_t}dB_t$ et du terme $(rZ_t - cZ_t^2)dt$ en fonction des paramètres démographiques du modèle.

3 - Afin d'étudier le comportement en temps long de Z, on introduit le changement de variable $X_t = 2\sqrt{Z_t}$.

3-a - Quelle est la particularité du point 0 ?

3-b - Montrer que tant que Z n'a pas atteint 0, X est solution de l'équation différentielle stochastique :

$$dX_t = q(X_t)\, dt + dB_t, \qquad \text{où} \quad q(x) = -\frac{1}{2x} + \frac{rx}{2} - \frac{cx^3}{8},$$

de valeur initiale $x_0 = 2\sqrt{z_0}$.

4-a - On pose

$$Q(x) := \int_1^x 2q(y)\, dy,$$

puis $\Lambda(x) := \int_1^x e^{-Q(y)}dy$. Vérifier que $\Lambda'(x)q(x) + \frac{1}{2}\Lambda''(x) = 0$.

4-b - En déduire que pour tout $0 < a < x_0 < b$, le processus $(\Lambda(X_{t\wedge T_a \wedge T_b}))_{t\geq 0}$ est une martingale, puis que

$$\mathbb{P}_{x_0}[T_a < T_b] = \frac{\Lambda(b) - \Lambda(x_0)}{\Lambda(b) - \Lambda(a)}.$$

Chapitre 5

Processus de population en temps continu

Il lui fallait maintenant une grande variété de modèles peut-être transformables l'un dans l'autre, selon une procédure combinatoire, pour trouver celui qui convenait à une réalité qui, à son tour, était toujours faite de plusieurs réalités différentes, dans le temps comme dans l'espace. Calvino, Palomar.

Dans le Chapitre 3, nous avons considéré des processus de branchement indexés par le temps discret, temps qui modélise par exemple le nombre de générations ou le nombre de périodes de temps dans un processus de reproduction cyclique (reproduction saisonnière, annuelle) ou le temps physique discrétisé. Dans ce chapitre, nous allons considérer des populations dont les individus se reproduisent et meurent à des temps aléatoires, continûment au cours du temps. Nous pourrons ainsi avoir des chevauchements de générations propres à certaines espèces. La dynamique de ces populations va dépendre du temps physique $t \in \mathbb{R}_+$.

Nous allons nous intéresser au processus aléatoire $(X_t, t \geq 0)$ qui décrit la dynamique de la taille de la population. A chaque temps de naissance, le processus croît de 1, ou plus si il y a une reproduction multiple, et il décroît de 1 à chaque mort d'un individu. Ce processus est donc constant par morceaux et saute aux instants aléatoires de naissance et de mort. Nous supposerons que le processus aléatoire $(X_t, t \geq 0)$ est markovien, c'est à dire que son comportement aléatoire dans le futur ne dépend du passé que par l'information donnée par son état présent (nous verrons une définition précise ci-dessous). Cette hypothèse implique en fait une propriété de non-vieillissement qui est une hypothèse biologique forte. (Les problèmes de sénescence par exemple, ne pourront pas être étudiés dans ce cadre). Toutefois l'hypothèse de markovianité donne un cadre mathématique qui permet d'obtenir des résultats rigoureux et des réponses quantitatives à un certain nombre de questions. Nous étudierons de manière systématique de tels processus de Markov dont le prototype est le processus de Poisson. Ce processus, comme le mouvement brownien, est un processus

© Springer-Verlag Berlin Heidelberg 2016

S. Méléard, *Modèles aléatoires en Ecologie et Evolution*,

Mathématiques et Applications 77, DOI 10.1007/978-3-662-49455-4_5

à accroissements indépendants et stationnaires. Nous montrerons que les durées entre deux sauts de ce processus sont des variables aléatoires indépendantes de loi exponentielle et que le loi du processus à un instant fixé est une loi de Poisson. Nous montrerons qu'une structure de même type existe dans un cadre plus général où la loi des instants de saut et la loi de reproduction peuvent dépendre de l'état instantané de la population, décrivant ainsi des situations de densité-dépendance et prenant en compte l'impact des ressources par exemple. Nous montrerons que la dynamique de la loi du processus à chaque instant suit une équation différentielle matricielle (appelée équation de Kolmogorov) dirigée par une matrice spécifique que l'on appelle générateur infinitésimal du processus. Grâce à la propriété de Markov, la donnée de ce générateur et de la condition initiale suffit à caractériser la loi du processus. Les cas spécifiques du processus de branchement à temps continu et du processus de naissance et mort seront étudiés avec un accent particulier pour l'étude de la probabilité d'extinction et de le loi du temps d'extinction quand celui-ci est fini presque-sûrement.

5.1   Processus markovien de saut

Définition 5.1.1 *Un processus de saut* $(X_t, t \geq 0)$ *est un processus à valeurs dans un espace fini ou dénombrable E dont les trajectoires sont presque-sûrement continues à droite et limitées à gauche et constantes entre des instants de saut isolés. La donnée du processus* $(X_t, t \geq 0)$ *est équivalente à la donnée de la suite de variables aléatoires* $(T_n, Z_n), n \geq 0$, *où $T_n \in \mathbb{R} \cup \{+\infty\}$ est le n-ième instant de saut et $Z_n \in E$ la position du processus juste avant le saut T_{n+1}. De plus $T_0 = 0$ et les instants de saut $T_n \in \mathbb{R} \cup \{+\infty\}$ forment une suite croissante telle que*

$$T_n(\omega) < T_{n+1}(\omega) \quad si \quad T_n(\omega) < +\infty.$$

On suppose également que les instants de saut ne s'accumulent pas en un temps fini :

$$\lim_{n \to \infty} T_n(\omega) = +\infty. \tag{5.1.1}$$

Dans ce cas, nous avons

$$X_t(\omega) = \sum_{n \geq 0, T_n(\omega) < +\infty} Z_n(\omega) \mathbf{1}_{[T_n(\omega), T_{n+1}(\omega)[}(t).$$

Une trajectoire type est représentée en Figure 5.1.

Remarque 5.1.2 *Nos motivations concernent essentiellement les tailles de populations et nous allons limiter notre étude au cas des processus à valeurs entières avec $E = \mathbb{N}$*

Nous allons supposer de plus que les processus de saut sont markoviens, dans le sens suivant.

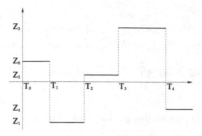

FIGURE 5.1 – Trajectoire d'un processus markovien de saut

Définition 5.1.3 *Un processus de saut $(X_t, t \geq 0)$ à valeurs dans $\mathbb{N}$ est un processus markovien de saut (appelé également chaîne de Markov en temps continu), si pour tous $0 < s < t$, la loi conditionnelle de la variable aléatoire X_t sachant $(X_u, u \leq s)$, ne dépend que de X_s, c'est-à-dire que pour tout $n \in \mathbb{N}$, pour tous $0 \leq t_0 < t_1 < \cdots < t_n < s$ et les états $i_0, i_1, \cdots, i_n, i, j \in \mathbb{N}$, on a*

$$\mathbb{P}\left(X_t = j \mid X_{t_0} = i_0, X_{t_1} = i_1, \cdots, X_{t_n} = i_n, X_s = i\right) = \mathbb{P}\left(X_t = j \mid X_s = i\right).$$

On dit que ce processus markovien est homogène si la probabilité $\mathbb{P}\left(X_t = j \mid X_s = i\right)$ ne dépend de s et t que par la différence $t - s$.

Dans la suite, nous étudions ces processus markoviens homogènes. Nous utilisons la notation

$$\mathbb{P}\left(X_t = j \mid X_s = i\right) = P_{i,j}(t - s).$$

Pour tout $t > 0$, la matrice de taille infinie $P(t) = (P_{i,j}(t))_{i,j \in \mathbb{N}}$ est une matrice markovienne sur $\mathbb{N} \times \mathbb{N}$: $\forall i, j \in \mathbb{N}, \forall t > 0$,

$$P_{i,j}(t) \geq 0 \ , \ \sum_j P_{i,j}(t) = 1.$$

La matrice $P(t)$ est appelée matrice de transition. Elle peut aussi être considérée en tant qu'opérateur sur les suites avec la propriété immédiate que pour une suite $U = (u_n)_n$, la suite $P(t)U$ est le vecteur obtenu par les formules du produit matriciel. Remarquons alors que

$$P(0) = Id.$$

Nous notons $\mu(t)$ la loi de X_t et $\mu(0) = \mu$ désigne la loi initiale du processus.

Nous identifions une fonction $g : \mathbb{N} \to \mathbb{R}$ avec le vecteur $(g_j)_{j \in \mathbb{N}}$ où $g_j = g(j)$, et une mesure μ sur $\mathbb{N}$ avec le vecteur (μ_i) où $\mu_i = \mu(\{i\})$.

Proposition 5.1.4 *Soit $(X_t)_t$ un processus markovien de saut homogène, de loi initiale μ et de matrice $(P(t), t > 0)$. Pour tout $n \in \mathbb{N}$, pour tous $0 < t_1 < \cdots < t_n$, la loi du vecteur aléatoire $(X_0, X_{t_1}, \cdots, X_{t_n})$ est donnée par : pour tous $i_0, i_1, \cdots, i_n \in \mathbb{N}$,*

$$\mathbb{P}(X_0 = i_0, X_{t_1} = i_1, \cdots, X_{t_n} = i_n) = \mu_{i_0} P_{i_0, i_1}(t_1) P_{i_1, i_2}(t_2 - t_1) \times \cdots \times P_{i_{n-1}, i_n}(t_n - t_{n-1}).$$
(5.1.2)

Preuve. Il résulte immédiatement des probabilités conditionnelles et de la propriété de Markov que

$$\mathbb{P}(X_0 = i_0, X_{t_1} = i_1, \cdots, X_{t_n} = i_n)$$
$$= \mathbb{P}(X_0 = i_0)\,\mathbb{P}(X_{t_1} = i_1 | X_0 = i_0)\,\mathbb{P}(X_{t_2} = i_2 | X_0 = i_0, X_{t_1} = i_1)$$
$$\times \cdots \times \mathbb{P}(X_{t_n} = i_n | X_0 = i_0,, \cdots, X_{t_{n-1}} = i_{n-1})$$
$$= \mu_{i_0}\,P_{i_0, i_1}(t_1)\,P_{i_1, i_2}(t_2 - t_1) \times \cdots \times P_{i_{n-1}, i_n}(t_n - t_{n-1}).$$

$\square$

Cette proposition est fondamentale car elle montre que la loi μ et les matrices de transition $(P(t), t > 0)$ suffisent à caractériser la loi du processus. En effet, nous savons par le Théorème 4.2.2, que la loi d'un processus à valeurs dans l'ensemble des fonctions de $\mathbb{R}_+$ dans $\mathbb{R}$ muni de la tribu produit, est caractérisée par les lois des marginales fini-dimensionnelles $(X_{t_1}, \cdots, X_{t_n})$, pour tous $0 \le t_1 < \cdots < t_n$ et pour tout $n \in \mathbb{N}^*$.

En particulier, pour tout $t > 0$, pour toute fonction positive ou bornée $g : \mathbb{N} \to \mathbb{R}$, nous avons

$$\mathbb{E}(g(X_t)| X_0 = i) = (P(t)g)_i = \sum_{j \in \mathbb{N}} P_{i,j}(t) g_j.$$

La loi $\mu(t)$ de X_t sera donnée par

$$\mu(t) = \mu P(t) \; : \; \forall j \in \mathbb{N}, \; \mu_j(t) = \sum_{i \in \mathbb{N}} \mu_i P_{i,j}(t).$$

(La multiplication à gauche par une mesure est duale de la multiplication à droite par une suite).

De plus,

Proposition 5.1.5 *Les matrices $(P(t), t > 0)$ vérifient que $P(0) = Id$ et la relation de semi-groupe, appelée équation de Chapman-Kolmogorov :*

$$P(t + s) = P(t)P(s) = P(s)P(t).$$
(5.1.3)

Ainsi le produit (au sens matriciel) commute.

Remarque 5.1.6 *Cette propriété justifie que l'on appelle la famille d'opérateurs $(P(t), t \geq 0)$ le semi-groupe de transition du processus.*

Preuve. Soit $i, k \in \mathbb{N}$ et $s, t > 0$. On a

$$
\begin{aligned}
P_{i,k}(t+s) &= \mathbb{P}(X_{t+s} = k | X_0 = i) = \sum_j P(X_t = j, X_{t+s} = k | X_0 = i) \\
&= \sum_j \mathbb{P}(X_{t+s} = k | X_t = j) \mathbb{P}(X_t = j | X_0 = i) = \sum_j P_{i,j}(t) P_{j,k}(s)
\end{aligned}
$$

par la propriété de Markov, d'où $P(t+s) = P(t)P(s)$. $\qquad\square$

5.2 Un prototype : le processus de Poisson

5.2.1 Définition d'un processus de Poisson

Nous allons introduire le prototype des processus de saut, que l'on suppose à accroissements indépendants et stationnaires. Ce processus modélise les temps d'apparitions successives d'événements aléatoires.

Définition 5.2.1 *Un processus ponctuel sur $\mathbb{R}_+$ est un processus de saut avec sauts d'amplitude 1. Il se décrit par la donnée d'une suite (presque-sûrement) croissante de temps aléatoires*

$$
0 < T_1 < T_2 < \cdots < T_n < \cdots,
$$

définis sur un espace de probabilité $(\Omega, \mathcal{F}, \mathbb{P})$, à valeurs dans $\mathbb{R}_+$ et vérifiant

$$
T_n \to +\infty \quad \text{presque-sûrement, quand } n \text{ tend vers l'infini.}
$$

Les variables aléatoires T_n modélisent les instants où se produisent les événements.

Les variables aléatoires

$$
S_1 = T_1 \ ; \ S_2 = T_2 - T_1 \ ; \ \cdots, S_n = T_n - T_{n-1}, \cdots
$$

modélisent les longueurs des intervalles ou temps d'attente entre deux événements successifs.

Définition 5.2.2 *La fonction aléatoire de comptage $(N_t)_{t \geq 0}$ associée au processus ponctuel $\{T_n, n \in \mathbb{N}\}$ est définie par*

$$
N_t = \sup\{n, \ T_n \leq t\} = \sum_{j \geq 1} \mathbf{1}_{\{T_j \leq t\}}.
$$

N_t *est donc le nombre d'événements qui se sont produits avant l'instant t et l'on a $N_{T_n} = n$ pour tout n.*

Remarquons que $N_0 = 0$ puisque $T_1 > 0$ et que pour tout t, $N_t < +\infty$ puisque la suite (T_n) tend vers l'infini. Pour $0 \leq s < t$, $N_t - N_s$ est le nombre d'événements qui ont eu lieu pendant l'intervalle de temps $]s, t]$.

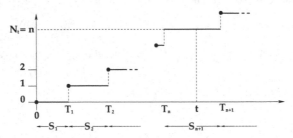

FIGURE 5.2 – Trajectoire d'un processus ponctuel

Remarquons que les trajectoires $t \to N_t(\omega)$ d'un tel processus sont continues à droite et limitées à gauche, par définition.

Remarque 5.2.3 *Les données de la loi du processus ponctuel et de la fonction aléatoire qui lui est associée sont en fait équivalentes. En effet, nous avons*

$$\{N_t \geq n\} = \{T_n \leq t\}$$
$$\{N_t = n\} = \{T_n \leq t < T_{n+1}\}$$
$$\{N_t \geq n > N_s\} = \{s < T_n \leq t\}.$$

Définition 5.2.4 *Le processus ponctuel (T_n) ou $(N_t, t \geq 0)$ est appelé processus de Poisson si $(N_t, t \geq 0)$ est à accroissements indépendants et stationnaires, c'est à dire si*

1) Pour tous $t_0 < t_1 < \cdots < t_n$ dans $\mathbb{R}_+$, les accroissements $\left(N_{t_j} - N_{t_{j-1}}, 1 \leq j \leq n\right)$ sont des variables aléatoires indépendantes.

2) Pour $0 \leq s < t$, la loi de $N_t - N_s$ ne dépend de s et t que par la différence $t - s$. Elle est donc égale à la loi de N_{t-s}.

La propriété (2) s'appelle la stationnarité des accroissements.

Le nom de processus de Poisson est justifié par la propriété suivante :

Proposition 5.2.5 *Soit $(N_t, t \geq 0)$ un processus de Poisson. Alors il existe $\lambda > 0$ tel que pour tout $t > 0$, N_t est une variable aléatoire de Poisson de paramètre λt. On a donc*

$$\mathbb{P}(N_t = k) = e^{-\lambda t}\frac{(\lambda t)^k}{k!}, \ \forall k \in \mathbb{N}.$$

Définition 5.2.6 *Le paramètre* λ *est appelé intensité du processus de Poisson. Il est égal au nombre moyen d'événements qui se produisent pendant une unité de temps, puisque*

$$\mathbb{E}(N_{t+1} - N_t) = \lambda.$$

On dit aussi que les événements se produisent au taux λ.

Preuve. Soit g_t la fonction génératrice de N_t. Nous avons, pour $u \in [0,1]$,

$$g_t(u) \;=\; \mathbb{E}(u^{N_t}) = \sum_{k\geq 0} \mathbb{P}(N_t = k)\, u^k.$$

Nous voulons montrer que g_t est la fonction génératrice d'une variable aléatoire de loi de Poisson de paramètre λt, c'est-à-dire que

$$g_t(u) = \exp(-(\lambda t(1 - u)).$$

Par indépendance des accroissements et pour $s < t$, nous avons que $g_t(u) = g_{t-s}(u)g_s(u)$, et plus généralement nous pouvons prouver que $g_t(u) = ((g_1(u))^t$. (On le prouve pour les entiers puis pour les rationnels et on conclut en utilisant la décroissance de $t \to g_t(u)$). Par ailleurs, comme $g_t(u) \geq \mathbb{P}(N_t = 0) = \mathbb{P}(T_1 > t)$, qui tend vers 1 quand $t \to 0$, nous pouvons assurer que $g_1(u)$ est non nul. Comme de plus, $g_1(u) \leq 1$, il existe donc $\lambda(u) > 0$ tel que

$$g_t(u) = e^{-\lambda(u)t}.$$

Montrons que $\lambda(u)$ est de la forme $\lambda \times (1 - u)$, avec λ constante.

Remarquons que

$$\lambda(u) \;=\; \lim_{t\downarrow 0} \frac{1}{t}(1 - g_t(u)) = \lim_{t\downarrow 0} \frac{1}{t} \sum_{k\geq 1} \mathbb{P}(N_t = k)(1 - u^k).$$

Puisque $u \leq 1$, nous en déduisons que pour tout t,

$$0 \leq \frac{1}{t}(1 - g_t(u)) - \frac{1}{t}\mathbb{P}(N_t = 1)(1 - u) = \frac{1}{t} \sum_{k\geq 2} \mathbb{P}(N_t = k)(1 - u^k) \leq \frac{1}{t}\mathbb{P}(N_t \geq 2).$$

Supposons que $\frac{1}{t}\mathbb{P}(N_t \geq 2)$ tend vers 0 quand $t \to 0$. Alors

$$\lambda(u) = \lim_{t\downarrow 0} \frac{1}{t}\mathbb{P}(N_t = 1)(1 - u)$$

existe et $\lambda(u) = (1 - u)\lambda(0)$, avec $\lambda(0) = \lim_{t\downarrow 0} \frac{1}{t}\mathbb{P}(N_t = 1)$. Nous aurons donc prouvé la Proposition 5.2.5 avec $\lambda = \lambda(0)$.

Pour étudier le comportement asymptotique de $\mathbb{P}(N_2 \geq t)$, remarquons que

$$\cup_n \{N_{nt} = 0, N_{(n+1)t} \geq 2\} \subset \{T_2 < T_1 + t\},$$

et que par la propriété d'accroissements indépendants stationnaires,

$$\mathbb{P}(\cup_n \{N_{nt} = 0, N_{(n+1)t} \geq 2\}) = \sum_n \mathbb{P}(N_{nt} = 0)\mathbb{P}(N_t \geq 2) \leq \mathbb{P}(T_2 < T_1 + t).$$

Nous en déduisons que

$$\sum_n e^{-\lambda(0)nt}\, \mathbb{P}(N_t \geq 2) = (1 - e^{-\lambda(0)t})^{-1}\mathbb{P}(N_t \geq 2) \leq \mathbb{P}(T_2 < T_1 + t).$$

Mais, quand t tend vers 0, cette dernière quantité vaut $\mathbb{P}(T_2 \leq T_1) = 0$. Comme pour t suffisamment petit, nous avons par ailleurs que $(\lambda(0)t)^{-1} \leq (1 - e^{-\lambda(0)t})^{-1}$, nous en déduisons finalement que $\dfrac{1}{t}\mathbb{P}(N_t \geq 2)$ tend vers 0 quand $t \to 0$. $\square$

Remarque 5.2.7 *Nous pouvons donner une interprétation intuitive de ce résultat. Il résulte de la preuve ci-dessus que*

$$\begin{aligned}
\mathbb{P}(N_{t+h} - N_t = 0) &= 1 - \lambda h + o(h) \\
\mathbb{P}(N_{t+h} - N_t = 1) &= \lambda h + o(h) \\
\mathbb{P}(N_{t+h} - N_t \geq 2) &= o(h).
\end{aligned}$$

Donc à $o(h)$ près, $N_{t+h} - N_t$ est une variable aléatoire de Bernoulli prenant la valeur 0 avec probabilité $1 - \lambda h$ et la valeur 1 avec probabilité λh. Cette propriété jointe à l'indépendance des accroissements et à la formule

$$N_{t+s} - N_t = \sum_{j=1}^{n}(N_{t+jh} - N_{t+(j-1)h}) , \quad avec\ h = \frac{s}{n},$$

entraîne que $N_{t+s} - N_t$ suit approximativement une loi binomiale de paramètre $(n, \lambda s/n)$. On peut montrer facilement que quand n tend vers l'infini, cette loi tend vers une loi de Poisson de paramètre λs.

Remarque 5.2.8 *Notons également que la Proposition 5.2.5 et la propriété d'indépendance des accroissements permettent d'obtenir la loi de tout vecteur $(N_{t_1}, \cdots, N_{t_d})$, pour $t_1 < \cdots < t_d$.*

Nous pouvons également déduire de la Proposition 5.2.5 la loi du premier temps de saut du processus (N_t).

Corollaire 5.2.9 *La loi du premier temps de saut* T_1 *est une loi exponentielle de para-mètre* λ. *De même, pour tout* $s > 0$, *la loi du premier événement après* s, *soit* $T_{N_s+1} - s$, *est une loi exponentielle de paramètre* λ.

Preuve. Pour $t > 0$, on a $\mathbb{P}(T_1 > t) = \mathbb{P}(N_t = 0) = e^{-\lambda t}$. De même,

$$\mathbb{P}(T_{N_s+1} - s > t) = \mathbb{P}(N_{s+t} - N_s = 0) = \mathbb{P}(N_t = 0).$$

$\square$

Rappelons qu'une variable aléatoire de loi exponentielle est une variable aléatoire sans mémoire, au sens où pour tous $t, s > 0$,

$$\mathbb{P}(T_1 > t + s \mid T_1 > t) = \mathbb{P}(T_1 > s).$$

Nous allons retrouver cet aspect dans la structure générale d'un processus markovien de saut.

Finissons ce paragraphe en exhibant une martingale liée au processus de Poisson.
Remarquons que la donnée de $(N_s, s \leq t)$ est équivalente à celle de $(N_t, T_1, T_2, \cdots, T_{N_t})$. La tribu $\mathcal{F}_t^N = \sigma(N_s, s \leq t)$ est la tribu engendrée par ces variables et décrit donc l'information donnée par le processus $(N_t)_t$ jusqu'au temps t.

Proposition 5.2.10 *Soit* $(N_t, t \geq 0)$ *un processus de Poisson de paramètre* λ. *Alors le processus* $(M_t, t \geq 0)$ *défini par* $M_t = N_t - \lambda t$, *est une* $\mathcal{F}_t^N$-*martingale.*

Preuve. Pour chaque $t > 0$, N_t est une variable aléatoire d'espérance finie donc il en est de même pour M_t. De plus, pour $s < t$,

$$\mathbb{E}(N_t | \mathcal{F}_s^N) = \mathbb{E}(N_t - N_s + N_s | \mathcal{F}_s^N) = \mathbb{E}(N_t - N_s) + N_s = \lambda(t - s) + N_s.$$

Nous avons utilisé l'indépendance des variables aléatoires $N_t - N_s$ et N_s et la Proposition 5.2.5. $\square$

5.2.2 Propriété de Markov forte

Soit $(N_t, t \geq 0)$ un processus de Poisson d'intensité λ. Pour tout $s > 0$, introduisons le processus $(N_t^s, t \geq 0)$ défini par

$$N_t^s = N_{t+s} - N_s.$$

Ce processus compte le nombre d'événements sur l'intervalle $]s, t]$. Il est facile de voir que c'est également un processus de Poisson d'intensité λ, indépendant de $(N_u, u \leq s)$. En particulier, cela entraîne que $(N_t, t \geq 0)$ vérifie la propriété de Markov et de la Proposition 5.2.5, nous déduisons la

Proposition 5.2.11 *Le processus de Poisson d'intensité* λ *est un processus de Markov. Sa matrice de transition est donnée par*

$$P_{i,j}(t) = e^{-\lambda t} \frac{(\lambda t)^{j-i}}{(j-i)!} , \quad si\ j \geq i,$$

et $P_{i,j}(t) = 0$ *sinon.*

Nous allons généraliser cette propriété aux $\mathcal{F}_t^N$-temps d'arrêt. Remarquons que pour tout n, le temps de saut T_n est un $\mathcal{F}_t^N$-temps d'arrêt, puisque $\{T_n \leq t\} = \{N_t \geq n\}$. En revanche si $t < s$, T_{N_s} ne l'est pas car

$$\{T_{N_s} \leq t\} = \{N_s - N_t = 0\} \notin \mathcal{F}_t^N.$$

Proposition 5.2.12 *Soit* $(N_t, t \geq 0)$ *un processus de Poisson de paramètre* λ *et* S *un* $\mathcal{F}_t^N$-*temps d'arrêt. Sur l'événement* $\{S < +\infty\}$, *on pose pour* $t \geq 0$

$$N_t^S = N_{S+t} - N_S.$$

Conditionnellement à $\{S < +\infty\}$, *le processus* $(N_t^S, t \geq 0)$ *est un processus de Poisson d'intensité* λ, *indépendant de la tribu engendrée par la trajectoire de* N *jusqu'à* S.

Preuve. Nous savons déjà que le résultat est vrai si S est constant. Supposons que S prenne ses valeurs dans une suite croissante de réels positifs $(s_j)_j$. Comme S est un temps d'arrêt,

$$\{S = s_j\} = \{S \leq s_j\} \backslash \{S \leq s_{j-1}\} \in \mathcal{F}_{s_j}^N.$$

Soient $0 = t_0 < t_1 < t_2 < \cdots < t_k$, $n_1, n_2, \cdots, n_k \in \mathbb{N}$ et A un événement de la tribu engendrée par la trajectoire de N jusqu'à S. On a $A \cap \{S \leq t\} \in \mathcal{F}_t^N$. Alors

$$\mathbb{P}\left(A \cap_{i=1}^k \{N_{t_i}^S - N_{t_{i-1}}^S = n_i\}\right)$$

$$= \sum_j \mathbb{P}\left(\{S = s_j\} \cap A \cap_{i=1}^k \{N_{s_j+t_i} - N_{s_j} - N_{s_j+t_{i-1}} + N_{s_j} = n_i\}\right)$$

$$= \sum_j \mathbb{P}(\{S = s_j\} \cap A) \prod_{i=1}^k \mathbb{P}\left(N_{s_j+t_i} - N_{s_j+t_{i-1}} = n_i\right)$$

$$= \mathbb{P}(A) \prod_{i=1}^k \mathbb{P}\left(N_{t_i-t_{i-1}} = n_i\right). \tag{5.2.4}$$

Dans cette preuve nous avons utilisé le fait que le processus $(N_t)_t$ est à accroissements indépendants et stationnaires.

Le résultat est donc établi si la suite des valeurs de S est discrète. Supposons maintenant que S soit un temps d'arrêt quelconque. Nous introduisons la suite $(R_n)_n$ définie par

$$R_n = \sum_{k \in \mathbb{N}^*} k2^{-n} \mathbb{1}_{\{(k-1)2^{-n} < S \leq k2^{-n}\}}.$$

Il est facile de voir que les R_n sont des temps d'arrêt qui convergent en décroissant vers S. L'égalité (5.2.4) est vraie pour chaque R_n et l'on peut facilement justifier un passage à la limite, du fait de la continuité à droite des trajectoires de $(N_t)_t$. Cela conclut la preuve. $\square$

Nous en déduisons le résultat fondamental suivant.

Proposition 5.2.13 *Un processus de Poisson $(N_t, t \geq 0)$ d'intensité λ est un processus de Markov fort. Notons comme précédemment par $(S_n)_n$ la suite des temps d'attente entre les sauts. Alors les variables S_i sont indépendantes et de loi exponentielle de paramètre λ.*

Preuve. La propriété de Markov forte est un corollaire immédiat de la Proposition 5.2.12. Nous savons déjà, par le Corollaire 5.2.9, que $S_1 = T_1$ suit une loi exponentielle de paramètre λ. Appliquons la Proposition 5.2.12 avec $S = T_n$. Ainsi $S_{n+1} = T_{n+1} - T_n$ est le premier instant de saut du processus de Poisson $(N_{T_n+t} - N_{T_n}, t \geq 0)$ d'intensité λ et indépendant de $T_1, \cdots, T_n$, donc aussi de $S_1, \cdots, S_n$. Le résultat suit. $\square$

La proposition suivante fournit une preuve constructive de l'existence d'un processus de Poisson et un algorithme de simulation.

Proposition 5.2.14 *Soit $(S_n)_n$ une suite de variables aléatoires indépendantes et de loi exponentielle de paramètre λ. Pour tous $n \geq 1$ et $t > 0$, posons $T_n = S_1 + \cdots + S_n$ et $N_t = \sup\{n, T_n \leq t\} = \mathrm{Card}\{n, T_n \leq t\}$. Alors $(N_t, t \geq 0)$ est un processus de Poisson d'intensité λ.*

5.2.3   Comportement asymptotique d'un processus de Poisson

Soit $(N_t, t \geq 0)$ un processus de Poisson d'intensité λ. Nous avons alors

$$\mathbb{E}(N_t) = \lambda t, \quad Var(N_t) = \lambda t.$$

Ainsi,

$$\mathbb{E}(t^{-1} N_t) = \lambda, \quad Var(t^{-1} N_t) = \frac{\lambda}{t},$$

donc $\dfrac{N_t}{t}$ converge en moyenne quadratique vers λ, quand t tend vers l'infini.

En fait nous avons également une version forte de cette loi des grands nombres.

Proposition 5.2.15 *Soit* $(N_t, t \geq 0)$ *un processus de Poisson d'intensité* λ. *Alors* $\frac{N_t}{t}$ *converge presque-sûrement vers* λ, *quand* t *tend vers l'infini.*

Preuve. Remarquons tout d'abord que $N_n = \sum_{i=1}^{n}(N_i - N_{i-1})$ est la somme de variables aléatoires indépendantes de même loi de Poisson de paramètre λ. Il résulte alors de la loi forte des grands nombres que $\dfrac{N_n}{n}$ converge presque-sûrement vers λ, quand n tend vers l'infini. Nous pouvons alors écrire

$$\frac{N_t}{t} = \frac{N_{[t]}}{[t]} \frac{[t]}{t} + \frac{N_t - N_{[t]}}{t}.$$

Il nous suffit alors de montrer que $\displaystyle\sup_{n \leq t < n+1} \dfrac{N_t - N_n}{n}$ tend p.s. vers 0 quand n tend vers l'infini. Posons

$$\xi_n = \sup_{n \leq t < n+1} (N_t - N_n) = N_{n+1} - N_n.$$

Les ξ_n sont indépendantes et de même loi de Poisson de paramètre λ. La loi des grands nombres entraîne alors que $\frac{\xi_1 + \cdots + \xi_n}{n}$ converge vers λ presque-sûrement et donc que $\frac{\xi_n}{n}$ converge presque-sûrement vers 0. $\square$

Nous avons également un théorème de la limite centrale.

Théorème 5.2.16 *Soit* $(N_t, t \geq 0)$ *un processus de Poisson d'intensité* λ. *Alors le processus* $\left(\frac{N_t - \lambda t}{\sqrt{\lambda t}}, t \geq 0\right)$ *converge en loi, quand* t *tend vers l'infini, vers une variable aléatoire de loi normale centrée réduite.*

Preuve. Nous allons raisonner comme dans la preuve précédente. Par le théorème de la limite centrale, nous savons que la suite $\left(\frac{N_n - \lambda n}{\sqrt{\lambda n}}\right)_n$ converge en loi vers Z quand n tend vers l'infini, où Z est une variable aléatoire de loi normale centrée réduite. De plus, $\frac{N_t - N_{[t]}}{\sqrt{\lambda t}} \leq \frac{\xi_{[t]}}{\sqrt{\lambda [t]}}$. Or, $\mathbb{P}(\frac{\xi_n}{\sqrt{n}} > \varepsilon) = \mathbb{P}(\xi_n > \varepsilon\sqrt{n}) = \mathbb{P}(\xi_1 > \varepsilon\sqrt{n})$, qui tend vers 0 quand n tend vers l'infini. Donc $\frac{N_t - N_{[t]}}{\sqrt{\lambda t}}$ tend en probabilité vers 0. Finalement nous avons

$$\frac{N_t - \lambda t}{\sqrt{\lambda t}} = \frac{N_{[t]} - \lambda[t]}{\sqrt{\lambda[t]}} \times \sqrt{\frac{[t]}{t}} + \frac{N_t - N_{[t]}}{\sqrt{\lambda t}} + \sqrt{\lambda}\frac{[t] - t}{\sqrt{t}}.$$

Nous pouvons alors conclure, sachant que $N_t - N_{[t]}$ et $N_{[t]}$ sont indépendantes et en utilisant les fonctions caractéristiques, comme au Paragraphe 4.2. $\square$

Nous pouvons en fait établir également un théorème de la limite centrale fonctionnel, qui montre la convergence de la fonction aléatoire

$$t \to Y_t^u = \frac{N_{ut} - \lambda t u}{\sqrt{\lambda u}}$$

vers le mouvement brownien, quand u tend vers l'infini. La preuve s'inspire de celle déjà vue au Paragraphe 4.2. En effet, nous avons montré que pour t fixé, Y_t^u converge en loi vers une variable aléatoire B_t centrée, de variance t.

De même nous pouvons étudier le comportement en loi de $(Y_{t_1}^u, Y_{t_2}^u - Y_{t_1}^u, \cdots, Y_{t_k}^u - Y_{t_{k-1}}^u)$, pour $t_1 < \cdots < t_k$, et montrer que ce vecteur converge vers $(Z_{t_1}, Z_{t_2-t_1}, \cdots, Z_{t_k-t_{k-1}})$, où les variables aléatoires $Z_{t_i-t_{i-1}}$ sont indépendantes et suivent des lois normales centrées de variances respectives $t_i - t_{i-1}$. Remarquons par ailleurs que l'amplitude des sauts de Y_t^u est $\frac{1}{\sqrt{\lambda u}}$ qui tend vers 0 quand u tend vers l'infini. Nous avons donc montré que le processus $(Y_t^u, t \geq 0)$ converge au sens des marginales fini-dimensionnelles, vers un processus $(B_t, t \geq 0)$ qui est à accroissements indépendants et stationnaires, à trajectoires continues et tel que pour chaque $t > 0$ la variable aléatoire B_t est une variable normale centrée et de variance t. C'est un mouvement brownien (Voir Définition 4.2.5).

Remarque 5.2.17 *Nous avons vu à la Proposition 5.2.10 que le processus $N_t - \lambda t$ est une martingale. Mais (4.5.7) n'est pas satisfaite. En effet, en prenant $t = n/\lambda$, nous pouvons montrer que*

$$\mathbb{E}(|N_t - \lambda t|) = 2\Big(n - n\, e^{-n} \sum_{k=n+1}^{\infty} \frac{n^k}{k!} - e^{-n} \sum_{k=0}^{n} k\, \frac{n^k}{k!}\Big),$$

qui tend vers $+\infty$ quand n tend vers l'infini. Ainsi, nous ne pouvons pas utiliser le Théorème 4.5.6 pour conclure à la convergence de N_t/t.

5.2.4 Processus de Poisson composé

Etant donné un processus de Poisson, nous pouvons construire des processus markoviens de saut plus compliqués en supposant les amplitudes de saut aléatoires et indépendantes du processus de Poisson. Ces processus sont appelés processus de Poisson composés.

Exemple 5.2.18 Soit $(N_t, t \geq 0)$ un processus de Poisson d'intensité λ et d'instants de sauts $(T_n)_n$. Donnons-nous par ailleurs une chaîne de Markov $(Z_n)_n$ à valeurs dans $\mathbb{Z}$, indépendante de $(N_t)_t$ et de matrice de transition $M_{i,j}$. Alors

$$X_t = \sum_{n=0}^{\infty} Z_n \mathbb{1}_{[T_n, T_{n+1}[}(t)$$

est un processus markovien de saut de matrice de transition

$$P_{i,j}(t) = \sum_n \mathbb{P}(T_n \leq t < T_{n+1}, Z_n = j | Z_0 = i) = \sum_n \mathbb{P}(N_t = n)\mathbb{P}(Z_n = j | Z_0 = i),$$

par indépendance. D'où

$$P_{i,j}(t) = e^{-\lambda t} \sum_n \frac{(\lambda t)^n}{n!} M_{i,j}^{(n)}.$$

Nous allons voir que la loi des processus markoviens de saut peut être décrite en généralisant cette décomposition : loi des temps entre les sauts et loi de l'amplitude des sauts.

5.3   Générateur d'un processus markovien de saut

5.3.1   Le générateur infinitésimal

Revenons ici au cadre général des processus markoviens de saut. Nous avons vu que la loi d'un tel processus est caractérisée par son semi-groupe dès lors que l'on connaît sa condition initiale (Proposition 5.1.4). La donnée du semi-groupe correspond à la donnée d'une infinité de matrices $P(t), t > 0$. Dans cette partie nous allons montrer qu'il suffit en fait de connaître une seule matrice qui décrit le comportement infinitésimal de $P(t)$ au voisinage de 0. Cela est dû à la propriété de Chapman-Kolmogorov (Proposition 5.1.5). Cette matrice, appelée générateur infinitésimal du processus, permet de décrire la structure du processus.

Remarquons tout d'abord qu'un processus markovien de saut vérifie la propriété de Markov forte.

Théorème 5.3.1 *Soient $(X_t, t \geq 0)$ un processus markovien de saut et S un $\mathcal{F}_t^X$ temps d'arrêt. Conditionnellement à $\{S < +\infty\}$ et à $\{X_S = i\}$, le processus $(X_{S+t}, t \geq 0)$ est indépendant de la tribu engendrée par X jusqu'au temps S et sa loi est celle de $(X_t, t \geq 0)$ issu de $X_0 = i$.*

La preuve est une adaptation de celle donnée pour le processus de Poisson (Proposition 5.2.12) et est laissée au lecteur.

La propriété de semi-groupe (5.1.3) entraîne que la connaissance de $P(t)$ pour tout t peut se déduire de la connaissance de $P(t)$ pour t petit. En fait, nous allons montrer qu'il suffit de connaître sa dérivée à droite en 0.

Théorème 5.3.2 *Soit $P(t), t > 0$, le semi-groupe des matrices de transition d'un processus markovien de saut $(X_t)_t$. Il existe une matrice $(Q_{i,j}, i, j \in \mathbb{N})$, appelée générateur infinitésimal du semi-groupe $(P(t))_t$ ou du processus de Markov $(X_t)_t$, qui vérifie*

$$Q_{i,j} \geq 0 \ \ pour \ \ i \neq j \ ; \ \ Q_{i,i} = - \sum_{j \in \mathbb{N} \backslash \{i\}} Q_{i,j} \leq 0,$$

cette dernière inégalité étant stricte sauf si l'état i est absorbant. On note $q_i = -Q_{i,i}$. Lorsque $h \downarrow 0$,

$$P_{i,j}(h) = hQ_{i,j} + o(h) \ \ pour \ \ i \neq j,$$
$$P_{i,i}(h) = 1 - hq_i + o(h). \tag{5.3.5}$$

En outre conditionnellement à $X_0 = i$ et si $q_i \neq 0$, l'instant T_1 de premier saut et la position $Z_1 = X_{T_1}$ après le premier saut sont indépendants, avec T_1 de loi exponentielle de paramètre q_i et Z_1 de loi donnée par $\left(\frac{Q_{i,j}}{q_i}, j \neq i\right)$. Si $q_i = 0$, le processus reste absorbé en i.

Remarque 5.3.3 *Le générateur infinitésimal peut également être défini comme opérateur de dérivation de la loi du processus, comme dans le cas d'un processus de diffusion (cf. Définition 4.6.19). Pour toute fonction bornée sur $\mathbb{N}$, on pose*

$$Qf(i) = \lim_{t \to 0, t > 0} \frac{P_t f(i) - f(i)}{t}.$$

Par (5.3.5), nous avons pour t au voisinage de 0,

$$
\begin{aligned}
P_t f(i) &= \sum_j P_{i,j}(t) f(j) = P_{i,i}(t) f(i) + \sum_{j \neq i} P_{i,j}(t) f(j) \\
&= \left(1 + t Q_{i,i} + o(t)\right) f(i) + \sum_{j \neq i} \left(t\, Q_{i,j} + o(t)\right) f(j) \\
&= f(i) + t \left(\sum_{j \neq i} Q_{i,j}(f(j) - f(i))\right) + o(t),
\end{aligned}
$$

et donc

$$Qf(i) = \sum_{j \neq i} Q_{i,j}\Big(f(j) - f(i)\Big). \tag{5.3.6}$$

Définition 5.3.4 *On appelle q_i le taux de saut du processus issu de i. Nous avons donc*

$$\mathbb{P}(T_1 > t | X_0 = i) = e^{-q_i t}.$$

Le nombre $Q_{i,j}$ sera appelé taux de transition de i vers j.

Grâce à la propriété de Markov forte, nous en déduisons le résultat suivant.

Corollaire 5.3.5 *Pour tout $n \in \mathbb{N}^*$, conditionnellement à la tribu engendrée par le processus jusqu'au temps T_{n-1}, la variable aléatoire $T_n - T_{n-1}$ est indépendante de $Z_n = X_{T_n}$. De plus, la loi conditionnelle de $T_n - T_{n-1}$ est une loi exponentielle de paramètre $q_{Z_{n-1}}$, et la loi conditionnelle de Z_n est donnée par $(\frac{Q_{Z_{n-1} j}}{q_{Z_{n-1}}}, j \in \mathbb{N})$.*

Preuve du Théorème 5.3.2. Nous voulons calculer $\mathbb{P}(T_1 > t | X_0 = i)$. Considérons $n \in \mathbb{N}$ et $h > 0$ et supposons que $h \to 0$ et que $n \to \infty$ de telle sorte que $nh \uparrow t$. Nous allons utiliser la propriété de semi-groupe. Pour cela, remarquons tout d'abord que

$$\{T_1 > nh\} \subset \{X_0 = X_h = \cdots = X_{nh}\} \subset \{T_1 > nh\} \cup \{T_2 - T_1 \leq h\}.$$

Comme $\mathbb{P}(T_2 - T_1 \leq h) \to 0$ quand $h \to 0$, nous avons

$$\mathbb{P}(T_1 > t | X_0 = i) = \lim_{h \to 0, nh \to t} \mathbb{P}(X_0 = X_1 = \cdots = X_{nh} \mid X_0 = i)$$

$$= \lim_{h \to 0, nh \to t} (P_{i,i}(h))^n = \lim_{h \to 0, nh \to t} e^{n \ln P_{i,i}(h)}, \text{ par propriété de Markov.}$$

Comme $P_{i,i}(h)$ tend vers 1 quand $h \to 0$, nous savons que $\log P_{i,i}(h) \sim P_{i,i}(h) - 1$ au voisinage de 0. Comme de plus n est d'ordre $\dfrac{t}{h}$, nous pouvons déduire de l'existence de la limite précédente qu'il existe $q_i \in [0, +\infty]$ tel que $\lim_{h \to 0} \frac{1}{h}(1 - P_{i,i}(h)) = q_i$. Ainsi,

$$\mathbb{P}(T_1 > t | X_0 = i) = e^{-q_i t}.$$

Cette dernière propriété entraîne que $q_i < +\infty$ et que $q_i = 0$ si et seulement si i est un état absorbant. Nous posons alors $Q_{i,i} = -q_i$.

La démonstration de l'existence d'une limite à $\dfrac{P_{i,j}(h)}{h}$, pour $i \neq j$ se fait de manière analogue. Nous avons $\{T_1 \leq t, Z_0 = i, Z_1 = j\} = \lim_{h \to 0, nh \to t} \cup_{0 \leq m \leq n} \{X_0 = X_h = \cdots = X_{(m-1)h} = i, X_{mh} = j\}$, d'où

$$\mathbb{P}(T_1 \leq t, Z_1 = j | X_0 = i) = \lim_{h \to 0, nh \to t} \sum_{m=0}^{n-1} (P_{i,i}(h))^m P_{i,j}(h) = \lim_{h \to 0, nh \to t} \frac{1 - (P_{i,i}(h))^n}{1 - P_{i,i}(h)} P_{i,j}(h)$$

$$= \lim_{h \to 0, nh \to t} (1 - (P_{i,i}(h))^n) \frac{h}{1 - P_{i,i}(h)} \frac{1}{h} P_{i,j}(h)$$

$$= \frac{1 - e^{-q_i t}}{q_i} \lim_{h \to 0} \frac{1}{h} P_{i,j}(h). \tag{5.3.7}$$

Ainsi, $Q_{i,j} = \lim_{h \to 0} \frac{1}{h} P_{i,j}(h)$ existe pour $i \neq j$ et

$$\mathbb{P}(T_1 \leq t, Z_1 = j \mid X_0 = i) = (1 - e^{-q_i t}) \frac{Q_{i,j}}{q_i},$$

d'où $\mathbb{P}(T_1 \leq t, Z_1 = j \mid X_0 = i) = \mathbb{P}(T_1 \leq t \mid X_0 = i)\mathbb{P}(Z_1 = j \mid X_0 = i)$, ce qui entraîne l'indépendance de T_1 et Z_1 conditionnellement à $X_0 = i$. De plus,

$$\mathbb{P}(Z_1 = j \mid X_0 = i) = \frac{Q_{i,j}}{q_i}. \tag{5.3.8}$$

Nous en déduisons que

$$\sum_{j \neq i} Q_{i,j} = q_i = -Q_{i,i}.$$

□

Ce théorème nous permet d'obtenir les équations de Kolmogorov, fondamentales dans la pratique. Ces équations décrivent la dynamique temporelle des lois à partir de la matrice de taux. Soit I la matrice identité sur $\mathbb{N}$.

Théorème 5.3.6 *Sous l'hypothèse* (5.1.1),

1) $(P(t), t \geq 0)$ *est l'unique solution de l'équation de Kolmogorov rétrograde*

$$\frac{dP}{dt}(t) = QP(t), \quad pour \ t > 0; \ P(0) = I, \tag{5.3.9}$$

c'est-à-dire que pour tous $i, j \in \mathbb{N}$,

$$\frac{dP_{i,j}}{dt}(t) = \sum_{k \in \mathbb{N}} Q_{i,k} P_{k,j}(t). \tag{5.3.10}$$

Pour tout i *de* $\mathbb{N}$ *et toute fonction* g, $u(t, i) = \mathbb{E}(g(X_t)|X_0 = i)$ *est solution de*

$$\frac{\partial u}{\partial t}(t, i) = \sum_{k \in \mathbb{N}} Q_{i,k} u(t, k), \ t > 0, \ ; \ u(0, i) = g(i), \ i \in \mathbb{N}.$$

2) $(P(t), t \geq 0)$ *est l'unique solution de l'équation de Kolmogorov progressive*

$$\frac{dP}{dt}(t) = P(t)Q, \quad pour \ t > 0; \ P(0) = I, \tag{5.3.11}$$

c'est-à-dire que pour tous $i, j \in \mathbb{N}$,

$$\frac{dP_{i,j}}{dt}(t) = \sum_{k \in \mathbb{N}} P_{i,k}(t) Q_{k,j}. \tag{5.3.12}$$

En outre, la famille des lois marginales $\mu(t)$ *de* $(X_t, t \geq 0)$ *satisfait l'équation de Fokker-Planck*

$$\frac{\partial \mu_j(t)}{\partial t} = \sum_{k \in \mathbb{N}} \mu_k(t) Q_{k,j}, \quad pour \ t > 0, j \in \mathbb{N}.$$

Preuve. L'idée de preuve est la suivante. Pour établir l'équation de Kolmogorov rétrograde, il suffit de dériver $P(t + h)$ en $h = 0$ en utilisant la propriété de semi-groupe $P(t + h) = P(h)P(t)$. L'équation pour u s'en déduit en multipliant à droite par le vecteur colonne (g_j). L'équation progressive s'obtient de la même manière, mais en écrivant $P(t + h) = P(t)P(h)$. L'équation de Fokker-Planck s'en déduit alors immédiatement en multipliant à gauche par le vecteur ligne $(\mu_i(0))$. □

5.3.2   Chaîne de Markov incluse

Soit $(X_t)_t$ un processus markovien de saut, associé à $(T_n, Z_n), n \geq 0$. La suite $Z_n = X_{T_n}$ est une chaîne de Markov à temps discret. C'est une conséquence de la propriété de Markov forte de $(X_t)_t$. Elle est appelée chaîne incluse et vérifie que $Z_{n+1} \neq Z_n$, presque-sûrement, pour tout n. Sa matrice de transition se calcule aisément en fonction du générateur Q de X_t, grâce à (5.3.8) :

$$\tilde{P}_{i,j} = \begin{cases} \frac{Q_{ij}}{q_i} & \text{si } j \neq i \\ 0 & \text{si } j = i. \end{cases}$$

Si l'on pose

$$S_n = q_{Z_{n-1}}(T_n - T_{n-1}),$$

où $q_i = \sum_{i \neq j} Q_{i,j}$, et pour tout $t \geq 0$, $N_t = \sup\{n, \sum_{k=1}^n S_k \leq t\}$, alors le processus $(N_t)_t$ est un processus de Poisson d'intensité 1. En effet, il suffit d'appliquer le Corollaire 5.3.5 : la loi conditionnelle de $T_n - T_{n-1}$ sachant Z_{n-1} est une loi exponentielle de paramètre $q_{Z_{n-1}}$, et donc la loi de S_n est une loi exponentielle de paramètre 1. On utilise pour cela le fait que si U est une variable aléatoire exponentielle de paramètre λ, alors λU est une variable aléatoire exponentielle de paramètre 1.

Réciproquement, il est possible de définir un processus de Markov à temps continu à valeurs dans $\mathbb{N}$ à partir de son générateur infinitésimal. Soit Q une matrice de taux, c'est-à-dire une matrice indexée par $\mathbb{N}$ telle que pour tous $i, j \in \mathbb{N}$,

$$Q_{i,j} \geq 0 \ \text{ si } j \neq i \ ; \ Q_{i,i} = -\sum_{j \neq i} Q_{i,j} \leq 0. \tag{5.3.13}$$

Posons alors $q_i = -Q_{i,i}$ et définissons la matrice de transition $\tilde{P}$ par $\tilde{P}_{i,j} = \frac{Q_{i,j}}{q_i}$ si $i \neq j$ et $q_i \neq 0$, et $\tilde{P}_{i,j} = 0$ si $j = i$, avec la convention $\tilde{P}_{i,j} = 0 \ \forall j$ si $q_i = 0$. A tout $i \in \mathbb{N}$, nous associons la chaîne $(Z_n)_n$ de matrice de transition $\tilde{P}$ et nous considérons un processus de Poisson (N_t) d'intensité 1 indépendant de $(Z_n)_n$. La suite des instants de saut de (N_t) est notée $(T'_n)_n$ et pour $n \geq 1$, on définit

$$U_n = \frac{T'_n - T'_{n-1}}{q_{Z_{n-1}}} \quad ; \quad T_n = U_1 + \cdots + U_n.$$

Si la condition de non-explosion (5.1.1) est satisfaite par $(T_n)_n$, alors

$$X_t = \sum_{n \geq 0} Z_n \mathbf{1}_{[T_n, T_{n+1}[}(t), \ t \geq 0 \tag{5.3.14}$$

est un processus markovien de saut de générateur infinitésimal Q.

Construction algorithmique de $(X_t)_t$:

Il est facile de construire le processus $(X_t, t \geq 0)$ issu de l'état i en itérant la procédure suivante.

- On démarre de $X_0 = i$ et on attend un temps exponentiel S_1 de paramètre q_i. Le processus reste constant égal à i jusqu'au temps S_1.
- Au temps S_1, le processus saute de l'état i à l'état j avec probabilité $\frac{Q_{i,j}}{q_i}$.
- On réitère la procédure (on attend un temps exponentiel S_2 de paramètre q_j et indépendant de $S_1, \cdots$).

Les temps de vie exponentiels $U_1, U_2, \cdots$ sont appelés temps de séjour dans les états respectifs $Z_1, Z_2 \cdots$. Le processus a une durée de vie finie si

$$T_\infty = \sum_{k \geq 1} U_k = \lim_n T_n < +\infty.$$

Remarquons que $T_\infty < +\infty$ entraîne de manière évidente que $\lim_{t \uparrow T_\infty} X_t = +\infty$; on dira dans ce cas que le processus explose.

Etudions maintenant la condition de non-explosion (5.1.1) pour $(T_n)_n$, qui assure que le processus est défini par (5.3.14) pour tout $t \in \mathbb{R}_+$, et prouve alors l'existence d'un processus markovien de saut de générateur infinitésimal Q.

Proposition 5.3.7 *La condition de non-explosion* $\lim_n T_n = +\infty$ *presque-sûrement, est satisfaite si et seulement si*

$$\sum_{n \geq 0} \frac{1}{q_{Z_n}} = +\infty \quad \text{presque-sûrement.} \tag{5.3.15}$$

Avant de prouver la proposition, énonçons tout de suite un corollaire immédiat.

Corollaire 5.3.8 *Pour qu'un générateur infinitésimal Q soit le générateur infinitésimal d'un processus markovien de saut vérifiant (5.3.13), il suffit que l'une des deux conditions suivantes soit satisfaite :*

(i) $\sup_{i \in E} q_i < +\infty$.

(ii) La chaîne de Markov $(Z_n)_n$ de matrice de transition $\tilde{P}$ est récurrente.

Preuve de la Proposition 5.3.7. Nous avons vu que $T_n - T_{n-1} = \frac{S_n}{q_{Z_{n-1}}}$ et les temps aléatoires S_n sont indépendants. De plus, S_n est loi exponentielle de paramètre 1, donc conditionnellement à Z_{n-1}, la variable aléatoire $\frac{S_n}{q_{Z_{n-1}}}$ suit une loi exponentielle de paramètre $q_{Z_{n-1}}$.

Nous allons montrer que si les (e_i) sont des variables aléatoires indépendantes de loi exponentielle de paramètre q_i, alors presque-sûrement,

$$\mathcal{E} = \sum_i e_i = +\infty \Longleftrightarrow \sum_i \frac{1}{q_i} = +\infty.$$

Comme $\mathbb{E}(e_i) = \frac{1}{q_i}$, il est clair que si $\sum_i \frac{1}{q_i} < +\infty$, alors $\mathcal{E}$ est finie presque-sûrement.

Etudions maintenant le cas où $\sum_i \frac{1}{q_i} = +\infty$. Introduisons la transformée de Laplace de $\mathcal{E}$. Elle vaut

$$\mathbb{E}(e^{-\lambda \mathcal{E}}) = \prod_i \mathbb{E}(e^{-\lambda e_i}) = \prod_i \frac{q_i}{\lambda + q_i}$$

et elle est nulle si et seulement si $\sum_i e_i = +\infty$ avec probabilité 1.

Le produit ci-dessus est nul si et seulement si la somme $\sum_i \log\left(1 + \frac{\lambda}{q_i}\right)$ vaut $-\infty$. Or, pour λ suffisamment petit, cette série a le même comportement que $-\sum_i \frac{1}{q_i}$, ce qui permet de conclure.   □

5.4   Processus de branchement en temps continu

5.4.1   Définition et propriété de branchement

Considérons un processus $(X_t)_{t \geq 0}$ décrivant la dynamique de population suivante :
- Au temps $t = 0$, on a un nombre aléatoire X_0 d'individus.
- Chaque individu a un temps de vie aléatoire qui suit une loi exponentielle de paramètre $a > 0$.
- Au bout de ce temps, l'individu se reproduit suivant la loi de reproduction $(p_i)_{i \in \mathbb{N}}$. La probabilité que sa lignée s'arrête est donc p_0. Nous éviterons les cas triviaux en supposant que
$$p_0 > 0 \; ; \; p_0 + p_1 < 1.$$
- Les temps de vie et les nombres d'enfants de chaque individu sont indépendants les uns des autres.

Définition 5.4.1 *On appelle processus de branchement en temps continu le processus $(X_t)_{t \geq 0}$ ainsi défini. X_t représente le nombre d'individus présents au temps t.*

Quand $p_0 + p_2 = 1$, le processus est appelé processus de branchement binaire ou processus de naissance et mort linéaire. Un tel processus modélise par exemple le mécanisme de division cellulaire.

Si de plus, $p_0 = 0$ (une lignée ne disparaît jamais), le processus est appelé processus de fission binaire ou processus de Yule.

Nous introduisons l'espérance de la loi de reproduction $m = \sum_{k \geq 0} k \, p_k$ et pour $s \in [0, 1]$, sa fonction génératrice $g(s) = \sum_{k \geq 0} p_k \, s^k$.

Rappelons que si $m < +\infty$, la fonction g est dérivable en 1 et $g'(1) = m$. Notons s_0 la plus petite racine de l'équation $g(s) = s$.

FIGURE 5.3 – Un processus de branchement en temps continu :

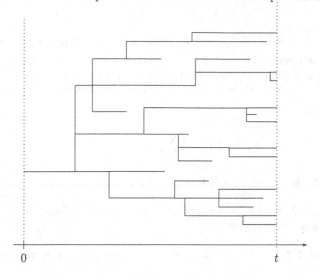

Dans la figure 5.3, les branches représentent les lignées des individus. La figure modélise l'évolution au cours du temps de ces lignées.

Remarque 5.4.2 *Le fait de modéliser le temps de vie des individus par une loi exponentielle peut être discuté. En effet une loi exponentielle possède la propriété de non-vieillissement qui ne représente pas forcément la réalité. Toutefois quelques espèces ne vieillissent pas. L'hydre, petit polype d'eau douce de quelques millimètres, en est un exemple, ainsi que certaines tortues, certains mollusques ou coraux ou certains poissons comme l'esturgeon. (Voir [71] sur ce sujet). Cette hypothèse de loi exponentielle est liée à la propriété de Markov pour le processus de saut $(X_t)_{t \geq 0}$, comme nous l'avons vu dans le paragraphe précédent. Cela permet de faire facilement des calculs. Il existe des travaux se démarquant de cette hypothèse et de la markovianité, pour prendre en compte d'autres dynamiques de populations, comme par exemple les processus de branchement âge-dépendants (cf. Kaj-Sagitov [44]) ou les arbres de ramification ("splitting trees") (cf. Lambert [53]), pour lesquelles les durées de vie des individus suivent des lois quelconques.*

Théorème 5.4.3 *Le processus de branchement $(X_t)_{t \geq 0}$ est un processus markovien de saut. Le processus $(Z_n)_n = (X_{T_n})_n$ est une chaîne de Markov de matrice de transition P telle que $P_{i,j} = p_{j-i+1}$ si $j \geq i - 1$ et $P_{i,j} = 0$ sinon. Les temps aléatoires $T_{n+1} - T_n$ sont indépendants conditionnellement à $Z_n = i$ et de loi exponentielle de paramètre ia.*

Propriété fondamentale. La définition du processus nous permet de remarquer que si la population initiale est composée de i individus, les sous-processus issus de ces i ancêtres sont indépendants et ont même loi. Nous pouvons donc écrire X_t comme

$$X_t = Z_t^1 + \ldots + Z_t^i,$$

où les $\left((Z_t^k, t \geq 0), k = 1, \ldots, i\right)$, sont des processus indépendants et de même loi, celle d'un processus de branchement issu d'un seul individu. Nous dirons que le processus X satisfait la *propriété de branchement*. En particulier, pour tout temps $t > 0$, la fonction génératrice de X_t est égale au produit des fonctions génératrices des Z_t^k, ce qui s'écrit : pour tout $i \geq 0$ et $s \in [0, 1]$,

$$\sum_{j=0}^{\infty} P_{i,j}(t) s^j = \left(\sum_{j=0}^{\infty} P_{1,j}(t) s^j \right)^i, \tag{5.4.16}$$

avec $(P(t), t \geq 0)$ le semi-groupe de transition du processus.

La preuve du Théorème 5.4.3 découle du Corollaire 5.3.5 et de la proposition suivante, qui donne le générateur du processus.

Proposition 5.4.4 *Le générateur du processus de branchement en temps continu est donné par*

1) $q_i = ai$. En particulier, $q_0 = 0$ et le point 0 est absorbant.

2)

$$\forall\, i \neq j\,,\ Q_{i,j}\ =\ i\,a\,p_{j-i+1},\quad si\ j \geq i - 1,$$
$$=\ 0\ \ sinon.$$

Preuve. 1) Nous savons que $q_i = \lim_{t \to 0} \dfrac{1 - P_{ii}(t)}{t}$. Or $1 - P_{i,i}(t) = \mathbb{P}_i(X(t) \neq i)$. Montrons que cette probabilité est proche de $\mathbb{P}_i(T_1 < t) = 1 - e^{-iat}$ pour t petit, où T_1 est l'instant de premier saut. En effet,

$\mathbb{P}_i(T_1 < t) - \mathbb{P}_i(X(t) \neq i)$
$= \mathbb{P}_i($ Il y a au moins 2 sauts avant t, un pour quitter i et un pour y revenir$)$
$\leq \mathbb{P}_i(T_2 < t).$

Or, $\mathbb{P}_i(T_2 < t) = \mathbb{P}_i(T_1 + T_2 - T_1 < t) \leq \mathbb{P}_i(T_1 < t)\,\mathbb{P}_i(T_2 - T_1 < t)$ car par construction, T_1 et $T_2 - T_1$ sont indépendants. Nous en déduisons que $\mathbb{P}_i(T_2 < t)$ est d'ordre t^2, négligeable devant $\mathbb{P}_i(T_1 < t)$ pour t petit.

2) Par un argument similaire, nous avons également que pour $i \neq j$,

$$P_{i,j}(t) = \mathbb{P}(X_t = j \,|\, X_0 = i) = \mathbb{P}(T_1 < t, X_{T_1} = j \,|\, X_0 = i) + o(t).$$

Ainsi, $Q_{i,j} = \lim_{t \to 0} \frac{P_{i,j}(t)}{t} = \lim_{t \to 0} \frac{1}{t}\mathbb{P}_i(T_1 < t)\,\mathbb{P}_i(Z_1 = j) = a\,i\,p_{j-1+1}.$ $\qquad\square$

Nous déduisons du calcul du générateur que

$$P_{i,j}(h) = i\, a\, p_{j-i+1}\, h + o(h), \quad \text{pour } j \geq i-1,$$
$$P_{i,i}(h) = 1 - i\, a\, h + o(h).$$

En utilisant la section précédente, nous pouvons facilement écrire les équations de Kolmogorov pour le processus Z.

$$\frac{d}{dt}P_{i,j}(t) = (PQ)_{ij}(t) = -j\, a\, P_{i,j}(t) + a \sum_{1 \leq k \leq j+1, k \neq i} k\, p_{j-k+1}\, P_{i,k}(t), \quad \text{(progressive)}$$

$$(5.4.17)$$

$$\frac{d}{dt}P_{i,j}(t) = (QP)_{ij}(t) = -i\, a\, P_{i,j}(t) + i\, a \sum_{k \geq i-1, k \neq i} p_{k-i+1}\, P_{k,j}(t) \quad \text{(rétrograde)},$$

$$(5.4.18)$$

avec les conditions initiales

$$P_{i,j}(0+) = \left\{ \begin{array}{ll} 1 & \text{pour } i = j, \\ 0 & \text{pour } i \neq j. \end{array} \right.$$

Par exemple, dans le cas de la reproduction binaire critique où $p_0 = p_2 = \frac{1}{2}$, l'équation de Kolmogorov rétrograde devient pour tout i, j

$$\frac{d}{dt}P_{i,j}(t) = \frac{i\, a}{2}\Big(P_{i+1,j}(t) + P_{i-1,j}(t) - 2P_{i,j}(t)\Big),$$

qui donne une équation de récurrence que l'on peut résoudre.

Toutefois, ces équations de Kolmogorov ne représentent pas l'outil le plus adapté pour décrire la loi d'un processus de branchement et il est plus judicieux d'étudier l'équation dynamique satisfaite par les fonctions génératrices, dès lors que le processus est défini en tout temps.

5.4.2 Equation pour la fonction génératrice

Nous avons vu que grâce à la propriété de branchement, les fonctions génératrices satisfont pour tout temps t la propriété (5.4.16), permettant de réduire la condition initiale à $X_0 = 1$, comme nous allons le supposer maintenant.

Pour $s \in [0,1]$, nous posons

$$F(s,t) = \mathbb{E}(s^{X_t}\,|\, X_0 = 1) = \sum_{j \geq 0} \mathbb{P}(X_t = j\,|\, X_0 = 1)\, s^j = \sum_{j \geq 0} P_{1,j}(t)\, s^j.$$

Nous avons alors

$$\frac{\partial}{\partial t}F(s,t) = \sum_{j \geq 0} \frac{\partial}{\partial t}P_{1,j}(t)\,s^j$$

$$= \sum_{j \geq 0} s^j \sum_{k \geq 0} Q_{1,k}P_{k,j}(t) \quad \text{(Equation de Kolmogorov)}$$

$$= \sum_{k \geq 0} Q_{1,k} \sum_{j \geq 0} s^j\, P_{k,j}(t) = \sum_{k \geq 0} Q_{1,k}\,(F(s,t))^k \quad \text{(Propriété de branchement (5.4.16))}.$$

Or $Q_{1,1} = -a$ et $Q_{1,j} = a\,p_j$ si $j \neq 1$. D'où

$$\frac{\partial}{\partial t}F(s,t) = a\left(\sum_{j \geq 0} p_j\,(F(s,t))^j - F(s,t) \right) = a\,(g(F(s,t)) - F(s,t)),$$

où g est la fonction génératrice de la loi de reproduction. Introduisons la fonction

$$u(s) = a(g(s) - s), \quad s \in [0,1]. \tag{5.4.19}$$

L'équation s'écrit

$$\frac{\partial}{\partial t}F(s,t) = a\,(g(F(s,t)) - F(s,t)) = u(F(s,t)) \tag{5.4.20}$$

avec $F(s,0) = s$.

Nous allons voir comment de cette équation, nous pouvons déduire un critère de non-explosion, un critère d'extinction, la dynamique de la moyenne du processus et des calculs explicites dans des cas particuliers.

5.4.3   Critère de non-explosion

Le processus peut avoir un temps de vie infini ou n'être défini que sur un intervalle de temps $[0, T_\infty[$, où T_∞ est fini avec probabilité positive. On a le théorème suivant.

Théorème 5.4.5 *Le processus de branchement en temps continu a un temps de vie infini presque-sûrement si et seulement si $m = g'(1) < +\infty$, ou si $m = +\infty$ et*

$$\int_{1-\varepsilon}^{1} \frac{ds}{u(s)} = -\infty.$$

Remarquons avant de prouver ce théorème que la fonction u est positive si g n'a que le seul point fixe 1 (et dans ce cas $m = g'(1) < +\infty$), et qu'elle est positive avant s_0 et négative ensuite dans le cas où g admet un point fixe $s_0 < 1$.

Preuve. Soit $h_i(t) = \mathbb{P}_i(T_\infty > t) = \sum_{j \geq 0} \mathbb{P}_i(Z_t = j)$. Par la propriété de branchement, nous savons que $1 - h_i(t) = 1 - h(t)^i$, où $h(t) = F(1, t)$. L'équation (5.4.20) pour $s = 1$ donne que

$$h'(t) = u(h(t)), \quad t > 0. \tag{5.4.21}$$

Un point limite de la fonction h quand t tend vers l'infini est un point stationnaire de l'équation (5.4.21) et donc un point fixe pour la fonction g. La fonction h est décroissante et $h(0) = 1$, donc $h(t) \leq 1$ pour tout $t \geq 0$. Dans le cas où g n'a que le seul point fixe 1, h est donc constante égale à 1 et $\mathbb{P}_1(T_\infty = \infty) = \lim_{t \to \infty} h(t) = 1$.

Supposons maintenant que g admette un point fixe $s_0 < 1$. Remarquons que comme $h(0) = 1$, la fonction h est positive et décroissante et $h(t) \in]s_0, 1]$. Supposons que le processus de branchement ait un temps de vie T_∞ fini avec probabilité positive. Dans ce cas h converge vers s_0 et il existe un temps t_0 tel que $s_0 < h(t_0) < 1$. Fixons $v \in]s_0, 1[$ et posons $U(x) = \int_v^x \frac{ds}{u(s)}$. Comme la fonction $t - U(h(t))$ est de dérivée nulle, elle est constante, et $t - U(h(t)) = t_0 - U(h(t_0)) < +\infty$. En faisant tendre t vers 0, nous obtenons que $U(1^-)$ a une valeur finie. Nous en déduisons que $\int^1 \frac{ds}{u(s)}$ est fini, ce qui entraîne que $m = +\infty$. (Par un développement limité de $g(s)$ au voisinage de 1, on remarquera que si $m < +\infty$, l'intégrale diverge forcément).

Réciproquement, supposons que $m = +\infty$ et que $\int^1 \frac{ds}{u(s)}$ converge. Nous pouvons alors définir la fonction $U(x) = \int_1^x \frac{ds}{u(s)}$, pour $x \in]s_0, 1]$. En utilisant $h' = u(h)$, nous obtenons que $t - U(h(t)) = 0$, ce qui implique $h(t) < 1$ dès que $t > 0$. $\qquad\square$

5.4.4 Equation de moments - Probabilité et temps d'extinction

Equation de moments

Supposons que $m < +\infty$. Supposons que l'espérance de X_t existe pour tout t et que la fonction F soit suffisamment régulière. Rappelons qu'alors $m(t) = \mathbb{E}(X_t) = \frac{\partial}{\partial s} F(s, t)_{|s=1}$. De (5.4.20), nous pouvons déduire une équation satisfaite par la fonction m. En effet

$$\frac{\partial}{\partial t} \mathbb{E}(X_t) = \frac{\partial}{\partial s} u(F(s, t))_{|s=1},$$

et $t \to m(t)$ est solution de l'équation différentielle

$$m'(t) = u'(F(1, t)) \, m(t) = u'(1) \, m(t),$$

avec $u'(1) = a \, (g'(1) - 1) = a \, (m - 1)$. Nous en déduisons que

$$m(t) = e^{a \, (m-1)t} \, \mathbb{E}(X_0). \tag{5.4.22}$$

Le paramètre $\rho = a\,(m-1)$ est appelé paramètre de Malthus. Dans le cas sur-critique où $\rho > 0$, $m(t)$ tend vers l'infini ; dans le cas sous-critique où $\rho < 0$, $m(t)$ tend vers 0. Si $\rho = 0$, dans le le cas critique, la population reste constante en moyenne.

Probabilité d'extinction

Intéressons-nous maintenant à l'extinction éventuelle de la population. Notons T_0 le temps d'extinction,

$$T_0 = \inf\{t \geq 0, X_t = 0\},$$

toujours avec la convention $\inf \emptyset = +\infty$, et introduisons alors la probabilité d'extinction

$$q(t) = \mathbb{P}_1(T_0 \leq t), \quad t \in]0, +\infty].$$

Théorème 5.4.6 *La loi du temps d'extinction est donnée implicitement par*

$$\int_0^{q(t)} \frac{ds}{u(s)} = t\,, \quad t \geq 0.$$

Preuve. Les arguments de preuve sont proches de ceux du Théorème 5.4.5. Remarquons que pour tout $t > 0$, $q(t) = \mathbb{P}_1(X_t = 0) = F(0, t)$ qui est une fonction bornée et croissante en temps car l'état 0 est absorbant. Il est clair que $q(0^+) = 0$ et que $\lim_{t\to\infty} q(t) = s_0$, le plus petit point fixe de g. En effet, $\lim_{t\to\infty} q(t) = q_\infty$ est un point stationnaire pour la dynamique définie par (5.4.20) et satisfait donc $g(q_\infty) = q_\infty$. Ainsi $q_\infty = 1$ dans les cas sous-critique et critique, et $q_\infty = s_0 < 1$ dans le cas surcritique. De (5.4.20), nous déduisons également que

$$q'(t) = u(q(t)), \quad t > 0, \tag{5.4.23}$$

avec $q(t) \in [0, s_0[$. La fonction $G(x) = \int_0^x \frac{ds}{u(s)}$ est bien définie pour $x < s_0$. En effet, dans ce cas, $g(s) > s$ et $u(s) \neq 0$. Si nous intégrons (5.4.23), nous obtenons finalement que $G(q(t)) = t$. $\qquad\square$

5.4.5   Le cas binaire

Cas du processus de Yule

Considérons tout d'abord le cas où chaque individu vit un temps exponentiel de paramètre $a > 0$ avant de créer deux descendants, toutes les durées de vie étant indépendantes les unes des autres ($p_2 = 1$). Ce modèle peut représenter une dynamique de bactéries avec division cellulaire en temps continu. Il peut également représenter un mécanisme de reproduction où un individu se reproduit suivant un processus de Poisson d'intensité a

et crée à chaque événement de naissance un unique descendant qui va suivre la même dynamique, indépendamment de son ancêtre et de tout le passé.

Dans ce cas, la fonction génératrice de la loi de reproduction vaut $g(s) = s^2$ et l'équation (5.4.20) devient pour chaque $t > 0$,

$$\frac{\partial}{\partial t}F(s,t) = a\left(F(s,t)^2 - F(s,t)\right) \quad \text{avec} \quad F(s,0) = s.$$

Un calcul élémentaire donne alors

$$F(s,t) = \frac{s\,e^{-at}}{1 - s\,(1 - e^{-at})}.$$

Nous reconnaissons la fonction génératrice d'une loi géométrique de paramètre e^{-at}. Nous avons donc la proposition suivante.

Proposition 5.4.7 *Soit un processus de Yule binaire, à taux $a > 0$ et issu d'un individu unique. Alors le nombre de particules au temps t a une distribution géométrique de paramètre e^{-at}.*

Le cas général

Supposons maintenant que $p_0 + p_2 = 1$, avec $p_0 > 0$ et $p_2 > 0$, c'est à dire qu'à un instant de saut, soit l'individu meurt, soit il a un seul descendant. Ce modèle intègrera ainsi les possibles morts de bactéries en plus de la division cellulaire.

Chaque individu a un taux de mort de paramètre $d > 0$ et un taux de reproduction de paramètre $b > 0$. Dans ce cas, le taux total de saut a par individu vaut $a = b + d$ et la loi des sauts est définie ainsi : avec probabilité $p_2 = \frac{b}{b+d}$ on a une naissance et avec probabilité $p_0 = \frac{d}{b+d}$, on a une mort.

Nous avons alors $m = 2p_2 = \dfrac{2\,b}{b+d}$ et $r = b - d$ est le taux de croissance. Le processus sera donc surcritique (resp. critique ou sous-critique) si et seulement si $r > 0$, (resp. $r = 0$ ou $r < 0$).

La fonction u s'écrit alors $u(s) = d - (b+d)s + bs^2$ et $s_0 = \min(1, \frac{d}{b})$. Dans le cas binaire critique où $b = d$, $u(s) = b(1-s)^2$.

Remarquons que, puisque $m < +\infty$, le processus n'explose pas presque-sûrement et $F(1,t) = 1$.

Nous pouvons obtenir dans ce cas binaire une forme explicite de la fonction génératrice. Calculons-la tout d'abord dans le cas critique. Par (5.4.20), elle vérifie

$$\frac{\partial}{\partial t}F(s,t) = b\,(1 - F(s,t))^2 \; ; \; F(s,0) = s,$$

d'où par un calcul élémentaire,

$$F(s,t) = 1 - \frac{1-s}{1 + b\,t\,(1-s)}. \tag{5.4.24}$$

Dans le cas de reproduction binaire non critique où $b \neq d$,
$u(s) = (1 - s)(d - bs)$. Nous en déduisons par une intégration immédiate que

$$F(s,t) \;=\; 1 - \frac{(1-s)\,(b-d)}{(bs-d)\,e^{-(b-d)t} + b\,(1-s)}. \tag{5.4.25}$$

Rappelons que $r = b - d$. Nous savons que la probabilité $q(t) = \mathbb{P}_1(T_0 \leq t)$ vérifie
$q(t) = F(0,t)$. Nous en déduisons que

$$q(t) = \begin{cases} d(e^{rt} - 1)/(be^{rt} - d) & \text{si} \quad b \neq d \\[2mm] bt/(1 + bt) & \text{si} \quad b = d. \end{cases}$$

Nous pouvons en déduire la probabilité d'extinction $\lim_{t \to \infty} F(0,t)$.

Si $r \leq 0$, cette limite vaut 1 et le processus s'éteint presque-sûrement.

Si $r > 0$, la probabilité de s'éteindre est $s_0 = \dfrac{d}{b}$.

Dans le Chapitre 5.5 concernant les processus de naissance et mort (fin du paragraphe
5.5.2), nous verrons de plus que le temps moyen d'extinction vaut

$$\mathbb{E}_1(T_0) = \frac{1}{b} \log\left(\frac{1}{1 - b/d}\right) \quad \text{si} \quad b < d,$$

et est infini si $b \geq d$.

Remarque 5.4.8 *Dans le cas critique et en utilisant (5.4.22), nous savons que la moyenne
$m(t)$ est constante alors que le processus s'éteint presque-sûrement. C'est un cas où les
hypothèses du théorème de convergence dominée ne sont pas vérifiées.*

5.4.6   Extensions

Nous pouvons généraliser ce modèle et considérer des processus de branchement avec
immigration ou avec *croissance logistique*.

Immigration :

Soit $\nu = (\nu_k)_{k \in \mathbb{N}}$ une mesure positive finie sur $\mathbb{N}$, $(\forall k, \nu_k \geq 0$ et $\sum_k \nu_k < +\infty)$, et soit
$\rho = \sum_{k \geq 0} \nu_k$. Dans ce modèle de branchement en temps continu avec immigration,

- au taux ρ, des groupes d'immigrants arrivent dans la population, indépendamment de
  l'état de celle-ci.
- Un groupe est composé de k individus avec probabilité $\dfrac{\nu_k}{\rho}$.
- Tous les individus présents dans la population se reproduisent et meurent indépendamment suivant le schéma de branchement précédent.

Le processus de branchement avec immigration a les taux de transition :

$$\begin{cases} i \to i + k & \text{au taux} \quad i\,p_{k+1} + \nu_k \\ i \to i - 1 & \text{au taux} \quad i\,p_0. \end{cases}$$

Croissance logistique :

Dans un modèle de population avec croissance logistique,
- Tous les individus présents dans la population se reproduisent et meurent de mort naturelle indépendamment, suivant le schéma de branchement précédent. (p_0 est alors appelé taux de mort naturelle ou intrinsèque).
- Un individu subit la pression des autres individus sur sa survie. Par exemple, les individus peuvent être en compétition pour le partage des ressources. Ainsi la probabilité individuelle de survie va diminuer en fonction de la taille de la population, ce qui va se traduire par un accroissement du taux de mort.

Si l'impact de la compétition entre deux individus est décrit par le paramètre $c > 0$, le processus de population avec croissance logistique a alors les taux de transition :

$$\begin{cases} i \to i + k & \text{au taux} \quad i\,p_{k+1} \\ i \to i - 1 & \text{au taux} \quad i p_0 + c\,i(i-1). \end{cases}$$

Du fait de l'interaction, la propriété de branchement n'est plus satisfaite. Nous allons développer dans le chapitre suivant l'étude des processus de branchement binaire avec une croissance logistique ou plus généralement avec des taux de naissance et de mort individuels dépendant de la taille de la population.

5.5 Processus de naissance et mort

5.5.1 Définition et critère de non-explosion

Définition 5.5.1 *Un **processus de naissance et mort** est un processus markovien de saut à valeurs dans $\mathbb{N}$ dont les amplitudes des sauts sont égales à ± 1. Ses taux de transition sont donnés par*

$$\begin{cases} i \to i + 1 & \text{au taux} \quad \lambda_i \\ i \to i - 1 & \text{au taux} \quad \mu_i, \end{cases}$$

avec $(\lambda_i)_i$ et $(\mu_i)_i$ deux suites de réels positifs ou nuls, pour $i \in \mathbb{N}$.

Remarquons que nécessairement $\mu_0 = 0$.

Si la population est sans immigration, alors $\lambda_0 = 0$ et l'état 0 est absorbant.

Un tel processus est donc une généralisation d'un processus de branchement binaire, puisqu'a priori, les taux λ_i et μ_i sont des fonctions positives très générales de l'état de la population i. La dépendance en l'état instantané de la population fait que l'on perd la propriété d'indépendance et la propriété de branchement. Ce modèle est un premier pas pour prendre en compte l'interaction entre les individus.

Le générateur infinitésimal vaut

$$Q_{i,i+1} = \lambda_i \ , \ Q_{i,i-1} = \mu_i \ , \ Q_{i,j} = 0 \text{ sinon.}$$

Le taux global de saut pour une population de taille i vaut $\lambda_i + \mu_i$. Ainsi après un temps de loi exponentielle de paramètre $\lambda_i + \mu_i$, le processus augmente de 1 avec probabilité $\dfrac{\lambda_i}{\lambda_i + \mu_i}$ et décroît de -1 avec probabilité $\dfrac{\mu_i}{\lambda_i + \mu_i}$. Si $\lambda_i + \mu_i = 0$, le processus est absorbé en i.

Nous pouvons écrire la matrice du générateur $Q = (Q_{i,j})$.

$$\begin{pmatrix} \mu_1 & -(\lambda_1 + \mu_1) & \lambda_1 & 0 & 0 & \cdots \\ 0 & \mu_2 & -(\lambda_2 + \mu_2) & \lambda_2 & 0 & \cdots \\ 0 & 0 & \mu_3 & -(\lambda_3 + \mu_3) & \lambda_3 & \cdots \\ \cdots \\ \cdots \end{pmatrix}.$$

Par le théorème 5.3.2, nous avons

$$P_{i,i+1}(h) = \lambda_i \, h + o(h) \ ; \ P_{i,i-1}(h) = \mu_i \, h + o(h) \ ; \ P_{i,i}(h) = 1 - (\lambda_i + \mu_i) \, h + o(h).$$

Exemples :

1) Le processus de Yule correspond à $\lambda_i = i\lambda$, $\mu_i = 0$.

2) Le processus de branchement ou de naissance et mort linéaire correspond à $\lambda_i = i\lambda$, $\mu_i = i\mu$.

3) Le processus de naissance et mort avec immigration à $\lambda_i = i\lambda + \rho$, $\mu_i = i\mu$.

4) Le processus de naissance et mort logistique à $\lambda_i = i\lambda$, $\mu_i = i\mu + c\, i(i-1)$.

Les taux de naissance peuvent dépendre de i de bien des manières différentes. Par exemple un phénomène de coopération pourra se traduire par une dépendance quadratique de λ_i en i. L'effet Allee (cf. [50]) décrit un modèle de croissance quand la population est petite (taux de naissance quadratique en i) et de décroissance quand la population est grande (taux de mort cubique) de telle sorte que

$$\lambda_i - \mu_i = r\, i \left(1 - \frac{i}{K}\right)\left(\frac{i - A}{K}\right).$$

Remarquons que s'il existe $I \in \mathbb{N}^*$ avec $\lambda_I = 0$ alors la taille de la population ne pourra dépasser I et le processus restera borné. Si le taux de naissance croit trop vite par rapport au taux de mort, il se pourrait que le processus explose très vite. Le théorème suivant caractérise la non-explosion du processus en temps fini, par un rapport subtil entre les taux de naissance et les taux de mort. Si tel est le cas, nous pourrons définir le processus pour tout temps $t \in \mathbb{R}_+$.

Théorème 5.5.2 *Supposons que $\lambda_i > 0$ pour tout $i \geq 1$. Alors le processus de naissance et mort a un temps de vie infini presque-sûrement si et seulement si*

$$R := \sum_{i\geq 1}\left(\frac{1}{\lambda_i} + \frac{\mu_i}{\lambda_i\lambda_{i-1}} + \cdots + \frac{\mu_i\cdots\mu_2}{\lambda_i\cdots\lambda_2\lambda_1}\right) \quad \text{est infini .}$$

Corollaire 5.5.3 *Si pour tout i, $\lambda_i \leq \lambda i$, avec $\lambda > 0$, le processus est bien défini sur tout $\mathbb{R}_+$.*

Remarque 5.5.4 On peut vérifier que les 4 processus de naissance et mort mentionnés dans les exemples satisfont cette propriété et ont donc un temps de vie infini presque-sûrement.

Preuve. Soit $(T_n)_n$ la suite des temps de saut du processus et $(S_n)_n$ la suite des temps entre les sauts,
$$S_n = T_n - T_{n-1}, \quad \forall n \geq 1; \quad T_0 = 0, \quad S_0 = 0.$$
On note $T_\infty = \lim_n T_n$. Le processus n'explose pas presque-sûrement et est bien défini sur tout $\mathbb{R}_+$ si et seulement si pour tout $i \in \mathbb{N}$, $\mathbb{P}_i(T_\infty < +\infty) = 0$.

Nous allons montrer que le processus n'explose pas presque-sûrement si et seulement si la seule solution $x = (x_i)_{i\in\mathbb{N}}$ positive et bornée de $Qx = x$ est la solution nulle et nous verrons que c'est équivalent au critère de non-explosion pour les processus de naissance et mort.

Pour tout i, on pose $h_i^{(0)} = 1$ et pour $n \in \mathbb{N}^*$, $h_i^{(n)} = \mathbb{E}_i\big(\exp(-\sum_{k=1}^n S_k)\big)$. Soit $q_i = \lambda_i + \mu_i$. La propriété de Markov entraîne que

$$\mathbb{E}_i\Big(\exp\big(-\sum_{k=1}^{n+1}S_k\big)|S_1\Big) = \mathbb{E}_i\Big(\exp(-S_1)\exp\big(-\sum_{k=2}^{n+1}S_k\big)|S_1\Big)$$
$$= \mathbb{E}_i\Big(\exp(-S_1)\mathbb{E}_{X_{S_1}}\big(\exp\big(-\sum_{k=1}^n S_k\big)\big)\Big),$$

car pour le processus translaté de S_1, les nouveaux temps de sauts sont les $T_n - S_1$. On a alors

$$\mathbb{E}\Big(\mathbb{E}_{X_{S_1}}\big(\exp\big(-\sum_{k=1}^n S_k\big)\big)\Big) = \sum_{j\neq i}\mathbb{P}_i(X_{S_1}=j)\,\mathbb{E}_j\Big(\exp\big(-\sum_{k=1}^n S_k\big)\Big) = \sum_{j\neq i}\frac{Q_{i,j}}{q_i}\,\mathbb{E}_j\Big(\exp\big(-\sum_{k=1}^n S_k\big)\Big).$$

Nous en déduisons que

$$\mathbb{E}_i\Big(\exp\big(-\sum_{k=1}^{n+1}S_k\big)|S_1\Big) = \sum_{j\neq i}\frac{Q_{i,j}}{q_i}\,\mathbb{E}_j\Big(\exp\big(-\sum_{k=1}^{n}S_k\big)\Big)\,\mathbb{E}_i\big(\exp(-S_1)\big)$$

et que pour tout n,

$$h_i^{(n+1)} = \sum_{j\neq i}\frac{Q_{i,j}}{q_i}\,h_j^{(n)}\,\mathbb{E}_i\big(\exp(-S_1)\big).$$

De plus, comme

$$\mathbb{E}_i\big(\exp(-S_1)\big) = \int_0^\infty q_i e^{-q_i s}e^{-s}ds = \frac{q_i}{1+q_i},$$

nous en déduisons finalement que

$$h_i^{(n+1)} = \sum_{j\neq i}\frac{Q_{i,j}}{1+q_i}\,h_j^{(n)}. \tag{5.5.26}$$

Soit $(x_i)_i$ une solution de $Qx=x$, positive et bornée par 1. Nous avons $h_i^{(0)}=1\geq x_i$, et grâce à la formule précédente, nous en déduisons facilement par récurrence que pour tout i et pour tout $n\in\mathbb{N}$, $h_i^{(n)}\geq x_i\geq 0$. En effet, si $h_j^{(n)}\geq x_j$, on a $h_i^{(n+1)}\geq\sum_{j\neq i}\frac{Q_{i,j}}{1+q_i}x_j$.
Comme x est solution de $Qx=x$, il vérifie $x_i = \sum_j Q_{i,j}\,x_j = Q_{i,i}x_i + \sum_{j\neq i}Q_{i,j}x_j = -q_ix_i + \sum_{j\neq i}Q_{i,j}x_j$, d'où $\sum_{j\neq i}\frac{Q_{i,j}}{1+q_i}x_j = x_i$, et $h_i^{(n+1)}\geq x_i$.

Si le processus n'explose pas presque-sûrement, on a $T_\infty=+\infty$ p.s., et $\lim_n h_i^{(n)}=0$. En faisant tendre n vers l'infini dans l'inégalité précédente, nous en déduisons que $x_i=0$. Ainsi, dans ce cas, la seule solution positive bornée de $Qx=x$ est la solution nulle.

Supposons maintenant que le processus explose avec probabilité strictement positive. Soit $z_i=\mathbb{E}_i(e^{-T_\infty})$. Il existe i avec $\mathbb{P}_i(T_\infty<+\infty)>0$ et pour cet entier i, $z_i>0$. Un passage à la limite utilisant $T_\infty=\lim_n T_n$ et $T_n=\sum_{k=1}^n S_k$ justifie que $z_j=\lim_n h_j^{(n)}$. La formule (5.5.26) nous permet alors de conclure que pour l'entier i tel que $z_i>0$, $z_i=\sum_{j\neq i}\frac{Q_{i,j}}{1+q_i}z_j$.

Nous avons obtenu une solution z de l'équation $Qz=z$, positive et bornée, avec $z_i>0$, et exhibé ainsi une solution non triviale et bornée à l'équation.

Appliquons ce résultat au processus de naissance et mort. Supposons que $\lambda_i>0$ pour $i\in\mathbb{N}^*$, et $\lambda_0=\mu_0=0$. Soit $(x_i)_{i\in\mathbb{N}}$ une solution de l'équation $Qx=x$. Introduisons pour $n\geq 1$, $\Delta_n = x_n - x_{n-1}$, et $r_n = \frac{1}{\lambda_n} + \sum_{k=1}^{n-1}\frac{\mu_{k+1}\cdots\mu_n}{\lambda_k\lambda_{k+1}\cdots\lambda_n} + \frac{\mu_1\cdots\mu_n}{\lambda_1\cdots\lambda_n}.$

L'équation $Qx=x$ sera ici donnée par $x_0=0$ et pour tout $n\geq 1$ par

$$\lambda_n x_{n+1} - (\lambda_n+\mu_n)x_n + \mu_n x_{n-1} = x_n.$$

En posant $f_n = \dfrac{1}{\lambda_n}$ et $g_n = \dfrac{\mu_n}{\lambda_n}$, nous obtenons

$$\Delta_1 = x_1; \Delta_2 = x_2 - x_1 = \quad \Delta_{n+1} = \Delta_n \, g_n + f_n \, x_n.$$

Remarquons que pour tout n, $\Delta_n \geq 0$, et donc la suite $(x_n)_n$ est croissante. Si $x_1 = 0$, la solution est clairement nulle. Sinon, nous en déduisons que

$$\Delta_{n+1} = \frac{1}{\lambda_n} x_n + \sum_{k=1}^{n-1} f_k \, g_{k+1} \cdots g_n \, x_k + g_1 \cdots g_n \, x_1.$$

Puisque $(x_k)_k$ est croissante, cela entraîne que $r_n \, x_1 \leq \Delta_{n+1} \leq r_n \, x_n$, et par itération

$$x_1(1 + r_1 + \cdots r_n) \leq x_{n+1} \leq x_1 \prod_{k=1}^{n}(1 + r_k).$$

Nous avons donc montré que la suite $(x_n)_n$ est bornée si et seulement si la série de terme général r_k converge et le théorème est prouvé. $\qquad\square$

5.5.2 Equations de Kolmogorov et mesure invariante

Nous pouvons écrire dans ce cadre les deux équations de Kolmogorov.

Equation de Kolmogorov progressive : pour tous $i, j \in \mathbb{N}$,

$$
\begin{aligned}
\frac{dP_{i,j}}{dt}(t) &= \sum_k P_{i,k}(t) Q_{k,j} = P_{i,j+1}(t)Q_{j+1,j} + P_{i,j-1}(t)Q_{j-1,j} + P_{i,j}(t)Q_{j,j} \\
&= \mu_{j+1} P_{i,j+1}(t) + \lambda_{j-1} P_{i,j-1}(t) - (\lambda_j + \mu_j)P_{i,j}(t).
\end{aligned}
\tag{5.5.27}
$$

Equation de Kolmogorov rétrograde : pour tous $i, j \in \mathbb{N}$,

$$
\begin{aligned}
\frac{dP_{i,j}}{dt}(t) &= \sum_k Q_{i,k} P_{k,j}(t) = Q_{i,i-1}P_{i-1,j}(t) + Q_{i,i+1}P_{i+1,j}(t) + Q_{i,i}P_{i,j}(t) \\
&= \mu_i P_{i-1,j}(t) + \lambda_i P_{i+1,j}(t) - (\lambda_i + \mu_i)P_{i,j}(t).
\end{aligned}
\tag{5.5.28}
$$

Définissons pour tout $j \in \mathbb{N}$ la probabilité

$$p_j(t) = \mathbb{P}(X(t) = j) = \sum_i \mathbb{P}(X(t) = j \,|\, X_0 = i)\mathbb{P}(X(0) = i) = \sum_i \mathbb{P}(X(0) = i)P_{i,j}(t).$$

Un calcul simple permet de montrer que dans ce cas, l'équation de Kolmogorov progressive (5.5.27) s'écrit

$$\frac{d\,p_j}{dt}(t) = \lambda_{j-1}\,p_{j-1}(t) + \mu_{j+1}\,p_{j+1}(t) - (\lambda_j + \mu_j)\,p_j(t). \tag{5.5.29}$$

Cette équation décrit la dynamique de la loi du processus au temps t. Elle peut permettre en particulier de trouver une solution stationnaire quand il y en a une. Cela revient à trouver une famille $(\pi_j)_j$ de nombres compris entre 0 et 1 tels que $\sum_j \pi_j < +\infty$ et pour tout j,

$$\lambda_{j-1}\,\pi_{j-1} + \mu_{j+1}\,\pi_{j+1} - (\lambda_j + \mu_j)\,\pi_j = 0.$$

5.5.3   Critère d'extinction - Temps d'extinction

Nous supposons ici que le processus est défini sur tout $\mathbb{R}_+$ et nous nous intéressons à la probabilité que le processus atteigne 0 en partant d'une condition initiale strictement positive. Certains des calculs de cette section peuvent être trouvés dans [46] ou dans [2] et ils sont développés rigoureusement dans [9].

Soit T_0 le temps d'atteinte de 0 par le processus de naissance et mort,

$$T_0 = \inf\{t \geq 0, X_t = 0\},$$

avec la convention $\{T_0 = +\infty\}$ si cet état n'est jamais atteint. Posons $u_i = \mathbb{P}_i(T_0 < +\infty)$ la probabilité d'extinction en temps fini, pour un processus issu de l'état i. On a $u_0 = 1$. En conditionnant par le premier saut $X_{T_1} - X_0 \in \{-1, +1\}$ du processus, nous obtenons la relation de récurrence suivante : pour tout $i \geq 1$,

$$\lambda_i u_{i+1} - (\lambda_i + \mu_i)u_i + \mu_i u_{i-1} = 0. \tag{5.5.30}$$

Cette équation peut également être obtenue à partir de l'équation de Kolmogorov rétrograde (5.5.28). En effet, $u_i = \mathbb{P}_i(\exists t > 0, X_t = 0) = \mathbb{P}_i(\cup_t\{X_t = 0\}) = \lim_{t\to\infty} P_{i,0}(t)$, et

$$\frac{dP_{i,0}}{dt}(t) = \mu_i P_{i-1,0}(t) + \lambda_i P_{i+1,0}(t) - (\lambda_i + \mu_i)P_{i,0}(t).$$

Théorème 5.5.5 *(i) Si* $\displaystyle\sum_{k=1}^{\infty} \frac{\mu_1 \cdots \mu_k}{\lambda_1 \cdots \lambda_k} = +\infty$, *alors les probabilités d'extinction u_i sont égales à 1. Ainsi le processus de naissance et mort s'éteint presque-sûrement en temps fini pour toute condition initiale non nulle.*

(ii) Si $\displaystyle\sum_{k=1}^{\infty} \frac{\mu_1 \cdots \mu_k}{\lambda_1 \cdots \lambda_k} = U_\infty < +\infty$, *alors pour $i \geq 1$,*

$$u_i = (1 + U_\infty)^{-1} \sum_{k=i}^{\infty} \frac{\mu_1 \cdots \mu_k}{\lambda_1 \cdots \lambda_k}.$$

Le processus a une probabilité strictement positive de survivre, pour toute condition initiale non nulle.

Preuve. Résolvons (5.5.30). Nous savons que $u_0 = 1$. Supposons tout d'abord que pour un état N, $\lambda_N = 0$ et $\lambda_i > 0$ pour $i < N$. Définissons $u_i^{(N)} = \mathbb{P}_i(T_0 < T_N)$, où T_N est le temps d'atteinte de N. Alors $u_0^N = 1$ et $u_N^N = 0$. Posons

$$U_N = \sum_{k=1}^{N-1} \frac{\mu_1 \cdots \mu_k}{\lambda_1 \cdots \lambda_k}.$$

Des calculs élémentaires utilisant (5.5.30) montrent que pour $i \in \{1, \cdots, N-1\}$

$$u_i^{(N)} = (1 + U_N)^{-1} \sum_{k=i}^{N-1} \frac{\mu_1 \cdots \mu_k}{\lambda_1 \cdots \lambda_k} \quad \text{et en particulier} \quad u_1^{(N)} = \frac{U_N}{1 + U_N}.$$

Pour prouver le cas général, faisons tendre N vers l'infini en supposant que $\lambda_i > 0$ pour tout i. Il est immédiat de remarquer que $u_i^{(N)}$ converge alors vers u_i. Il y aura alors extinction presque sûrement en temps fini ou non, suivant que la série $\sum_{k=1}^{\infty} \frac{\mu_1 \cdots \mu_k}{\lambda_1 \cdots \lambda_k}$ diverge ou non. $\qquad\square$

Application du Théorème 5.5.5 au processus de branchement binaire (processus de naissance et mort linéaire). Chaque individu naît à taux b ($\lambda_i = bi$) et meurt à taux d ($\mu_i = di$).

En appliquant les résultats précédents, nous voyons que quand $b \leq d$, i.e. quand le processus est sous-critique ou critique, la suite $(U_N)_N$ tend vers l'infini quand $N \to +\infty$ et on a extinction avec probabilité 1. Si en revanche $b > d$, la suite $(U_N)_N$ converge vers $\frac{d}{b-d}$ et un calcul simple montre que $u_i = (d/b)^i$. Nous retrouvons ainsi le résultat obtenu dans le Paragraphe 5.4.5.

Application du Théorème 5.5.5 au processus de naissance et mort logistique
Supposons ici que les taux de naissance et de mort valent

$$\lambda_i = \lambda i \; ; \; \mu_i = \mu i + ci(i-1). \tag{5.5.31}$$

Le paramètre c modélise la pression de compétition entre deux individus. Il est facile de montrer (par le critère de d'Alembert) que dans ce cas, la série $\sum_{k=1}^{\infty} \frac{\mu_1 \cdots \mu_k}{\lambda_1 \cdots \lambda_k}$ diverge, conduisant à l'extinction presque-sûre du processus.
Ainsi, la compétition entre les individus rend l'extinction inévitable.

Revenons au cas général et supposons que la série $\sum_{k=1}^{\infty} \frac{\mu_1 \cdots \mu_k}{\lambda_1 \cdots \lambda_k}$ diverge. Le temps d'extinction T_0 est bien défini et nous souhaitons calculer ses moments. Nous utilisons les notations classiques (cf [46])

$$\pi_1 = \frac{1}{\mu_1} \; ; \; \pi_n = \frac{\lambda_1 \cdots \lambda_{n-1}}{\mu_1 \cdots \mu_n} \quad \forall n \geq 2.$$

Introduisons également la suite des temps de passage T_n du processus aux états n. Puisque T_0 est fini presque-sûrement, nous pouvons assurer que T_n sera également fini p.s. dès lors que le processus est issu d'une condition initiale supérieure à n.

Proposition 5.5.6 *Supposons que*

$$\sum_{k=1}^{\infty} \frac{\mu_1 \cdots \mu_k}{\lambda_1 \cdots \lambda_k} = \sum_n \frac{1}{\lambda_n \pi_n} = +\infty. \tag{5.5.32}$$

Alors
(i) pour tout $a > 0$ et $n \geq 1$,

$$G_n(a) = \mathbb{E}_{n+1}(\exp(-aT_n)) = 1 + \frac{\mu_n + a}{\lambda_n} - \frac{\mu_n}{\lambda_n} \frac{1}{G_{n-1}(a)}. \tag{5.5.33}$$

(ii) $\mathbb{E}_1(T_0) = \sum_{k \geq 1} \pi_k$ et pour tout $n \geq 2$,

$$\mathbb{E}_n(T_0) = \sum_{k \geq 1} \pi_k + \sum_{k=1}^{n-1} \frac{1}{\lambda_k \pi_k} \sum_{i \geq k+1} \pi_i = \sum_{k=1}^{n-1} \left(\sum_{i \geq k+1} \frac{\lambda_{k+1} \cdots \lambda_{i-1}}{\mu_{k+1} \cdots \mu_i} \right). \tag{5.5.34}$$

Preuve. (i) Soit τ_n une variable aléatoire de même loi que T_n sous $\mathbb{P}_{n+1}$ et considérons la transformée de Laplace de τ_n. Suivant [4, p. 264] et grâce à la propriété de Markov et au Corollaire 5.3.5, nous pouvons écrire

$$\tau_{n-1} \overset{(d)}{=} \mathbb{1}_{\{Y_n = -1\}} \mathcal{E}_n + \mathbb{1}_{\{Y_n = 1\}} \left(\mathcal{E}_n + \tau_n + \tau'_{n-1} \right)$$

où Y_n, $\mathcal{E}_n$, τ'_{n-1} et τ_n sont des variables aléatoires indépendantes, $\mathcal{E}_n$ suit une loi exponentielle de paramètre $\lambda_n + \mu_n$, τ'_{n-1} est distribuée comme τ_{n-1} et $\mathbb{P}(Y_n = 1) = 1 - \mathbb{P}(Y_n = -1) = \lambda_n/(\lambda_n + \mu_n)$. Nous en déduisons

$$G_{n-1}(a) = \frac{\lambda_n + \mu_n}{a + \lambda_n + \mu_n} \left(G_n(a) G_{n-1}(a) \frac{\lambda_n}{\lambda_n + \mu_n} + \frac{\mu_n}{\lambda_n + \mu_n} \right)$$

et (5.5.33) suit.

(ii) Différentions (5.5.33) en $a = 0$. Nous obtenons que

$$\mathbb{E}_n(T_{n-1}) = \frac{\lambda_n}{\mu_n} \, \mathbb{E}_{n+1}(T_n) + \frac{1}{\mu_n}, \quad n \geq 1.$$

Comme dans la preuve du Théorème 5.5.5, nous étudions tout d'abord le cas particulier où $\lambda_N = 0$. Nous avons $\mathbb{E}_N(T_{N-1}) = \frac{1}{\mu_N}$ et une simple induction donne

$$\mathbb{E}_n(T_{n-1}) = \frac{1}{\mu_n} + \sum_{i=n+1}^{N} \frac{\lambda_n \ldots \lambda_{i-1}}{\mu_n \ldots \mu_i}.$$

Nous en déduisons que $\mathbb{E}_1(T_0) = \sum_{k=1}^{N} \pi_k$ et en écrivant $\mathbb{E}_n(T_0) = \sum_{k=1}^{n} \mathbb{E}_k(T_{k-1})$, nous obtenons

$$\mathbb{E}_n(T_0) = \sum_{k=1}^{N} \pi_k + \sum_{k=1}^{n-1} \frac{1}{\lambda_k \pi_k} \sum_{i=k+1}^{N} \pi_i.$$

Pour le cas général, soit $N > n$. Le processus est continu à droite et limité à gauche et grâce à (5.5.32), le processus n'explose pas en temps fini et T_0 est fini presque-sûrement, quelque soit la condition initiale. Ainsi $\sup_{t \geq 0} X_t < +\infty$ $\mathbb{P}_n$-p.s. et $T_N = +\infty$ pour N assez grand. Le théorème de convergence monotone donne alors

$$\mathbb{E}_n(T_0; T_0 \leq T_N) \longrightarrow_{N \to \infty} \mathbb{E}_n(T_0).$$

Considérons alors un processus de naissance et mort X^N avec taux de naissance et mort $(\lambda_k^N, \mu_k^N; k \geq 0)$ tels que $(\lambda_k^N, \mu_k^N) = (\lambda_k, \mu_k)$ pour $k \neq N$ et $\lambda_N^N = 0$, $\mu_N^N = \mu_N$. Puisque $(X_t, t \leq T_N)$ et $(X_t^N, t \leq T_N^N)$ ont même loi sous $\mathbb{P}_n$, nous avons

$$\mathbb{E}_n\left(T_0; T_0 \leq T_N\right) = \mathbb{E}_n\left(T_0^N; T_0^N \leq T_N^N\right),$$

ce qui entraîne

$$\mathbb{E}_n(T_0) = \lim_{N \to \infty} \mathbb{E}_n\left(T_0^N; T_0^N \leq T_N^N\right) \leq \lim_{N \to \infty} \mathbb{E}_n\left(T_0^N\right),$$

où la convergence du dernier terme est due à la monotonicité stochastique de T_0^N par rapport à N sous $\mathbb{P}_n$. Utilisant maintenant que T_0^N est stochastiquement inférieur à T_0 sous $\mathbb{P}_n$, nous avons également

$$\mathbb{E}_n(T_0) \geq \mathbb{E}_n(T_0^N).$$

Finalement,

$$\mathbb{E}_n(T_0) = \lim_{N \to \infty} \mathbb{E}_n(T_0^N) = \lim_{N \to \infty} \sum_{k=1}^{N} \pi_k + \sum_{k=1}^{n-1} \frac{1}{\lambda_k \pi_k} \sum_{i=k+1}^{N} \pi_i,$$

ce qui conclut la preuve. $\qquad \square$

Remarque 5.5.7 *La formule* (5.5.33) *permet de calculer tous les moments de* T_n. *L'Exercice 5.7.4 s'intéresse aux moments d'ordres 2 et 3.*

Application au branchement binaire. Revenons à l'exemple du processus de branchement binaire (voir Paragraphe 5.4.5), avec taux de naissance individuel b et taux de mort individuel d, dans le cas où $d > b$. Nous avons extinction presque-sûre et nous pouvons calculer $\mathbb{E}_1(T_0)$. En effet

$$\mathbb{E}_1(T_0) \;=\; \sum_{k \geq 1} \pi_k = \sum_{k \geq 1} \frac{b^{k-1}}{k\, d^k} = \frac{1}{b} \sum_{k \geq 1} \frac{1}{k} \left(\frac{b}{d} \right)^k = \frac{1}{b} \log\left(\frac{1}{1 - b/d} \right).$$

Remarquons également que dans ce cas, en appliquant (5.5.34) et pour $n \in \mathbb{N}^*$,

$$\mathbb{E}_n(T_0) \;=\; \frac{1}{b} \sum_{j \geq 1} \left(\frac{b}{d} \right)^j \sum_{k=1}^{n-1} \frac{1}{k + j}.$$

Une comparaison simple montre que

$$\int_1^n \frac{1}{x + j} dx \leq \sum_{k=1}^{n-1} \frac{1}{k + j} \leq \int_0^{n-1} \frac{1}{x + j} dx.$$

Ainsi,

$$\frac{1}{b} \sum_{j \geq 1} \left(\frac{b}{d} \right)^j \Big(\log(n + j) - \log(1 + j) \Big) \leq \mathbb{E}_n(T_0) \leq \frac{1}{b} \sum_{j \geq 1} \left(\frac{b}{d} \right)^j \Big(\log(n - 1 + j) - \log j \Big).$$

Nous en déduisons que

$$\mathbb{E}_n(T_0) \sim_{n \to \infty} \frac{\log n}{b - d}, \tag{5.5.35}$$

quand n tend vers l'infini. En effet, il est facile de montrer, par le Théorème de convergence dominée, que la série de terme général $\left(\frac{b}{d} \right)^j \frac{\log(n+j)}{\log n}$ converge quand n tend vers l'infini vers $\sum_{j \geq 1} \left(\frac{b}{d} \right)^j = \frac{b}{b-d}$. En effet pour j et n assez grands, $\frac{\log(n+j)}{\log n} \leq \frac{\log(nj)}{\log n} \leq 1 + \log(1 + j)$ et la série $\sum_{j \geq 1} \left(\frac{b}{d} \right)^j (1 + \log(1 + j))$ converge.

L'équation (5.5.35) nous dit que même si la taille de la population initiale est très grande, le temps moyen d'extinction est court dès lors que le processus est sous-critique. Nous avions déjà observé ce type de comportement pour le processus de Galton-Watson (voir Théorème 3.2.12). Mais que se passe-t-il si n est extrêmement grand, comme c'est par exemple le cas si l'on considère des cohortes de bactéries (dont la taille arrive très vite autour de 10^{10}) ? Pour étudier cette question, nous allons supposer dans le paragraphe suivant que la condition initiale n est de la forme $K x_0$, où K tend vers l'infini.

5.6 Approximations continues : modèles déterministes et stochastiques

Nous pouvons observer que les calculs deviennent vite très compliqués pour les processus de naissance et mort que nous venons d'étudier et il peut être intéressant d'en avoir des approximations plus maniables. Quand la taille de la population est très grande, les taux de saut deviennent si grands que les temps entre les sauts sont infinitésimaux et tendent vers 0. Il est donc très difficile d'observer tous les événements de saut qui surviennent et dans la limite de très grande population, la dynamique de taille de la population va être proche de celle d'un processus continu en temps. Dans ce paragraphe, nous allons obtenir des approximations valables pour les grandes populations, qui seront soit déterministes soit stochastiques suivant le choix d'échelle entre les paramètres démographiques et l'ordre de grandeur des ressources (ou de la taille de la population). Nous justifierons ainsi des modèles classiques de dynamique des populations. Ces différentes approximations vont donner des résultats qualitativement différents pour le comportement en temps long de la population et vont ainsi nous permettre de réfléchir à la pertinence du choix d'un modèle.

5.6.1 Approximations déterministes - Equations malthusienne et logistique

Supposons que le processus de naissance et mort soit paramétré par un nombre $K \in \mathbb{N}$ qui représente l'échelle de taille du système. L'hypothèse principale est que la condition initiale Z_0^K est d'ordre K, pour K tendant vers l'infini, au sens où

$$\lim_{K \to +\infty} \frac{1}{K} Z_0^K = x_0 \in \mathbb{R}_+^*, \qquad (5.6.36)$$

où la limite est une limite en loi. Les taux de naissance λ_i^K et de mort μ_i^K peuvent également dépendre de K. Notons $(Z_t^K, t \geq 0)$ le processus de naissance et mort ainsi défini.

Notre but est d'étudier le comportement asymptotique du processus $(Z_t^K, t \geq 0)$ quand $K \to +\infty$. Pour obtenir une approximation non triviale du processus, nous allons le renormaliser par $\frac{1}{K}$ (cela revient à donner le poids $\frac{1}{K}$ à chaque individu), et considérer le processus $(X_t^K, t \geq 0)$ défini par $X_t^K = \frac{1}{K} Z_t^K$. Les états pris par le processus X^K sont alors de la forme $\frac{i}{K}$, $i \in \mathbb{N}$.

Nous étudions donc la limite (en loi) de la suite de processus $(X_t^K, t \geq 0)$, quand K tend vers l'infini. Remarquons tout d'abord que, comme les sauts du processus de naissance et mort $(Z_t^K, t \geq 0)$ sont d'amplitude ± 1, les sauts du processus $(X_t^K, t \geq 0)$ sont d'amplitude $\pm \frac{1}{K}$ et tendent vers 0 quand $K \to \infty$. Ainsi, si le processus $(X_t^K, t \geq 0)$ converge vers un processus limite $(X_t, t \geq 0)$, le processus $(X_t, t \geq 0)$ sera continu en temps. Remarquons également que le processus X pourra prendre n'importe quelle valeur réelle positive.

Nous allons voir que le comportement asymptotique de la suite $(X^K)_K$ est lié à la dépendance en K des taux de naissance et mort. Deux cas sont particulièrement intéressants :

Le cas du processus de naissance et mort linéaire : on a

$$\lambda_i^K = \lambda\, i = \lambda\, \frac{i}{K} K \quad ; \quad \mu_i^K = \mu\, i = \mu\, \frac{i}{K} K.$$

Posons $r = \lambda - \mu$. Pour tout $x \in \mathbb{R}_+$,

$$\lim_{K\to\infty, \frac{i}{K}\to x} \frac{1}{K}\left(\lambda_i^K - \mu_i^K\right) = r\,x \quad ; \quad \lim_{K\to\infty, \frac{i}{K}\to x} \frac{1}{K^2}\left(\lambda_i^K + \mu_i^K\right) = 0. \qquad (5.6.37)$$

Le cas du processus de naissance et mort logistique : on a

$$\lambda_i^K = \lambda\, i = \lambda\, \frac{i}{K} K \quad ; \quad \mu_i^K = \mu\, i + \frac{c}{K}\, i(i-1) = \mu\, \frac{i}{K} K + c\,\frac{i}{K} K \left(\frac{i}{K} - \frac{1}{K}\right),$$

avec $c > 0$. Ainsi, pour tout état $x \in \mathbb{R}_+$,

$$\lim_{K\to\infty, \frac{i}{K}\to x} \frac{1}{K}\left(\lambda_i^K - \mu_i^K\right) = r\,x - c\,x^2 \quad ; \quad \lim_{K\to\infty, \frac{i}{K}\to x} \frac{1}{K^2}\left(\lambda_i^K + \mu_i^K\right) = 0. \qquad (5.6.38)$$

Le processus de naissance et mort linéaire ne suppose *pas d'interaction* entre les individus, ce qui peut être considéré comme irréaliste. Sous une hypothèse de ressource globale fixée, il y a en général *compétition entre les individus* pour le partage des ressources, ce qui accroît le taux de mort dans les grandes populations. Le processus de naissance et mort logistique permet de réguler la taille de la population dans le cas où le taux de croissance individuel $\lambda - \mu$ est positif. Chaque individu est en compétition avec les $i - 1$ autres individus de la population et sa biomasse est l'énergie qu'il peut consacrer à la compétition. On peut supposer qu'elle est proportionnelle à ses ressources individuelles et donc proportionnelle à $\frac{1}{K}$ puisque la taille de la population est d'ordre K. C'est pourquoi le coefficient de compétition est supposé de la forme $\frac{c}{K}$.

Dans les résultats présentés ci-dessous, nous généralisons les hypothèses ci-dessus, mais en nous focalisant toujours sur le comportement asymptotique de $\frac{1}{K}\left(\lambda_i^K - \mu_i^K\right)$ et de $\frac{1}{K^2}\left(\lambda_i^K + \mu_i^K\right)$. Nous allons supposer plus généralement dans la suite de ce paragraphe que les taux de naissance et mort vérifient

$$\lim_{K\to\infty, \frac{i}{K}\to x} \frac{1}{K}\left(\lambda_i^K - \mu_i^K\right) = H(x) \quad ; \quad \lim_{K\to\infty, \frac{i}{K}\to x} \frac{1}{K^2}\left(\lambda_i^K + \mu_i^K\right) = 0, \qquad (5.6.39)$$

où la fonction H est continue.

Théorème 5.6.1 *Soit $T > 0$. Supposons que la suite $(X_0^K)_K$ converge en loi, quand K tend vers l'infini, vers une valeur déterministe x_0 et plaçons-nous sous les hypothèses (5.6.39). Supposons de plus que l'équation différentielle*

$$\frac{dx(t)}{dt} = H(x(t)) \; ; \; x(0) = x_0. \tag{5.6.40}$$

admette une solution unique.

Alors, le processus $(X_t^K, t \in [0,T])$ converge en loi vers la solution déterministe $(x(t), t \in [0,T])$ de (5.6.40).

Preuve. (succincte) Ce théorème est prouvé par un résultat de compacité-unicité sur l'ensemble des trajectoires, qui est l'ensemble des fonctions continues à droite et limitées à gauche de $[0,T]$ à valeurs dans $\mathbb{R}_+$. Cet ensemble est appelé espace de Skorohod et noté $\mathbb{D}([0,T],\mathbb{R}_+)$. Il est muni d'une topologie qui le rend métrique séparable complet, ce qui permet d'appliquer les résultats généraux de caractérisation de la convergence en loi, (Cf. Billingsley [11]). La compacité de la suite des lois des processus X^K est alors caractérisée par la tension uniforme de ces lois :

$$\forall \varepsilon > 0, \exists \text{ un compact } K_\varepsilon \subset \mathbb{D}([0,T],\mathbb{R}_+), \text{ tel que } \sup_K \mathbb{P}(X^K \in K_\varepsilon^C) \leq \varepsilon.$$

Une caractérisation des compacts de $\mathbb{D}([0,T],\mathbb{R}_+)$ est alors possible par un critère d'équi-continuité et d'équi-bornitude adapté du critère d'Ascoli (pour les fonctions continues). Cela permet de donner des critères de tension (voir [11] ou Aldous [1]), que nous ne développerons pas plus en détail ici, mais qui sont satisfaits dans notre cas. (Voir par exemple Bansaye-Méléard [9]).

La suite des lois des processus X^K est donc compacte et il existe une sous-suite de $(X^K)_K$ qui converge en loi vers un processus X. Nous voulons montrer que X est solution de l'équation différentielle (5.6.40), ce qui assurera son unicité. Par souci de simplicité, notons encore la sous-suite par $(X^K)_K$.

Une première approche, élémentaire, consiste à étudier l'accroissement du processus $(X_t^K, t \geq 0)$ entre des temps t et $t+h$. Par le Théorème 5.3.2, pour tous $i \geq 1$ et $K \in \mathbb{N}$,

$$\mathbb{E}(Z_{t+h}^K - Z_t^K \mid Z_t^K = i) = ((i+1-i)\lambda_i^K + (i-1-i)\mu_i^K) h + o(h)$$
$$= (\lambda_i^K - \mu_i^K)h + o(h).$$
$$Var(Z_{t+h}^K - Z_t^K \mid Z_t^K = i) = (\lambda_i^K + \mu_i^K)h - (\lambda_i^K - \mu_i^K)^2 h^2 + o(h).$$

Ainsi, nous en déduisons que

$$\mathbb{E}(X_{t+h}^K - X_t^K \mid Z_t^K = i) = \frac{1}{K}(\lambda_i^K - \mu_i^K)h + \frac{1}{K}o(h),$$
$$Var(X_{t+h}^N - X_t^N \mid Z_t^N = i) = \frac{1}{K^2}(\lambda_i^K + \mu_i^K)h + \frac{1}{K^2}o(h).$$

Supposons que les infiniment petits $o(h)$ apparaissant dans les formules ci-dessus le sont uniformément en K. Ainsi, le processus limite X satisfera que

$$X_0 = x_0,$$
$$\lim_{h \to 0} \frac{1}{h} \mathbb{E}(X_{t+h} - X_t | X_t) = H(X_t),$$
$$\lim_{h \to 0} \frac{1}{h} Var(X_{t+h} - X_t | X_t) = 0.$$

Les variances des accroissements tendent vers 0 plus vite que h et la stochasticité disparaît donc à la limite. Nous en déduisons que X est déterministe, continu en temps et solution de l'équation différentielle

$$\frac{dX_t}{dt} = H(X_t) \; ; \; X_0 = x_0.$$

L'unicité des solutions de cette équation entraîne alors que la suite $(X^K)_K$ converge vers l'unique solution de l'équation. La taille Z_t^K de la population est alors de l'ordre de grandeur $Kx(t)$.

Une deuxième approche de preuve moins élémentaire pour cette identification consiste à étudier la convergence des générateurs. Le générateur de X^K est défini par (5.3.6). Considérons une fonction f bornée de classe C_b^2. Nous pouvons écrire

$$
\begin{aligned}
Q^K f(\frac{i}{K}) &= \sum_{y \in \frac{\mathbb{N}}{K}} Q^K(\frac{i}{K}, y)\left(f(y) - f(\frac{i}{K})\right) \\
&= \lambda_i^K \left(f(\frac{i}{K} + \frac{1}{K}) - f(\frac{i}{K})\right) + \mu_i^K \left(f(\frac{i}{K} - \frac{1}{K}) - f(\frac{i}{K})\right) \\
&= \frac{(\lambda_i^K - \mu_i^K)}{K} f'(\frac{i}{K}) + o(\frac{\|f''\|_\infty}{K}),
\end{aligned}
$$

qui converge uniformément vers $Qf(x) = H(x)f'(x)$, quand $K \to \infty$ et $\frac{i}{K} \to x$. Nous reconnaissons le générateur du processus déterministe, solution de (5.6.40). $\qquad\square$

Equation malthusienne

Supposons que l'hypothèse (5.6.37) soit satisfaite, à savoir que $H(x) = rx$. Alors, la limite en "grande population" est décrite par la solution de l'équation différentielle

$$\dot{x}(t) = r\, x(t) \; ; \; x(0) = x_0.$$

C'est *l'équation de Malthus*. Il est facile de décrire le comportement en temps long de la solution $x(t)$ en fonction du signe de r.
- $r > 0$, taux de croissance positif : $x(t) \to +\infty$. La population explose.
- $r < 0$, taux de croissance négatif : $x(t) \to 0$. La population s'éteint.
- $r = 0$ taux de croissance nul. La taille de la population est stationnaire.

Equation logistique

Supposons maintenant que l'hypothèse (5.6.38) soit satisfaite. Alors, la limite en grande population est décrite par la solution de l'équation différentielle

$$\dot{x}(t) = x(t)(r - c\,x(t)) \; ; \; x(0) = x_0, \tag{5.6.41}$$

appelée *équation logistique*. Cette équation est célèbre en dynamique des populations (introduite par Verhulst en 1838, cf. [6]) dans le cas où le taux de croissance r est positif mais où la compétition va entraîner une régulation de la population et l'empêcher d'exploser. Supposons donc $r > 0$. L'équation a deux équilibres : 0 et $\frac{r}{c} \neq 0$ et 0 est instable. Il est facile de trouver la solution explicite de l'équation (5.6.41) :

$$x(t) = \frac{rx_0 e^{rt}}{r - Cx_0 + Cx_0 e^{rt}}.$$

et de voir que cette solution converge quand $t \to \infty$, dès que $x_0 \neq 0$, vers la quantité $\frac{r}{c}$ appelée capacité de charge. Il est important de souligner la différence de comportement en temps long entre

- ce modèle logistique et le modèle de Malthus.
- cette équation logistique limite et le processus stochastique en petite population, puisque nous avons vu au Chapitre 5.5.3 que le processus de naissance et de mort logistique s'éteint presque-sûrement. Ainsi, *les limites quand $K \to \infty$ et $t \to \infty$ ne commutent pas* !

L'utilisation d'un tel modèle déterministe n'a donc de sens que pour de grandes populations. Elle ne prend pas en compte les variations stochastiques dues aux petits effectifs. Ainsi, en écologie, si la population passe en-dessous d'un certain effectif, le modèle déterministe perd son sens et il est pertinent de considérer le modèle stochastique. Des travaux de recherche récents cherchent à définir le seuil de taille à partir duquel le modèle déterministe n'est plus adapté, cf. Coron et al. [26].

5.6.2 Approximation stochastique - Stochasticité démographique, Equation de Feller

Nous considérons toujours un modèle de processus de naissance et mort linéaire ou logistique. Nous supposons maintenant que les taux de naissance et de mort individuels sont d'ordre de grandeur K. Cette hypothèse a un sens si nous considérons une population de très petits individus. En effet, la théorie métabolique qui relie la masse des êtres vivants avec leurs caractéristiques (mortalité, fécondité, etc.), prédit que les temps caractéristiques individuels (âge à maturité, durée de vie, etc) croissent avec la masse des individus (voir [12], [72]). Les taux individuels correspondant vont alors être d'autant plus grands que les individus sont petits. Plus précisément, nous supposons que les taux individuels de naissance et de mort sont respectivement de la forme

$$\widehat{\lambda}_i^K = \gamma \, i \, K + \lambda_i^K \quad \text{et} \quad \widehat{\mu}_i^K = \gamma \, i \, K + \mu_i^K,$$

où λ_i^K et μ_i^K sont choisis comme en (5.6.39). Ainsi,

$$\lim_{K \to \infty, \frac{i}{K} \to x} \frac{1}{K} \left(\widehat{\lambda}_i^K - \widehat{\mu}_i^K \right) = H(x) \tag{5.6.42}$$

$$\lim_{K \to \infty, \frac{i}{K} \to x} \frac{1}{K^2} \left(\widehat{\lambda}_i^K + \widehat{\mu}_i^K \right) = 2\gamma \, x. \tag{5.6.43}$$

Par rapport à l'étude précédente, le seul calcul qui change est le calcul des variances. Ici la limite des variances n'est pas nulle. Plus précisément, on obtient que

$$Var(X_{t+h} - X_t | \, X_t) = 2\gamma X_t \, h + o(h).$$

Rappelons que par ailleurs, $\mathbb{E}(X_{t+h} - X_t | \, X_t) = H(X_t) \, h + o(h)$. Nous supposons encore (5.6.36), en permettant à la limite X_0 d'être éventuellement aléatoire. La suite de processus $(X_t^K, t \geq 0)$ converge alors vers un processus stochastique.

Théorème 5.6.2 *Soit $T > 0$. Supposons que la suite $(X_0^K)_K$ converge en loi, quand K tend vers l'infini, vers une variable aléatoire X_0 de carré intégrable. Supposons de plus que (5.6.42) et (5.6.43) soient satisfaites. Alors, la suite de processus $(X_t^K, t \in [0, T])$ converge en loi vers le processus $(X_t, t \in [0, T])$ solution de l'équation différentielle stochastique*

$$dX_t = H(X_t)dt + \sqrt{2\gamma X_t} \, dB_t \; ; \; X_0, \tag{5.6.44}$$

dès lors que l'on a existence et unicité de l'équation (5.6.44). ($(B_t, t \geq 0)$ désigne un mouvement brownien standard).

Dans le cas où la fonction H est lipschitzienne, le Théorème 4.6.11 nous assure de l'existence et unicité de la solution de (5.6.44). C'est en particulier vrai pour le cas malthusien, où la suite de processus $(X_t^K, t \in [0, T])$ converge vers le processus $(X_t, t \in [0, T])$ solution de l'équation différentielle stochastique

$$dX_t = r \, X_t dt + \sqrt{2\gamma X_t} \, dB_t \; ; \; X_0. \tag{5.6.45}$$

C'est l'équation de Feller étudiée au Paragraphe 4.7.1 et dans l'Exercice 4.8.6.

Dans le cas logistique, l'équation limite devient

$$dX_t = (r - c \, X_t)X_t dt + \sqrt{2\gamma X_t} \, dB_t \; ; \; X_0. \tag{5.6.46}$$

C'est l'équation de Feller logistique étudiée au Paragraphe 4.7.2 et dans l'Exercice 4.8.7. Par des arguments généraux (voir [40]), l'on peut montrer qu'il y a existence et unicité d'une solution jusqu'au temps $T_0 \wedge T_\infty$ et que 0 est un point absorbant. Or nous avons montré au Paragraphe 4.7.2 que $T_\infty = \infty$ p.s. et que $\mathbb{P}(T_0 < +\infty) = 1$. Ainsi la solution est bien définie et est unique sur tout $\mathbb{R}_+$.

Preuve. La preuve du Théorème 5.6.2 se déroule de manière similaire à celle du Théorème 5.6.1, en particulier la preuve de la tension des lois. En revanche l'identification de la loi limite est plus subtile. Pour une preuve complète, nous renvoyons à Lipow [54] ou à [9]. Donnons ici quelques indications.

Par rapport à l'étude précédente, le terme qui change dans le calcul du générateur est le terme d'ordre 2 qui correspond à la variance infinitésimale. Ici ce terme n'est pas nul. Plus précisément, le générateur de X^K, pour toute fonction f de classe C_b^3, s'écrit

$$
\begin{aligned}
Q^K f(\frac{i}{K}) &= \sum_{y \in \frac{\mathbb{N}}{K}} Q^K(\frac{i}{K}, y)\Big(f(y) - f(\frac{i}{K})\Big) \\
&= \widehat{\lambda}_i^K \left(f(\frac{i}{K} + \frac{1}{K}) - f(\frac{i}{K})\right) + \widehat{\mu}_i^K \left(f(\frac{i}{K} - \frac{1}{K}) - f(\frac{i}{K})\right) \\
&= \frac{(\lambda_i^K - \mu_i^K)}{K} f'(\frac{i}{K}) + \frac{1}{2K^2}(\widehat{\lambda}_i^K + \widehat{\mu}_i^K) f''(\frac{i}{K}) + o(\frac{\|f'''\|_\infty}{K^2}),
\end{aligned}
$$

qui converge uniformément vers $Qf(x) = H(x)f'(x) + \gamma x f''(x)$, quand K tend vers l'infini et $\frac{i}{K}$ tend vers x. Nous reconnaissons le générateur du processus de diffusion

$$
dX_t = H(X_t)dt + \sqrt{2\gamma X_t}\, dB_t.
$$

$\square$

Remarque 5.6.3 *Nous avons introduit et justifié différents modèles markoviens, probabilistes ou déterministes, continus en temps ou à saut, qui décrivent la dynamique de la même population dans des échelles de taille et de temps variées. Ces modèles ont des comportements asymptotiques très différents.*

Résumons les différentes modélisations du cas logistique :

- Le processus de naissance et mort logistique décrit la dynamique de la taille d'une petite population soumise aux fluctuations aléatoires. Le processus tend vers 0 en temps long. Nous avons obtenu en ce cas le temps moyen d'extinction comme somme d'une série.

- Le modèle déterministe : l'équation logistique - Celui-ci est une approximation en grande population du processus de naissance et mort. La solution de l'équation logistique converge quand le temps tend vers l'infini vers une limite non nulle, appelée capacité de charge, qui décrit l'état d'équilibre de la population. Ce modèle a un sens si l'on étudie une grande population, qui bien qu'aléatoire, est approchée par cette approximation déterministe. La probabilité que le processus de naissance et mort s'éloigne de la capacité de charge est petite mais non nulle et peut être quantifiée par un théorème de grandes déviations. Le

temps moyen d'extinction est alors de l'ordre de e^{CK} *où* $C > 0$ *dépend des paramètres de naissance et mort (cf [22]).*

- L'équation différentielle stochastique de Feller logistique - Ce modèle est une approximation en grande population, mais sous l'hypothèse que les taux de naissance et de mort sont très grands. Il est pertinent si l'on étudie des populations très petites et en grand nombre, qui se reproduisent et meurent très rapidement (populations d'insectes ou de bactéries par exemple). Le "bruit" créé par les sauts permanents dus aux naissances et aux morts est tellement important qu'il va subsister à la limite. C'est ce qui explique l'apparition d'une nouvelle stochasticité démographique, à travers le terme stochastique brownien. Dans ce cas, nous avons montré par des arguments de calcul stochastique que le processus converge presque-sûrement vers 0 et nous pouvons décrire la loi du temps d'atteinte de 0.

5.6.3   Les modèles de proie-prédateur, système de Lotka-Volterra

Il est possible de développer des modèles de processus de branchement ou de naissance et de mort multi-types en temps continu. Nous nous intéressons ici à un cas qui prend en compte les interactions entre les sous-populations des deux types.

Nous allons définir, pour une population initiale de taille K,

- $r_i^{1,K}$: taux de croissance de la sous-population de type 1 dans l'état i,

- $r_i^{2,K}$: taux de croissance de la sous-population de type 2 dans l'état i,

- $\dfrac{c_{11}}{K} > 0$: taux de compétition entre deux individus de type 1,

- $\dfrac{c_{12}}{K} > 0$: taux de compétition d'un individu de type 2 sur un individu de type 1,

- $\dfrac{c_{21}}{K} > 0$: taux de compétition d'un individu de type 1 sur un individu de type 2,

- $\dfrac{c_{22}}{K} > 0$: taux de compétition entre deux individus de type 2.

Nous supposons que pour tout état x,

$$\lim_{K\to\infty, \frac{i}{K}\to x} \frac{1}{K} r_i^{1,K} = r_1\, x \; ; \quad \lim_{K\to\infty, \frac{i}{K}\to x} \frac{1}{K} r_i^{2,K} = r_2\, x \, , \tag{5.6.47}$$

où r_1 et r_2 sont deux nombres réels strictement positifs, ce qui veut dire qu'en l'absence de toute compétition, les deux populations auraient tendance à se développer à vitesse exponentielle.

Nous pouvons adapter les arguments du Paragraphe 5.6.1 et montrer que le processus de naissance et mort $(\frac{1}{K}Z_t^K, t \in [0,T]) = ((\frac{1}{K}Z_t^{1,K}, \frac{1}{K}Z_t^{2,K}), t \in [0,T])$, composé des deux sous-processus décrivant les tailles des sous-populations de type 1 et de type 2 renormalisées par $\frac{1}{K}$, converge quand K tend vers l'infini vers la solution déterministe

$(x(t), t \in [0, T])) = ((x_1(t), x_2(t)), t \in [0, T]))$ du système différentiel suivant :

$$
\begin{aligned}
dx_1(t) &= r_1 x_1(t) - c_{11} (x_1(t))^2 - c_{12} x_1(t) x_2(t), \\
dx_2(t) &= r_2 x_2(t) - c_{21} x_1(t) x_2(t) - c_{22} (x_2(t))^2.
\end{aligned}
\tag{5.6.48}
$$

Ces systèmes ont été beaucoup étudiés par les biologistes théoriciens et par les spécialistes de systèmes dynamiques. Ils sont connus sous le nom de systèmes de Lotka-Volterra compétitifs. L'on peut montrer facilement que le système a un équilibre instable $(0, 0)$ et trois équilibres stables $(\frac{r_1}{c_{11}}, 0)$, $(0, \frac{r_2}{c_{22}})$ qui représentent la fixation d'une population et la disparition de l'autre et un équilibre non trivial (x_1^*, x_2^*) facilement calculable qui décrit une population à l'équilibre avec coexistence des deux types.

Il est possible de généraliser l'hypothèse (5.6.47) comme au Paragraphe 5.6.1 ou considérer des paramètres $c_{ij} > 0$ qui peuvent modéliser de la coopération et obtenir ainsi un système dynamique plus compliqué. Un cas très célèbre de tel système dynamique est le modèle de proie-prédateur. Le modèle historique de prédation est dû à Volterra (1926) et de manière presque contemporaine à Lotka (voir [6]). Imaginons que les deux types de populations sont respectivement des proies et les prédateurs de ces proies. Nous supposons que :

• En l'absence de prédateurs, l'effectif de la population de proies croît exponentiellement.

• En l'absence de proies, l'effectif de la population de prédateurs décroît exponentiellement.

• Les taux de disparition des proies et de croissance des prédateurs sont proportionnels au nombre de rencontres entre une proie et un prédateur.

Nous obtenons alors le modèle suivant :

$$
\begin{aligned}
dx_1(t) &= \alpha_1 x_1(t) - \beta_1 x_1(t) x_2(t), \\
dx_2(t) &= -\alpha_2 x_2(t) + \beta_2 x_1(t) x_2(t),
\end{aligned}
\tag{5.6.49}
$$

où les paramètres α_1, α_2, β_1 et β_2 sont positifs. Pour l'étude des systèmes (5.6.48) et (5.6.49), nous renvoyons en particulier au livre de Jacques Istas [41]. Voir aussi Renshaw [65], Kot [50].

Il existe aussi une version stochastique du modèle (5.6.48) où l'on peut ajouter à chaque équation un terme de la forme $\sqrt{\gamma_i X_i(t)} \, dB_i(t)$, où B_i est un mouvement brownien. Ce système de Lotka-Volterra stochastique est obtenu comme approximation du processus de naissance et mort multi-type dans le cas de naissances et morts très rapides, comme pour l'équation de Feller. (Voir Cattiaux-Méléard [16]).

5.7 Exercices

Exercice 5.7.1 *Effet de la pêche sur un banc de sardines*

On modélise ici l'évolution du nombre de sardines présentes dans un banc par un processus $(X_t, t \geq 0)$. Les sardines se reproduisent et leur nombre croît au taux $g > 0$. A des instants

$(T_i : i \geq 1)$ aléatoires, la pêche provoque la disparition d'une proportion de la population de sardines.

Nous modélisons le processus comptant les événements de pêche, $N_t := Card\{i \geq 1 : T_i \leq t\}$, par un processus de Poisson d'intensité $r > 0$.

De plus les pêches successives ont des effets indépendants et identiquement distribués, indépendants de $(N_t : t \geq 0)$.

On suppose que $X_0 = 1$.

1 - Justifier que la taille de la population de sardines au temps $t \geq 0$ est donnée par le processus

$$X_t = e^{gt} \prod_{i=1}^{N_t} F_i$$

où les $(F_i : i \geq 1)$ forment une suite de variables aléatoires indépendantes et identiquement distribuées suivant une variable aléatoire $F \in [0,1]$.

Dans la suite, on suppose que $\mathbb{E}(\log(\frac{1}{F})) < +\infty$.

On rappelle que $\frac{N_t}{t} \to r$ p.s. quand $t \to +\infty$ (voir Proposition 5.2.15).

2-a - Montrer que

$$\frac{\log(X_t)}{t} \overset{t \to \infty}{\longrightarrow} g - r\,\mathbb{E}(\log(\frac{1}{F})) \qquad \text{p.s.}$$

2-b - En déduire la limite presque-sûre de X_t, quand $g \neq r\,\mathbb{E}(\log(\frac{1}{F}))$.

3-a - Montrer que

$$Y_t = e^{-gt+rt(1-\mathbb{E}(F))} X_t$$

est une martingale pour la filtration $(\mathcal{F}_t = \sigma(X_s, s \leq t), t \geq 0)$.

3-b - En déduire que Y_t converge p.s. vers une variable aléatoire Y_∞ finie presque-sûrement.

3-c - On suppose que $\mathbb{P}(F = 1) < 1$. Montrer que $Y_\infty = 0$ p.s..

4 - Une législation pour la préservation des sardines pourrait consister à fixer l'effet moyen de la pêche, c'est-à-dire fixer $c = \mathbb{E}(F) \in]0,1[$.

Cette contrainte est-elle judicieuse pour la préservation des sardines ?

Pour une valeur c fixée par la législation, existe-t-il un taux de croissance g qui assure la survie des sardines ?

Exercice 5.7.2

On admet que la population des individus infectés par le virus VIH croît selon un processus de Poisson d'intensité inconnue λ. On notera N_t le nombre d'individus infectés à l'instant t. On ne prendra pas en compte les décès.

Chaque individu infecté subit une période d'incubation entre le moment où il est infecté par le VIH et le moment où les symptômes du SIDA apparaissent. La durée de cette période d'incubation est aléatoire. Les périodes d'incubation pour les différents individus sont indépendantes et identiquement distribuées, de loi commune la loi sur $\mathbb{R}_+$ de fonction de répartition connue G. On notera pour $t \in \mathbb{R}_+$,

$$\tilde{G}(t) = 1 - G(t).$$

On note N_t^1 le nombre d'individus qui, à l'instant t, présentent les symptômes du SIDA, et par N_t^2 le nombre d'individus qui, à l'instant t, sont infectés par le VIH mais ne présentent pas encore les symptômes du SIDA.

1 - *Préliminaires* : Soit $n \in \mathbb{N}^*$. On note S_n l'ensemble des permutations de $\{1, \cdots, n\}$. Soit $t > 0$ et $X_1, \cdots, X_n$ des variables aléatoires indépendantes, de loi uniforme sur $[0, t]$. On appelle $(Y_1, \cdots, Y_n)$ la même suite ordonnée par ordre croissant.

Montrer que le vecteur aléatoire $(Y_1, \cdots, Y_n)$ suit la loi uniforme sur l'ensemble

$$\{(y_1, \cdots, y_n); \ y_1 \leq \cdots \leq y_n \leq t\},$$

dont on donnera la densité. (On pourra remarquer que pour toute f continue bornée,

$$\mathbb{E}(f(Y_1, \cdots, Y_n)) = \sum_{\sigma \in S_n} \mathbb{E}(f(X_{\sigma(1)}, \cdots, X_{\sigma(n)}) \mathbf{1}_{\{X_{\sigma(1)} \leq \cdots \leq X_{\sigma(n)}\}}). \ )$$

2 - Soient $T_1, , T_2, \cdots, T_n$ les n premiers temps de saut du processus $(N_t, t \geq 0)$. Soit $0 < t_1 < \cdots < t_n < t$. Calculer

$$\mathbb{P}(T_1 < t_1 < T_2 < t_2 < T_3 < \cdots < T_n < t_n | N_t = n).$$

En déduire que la loi conditionnelle du vecteur aléatoire $(T_1, \cdots, T_n)$ sachant $N_t = n$ est la loi trouvée en 1).

3 - Soit $n \in \mathbb{N}^*$ et $(T_1, \cdots, T_n)$ défini comme ci-dessus. On appelle $(Z_1, \cdots, Z_n)$ le vecteur $(T_{\sigma(1)}, \cdots, T_{\sigma(n)})$, où σ est une permutation aléatoire indépendante du processus $(N_t, t \geq 0)$ et tirée uniformément dans S_n.

Donner la loi de $(Z_1, \cdots, Z_n)$ conditionnellement à $N_t = n$.

4 - Quelle est la probabilité qu'un individu infecté par le VIH au temps s voit les symptômes apparaître au temps t ? En déduire la probabilité p_t que l'individu infecté au temps Z_i soit malade au temps t, et la probabilité q_t qu'il ne le soit pas. (On remarquera qu'elles ne dépendent pas de i).

5 - Calculer, pour $k, l \in \mathbb{N}$, la probabilité $\mathbb{P}(N_t^1 = k \ ; \ N_t^2 = l)$.

En déduire que pour tout $t > 0$, N_t^1 et N_t^2 sont deux variables aléatoires indépendantes, qui suivent des lois de Poisson dont on donnera les paramètres.

Exercice 5.7.3

Soient $(N_t^1, t \geq 0)$ et $(N_t^2, t \geq 0)$ deux processus de Poisson indépendants d'intensité respective λ_1 et λ_2. Ces deux processus sont définis par leurs suites de temps de sauts : $(T_n^1)_n$ et $(T_m^2)_m$, par :

$$N_t^1 = \sum_{j \geq 1} \mathbb{1}_{\{T_j^1 \leq t\}} \quad ; \quad N_t^2 = \sum_{j \geq 1} \mathbb{1}_{\{T_j^2 \leq t\}}.$$

1 - Quelle est la loi du couple de variables aléatoires (T_1^1, T_1^2) ?

2 - En déduire la valeur de $\mathbb{P}(T_1^1 < T_1^2)$.

3 - Quelle est loi de la variable aléatoire $\tau = \inf(T_1^1, T_1^2)$.

4 - Soit $0 \leq s \leq t$. Donner la fonction génératrice de la variable aléatoire $N_t^1 - N_s^1$.

5 - On définit le processus $(N_t, t \geq 0)$ par $N_t = N_t^1 + N_t^2$.

Donner la fonction génératrice de la variable aléatoire $N_t - N_s$.

En déduire que $(N_t, t \geq 0)$ est un processus de Poisson d'intensité $\lambda_1 + \lambda_2$.

6 - On note R_k la suite des temps de saut de $(N_t)_t$:

$$N_t = \sum_{j \geq 1} \mathbb{1}_{\{R_j \leq t\}}.$$

On introduit également une suite $(X_j)_j$ de variables aléatoires indépendantes, de même loi de Bernoulli de paramètre $\frac{\lambda_1}{\lambda_1 + \lambda_2}$, et indépendante du processus de Poisson $(N_t)_t$.

On définit les processus $(M_t^1)_t$ et $(M_t^2)_t$ par

$$M_t^1 = \sum_{j \geq 1} \mathbb{1}_{\{R_j \leq t\}} \mathbb{1}_{\{X_j = 1\}} \quad ; \quad M_t^2 = \sum_{j \geq 1} \mathbb{1}_{\{R_j \leq t\}} \mathbb{1}_{\{X_j = 0\}}.$$

Calculer, en conditionnant par la valeur de N_t, la probabilité $\mathbb{P}(M_t^1 = k_1; M_t^2 = k_2)$, pour $k_1, k_2 \in \mathbb{N}$.

En déduire que M_t^1 et M_t^2 sont deux variables aléatoires de Poisson indépendantes de paramètres respectifs λ_1 et λ_2.

On admettra de plus que les processus $(M_t^1)_t$ et $(M_t^2)_t$ sont des processus de Poisson indépendants d'intensités respectives λ_1 et λ_2.

7 - On rappelle que R_{n+m-1} est le $(n + m - 1)$-ième temps de saut du processus (N_t). Montrer que pour tout entier $k \leq n + m - 1$, on a

$$\mathbb{P}(M_{R_{n+m-1}}^1 = k) = \binom{n+m-1}{k} \left(\frac{\lambda_1}{\lambda_1 + \lambda_2}\right)^k \left(\frac{\lambda_2}{\lambda_1 + \lambda_2}\right)^{n+m-1-k}.$$

8 - Justifier que pour $n, m \in \mathbb{N}^*$, $\{T_n^1 < T_m^2\}$ a même probabilité que $\{M_{R_{n+m-1}}^1 \geq n\}$, où T_n^1 et T_m^2 ont été définis au début de l'exercice.

9 - En déduire que

$$\mathbb{P}(T_n^1 < T_m^2) = \sum_{k=n}^{n+m-1} \binom{n+m-1}{k} \left(\frac{\lambda_1}{\lambda_1 + \lambda_2}\right)^k \left(\frac{\lambda_2}{\lambda_1 + \lambda_2}\right)^{n+m-1-k}.$$

Exercice 5.7.4

Considérons un processus de naissance et mort avec les notations du Paragraphe 5.5.2 et supposons que (5.5.32) soit vérifié. Montrer que pour tout $n \geq 0$,

$$\mathbb{E}_{n+1}(T_n^2) = \frac{2}{\lambda_n \pi_n} \sum_{i \geq n} \lambda_i \pi_i \, \mathbb{E}_{i+1}(T_i)^2;$$

$$\mathbb{E}_{n+1}(T_n^3) = \frac{6}{\lambda_n \pi_n} \sum_{i \geq n} \lambda_i \pi_i \, \mathbb{E}_{i+1}(T_i) \, \mathrm{Var}_{i+1}(T_i).$$

Exercice 5.7.5

On considère une population constituée de N individus de deux types, notés A et a. La dynamique de cette population est la suivante : chaque individu A donne naissance à un autre individu A au taux 1 et chaque individu a donne naissance à un autre individu a au taux $1 + s$, où $s > -1$ représente l'avantage sélectif de a. Simultanément à chaque naissance, un individu est choisi au hasard parmi les N individus de la population, et meurt au profit du nouveau-né.

Ainsi, la population reste de taille constante égale à N.

On note N_t le nombre d'individus de type a présents au temps t.

1 - Supposons qu'il y ait k individus de type a dans la population. Quel est le taux de naissance d'un individu de type a ? Quelle est la probabilité qu'un individu de type A soit remplacé par un individu de type a ?

En déduire le générateur infinitésimal du processus de Markov $(N_t, \ t \geq 0)$. Que dire des états 0 et N pour le processus $(N_t, \ t \geq 0)$?

2 - On note $T_N = \inf\{t \geq 0 : \ N_t = N\}$ et pour $k \in \{0, \ldots, N\}$ on pose
$u(k) = \mathbb{P}_k(T_N < +\infty) = \mathbb{P}(T_N < +\infty | N_0 = k)$.

Pour $k \in \{1, \ldots, N-1\}$ donner une relation reliant $u(k+1)$, $u(k)$ et $u(k-1)$.

3 - En déduire une expression de u. (On pourra traiter à part le cas $s = 0$).

4 - Pour tout $k \in \{0, \ldots, N\}$ on note $w(k) = \mathbb{E}_k(T_N \mathbb{1}_{T_N < +\infty}) = \mathbb{E}(T_N \mathbb{1}_{T_N < +\infty} | N_0 = k)$.
Montrez que pour tout $k \in \{1, \ldots, N-1\}$ on a la relation

$$\frac{k(N-k)}{N}(1+s)(w(k+1) - w(k)) + \frac{k(N-k)}{N}(w(k-1) - w(k)) = -u(k).$$

5 - Dans le cas où $s = 0$ en déduire une expression pour $\mathbb{E}_1(T_N | T_N < +\infty)$.

Exercice 5.7.6

Soit $(Z_t, t \geq 0)$ un processus de branchement binaire de taux de naissance et de mort respectivement b et d. On note $r = b - d$ le taux de croissance, et l'on suppose que $r > 0$. On note $\mathbb{P}_k$ la loi de ce processus issu de k individus.

1 - Justifier que pour tout entier k, et tout $t \in \mathbb{R}_+$, on a $\mathbb{E}_k(Z_t) = ku(t)$, où u est une fonction qui ne dépend que de t.

En déduire que pour tout entier k, et tout $t \in \mathbb{R}_+$, on a $\mathbb{E}_k(Z_t) = k \exp(rt)$, où l'indice k indique que $Z_0 = k$. (On pourra utiliser l'équation de Kolmogorov rétrograde).

2 - En utilisant la propriété de Markov, montrer que $(Z_t \exp(-rt); t \geq 0)$ est une martingale (pour la filtration engendrée par Z).

3 - On désigne par T_n le premier temps d'atteinte de l'entier n par le processus $(Z_t, t \geq 0)$.

3-a - Justifier que
$$T_n > T_0 \Rightarrow T_n = +\infty.$$

3-b - En déduire rigoureusement que $\mathbb{E}_k(\exp(-rT_n)) = k/n, \ \forall \, n \geq k$.

4 - Soit ρ une variable aléatoire de loi exponentielle de paramètre $r > 0$, indépendante du processus $(Z_t, t \geq 0)$.

4-a - Montrer que $\mathbb{P}_k(T_n \leq \rho) = \frac{k}{n}$.

4-b - Soit $S_t := \sup_{s \leq t} Z_s$. Trouver la loi de S_ρ.
Que vaut $\mathbb{E}(S_\rho)$?

Exercice 5.7.7

Soit $(X_t, t \geq 0)$ un processus de naissance et mort en temps continu, issu de $X_0 > 0$ et de générateur

$$\begin{aligned}
Q_{i,i+1} &= \lambda \, i, \quad \forall i \geq 0, \\
Q_{i,i-1} &= \mu \, i(i-1), \quad \forall i \geq 1.
\end{aligned}$$

1-a - Le processus $(X_t, t \geq 0)$ peut-il atteindre 0 ?

1-b - Donner les probabilités de transition de la chaîne de Markov incluse.

1-c - Montrer que la chaîne de Markov incluse est irréductible sur $\mathbb{N}^*$. Est-elle irréductible sur $\mathbb{N}$?

2 - Soit $\pi = (\pi_j, j \in \mathbb{N}^*)$ une probabilité invariante sur $\mathbb{N}^*$, c'est à dire telle que $\pi \, Q = 0$.

2-a - Déterminer l'équation satisfaite par cette probabilité invariante π.

2-b - Montrer que, pour chaque $i \in \mathbb{N}^*$, on a $\pi_i = \dfrac{\lambda^{i-1}}{i!\,\mu^{i-1}}\,\pi_1$.

2-c - Montrer que $\pi_1 = \dfrac{\lambda}{\mu(e^{\lambda/\mu} - 1)}$.

3 - Soit Y une variable aléatoire de Poisson de paramètre $a > 0$.

3-a - Calculer $\mathbb{P}(Y > 0)$.

En déduire la valeur de $\mathbb{P}(Y = i | Y > 0)$ pour tout $i \in \mathbb{N}^*$.

3-b - Montrer que π est la loi de Poisson d'une variable aléatoire de Poisson conditionnée à rester strictement positive, dont on donnera le paramètre.

Exercice 5.7.8 *Le but de l'exercice est de modéliser une dynamique de population avec immigration.*

Soit $(X_t, t \geq 0)$ un processus de naissance et de mort, à valeurs dans $\mathbb{N}$, de générateur Q donné pour tout $k \geq 1$ (k nombre entier), par :

$$
\begin{aligned}
Q_{k,k+1} &= \lambda k + a, \\
Q_{k,k-1} &= \mu k, \\
Q_{k,k} &= -(\lambda k + \mu k + a),
\end{aligned}
$$

où a, λ et μ sont trois réels strictement positifs.

1 - Donner la chaîne de Markov incluse.

2 - Soit $P_{ij}(t) = \mathbb{P}(X_t = i | X_0 = j)$. Ecrire l'équation aux dérivées partielles pour P.

3 - Soit $\mathbb{E}_i(X_t) = \mathbb{E}(X_t | X_0 = i)$. Montrer que

$$\partial_t \mathbb{E}_i(X_t) = (\lambda - \mu)\mathbb{E}(X_t | X_0 = i) + a.$$

4 - Calculer $\mathbb{E}_i(X_t)$.

5 - Etudier la limite, quand $t \to +\infty$, de $\mathbb{E}_i(X_t)$. On pourra discuter suivant les valeurs respectives de λ et μ.

6 - Soit $\pi = (\pi_j, j \in \mathbb{N})$ une probabilité sur $\mathbb{N}$ telle que $\pi Q = 0$.

On suppose que $\lambda < \mu$. Montrer que pour tout $k \geq 1$

$$\pi_k = \frac{a(\lambda + a)(2\lambda + a)\cdots((k-1)\lambda + a)}{\mu.2\mu\cdots(k-1)\mu.k\mu}\,\pi_0.$$

7 - Montrer que

$$\pi_0 = \left(1 - \frac{\lambda}{\mu}\right)^{\frac{a}{\lambda}}.$$

On pourra utiliser la formule suivante : pour tout $x \in [0, 1[$, pour tout $N \in \mathbb{R}_+$,

$$\frac{1}{(1-x)^N} = \sum_{k=0}^{\infty} \binom{N+k-1}{k} x^k,$$

où pour tout $N \in \mathbb{R}_+$,

$$\binom{N+k-1}{k} = \frac{(N+k-1)(N+k-2)\cdots N}{k!}.$$

8 - En déduire π.

Exercice 5.7.9 *Processus de branchement binaire et diffusion de Feller - Modèle de division de populations.*

Partie I : Processus de branchement binaire.

On considère un processus de naissance et mort $(X_t : t \geq 0)$ où indépendamment, les individus se reproduisent au taux b et meurent au taux d, avec $b \neq d$.

I.0 - Quelle est alors la loi du temps de vie d'un individu donné ?

À quelle(s) hypothèse(s) biologique(s) ces caractéristiques mathématiques correspondent-elles ?

Quelle est la loi du nombre de fois où un individu se reproduira au cours de son existence ?

I.1 - Quel est le générateur du processus $(X_t : t \geq 0)$?

I.2 - On note $u_\lambda(t, x) = \mathbb{E}(\exp(-\lambda X_t) \mid X_0 = x)$ pour $\lambda \geq 0$ et $x \in \mathbb{N}$.

a - Montrer que pour tout $t \geq 0$ et $x \in \mathbb{N}$,

$$u_\lambda(t, x) = u_\lambda(t, 1)^x.$$

b - Montrer que u_λ vérifie pour tout $t \geq 0$

$$\frac{\partial}{\partial t} u_\lambda(t, 1) = (u_\lambda(t, 1) - 1)(b u_\lambda(t, 1) - d), \qquad u_\lambda(0, 1) = \exp(-\lambda).$$

Cette équation se résout par séparation des variables et on admet que

$$u_\lambda(t, 1) = 1 - \frac{(b-d)}{b - [b - d\exp(\lambda)][1 - \exp(\lambda)]^{-1}\exp(-(b-d)t)}.$$

I.3 - Montrer que $I\!P_1(X_t = 0)$ peut s'obtenir à partir de la fonction $\lambda \to u_\lambda(t, 1)$. En déduire que pour tout $t \geq 0$,

$$I\!P_1(X_t > 0) = \frac{(b - d)}{b - d\exp(-(b - d)t)}.$$

Remarque : On trouve ainsi la vitesse d'extinction du processus de branchement binaire. obtenu au Paragraphe 5.4.5.

Partie II : Diffusion de Feller et comportement asymptotique.

On appelle diffusion de Feller $(Y_t : t \geq 0)$ de paramètre $\sigma > 0$ le processus qui vérifie l'équation différentielle stochastique :

$$Y_t = y_0 + \int_0^t Y_s \, ds + \int_0^t \sigma \sqrt{2 Y_s} \, dB_s,$$

avec $y_0 \geq 0$.

II.0 - Considérons le processus Z solution de l'EDS

$$Z_t = z_0 + \int_0^t h(Z_s) \, ds + \int_0^t g(s, Z_s) \, dB_s.$$

Justifier que pour la fonction f de classe $C^{1,2}(\mathbb{R}_+ \times \mathbb{R}, \mathbb{R})$,

$$
\begin{aligned}
f(t, Z_t) = {}& f(0, z_0) + \int_0^t \left[\frac{\partial f}{\partial s}(s, Z_s) + \frac{\partial f}{\partial y}(s, Z_s) h(Z_s) + \frac{1}{2} \frac{\partial^2 f}{\partial y^2}(s, Z_s) g(s, Z_s)^2 \right] ds \\
& + \int_0^t \frac{\partial f}{\partial y}(s, Z_s) g(s, Z_s) \, dB_s.
\end{aligned}
$$

II.1 - Montrer que $\bar{Y}_t = Y_t e^{-t}$ vérifie l'équation différentielle stochastique

$$\bar{Y}_t = y_0 + \int_0^t e^{-s/2} \sigma \sqrt{2 \bar{Y}_s} \, dB_s.$$

II.2 - Soit $t_0 \geq 0$. On pose pour $t \in [0, t_0]$, et $\lambda, y \geq 0$,

$$v_\lambda(t, y) = \exp\left(-\frac{\lambda y}{\sigma^2 \lambda (\exp(-t) - \exp(-t_0)) + 1} \right)$$

et on vérifie facilement que cette fonction satisfait pour tous $s, y \geq 0$,

$$\frac{\partial v_\lambda}{\partial s}(s, y) + \frac{\partial^2 v_\lambda}{\partial y^2}(s, y) \, \sigma^2 y e^{-s} = 0.$$

a - Montrer que $(v_\lambda(t, \bar{Y}_t) : 0 \le t \le t_0)$ satisfait l'équation différentielle stochastique

$$v_\lambda(t, \bar{Y}_t) = v_\lambda(0, y_0) - \int_0^t \lambda \frac{v_\lambda(s, \bar{Y}_s)}{\sigma^2 \lambda(\exp(-s) - \exp(-t_0)) + 1} \, e^{-s/2} \sigma \sqrt{2 \bar{Y}_s} \, dB_s.$$

On admettra alors que $(v_\lambda(t, \bar{Y}_t) : 0 \le t \le t_0)$ est une martingale par rapport à la filtration brownienne.

b - En déduire la valeur de $\mathbb{E}_{y_0}\left(v_\lambda(t_0, \bar{Y}_{t_0})\right)$ puis que

$$\mathbb{E}_{y_0}(\exp(-\lambda Y_t)) = \exp\left(-\frac{y_0}{\sigma^2(1 - \exp(-t)) + (\lambda \exp(t))^{-1}}\right).$$

c - Justifier sommairement que la loi de Y_t partant de $y_0 + y_0'$ est la même que celle de $Y_t^1 + Y_t^2$, où Y^1 et Y^2 sont deux diffusions de Feller indépendantes de même loi que Y issues respectivement de y_0 et y_0'.

II.3 - Montrer que

$$\mathbb{P}_{y_0}(Y_t > 0) = 1 - \exp\left(-\frac{y_0}{\sigma^2(1 - \exp(-t))}\right),$$

puis que $\mathbb{P}_{y_0}(\forall t \ge 0 : Y_t > 0) = 1 - \exp(-y_0/\sigma^2)$.

II.4 - On considère pour $N \ge 1$ le processus de branchement binaire $(X_t^N : t \ge 0)$ avec taux de naissance individuel $b_N = b + \sigma^2 N$ et taux de mort individuel $d_N = b - 1 + \sigma^2 N$, où $b > 1$.

a - A votre avis, que modélisent des taux de naissance et de mort de cette forme ?

Quel est le taux de croissance moyen de la population ?

b - Vérifier que $u_\lambda^{(N)}(t) = \mathbb{E}_1(\exp(-\lambda X_t^N))$ satisfait

$$1 - u_{\lambda/N}^{(N)}(t) \sim \frac{1}{N} \frac{\lambda}{\lambda \sigma^2 + (1 - \lambda \sigma^2) \exp(-t)} \qquad \text{lorsque } N \to \infty.$$

c - En déduire que pour tous $t, \lambda \ge 0$,

$$\mathbb{E}(\exp(-\lambda X_t^N / N) \mid X_0 = N) \overset{N \to \infty}{\longrightarrow} \mathbb{E}_1(\exp(-\lambda Y_t)).$$

d - Expliquer comment simuler une diffusion de Feller de paramètre σ à partir de variables aléatoires exponentielles de paramètre 1 indépendantes.

Partie III : Diffusion de Feller branchante

Une population d'insectes se développe avec des naissances et des morts rapides. On modélise sa taille Y_t au temps t par la diffusion de Feller de paramètre $\sigma > 0$ définie dans la partie II. On suppose que la taille initiale de la population est $Y_0 = 1$ p.s.

III.1 - On note $T_x = \inf\{t \geq 0 : Y_t = x\}$ pour $x \geq 0$.

a - Montrer que $\alpha = \sup\{I\!\!P_x(Y_1 > 0) : x \in [0,2]\} < 1$ et que pour tout $n \in \mathbb{N}$,

$$\mathbb{P}_1(Y_{n+1} > 0, \ Y_n < 2, Y_{n-1} < 2, ... Y_1 < 2) \leq \alpha^{n+1}.$$

En déduire que $\mathbb{P}_1(T_0 = \infty, T_2 = \infty) = 0$.

b - Montrer en utilisant la partie précédente que

$$I\!\!P_1(T_2 < T_0) \geq 1 - \exp(-\frac{1}{\sigma^2}) > 0.$$

Si la population d'insectes atteint la taille 2, elle se divise en deux sous-populations de taille 1 à cause de contraintes de ressources. Les deux populations évoluent alors indépendamment suivant des diffusions de Feller de paramètre σ issues de 1. Celles-ci, de manière similaire, s'éteignent ou atteignent le niveau 2 et se séparent de nouveau en deux sous-populations de taille 1, etc.

III.2 - On considère le processus de Galton-Watson Z_n où chaque individu meurt avec probabilité $1 - p$ et a deux enfants avec probabilité p, où $p = I\!\!P_1(T_2 < T_0)$.

Justifier que la probabilité que le nombre de sous-populations d'insectes en vie atteigne zéro en temps fini est la probabilité d'extinction du processus Z_n.

III.3 - Quelle est la probabilité que la taille totale de la population d'insectes (obtenue en sommant sur les tailles de chaque sous-population) tende vers l'infini en temps infini ?

Que dire alors du comportement asymptotique du nombre de populations présentes ?

Exercice 5.7.10

Comportement quasi-stationnaire de certains processus

Le but de ce problème est de comprendre le comportement en temps long de certains processus markoviens. Par exemple, il a été vu en cours qu'un processus de Galton-Watson sous-critique s'éteint en temps fini avec probabilité 1, mais que le conditionner à survivre pendant un long temps permet d'obtenir une distribution *quasi-stationnaire* décrivant son état avant l'extinction. Nous allons généraliser ce résultat aux processus markoviens de saut à espace d'états fini.

On s'intéresse donc ici à un processus markovien $(Z_t)_{t \geq 0}$ prenant ses valeurs dans l'espace $\{0, 1, \ldots, N\}$ (où $N \geq 1$ est un entier fixé) et dont le seul état absorbant est 0. On suppose que le temps d'atteinte T_0 de 0 est fini p.s..

On rappelle que si ν est une distribution sur $\{1, \ldots, N\}$, $\mathbb{P}_\nu$ désigne la mesure de probabilité donnée par

$$\mathbb{P}_\nu(Z_t = j) = \sum_{i=1}^N \nu(i)\, \mathbb{P}_i(Z_t = j), \qquad \forall t \geq 0, j \in \{0, \ldots, N\},$$

sous laquelle la valeur initiale Z_0 a pour loi ν.

1 - Donner un exemple de situation biologique dans laquelle il semble pertinent de représenter la population par un processus de Markov à espace d'états fini et absorbé en 0.

2 - On rappelle qu'une distribution α est dite *quasi-stationnaire* pour Z si pour tout $t \geq 0$ et tout $j \in \{1, \ldots, N\}$,

$$\sum_{i=1}^{N} \alpha(i) \, \mathbb{P}_i(Z_t = j \mid Z_t > 0) = \alpha(j).$$

2-a - Supposons que Z admette une distribution quasi-stationnaire α. Montrer que pour tous $s, t \geq 0$ et $j \in \{1, \ldots, N\}$, on a

$$\mathbb{P}_\alpha(T_0 > t + s, \, Z_t = j) = \mathbb{P}_\alpha(T_0 > t + s \mid Z_t = j) \, \mathbb{P}_\alpha(Z_t = j \mid T_0 > t) \, \mathbb{P}_\alpha(T_0 > t).$$

En déduire que
$$\mathbb{P}_\alpha(T_0 > t + s) = \mathbb{P}_\alpha(T_0 > t) \, \mathbb{P}_\alpha(T_0 > s).$$

2-b - En déduire que si Z_0 a pour loi α, alors le temps d'extinction de Z suit une loi exponentielle dont on notera $\theta(\alpha)$ le paramètre.

Dans la suite, on note $\bar{P}_t$ la matrice de coefficients $\bar{P}_t(i, j) = \mathbb{P}_i(X_t = j)$ pour tous $i, j \in \{1, \ldots, N\}$ (on remarquera que la matrice $\bar{P}_t$ de taille $N \times N$ est obtenue à partir de P_t en oubliant l'état 0). On suppose que $\bar{P}_1$ a ses entrées strictement positives et que $\mathbb{P}_i(Z_1 = 0) > 0$ pour tout i.

3-a - Justifier que pour tout $i \in \{1, \ldots, N\}$,

$$\sum_{j=1}^{N} \bar{P}_1(i, j) < 1.$$

3-b - Montrer que le Théorème de Perron-Frobenius (Théorème 3.7.7) s'applique et qu'il existe
- une unique valeur propre réelle $\lambda_0 > 0$, supérieure en module à toutes les autres (réelles ou complexes),
- un unique vecteur propre à gauche u et un unique vecteur propre à droite v tels que $u_i > 0, v_i > 0$ pour tout i et tels que $\sum_{i=1}^{N} u_i = 1$ et $\sum_{i=1}^{N} u_i v_i = 1$,

satisfaisant

$$\sum_{i=1}^{N} u_i \bar{P}_1(j, i) = \lambda_0 u_j \quad \forall j \in \{1, \ldots, N\} \qquad \text{et} \qquad \sum_{j=1}^{N} \bar{P}_1(i, j) v_j = \lambda_0 v_i \quad \forall i \in \{1, \ldots, N\}.$$

3-c - Justifier que $\lambda_0 < 1$. Il peut donc s'écrire $\lambda_0 = e^{-\theta'}$, pour un réel $\theta' > 0$.

On admettra que pour tout $t \geq 0$, $\bar{P}_t$ s'écrit sous la forme

$$\bar{P}_t = e^{-\theta' t} A + \mathcal{O}(e^{-\chi t}), \tag{5.7.50}$$

où A est la matrice de coefficients $A_{i,j} = v_i u_j$, $\chi > \theta'$ et $\mathcal{O}(e^{-\chi t})$ est une matrice dont les entrées ne dépassent pas $Ce^{-\chi t}$ pour une constante C donnée. Nous allons utiliser ce résultat pour obtenir le comportement avant extinction de Z.

4-a - Soit $i \in \{1, \ldots, N\}$. En utilisant (5.7.50), donner un équivalent de $\mathbb{P}_i(T_0 > t)$ lorsque $t \to \infty$. (Indication : quelles sont les valeurs que peut prendre Z_t lorsque $T_0 > t$?)

4-b - En déduire que pour tous $i, j \in \{1, \ldots, N\}$,

$$\lim_{t \to \infty} \mathbb{P}_i(Z_t = j \mid T_0 > t) = u_j.$$

5 - Nous allons montrer dans cette question que $u = (u_1, \ldots, u_N)$ est une distribution quasi-stationnaire pour Z.

5-a - Montrer que pour tous $s, t \geq 0$ et tout $j \neq 0$, on a

$$\mathbb{P}_u(Z_{t+s} = j \mid T_0 > t+s) = \sum_{i=1}^{N} \mathbb{P}_u(Z_t = i \mid T_0 > t) \, \mathbb{P}_i(Z_s = j) \, \frac{\mathbb{P}_u(T_0 > t)}{\mathbb{P}_u(T_0 > t+s)}. \tag{5.7.51}$$

5-b - Montrer en découpant selon les valeurs possibles de Z_t que

$$\lim_{t \to \infty} \mathbb{P}_u(T_0 > t + s \mid T_0 > t) = \mathbb{P}_u(T_0 > s).$$

5-c - En faisant tendre t vers l'infini dans (5.7.51), montrer que u est bien une distribution quasi-stationnaire pour Z.

5-d - En se rappelant la notation de la question 2-b), donner une expression de $\theta(u)$.

Chapitre 6

Processus d'évolution génétique

Ceux que nous appelions des brutes eurent leur revanche quand Darwin nous prouva qu'ils étaient nos cousins. George Bernard Shaw (1856 - 1950).

6.1 Un modèle idéalisé de population infinie : le modèle de Hardy-Weinberg

Dans ce chapitre, nous allons nous intéresser à la reproduction des individus à travers la transmission de leurs allèles (pour des loci donnés) au cours du temps. Dans une population haploïde, les proportions d'individus portant les différents allèles liés à un gène donné fournissent toute l'information sur la fréquence génotypique dans la population. En revanche, si la population est diploïde, les gènes sont associés par paires dans les individus. Il est alors nécessaire de distinguer 2 types de fréquences pour décrire la composition génétique de la population à un locus considéré : les fréquences génotypiques qui sont les fréquences des différents génotypes à un locus considéré et les fréquences alléliques qui sont les fréquences des différents allèles au locus considéré. En général, les fréquences génotypiques ne peuvent pas se déduire des fréquences alléliques. Supposons par exemple que l'on a deux allèles A et a. Une population avec 50% de gènes A et 50% de gènes a peut-être constituée uniquement d'homozygotes AA et aa, ou uniquement d'hétérozygotes Aa, ou de diverses proportions entre ces 3 génotypes. Toutefois, dans le modèle idéal de Hardy-Weinberg que nous allons développer dans ce premier paragraphe, des hypothèses très simplificatrices permettent de relier directement fréquences génotypiques et fréquences alléliques.

Le modèle de Hardy-Weinberg est le premier modèle publié concernant la structure génotypique d'une population, introduit simultanément par Hardy et par Weinberg en 1908 (voir [6]). Les hypothèses qui sont faites permettent de simplifier beaucoup les calculs mais ne permettent pas d'intégrer les idées darwiniennes d'adaptation et d'évolution. Ces hypothèses sont les suivantes.

• Les gamètes s'associent au hasard indépendamment des gènes considérés (hypothèse

© Springer-Verlag Berlin Heidelberg 2016
S. Méléard, *Modèles aléatoires en Ecologie et Evolution*,
Mathématiques et Applications 77, DOI 10.1007/978-3-662-49455-4_6

de panmixie). Cette hypothèse revient à dire que l'on considère un réservoir infini de gamètes qui sont appariés au hasard, sans tenir compte du sexe de l'individu.

- La population a une taille infinie. Par la loi des grands nombres, on va remplacer la fréquence de chaque allèle par sa probabilité.

- La fréquence des gènes n'est pas modifiée d'une génération à la suivante.

Sous ces hypothèses, supposons qu'en un locus, les probabilités des allèles A et a soient p et $q = 1 - p$. A la deuxième génération, après appariement d'un gamète mâle et d'un gamète femelle, on obtient le génotype AA avec probabilité p^2, le génotype aa avec probabilité q^2 et le génotype Aa avec probabilité $2pq$. Cette structure génotypique est connue sous le nom de structure de Hardy-Weinberg. Mais alors, puisque chaque individu a deux copies de chaque gène, la probabilité d'apparition de l'allèle A dans la population, à la deuxième génération sera $\frac{2p^2 + 2pq}{2} = p^2 + pq = p$. De même, la fréquence de l'allèle a sera q.

Ainsi, sous les hypothèses précédentes, on peut énoncer la loi de Hardy-Weinberg : *Dans une population isolée d'effectif illimité, non soumise à la sélection et dans laquelle il n'y a pas de mutation, les fréquences alléliques restent constantes.* Si les accouplements sont panmictiques, les fréquences génotypiques se déduisent directement des fréquences alléliques et restent donc constantes, et égales à $p^2, 2pq, q^2$. Le modèle ne présente pas de variation aléatoire. Il se réduit à un calcul de probabilité sur les fréquences alléliques et l'on ne pourra pas observer la fixation ou la disparition d'un allèle au bout d'un certain temps.

6.2 Population finie : le modèle de Wright-Fisher

6.2.1 Processus de Wright-Fisher

Alors que dans la population de taille infinie les fréquences alléliques sont stables au cours des générations en l'absence de sélection et de mutation (loi des grands nombres), les fréquences alléliques varient aléatoirement dans les populations de taille finie. (Cela est dû à la variabilité dans la distribution des gènes d'une génération à l'autre). Pour permettre un traitement mathématique pas trop compliqué, le modèle de Wright-Fisher modélise la transmission des gènes d'une génération à l'autre de manière très schématique. Il fait l'hypothèse de générations séparées, ce qui est une simplification considérable du cycle de reproduction. Ici, une population de M individus est représentée par un vecteur de $N = 2M$ allèles.

On notera par $n \in \mathbb{N}$ les indices de générations. Dans le modèle de Wright-Fisher, le parent de chaque individu de la génération $n + 1$ est distribué uniformément dans la n-ième génération. On suppose également que la population d'individus est de taille finie et constante M. Chaque individu est caractérisé par l'un des deux allèles A et a qu'il transmet par hérédité. On a donc $N = 2M$ allèles. Les individus se reproduisent indépendamment les uns des autres et la nouvelle génération est formée de N gènes choisis uniformément dans un réservoir infini de gamètes, et dans laquelle la répartition allélique est celle de la génération n. Le modèle de Wright-Fisher est un modèle neutre. Cela veut dire qu'il n'y a pas d'avantage sélectif associé à l'un des deux types (qui favoriserait la reproduction d'un des allèles). Du fait de la neutralité du modèle, tous les individus sont échangeables, et seule la répartition des allèles a une importance. Définissons la quantité

$$X_n^N = \text{nombre d'allèles de type } A \text{ à la génération } n.$$

Nous voulons étudier la dynamique de $(X_n^N, n \in \mathbb{N})$. Comme nous choisissons M individus, (et donc $N = 2M$ allèles) à la génération $n+1$, la distribution du nombre d'allèles A parmi ces N allèles devrait suivre une loi hypergéométrique. Mais l'hypothèse d'un réservoir infini de gamètes permet d'approcher cette loi hypergéométrique (tirage simultané) par une loi binomiale qui ne prend pas en compte le nombre d'individus mais seulement les proportions des deux allèles dans la population de gamètes (tirage avec remise, voir l'étude des modèles d'urnes, Méléard [55] Paragraphe 2.2.3).

On a le résultat suivant.

Proposition 6.2.1 *Pour tout $n \in \mathbb{N}$, pour tous i et j dans $\{0, \ldots, N\}$,*

$$\mathbb{P}(X_{n+1}^N = j | X_n^N = i) = \binom{N}{j} \left(\frac{i}{N}\right)^j \left(1 - \frac{i}{N}\right)^{N-j}. \tag{6.2.1}$$

Preuve. Par définition, pour tout $n \in \mathbb{N}$, la variable X_n^N prend ses valeurs dans $\{0, \ldots, N\}$. Il est clair que $\mathbb{P}(X_{n+1}^N = 0 | X_n^N = 0) = 1$ par définition, et de même, $\mathbb{P}(X_{n+1}^N = N | X_n^N = N) = 1$. Plus généralement, soit $i \in \{1, \ldots, N-1\}$. Conditionnellement au fait que $X_n^N = i$, la fréquence de l'allèle A à la génération n est $\frac{i}{N}$ et celle de l'allèle a est $\frac{N-i}{N} = 1 - \frac{i}{N}$. Ainsi, à la génération suivante, chaque individu tire son parent au hasard, sans se préoccuper des autres individus. Cela correspond donc à un tirage avec remise et le nombre d'individus d'allèle A à la $(n+1)$-ième génération, sachant que $X_n^N = i$, suit alors une loi binomiale $\mathcal{B}(N, \frac{i}{N})$. Ainsi, nous en déduisons (6.2.1). $\square$

Remarque 6.2.2 Dans les modèles non neutres que nous verrons dans la suite (avec mutation ou sélection), les individus ne seront plus échangeables, et la probabilité de "tirer" un individu d'allèle A connaissant $X_n^N = i$ ne sera plus uniforme.

Remarque 6.2.3 *D'après la Proposition 6.2.1, si on note $p_i = \frac{i}{N}$, on aura que*

$$\mathbb{E}(X_{n+1}^N | X_n^N = i) = N p_i = i \quad \text{et donc} \quad \mathbb{E}(X_{n+1}^N - X_n^N | X_n^N = i) = 0$$

$$Var(X_{n+1}^N | X_n^N = i) = Var(X_{n+1}^N - X_n^N | X_n^N = i) = N p_i (1 - p_i) = i\left(1 - \frac{i}{N}\right). \tag{6.2.2}$$

Nous nous intéressons à la transmission de l'allèle A. Nous pouvons nous poser les questions suivantes : l'allèle A va-t-il envahir toute la population ? Ou l'allèle a ? En combien de temps ? Aura-t-on co-existence des deux allèles ?

Théorème 6.2.4 *La suite $(X_n^N)_{n\in\mathbb{N}}$ est une chaîne de Markov à espace d'états fini et est une martingale bornée. La matrice de transition P de la chaîne est donnée pour tous i et j dans $\{0,\dots,N\}$ par*

$$P_{i,j} = \binom{N}{j}\left(\frac{i}{N}\right)^j \left(1 - \frac{i}{N}\right)^{N-j}. \tag{6.2.3}$$

Les états 0 et N sont deux états absorbants pour la chaîne.

Preuve. Par définition, le processus $(X_n^N, n \geq 0)$ prend ses valeurs dans l'ensemble fini $\{0,\dots,N\}$. Il est évident que ce processus définit une chaîne de Markov puisque la loi de X_{n+1}^N conditionnellement au passé jusqu'au temps n, ne dépend que de X_n^N. La forme de la matrice de transition a été calculée à la Proposition 6.2.1.

De plus, en reprenant les calculs de la Remarque 6.2.3 et si $\mathcal{F}_n$ désigne la filtration engendrée par $X_0^N,\dots,X_n^N$, on a

$$\begin{aligned}
\mathbb{E}(X_{n+1}^N|\mathcal{F}_n) &= \sum_{j=0}^{N} j\,\mathbb{P}(X_{n+1}^N = j|\mathcal{F}_n) \\
&= \sum_{j=0}^{N} j\,\mathbb{P}(X_{n+1}^N = j|X_n^N) = \sum_{j=0}^{N} j\binom{N}{j}\left(\frac{X_n^N}{N}\right)^j \left(1 - \frac{X_n^N}{N}\right)^{N-j} \\
&= N\frac{X_n^N}{N} = X_n^N.
\end{aligned}$$

Ainsi, le processus $(X_n^N)_n$ est une martingale, bornée par N.

Il est évident que les états 0 et N sont absorbants. (voir (6.2.1)). $\qquad\square$

Remarque 6.2.5 Le processus $(X_n^N)_n$ est une martingale et donc, dans ce modèle neutre, la taille de la population d'allèle A est constante en moyenne : il n'y a pas d'avantage sélectif pour un allèle. Nous verrons au Paragraphe 6.2.4 comment la sélection influe sur cette dynamique.

Nous allons étudier comment les allèles se fixent dans la population d'individus de taille N, quand le nombre de générations n tend vers l'infini.

Théorème 6.2.6 *Quand n tend vers l'infini, la suite de variables aléatoires $(X_n^N)_n$ converge presque-sûrement vers une variable aléatoire X_∞^N et*

$$X_\infty^N \in \{0, N\}. \tag{6.2.4}$$

De plus,

$$\mathbb{P}_i(X_\infty^N = N) = \frac{i}{N} = \frac{1}{N}\,\mathbb{E}(X_\infty^N \mid X_0^N = i). \tag{6.2.5}$$

Remarquons que $\mathbb{P}_i(X_\infty^N = N)$ est la probabilité de fixation de l'allèle A dans la population et que $\mathbb{P}_i(X_\infty^N = 0)$ est sa probabilité de disparition et de fixation de l'allèle a. La fixation d'un allèle peut donc avoir lieu sans sélection, du seul fait des fluctuations aléatoires. C'est ce que les biologistes appellent l'effet de la *dérive génétique*.

Exemple 6.2.7 *Exemple de fixation de l'allèle a. Il y a un seul individu d'allèle a au temps 0 parmi 10 individus. La probabilité d'avoir fixation de a vaut $1/10$.*

Preuve. Puisque $(X_n^N)_n$ est une martingale bornée, elle converge presque-sûrement quand $n \to \infty$ vers une variable aléatoire X_∞^N (voir Théorème 2.5.4). Le processus $(X_n^N)_n$ est une chaîne de Markov d'espace d'états fini. On sait qu'alors les deux points absorbants sont des états récurrents positifs. Tous les autres états sont transients. En effet, si $i \in \{1, \ldots, N-1\}$ et d'après (6.2.1),

$$p_{i0} = \mathbb{P}(X_1^N = 0 | X_0^N = i) = \left(1 - \frac{i}{N}\right)^N > 0,$$

donc i mène à 0 mais 0 ne mène pas à i puisque 0 est absorbant. On a donc deux classes de récurrence $\{0\}$ et $\{N\}$ et une classe transiente $\{1, \cdots, N-1\}$ dont la chaîne sort presque-sûrement à partir d'un certain rang. Ainsi, X_∞^N prend ses valeurs dans $\{0, N\}$. Introduisons le temps de fixation

$$\tau = \inf\{n \geq 0 ; X_n^N = 0 \text{ ou } X_n^N = N\} = T_0 \wedge T_N, \tag{6.2.6}$$

où pour $m \in \{0, \cdots, N\}$, $T_m = \inf\{n, X_n^N = m\}$. Le temps d'arrêt τ est donc fini presque-sûrement. Notons $\mathbb{P}_i$ la loi de la chaîne issue de i. Comme $(X_n^N)_n$ est une martingale bornée, le théorème d'arrêt s'applique (voir Théorème 2.5.3) et donc

$$\mathbb{E}_i(X_\tau^N) = \mathbb{E}_i(X_0^N) = i.$$

Cela entraîne en particulier que

$$P_i(X_\infty^N = N) = \frac{i}{N}.$$

$\square$

Pour avoir une idée du temps qu'il faut pour avoir fixation, étudions la probabilité que deux copies d'un même locus choisies au hasard (sans remise) portent des allèles différents (hétérozygotie). Soit $h(n)$ cette probabilité, dans le cas où ces copies sont choisies dans la n-ième génération. Calculons tout d'abord la probabilité d'avoir l'hétérozygotie, conditionnellement à la connaissance de $X_n^N = i$. Elle vaut

$$H_n(i) = \frac{\binom{i}{1}\binom{N-i}{1}}{\binom{N}{2}} = \frac{2i(N-i)}{N(N-1)}.$$

Plus généralement, H_n est la variable aléatoire

$$H_n = \frac{\binom{X_n^N}{1}\binom{N-X_n^N}{1}}{\binom{N}{2}} = \frac{2X_n^N(N-X_n^N)}{N(N-1)}$$

et par (6.2.2),

$$H_n = \frac{2}{(N-1)}Var(X_{n+1}^N \mid X_n^N).$$

Nous pouvons alors montrer que

Proposition 6.2.8

$$h(n) = \mathbb{E}(H_n) = \left(1 - \frac{1}{N}\right)^n \mathbb{E}(H_0). \tag{6.2.7}$$

Cette proposition nous donne la vitesse de décroissance (exponentielle) de l'hétérozygotie en fonction du temps.

Preuve. Ecrivons $\mathbb{E}(H_n)$ en fonction de $\mathbb{E}(H_{n-1})$. Nous savons que $\mathbb{E}(X_n^N) = \mathbb{E}(X_{n-1}^N)$. De plus,

$$\mathbb{E}((X_n^N)^2 \mid X_{n-1}^N) = Var(X_n^N \mid X_{n-1}^N) + (\mathbb{E}(X_n^N \mid X_{n-1}^N))^2 = \frac{(N-1)H_{n-1}}{2} + (X_{n-1}^N)^2.$$

Nous en déduisons facilement que

$$\mathbb{E}(H_n) = \frac{2}{N(N-1)}\left(\mathbb{E}(NX_{n-1}^N - (X_{n-1}^N)^2) - \frac{(N-1)\mathbb{E}(H_{n-1})}{2}\right) = \left(1 - \frac{1}{N}\right)\mathbb{E}(H_{n-1}).$$

$\square$

Remarquons que si l'on part avec une seule copie d'allèle A, alors $X_0^N = 1$, et $H_0 = \frac{2}{N}$. Ainsi, $h(0) = \frac{2}{N}$, et dans ce cas, grâce à (6.2.7), la probabilité qu'à la génération n, deux copies choisies au hasard aient deux allèles différents vaut $\frac{2}{N}\left(1 - \frac{1}{N}\right)^n$.

Remarque 6.2.9 *Comme nous venons de le voir, la preuve de la Proposition 6.2.7 découle d'un calcul très simple. Néanmoins nous proposons maintenant une autre preuve, associant à cette étude de la population dans le sens direct du temps une approche duale, liée à la généalogie des individus. Cette approche a été développée par Durrett [31] et sa compréhension nous sera utile dans le Paragraphe 6.5. Nous appelons individus les N copies du locus considéré et nous allons étudier leur généalogie en remontant le temps. En effet, deux individus au temps n seront hétérozygotes s'ils n'ont pas eu d'ancêtre commun et si au temps 0, leurs parents étaient également hétérozygotes.*

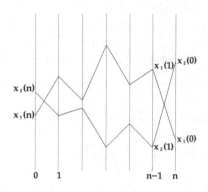

FIGURE 6.1 –

Choisissons au temps n deux allèles numérotés $x_1(0)$ et $x_2(0)$ distincts. Les individus $i = 1, 2$ sont chacun descendants d'individus de marques $x_i(1)$ au temps $n - 1$, qui sont eux-mêmes descendants d'individus de marques $x_i(2)$ au temps $n - 2$.... Ainsi la suite $x_i(m), 0 \leq m \leq n$ décrit la généalogie de $x_i(0)$, c'est-à-dire la suite de ses ancêtres si le sens du temps est inversé. Voir Figure 6.1.

Remarquons que si $x_1(m) = x_2(m)$, les deux individus ont eu le même ancêtre m générations plus tôt et $x_1(l) = x_2(l)$ pour $m \leq l \leq n$. Si $x_1(m) \neq x_2(m)$, puisque les choix des deux parents des individus sont faits indépendamment l'un de l'autre, la probabilité que ces individus aient le même ancêtre commun à la $(m + 1)$-ième génération est $\frac{1}{N}$ et la probabilité que $x_1(m+1) \neq x_2(m+1)$ est $1 - \frac{1}{N}$. Une preuve par récurrence entraîne alors que la probabilité d'avoir $x_1(n) \neq x_2(n)$ est égale à $\left(1 - \frac{1}{N}\right)^n$. Dans ce cas, les deux lignées sont disjointes jusqu'à cette génération passée n. Conditionellement à cet événement, les deux allèles $x_1(n)$ et $x_2(n)$ sont donc choisis au hasard dans la population au temps réel 0 et la probabilité qu'ils soient différents est la fréquence H_0 d'espérance $h(0)$, ce qui conclut la preuve.

Il n'y a pas de formule exacte pour le temps moyen de fixation, mais nous allons pouvoir en donner une approximation quand la taille N de la population tend vers l'infini.

Proposition 6.2.10 *Si N tend vers l'infini et si la fréquence initiale $\frac{i}{N}$ de l'allèle A vaut $x_0 \in]0,1[$, le temps moyen de fixation se comporte approximativement comme*

$$\mathbb{E}_i(T_N \wedge T_0) \sim_{N \to \infty} -2N \left(x_0 \ln x_0 + (1 - x_0) \ln(1 - x_0) \right).$$

Preuve. Supposons que N soit grand et que la fréquence initiale de l'allèle A vaille $\frac{i}{N} = x_0$. Supposons également qu'il existe une fonction T définie sur $[0,1]$, trois fois différentiable et de dérivée 3-ième bornée par C, telle que $T\left(\frac{k}{N}\right) = \mathbb{E}_k(T_N \wedge T_0)$ pour tout $k \in \{0, \cdots, N\}$. Rappelons que si le nombre d'individus d'allèle A est i, alors ce nombre à la génération suivante suit une loi binomiale $\mathcal{B}(N, x_0)$, d'où $\mathbb{E}(\frac{X_1^N}{N} - x_0) = 0$ et $Var(\frac{X_1^N}{N} - x_0) = \frac{1}{N} x_0 (1 - x_0)$. Nous utilisons un conditionnement par rapport au premier saut de la chaîne X^N et un développement limité autour du point $x_0 = \frac{i}{N}$.

$$
\begin{aligned}
\mathbb{E}_i(T_N \wedge T_0) &= \sum_{k=0}^{N} \mathbb{E}_i(T_N \wedge T_0 \mid X_1^N = k) \, \mathbb{P}(X_1^N = k) \\
&= \sum_{k=0}^{N} \mathbb{P}(X_1^N = k) \left(T\left(\frac{k}{N}\right) + 1 \right) \\
&= 1 + \sum_{k=0}^{N} \mathbb{P}(X_1^N = k) \left(T\left(\frac{i}{N}\right) + \left(\frac{k-i}{N}\right) T'\left(\frac{i}{N}\right) + \frac{1}{2}\left(\frac{k-i}{N}\right)^2 T''\left(\frac{i}{N}\right) \right. \\
&\qquad \left. + \frac{1}{6}\left(\frac{k-i}{N}\right)^3 T^{(3)}\left(\frac{i}{N} + \theta \frac{k-i}{N}\right) \right), \quad \theta \in]0,1[, \\
&= 1 + T(x_0) + \frac{1}{2N} x_0 (1 - x_0) T''(x_0) \\
&\qquad + \frac{1}{6} \mathbb{E}\left(\left(\frac{X_1^N - i}{N}\right)^3 T^{(3)}\left(\frac{i}{N} + \theta \frac{X_1^N - i}{N}\right) \right),
\end{aligned}
$$

car $\mathbb{E}_i\left(\frac{X_1^N - i}{N}\right) = 0$ et $\mathbb{E}_i\left(\left(\frac{X_1^N - i}{N}\right)^2\right) = \frac{1}{N} x_0 (1 - x_0)$. Un calcul simple (utilisant les moments jusqu'à l'ordre 3 de la loi binomiale), montre que

$$\mathbb{E}\left(\left(\frac{X_1^N - i}{N}\right)^3 T^{(3)}\left(\frac{i}{N} + \theta \frac{X_1^N - i}{N}\right) \right) \leq \frac{C}{N^3}\left(N\left(\frac{i}{N}\right) + 3N(N-1)\left(\frac{i}{N}\right)^2 + N(N-1)(N-2)\left(\frac{i}{N}\right)^3 \right).$$

Ainsi, ce terme se comporte comme $\frac{1}{N^2}$ et est donc négligeable devant les premiers termes pour N grand. Il s'en suit que $T(x_0)$ est approximativement égal à $1 + T(x_0) + \frac{1}{2N} x_0 (1 - x_0) T''(x_0)$, d'où

$$x_0 (1 - x_0) T''(x_0) \sim_{N \to \infty} -2N.$$

Comme $T(0) = T(1) = 0$, nous en déduisons le résultat par la résolution de l'équation. $\square$

6.2.2 Distribution quasi-stationnaire pour un processus de Wright-Fisher

Nous avons vu que les points 0 et N sont absorbants pour la chaîne de Markov $(X_n^N)_n$. Nous allons pouvoir, comme dans le cas du processus de Galton-Watson, étudier les distributions quasi-stationnaires en conditionnant par la non-atteinte de l'ensemble absorbant $\{0, N\}$. (Voir Paragraphe 4.4). Comme précédemment nous notons par $\tau = T_0 \wedge T_N$ le temps d'absorption.

Les distributions quasi-stationnaires pour une chaîne de Markov avec espace d'état fini sont étudiées par Darroch et Seneta [29]. Nous renvoyons également à [57] et à [53], où le processus de Wright-Fisher est considéré comme cas particulier des modèles de Cannings.

Théorème 6.2.11 *La limite de Yaglom* $u = (u_i)_{i=1}^{N-1}$ *de la chaîne de Wright-Fisher existe et est l'unique distribution quasi-stationnaire du processus* $(X_n^N)_n$. *C'est une probabilité sur* $\{1, \cdots, N-1\}$, *i.e. un vecteur de nombres positifs* $(u_1, \cdots, u_{N-1})$ *telle que* $\sum_{i=1}^{N-1} u_i = 1$. *De plus, le taux d'extinction* $\rho(u)$ *associé à* u *(voir Proposition 3.4.6) est égal à* $1 - \frac{1}{N}$ *et il existe un unique vecteur* v, *tel que* $(u_1 v_1, \cdots, u_{N-1} v_{N-1})$ *est une probabilité sur* $\{1, \cdots, N-1\}$ *et pour tous* $i, j \in \{1, \cdots, N-1\}$,

$$\lim_{n \to \infty} \left(1 - \frac{1}{N}\right)^n \mathbb{P}_i(X_n^N = j) = v_i \, u_j. \qquad (6.2.8)$$

et

$$\lim_{n \to \infty} \frac{\mathbb{P}_i(\tau > n + m)}{\mathbb{P}_j(\tau > n)} = \frac{v_i}{v_j} \left(1 - \frac{1}{N}\right)^m. \qquad (6.2.9)$$

Remarquons que $\mathbb{P}(\tau > n)$ peut décroître très lentement si N est grand.

Preuve. La preuve est une conséquence du théorème de Perron-Frobenius (voir Thérème 3.7.7) dont nous reprenons les notations. Nous considérons la restriction de la matrice $P = (P_{i,j})$ définie en (6.2.3) à $i, j \in \{1, \cdots, N-1\}$. Elle a des entrées strictement positives. Le théorème de Perron-Frobenius nous dit alors qu'il existe $\lambda_0 > 0$ et une probabilité u sur $\{1, \cdots, N-1\}$ telle que pour tous $i, j \in \{1, \cdots, N-1\}$,

$$\lambda_0^{-n} \mathbb{P}_i(X_n^N = j) = \lambda_0^{-n} P_{i,j}^n = v_i u_j + \lambda_0^{-n} B_{i,j}^n,$$

et aucun des éléments de la matrice B^n n'excède ρ^n, où $0 < \rho < \lambda_0$. De plus, $\sum_{j=1}^{N-1} P_{i,j} < 1$ (pour tout i) entraîne que $\lambda_0 < 1$. En effet, soit i_0 tel que $v_{i_0} = \sup_i v_i$. Comme v est un vecteur propre à droite de P associé à λ_0, nous avons

$$\lambda_0 v_{i_0} = \sum_{j=1}^{N-1} P_{i_0,j} v_j \leq v_{i_0} \sum_{j=1}^{N-1} P_{i_0,j} < v_{i_0}.$$

Sommant sur $j \in \{1, \cdots, N-1\}$, nous en déduisons que

$$\lambda_0^{-n}\, \mathbb{P}_i(\tau > n) = v_i + \frac{\mathcal{O}(\rho^n)}{\lambda_0^n}.$$

Il s'en suit que pour tous $i, j \in \{1, \cdots, N-1\}$,

$$\mathbb{P}_i(X_n^N = j \,|\, \tau > n) = \frac{\mathbb{P}_i(X_n^N = j)}{\mathbb{P}_i(\tau > n)} \xrightarrow[n \to \infty]{} u_j.$$

Ainsi la limite de Yaglom existe et est égale à u. C'est une distribution quasi-stationnaire, comme prouvé à la Proposition 3.4.4. Pour toute distribution initiale ν sur $\{1, \cdots, N-1\}$,

$$\lim_{n \to \infty} \mathbb{P}_\nu(X_n^N = j \,|\, \tau > n) = \sum_{i \in \{1, \cdots, N-1\}} \nu_i \lim_{n \to \infty} \mathbb{P}_i(X_n^N = j \,|\, \tau > n) \xrightarrow[n \to \infty]{} \sum_{i \in \{1, \cdots, N-1\}} \nu_i u_j = u_j.$$

C'est en particulier vrai pour toute distribution quasi-stationnaire μ. Nous en déduisons donc qu'alors $\mu_j = u_j$ pour tout j et que la limite de Yaglom u est l'unique distribution quasi-stationnaire de X^N.

Remarquons que par la Proposition 3.4.6, nous avons également que $\sum_{i \in \{1, \cdots, N-1\}} u_i\, \mathbb{P}_i(\tau > n) = \rho(u)^n$. Cette quantité est aussi égale à λ_0^n, et donc $\rho(u) = \lambda_0$.

Le Lemme 6.2.12 ci-dessous nous donne ce taux d'extinction pour la chaîne de Wright-Fisher, qui vaut $\lambda_0 = 1 - \frac{1}{N}$.

Nous en déduisons immédiatement (6.2.8) et (6.2.9).   □

Lemme 6.2.12 *Les valeurs propres de la matrice de transition P de X^N, rangées par ordre décroissant, sont 1, 1 et $\alpha_j = \mathbb{E}(\eta_1 \eta_2 \cdots \eta_j)$ pour $2 \le j \le N$, où pour tout $k \in \{1, \cdots, N\}$, la variable aléatoire η_k désigne le nombre des descendants de l'individu k. En particulier,*

$$\alpha_2 = \mathbb{E}(\eta_1 \eta_2) = 1 - \frac{1}{N}.$$

Preuve. La preuve est adaptée de Lambert [53]. Il est clair que 1 est valeur propre double, correspondant aux deux vecteurs propres $(1, 0, \cdots, 0)$ et $(0, \cdots, 0, 1)$. Introduisons la matrice inversible Z de taille $(N+1) \times (N+1)$ définie par $z_{ij} = i^j$ pour $0 \le i, j \le N$. Il existe une matrice triangulaire A, telle que $a_{00} = 1$ et $a_{jj} = \mathbb{E}(\eta_1 \eta_2 \cdots \eta_j)$ pour $1 \le j \le N$ et $P = ZAZ^{-1}$. En effet, il suffit d'écrire

$$\sum_{k=0}^{N} P_{i,k}\, k^j = \sum_{k=0}^{j} i^k\, a_{kj} \iff \mathbb{E}_i((X_1^N)^j) = R_j(i),$$

où R_j polynôme de degré j. Or, $\mathbb{E}_i((X_1^N)^j) = \mathbb{E}((\eta_1 + \eta_2 \cdots + \eta_i)^j)$.

Il est facile de voir que les variables aléatoires η_k sont échangeables, que $\sum_{k=1}^{N} \eta_k = N$ et que $(\eta_1, \cdots, \eta_N)$ suit une loi multinomiale $Multinom(N, \frac{1}{N}, \cdots, \frac{1}{N})$. Nous déduisons de cette échangeabilité que

$$R_j(i) = \sum_{\sigma \in S_i, n_1 + \cdots + n_i = j} \mathbb{E}(\eta_{\sigma(1)}^{n_1} \cdots \eta_{\sigma(i)}^{n_i}) = \sum_{k=1}^{j} i(i-1) \cdots (i-k+1) \sum_{n_1 + \cdots + n_k = j} \mathbb{E}(\eta_1^{n_1} \cdots \eta_k^{n_k}),$$

où l'on a regroupé les permutations de support à $k \leq i$ éléments. Le terme dominant de $R_j(X)$ est alors $a_{jj} = \mathbb{E}(\eta_1 \eta_2 \cdots \eta_j)$. Les valeurs propres de P autres que 1 sont donc données par ces valeurs.

Calculons α_2. Puisque $\eta_1 + \cdots + \eta_N = N$, nous avons par échangeabilité

$$N^2 = \sum_{i=1}^{N} \mathbb{E}(\eta_i^2) + \sum_{i,j=1}^{N} \mathbb{E}(\eta_i \eta_j) = N\mathbb{E}(\eta_1^2) + N(N-1)\mathbb{E}(\eta_1 \eta_2).$$

Or η_1 suit une loi binomiale $\mathcal{B}(N, \frac{1}{N})$, d'où $\mathbb{E}(\eta_1^2) = Var(\eta_1) + 1 = 2 - \frac{1}{N}$. Ainsi,

$$\alpha_2 = \mathbb{E}(\eta_1 \eta_2) = 1 - \frac{1}{N}.$$

$\square$

6.2.3 Processus de Wright-Fisher avec mutation

Supposons maintenant qu'au cours de la reproduction, il y ait des mutations de l'allèle A vers l'allèle a avec probabilité α_1 et de l'allèle a vers l'allèle A avec probabilité α_2. Le modèle est toujours supposé neutre ; les deux allèles ont donc le même avantage sélectif. Le parent d'un individu est toujours choisi uniformément au hasard dans la génération précédente, mais si ce parent est d'allèle A, l'individu hérite de l'allèle A avec probabilité $1 - \alpha_1$ ou subit une mutation et porte l'allèle a avec probabilité α_1. Si ce parent est d'allèle a, l'individu hérite de l'allèle a avec probabilité $1 - \alpha_2$ ou subit une mutation et porte l'allèle A avec probabilité α_2.

Si $(X_n^N)_n$ est le processus décrivant le nombre d'allèles A à la génération n, la loi de X_{n+1}^N est une loi binomiale de paramètres qui dépendent comme précédemment de la répartition de l'allèle A à la génération n. Si il y a i copies de l'allèle A à la génération n, cette répartition est donnée par

$$p_i = \frac{i(1 - \alpha_1) + (N - i)\alpha_2}{N}. \tag{6.2.10}$$

Dans ce cas, X_{n+1}^N suit une loi binomiale $\mathcal{B}(N, p_i)$, et on a

$$\mathbb{P}(X_{n+1}^N = j | X_n^N = i) = \binom{N}{j} (p_i)^j (1 - p_i)^{N-j}. \tag{6.2.11}$$

La chaîne de Markov a un comportement en temps long très différent de celui du cas neutre. En effet si $\alpha_1 > 0$ et $\alpha_2 > 0$, il n'y a pas possibilité d'avoir fixation. Comme la chaîne est à support fini, elle possède une unique probabilité invariante non triviale π, solution de $\sum_{i=0}^{N} \pi_i P_{i,j} = \pi_j$, dans le cas où $P_{i,j}$ est donné par (6.2.11).

6.2.4 Processus de Wright-Fisher avec sélection

Nous supposons ici que l'allèle A a un avantage sélectif sur l'allèle a, au sens où une copie portant l'allèle A a plus de chance de se répliquer (sa fertilité est plus grande). Soit $s > 0$ le paramètre décrivant cet avantage. Si à la génération n, il y a i individus possédant l'allèle A, l'avantage sélectif est modélisé par le fait que la probabilité d'obtention de l'allèle A est donnée par

$$\widehat{p}_i = \frac{(1 + s)\,i}{(1 + s)\,i + N - i} \geq \frac{i}{N}. \tag{6.2.12}$$

Nous aurons alors

$$\mathbb{P}(X_{n+1}^N = j | X_n^N = i) = \binom{N}{j} (\widehat{p}_i)^j (1 - \widehat{p}_i)^{N-j}. \tag{6.2.13}$$

Nous pouvons de même modéliser un allèle défavorable ou délétère par un désavantage sélectif : dans ce cas $s < 0$.

Plus généralement, nous pouvons également définir un modèle de Wright-Fisher avec sélection et mutation. Dans ce cas, le choix du parent est fait en donnant un avantage sélectif à un porteur de l'allèle A et tout individu peut subir une mutation à sa naissance comme cela a été décrit au Paragraphe 6.2.3. Nous supposons donc que

$$\bar{p}_i = \frac{[(1 + s)\,i\,(1 - \alpha_1)] + (N - i)\,\alpha_2}{(1 + s)\,i + N - i}. \tag{6.2.14}$$

Remarquons que la différence $\bar{p}_i - \frac{i}{N}$ de la fraction d'allèles A à la fin du cycle de la n-ième génération exprime la différence due à la sélection et à la mutation. Les fluctuations statistiques liées à la taille finie de la population apparaissent à travers le comportement aléatoire de la chaîne de Markov, décrit par les probabilités de transitions $P_{i,j}$. Il est difficile, pour une telle chaîne, de calculer les probabilités d'intérêt, telles les probabilités d'extinction ou de fixation de l'allèle A ou les temps moyens pour arriver à ces états. Nous allons voir dans le paragraphe suivant que si la taille N de la population est grande et si les effets individuels des mutations et de la sélection sont faibles, alors le processus $(X_n^N)_n$ peut être approché par un processus de diffusion pour lequel il sera plus facile d'obtenir des résultats quantitatifs.

6.3 Modèles démographiques de diffusion

6.3.1 Diffusion de Wright-Fisher

Dans ce paragraphe, nous allons obtenir une approximation du modèle de Wright-Fisher neutre, dans le cas où la taille de la population N tend vers l'infini. Nous supposons que $\frac{1}{N}X_0^N$ a une limite z quand $N \to \infty$. Dans ce cas, le nombre d'individus d'allèle A est de l'ordre de la taille de la population et l'espérance et la variance de la chaîne calculées à la Remarque 6.2.3 sont d'ordre N. Pour pouvoir espérer une limite intéressante, nous allons considérer le processus $(\frac{1}{N}X_n^N, n \geq 0)$. Ainsi, si $Y_n^N = \frac{1}{N}X_n^N$, nous aurons

$$\mathbb{E}(Y_{n+1}^N|Y_n^N = x) = \frac{1}{N}\mathbb{E}(X_{n+1}^N|X_n^N = Nx) = x \text{ et donc } \mathbb{E}(Y_{n+1}^N - Y_n^N|Y_n^N = x) = 0$$

$$Var(Y_{n+1}^N - Y_n^N|Y_n^N = x) = \frac{1}{N^2}Var(X_{n+1}^N - X_n^N|X_n^N = Nx) = \frac{1}{N}x(1-x).$$

Nous voyons donc que si $N \to \infty$, l'espérance et la variance des accroissements sont asymptotiquement nulles et le processus semble rester constant. L'échelle de temps n'est donc pas la bonne pour observer une limite non triviale, les événements de reproduction n'étant pas dans la même échelle que la taille de la population (leurs fluctuations sont beaucoup trop petites dans cette échelle de taille). Nous allons considérer une unité de temps qui dépend de la taille de la population et étudier le processus dans une échelle de temps très longue, qui correspond à une accélération du processus de reproduction. Pour $t \in [0, T]$, nous posons $n = [Nt]$, $[x]$ désignant la partie entière de x. Reprenons les calculs précédents en posant

$$Z_t^N = \frac{1}{N}X_{[Nt]}^N = Y_{[Nt]}^N.$$

Puisque $n = [Nt]$ et en posant $\Delta t = \frac{1}{N}$, nous obtenons

$$\mathbb{E}(Z_{t+\Delta t}^N|Z_t^n = x) = x \text{ et donc } \mathbb{E}(Z_{t+\Delta t}^N - Z_t^n|Z_t^N = x) = 0$$

$$Var(Z_{t+\Delta t}^N - Z_t^n|Z_t^n = x) = \frac{1}{N}x(1-x) = x(1-x)\,\Delta t.$$

Dans cette échelle de temps, $(Z_t^N, t \geq 0)$ est une martingale et la variance du processus n'explose pas quand N tend vers l'infini. Nous pouvons également remarquer que les sauts du processus $(Z_t^N, t \geq 0)$ sont d'amplitude $\frac{1}{N}$ et tendent vers 0 quand N tend vers l'infini. Ainsi, si le processus converge, sa limite sera continue en temps. Nous avons en fait le théorème suivant.

Théorème 6.3.1 *Si la suite $(\frac{1}{N} X_0^N)_N$ converge en loi vers $Z_0 \in [0, 1]$ quand $N \to \infty$, le processus $(\frac{1}{N} X_{[Nt]}^N, t \geq 0)$ converge en loi vers la solution de l'équation différentielle stochastique*

$$Z_t = Z_0 + \int_0^t \sqrt{Z_s (1 - Z_s)} \, dB_s, \qquad (6.3.15)$$

où $(B_t, t \geq 0)$ est un mouvement brownien standard. L'unicité est obtenue grâce au Théorème 4.6.11 et pour tout t, $Z_t \in [0, 1]$.

Preuve. La preuve rigoureuse de ce théorème dépasse le cadre de cet ouvrage. Nous en donnons seulement les grandes idées.

Le processus $(Z_t^N - Z_0^N, t \geq 0)$ est une martingale à valeurs dans $[0, 1]$ et pour chaque t, la variance de $Z_t^N - Z_0^N$ vaut $\int_0^t \mathbb{E}(Z_s^N(1 - Z_s^N)) ds$. On peut montrer la convergence en loi du processus $(Z_t^N, t \in [0, T])$, en tant que processus à trajectoires continues à droite et limitées à gauche sur tout intervalle de temps $[0, T]$, vers la solution $(Z_t, t \in [0, T])$ de (6.3.15). La preuve se fait en deux temps :
- Montrer que la suite Z^N admet une valeur d'adhérence ; cela nécessite des arguments de relative compacité pour des lois de processus, probabilités sur l'espace fonctionnel des fonctions continues à droite et limitées à gauche (cf. Billingsley [11]).
- Montrer que cette valeur d'adhérence est unique. Il faut donc pour cela identifier les valeurs d'adhérence comme solutions du processus (6.3.15) et montrer qu'il y a unicité en loi de ce processus. Celle-ci est obtenue à partir du Théorème 4.6.11. L'unicité entraîne en particulier que si Z atteint les bords, il y reste, c'est-à-dire que les points 0 et 1 sont absorbants. $\square$

La diffusion de Wright-Fisher définie comme solution de (6.3.15) a déjà été introduite à titre d'exemple au Paragraphe 4.7.5. Dans ce paragraphe a été étudié le temps d'absorption dont la moyenne a été donnée en (4.7.32) :

$$\mathbb{E}_z(T_0 \wedge T_1) = -2(z \log z + (1 - z) \log(1 - z)).$$

Cette formule peut-être comparée avec la formule approchée obtenue pour la chaîne de Markov de Wright-Fisher obtenue à la Proposition 6.2.10.

6.3.2 Diffusion de Wright-Fisher avec mutation ou sélection

Reprenons les calculs précédents, dans le cas d'un modèle de Wright-Fisher avec mutation, avec les paramètres introduits au Paragraphe 6.2.3. Dans ce cas et si $X_n^N = i$, la probabilité

p_i est définie par (6.2.10). Supposons qu'au moins l'un des paramètres α_1, α_2 soit non nul. Nous allons comme précédemment étudier le processus

$$Z_t^N = \frac{1}{N} X_{[Nt]}^N.$$

Les calculs donnent $\mathbb{E}(Z_{t+\Delta t}^N | Z_t^N = x) = p_{Nx}$, d'où

$$\mathbb{E}(Z_{t+\Delta t}^N - Z_t^N | Z_t^N = x) = N\left(-\alpha_1 x + (1-x)\alpha_2\right)\Delta t$$

et

$$\mathbb{E}((Z_{t+\Delta t}^N - Z_t^N)^2 | Z_t^N = x) = \mathbb{E}((Z_{t+\Delta t}^N)^2 | Z_t^N = x) - 2x\mathbb{E}(Z_{t+\Delta t}^N | Z_t^N = x) + x^2$$

$$= \frac{1}{N} p_{Nx}(1 - p_{Nx}) + (p_{Nx} - x)^2$$

$$= \Delta t\left(x(1-x) + Q(x, \alpha_1, \alpha_2) + N(\alpha_1 x - (1-x)\alpha_2)^2\right),$$

où $Q(x, \alpha_1, \alpha_2)$ est un polynôme du second degré en x dont tous les coefficients sont facteurs de α_1 ou α_2.

Pour que l'espérance conditionnelle de l'écart $Z_{t+\Delta t}^N - Z_t^n$ et son carré aient une chance de converger, nous allons nous placer sous une hypothèse de mutations rares

$$\alpha_1 = \frac{\beta_1}{N} \ ; \ \alpha_2 = \frac{\beta_2}{N}, \tag{6.3.16}$$

où les probabilités de mutation tendent vers 0 avec N. Dans ce cas,

$$\mathbb{E}(Z_{t+\Delta t}^N - Z_t^N | Z_t^N = x) = (-\beta_1 x + (1-x)\beta_2)\Delta t$$

et

$$\mathbb{E}((Z_{t+\Delta t}^N - Z_t^N)^2 | Z_t^N = x) = \left(x(1-x) + o(\frac{1}{N})\right)\Delta t.$$

Il est alors possible de prouver la proposition suivante

Proposition 6.3.2 *Sous l'hypothèse des mutations rares* (6.3.16)*, et si* $(\frac{1}{N} X_0^N)_N$ *converge en loi vers* $Z_0 \in [0,1]$ *quand* $N \to \infty$*, le processus* $(\frac{1}{N} X_{[Nt]}^N, t \geq 0)$ *converge en loi vers la solution de l'équation différentielle stochastique*

$$Z_t = Z_0 + \int_0^t \sqrt{Z_s(1 - Z_s)}\, dB_s + \int_0^t (-\beta_1 Z_s + (1 - Z_s)\beta_2)\, ds. \tag{6.3.17}$$

L'unicité est obtenue comme ci-dessus grâce au Théorème 4.6.11. Là-encore, $Z_t \in [0,1]$.

Preuve. Sous l'hypothèse (6.3.16), $\mathbb{E}(Z_{t+\Delta t}^N - Z_t^n | Z_t^N = x)$ est égal à $(-\beta_1 x + (1-x)\beta_2)\Delta t$ et $\mathbb{E}((Z_{t+\Delta t}^N - Z_t^N)^2 | Z_t^N = x)$ converge vers $x(1-x)\Delta t$ quand $N \to \infty$. Par des arguments analogues à ceux du Théorème 6.3.1, nous en déduisons le résultat.   □

Nous allons maintenant étudier le cas du modèle avec sélection (voir Paragraphe 6.2.4) sous une hypothèse de sélection rare : nous supposons que

$$s = \frac{r}{N}. \tag{6.3.18}$$

Le processus $Z_t^N = \frac{1}{N} X_{[Nt]}^N$ est alors défini à partir du modèle de Wright-Fisher avec sélection, pour des probabilités de transition définies à partir des probabilités $\widehat{p}_i$ définies en (6.2.12). Nous avons alors la proposition suivante.

Proposition 6.3.3 *Sous l'hypothèse de sélection rare (6.3.18) et si $(\frac{1}{N} X_0^N)_N$ converge en loi vers $Z_0 \in [0,1]$ quand $N \to \infty$, le processus $(\frac{1}{N} X_{[Nt]}^N, t \geq 0)$ converge en loi vers la solution de l'équation différentielle stochastique*

$$Z_t = Z_0 + \int_0^t \sqrt{Z_s(1 - Z_s)}\, dB_s + \int_0^t r Z_s (1 - Z_s)\, ds. \tag{6.3.19}$$

Preuve. Nous avons

$$\mathbb{E}(Z_{t+\Delta t}^N - Z_t^N | Z_t^N = x) = N\left(\frac{-x^2 s + sx}{sx + 1}\right)\Delta t;$$

$$\mathbb{E}((Z_{t+\Delta t}^N - Z_t^N)^2 | Z_t^N = x) = \left(x(1-x) + N(\frac{s^2 x^2(1 + 2x + x^2)}{(xs + 1)^2})\right)\Delta t.$$

Ainsi, en supposant (6.3.18), nous obtenons que $\mathbb{E}(Z_{t+\Delta t}^N - Z_t^N | Z_t^N = x)$ converge vers $rx(1-x)\Delta t$ quand $N \to \infty$ et que $\mathbb{E}((Z_{t+\Delta t}^N - Z_t^N)^2 | Z_t^N = x)$ converge vers $x(1-x)\Delta t$. Par des arguments analogues à ceux du Théorème 6.3.1, nous en déduisons le résultat. □

Proposition 6.3.4 *Considérons maintenant le modèle le plus général avec mutation et sélection, où les probabilités de transition de $(X_n^N, n \in \mathbb{N})$ sont obtenues par (6.2.14). Plaçons-nous sous les hypothèses de mutation et sélection rares (6.3.16) et (6.3.18). Alors, si $(\frac{1}{N} X_0^N)_N$ converge en loi vers $Z_0 \in [0,1]$, le processus $(Z_t^N, t \geq 0)$ défini par $Z_t^N = \frac{1}{N} X_{[Nt]}^N$, converge en loi quand N tend vers l'infini vers la solution de l'équation différentielle stochastique*

$$Z_t = Z_0 + \int_0^t \sqrt{Z_s(1 - Z_s)}\, dB_s + \int_0^t \left(-\beta_1 Z_s + (1 - Z_s)\beta_2 + r Z_s(1 - Z_s)\right) ds. \tag{6.3.20}$$

Remarque 6.3.5 *Remarquons que si l'on veut calculer des probabilités de fixation ou d'extinction d'un allèle, les calculs sont presque impossibles, car trop compliqués sur les modèles discrets. Ils deviennent accessibles avec les outils du calcul stochastique, comme nous l'avons vu dans le Chapitre 4 et rappelé à la fin du Paragraphe 6.3.1.*

6.3.3 Autre changement d'échelle de temps

Reprenons le modèle précédent en accélérant un peu moins le temps. Nous considérons le processus

$$R_t^N = \frac{1}{N} X_{[N^\gamma t]}^N,$$

où $0 < \gamma < 1$. En reprenant les calculs développés dans le modèle de mutation au Chapitre 6.2.3 et en supposant maintenant que

$$\alpha_1 = \frac{\beta_1}{N^\gamma} \; ; \; \alpha_2 = \frac{\beta_2}{N^\gamma},$$

nous obtenons que $\mathbb{E}((Z_{t+\Delta t}^N - Z_t^N)^2 | Z_t^N = x)$ tend vers 0 quand N tend vers l'infini et que $\mathbb{E}(Z_{t+\Delta t}^N - Z_t^N | Z_t^N = x)$ converge vers $(-\beta_1 x + (1-x)\beta_2)\Delta t$. Nous pouvons alors montrer que si la suite $(\frac{1}{N} X_0^N)_N$ converge en loi vers une limite déterministe y_0 quand $N \to \infty$, le processus $(R_t^N, t \geq 0)$ converge en loi vers la fonction $(y(t), t \geq 0)$ (déterministe) solution de l'équation différentielle

$$dy(t) = (-\beta_1 y(t) + \beta_2(1 - y(t))) \, dt \; ; \; y(0) = y_0.$$

De même, dans le modèle de sélection avec $s = \dfrac{r}{N^\gamma}$, on peut montrer que le processus $(R_t^N, t \geq 0)$ converge en loi vers la fonction $(y(t), t \geq 0)$ (déterministe) solution de l'équation différentielle

$$dy(t) = r \, y(t) \, (1 - y(t)) dt \; ; \; y(0) = y_0. \tag{6.3.21}$$

Dans l'approximation déterministe (6.3.21), il est facile de calculer l'équilibre. On voit que l'on atteint la fixation ou l'extinction selon que $r > 0$ ou $r < 0$.

Remarque 6.3.6 *Ainsi, si $0 < \gamma < 1$, la limite est déterministe, alors que pour $\gamma = 1$, la limite est stochastique. Cette stochasticité provient de l'extrême variabilité due à un très grand nombre d'événements de reproduction d'espérance nulle (nous sommes dans une limite de type "Théorème de la limite centrale"). Bien-sûr, si $\gamma > 1$, les limites explosent, l'échelle de temps n'est plus adaptée à la taille de la population.*

Il est important de garder en tête ces relations entre les échelles de taille et de temps et cette dichotomie entre un comportement déterministe qui prend en compte uniquement l'aspect macroscopique du phénomène et un comportement stochastique qui va en outre prendre en compte la très grande variabilité individuelle du système.

6.4 La coalescence : description des généalogies

Imaginons une généalogie d'individus diploïdes, où nous considérons non seulement les individus, mais toute leur descendance. Chaque individu aura transmis à chacun de ses descendants l'une des 2 copies de ses gènes à un locus donné. D'une génération sur l'autre, certains allèles ne seront pas transmis, mais d'autres pourront être transmis en plusieurs exemplaires. Il est naturel de chercher à savoir quelle est la généalogie d'un échantillon de gènes (ou d'individus) observé à une certaine génération. Notre but est de reconstruire l'histoire généalogique des gènes jusqu'à leur ancêtre commun le plus récent, en fonction des contraintes démographiques de la population et en tenant compte de possibles mutations. Nous ne prendrons pas en compte la totalité de la population, mais nous nous concentrerons sur l'échantilllon d'intérêt. C'est une approche rétrospective. Comme précédemment, nous allons assimiler la population diploïde de taille M à une population haploïde de taille $2M = N$ en nous concentrant sur les différents allèles.

On appelle lignée l'ascendance d'un gène. Lorsque deux lignées se rejoignent chez un gène ancestral, on dit qu'elles coalescent ou qu'il s'est produit un événement de coalescence.

La théorie de la coalescence décrit donc simplement le processus de coalescence des lignées ancestrales des individus d'un échantillon depuis la génération présente jusqu'à leur ancêtre commun le plus récent. C'est ce que nous allons modéliser dans la fin de ce chapitre.

6.4.1   Asymptotique quand N tend vers l'infini : le coalescent de Kingman

Revenons tout d'abord au modèle de Wright-Fisher neutre, c'est-à-dire sans mutation ni sélection. Nous considérons un échantillon de k individus issus d'une population de taille N. Nous supposons que k est petit mais que N est très grand ($N \to +\infty$). Rappelons que le mot individu désigne ici un allèle.

Nous cherchons à reconstruire la généalogie des k individus de l'échantillon. Nous allons tout d'abord étudier le premier ancêtre commun à (au moins) deux de ces individus. Nous avons vu que la probabilité $h(n)$ d'avoir hétérozygotie pour deux individus au temps n est donnée, pour une population de taille N, par la formule (6.2.7) :

$$h(n) = \left(1 - \frac{1}{N}\right)^n h(0).$$

Supposons maintenant que N soit très grand. Si le temps n est petit, cette formule apporte peu d'information, hormis que $h(n)$ est de l'ordre de $h(0)$. Il est alors beaucoup plus intéressant d'étudier ce qui se passe en temps long (n grand). Nous allons donc faire l'hypothèse que nos observations sont obtenues en un temps n de l'ordre de N. En effet, puisque $(1 - x) \sim e^{-x}$ quand x est proche de 0, nous en déduisons que

$$h(n) \sim e^{-\frac{n}{N}} h(0),$$

et $\frac{n}{N}$ n'est pas négligeable. Ainsi, si n et N sont du même ordre, la probabilité d'hétérozygotie (appelée coefficient d'hétérozygotie en génétique des populations) décroît exponentiellement vite en la variable $\frac{n}{N}$.

Nous pouvons faire un raisonnement similaire pour calculer la probabilité que deux individus (au moins) aient le même parent. Cet événement aura lieu si l'un des trois événements suivants est satisfait :
- exactement deux individus parmi les k individus ont le même parent,
- trois individus au moins ont le même parent,
- au moins deux paires d'individus ont un parent en commun.

La probabilité que deux individus exactement, parmi les k individus, aient le même parent est égale à

$$\frac{k(k-1)}{2}\frac{1}{N},$$

la probabilité d'avoir le même parent pour deux individus fixés est $\frac{1}{N}$ et il y a $\frac{k(k-1)}{2}$ paires d'individus possibles. La probabilité des deux autres événements est de l'ordre de $\frac{1}{N^2}$. En effet, la probabilité que 3 individus exactement aient le même parent sera $\binom{k}{3}N\frac{1}{N^3}$ et la probabilité que deux paires d'individus exactement aient le même parent vaut $\binom{k}{2}\binom{k-2}{2}\frac{1}{N(N-1)}$. Ces événements ont donc des probabilités négligeables par rapport à la probabilité du premier événement. Ainsi, quand N tend vers l'infini, la probabilité pour que deux individus aient le même parent est de l'ordre de $\frac{k(k-1)}{2}\frac{1}{N}$.

En raisonnant comme dans la preuve de (6.2.7) donnée dans la Remarque 6.2.9, nous obtenons alors que la probabilité qu'il n'y ait pas eu de parents communs pour ces k individus dans les n premières générations est proportionnelle à

$$\left(1-\frac{k(k-1)}{2}\frac{1}{N}\right)^n \sim_{N\to\infty} \exp\left(-\frac{k(k-1)}{2}\frac{n}{N}\right). \tag{6.4.22}$$

Plaçons-nous maintenant à un instant donné. Nous allons remonter le temps à partir des k individus de l'échantillon. Appelons T_1 le premier temps de coalescence, c'est à dire le premier instant où les k individus ont un ancêtre commun dans leur généalogie. Nous déduisons de (6.4.22) que

$$\mathbb{P}(T_1 > n) \sim_{N\to\infty} \exp\left(-\frac{k(k-1)}{2}\frac{n}{N}\right).$$

Nous allons maintenant changer l'échelle de temps et prendre N générations comme nouvelle unité de temps en remplaçant n par $[Nt]$ (qui désigne la partie entière de Nt). Ainsi, dans cette nouvelle échelle de temps, et quand N tend vers l'infini, le premier temps de coalescence de k individus donnés, que nous allons toujours noter T_1, vérifiera pour tout $t > 0$,

$$\mathbb{P}(T_1 > t) = \exp\left(-\frac{k(k-1)}{2}t\right).$$

La loi de T_1 est donc celle d'une variable aléatoire exponentielle de paramètre $\frac{k(k-1)}{2}$ et donc de moyenne $\frac{2}{k(k-1)}$.

Remarque 6.4.1 *Le temps de coalescence de 2 lignées est une variable aléatoire exponentielle de paramètre 1 et pour k individus, le premier temps auquel une paire a un ancêtre commun est donc l'infimum de $\frac{k(k-1)}{2}$ variables aléatoires exponentielles de paramètre 1 indépendantes.*

Nous allons ainsi pouvoir définir le k-coalescent comme processus limite, quand N tend vers l'infini, du processus qui décrit la généalogie de k individus.

Définition 6.4.2 *Soit $k \in \mathbb{N}^*$. On appelle k-coalescent, la chaîne de Markov $(\Pi_t)_t$ à valeurs dans l'ensemble $\mathcal{P}_k$ des partitions de $\{1, \ldots, k\}$ définie de la manière suivante :*

- $\Pi_0 = \{\{1\}, \ldots, \{k\}\}$.
- *Soit T_i le i-ème temps de coalescence. On pose $T_0 = 0$. Alors les intervalles de temps $T_i - T_{i-1}$ sont indépendants et suivent des lois exponentielles de paramètre $\dfrac{(k-i)(k-i+1)}{2}$.*
- *A chaque temps de saut, deux blocs de la partition sont choisis uniformément parmi les paires de blocs existantes et coalescent, au sens où les deux sous-blocs sont regroupés en un seul.*

Remarquons que la définition donnée du k-coalescent permet d'en déduire facilement un algorithme de simulation :

- On se donne k individus. On pose $\tilde{\Pi}_0 = \{\{1\}, \ldots, \{k\}\}$.
- On simule une variable aléatoire exponentielle de paramètre $\frac{k(k-1)}{2}$. Pour ce faire, on considère une variable aléatoire U de loi uniforme sur $[0, 1]$ et on pose $T_1 = \frac{2}{k(k-1)} \log(1/U)$. (cf [55]).
- On choisit uniformément au hasard deux blocs distincts de la partition, (donc avec probabilité $\frac{2}{k(k-1)}$). On regroupe ces deux blocs en un seul bloc. On appelle alors $\tilde{\Pi}_1$ cette nouvelle partition.
- On réitère cette procédure. Après l'étape $i-1$, on simule une variable aléatoire exponentielle de paramètre $\frac{(k-i+1)(k-i)}{2}$. On choisit uniformément au hasard deux blocs distincts de la partition composée de $k - i + 1$ blocs, (donc avec probabilité $\frac{2}{(k-i)(k-i+1)}$). On regroupe ces blocs en un seul ensemble. On obtient ainsi $\tilde{\Pi}_i$.
- On pose alors

$$\Pi_t = \sum_i \tilde{\Pi}_i \mathbf{1}_{\{T_i \leq t < T_{i+1}\}}. \tag{6.4.23}$$

A chaque temps de coalescence, le nombre d'éléments de la partition diminue de 1, et donc il sera réduit à un élément au bout de $k - 1$ événements de coalescence. Cet élément est le plus récent ancêtre commun aux k individus (PRAC). Le temps T où l'on a trouvé cet ancêtre est $T = T_{k-1}$.

Une représentation d'un coalescent est donnée en Figure 6.2 (Partie 6.5.2), pour une échantillon de 8 individus.

Théorème 6.4.3 *Soit T le temps du plus récent ancêtre commun des k individus de l'échantillon. Alors*

$$\mathbb{E}(T) = 2\left(1 - \frac{1}{k}\right). \tag{6.4.24}$$

Preuve. Nous écrivons

$$T = T_{k-1} = T_{k-1} - T_{k-2} + \ldots + T_1.$$

T est donc la somme de $k-1$ variables aléatoires exponentielles indépendantes de paramètres $\frac{(k-i+1)(k-i)}{2}$, pour i variant de 1 à $k-1$. Ainsi,

$$\mathbb{E}(T) = \sum_{i=1}^{k-1} \frac{2}{(k-i)(k-i+1)} = 2\sum_{i=1}^{k-1}\left(\frac{1}{k-i} - \frac{1}{k-i+1}\right) = 2\left(1 - \frac{1}{k}\right).$$

$\square$

Théorème 6.4.4 *(cf. Durrett [31]). Si π est une partition de $\{1, \ldots, k\}$ en ℓ blocs, soit $\pi = (B_1, B_2, \ldots, B_\ell)$. Alors cette partition pourra être réalisée au temps $T_{k-\ell}$ et*

$$\mathbb{P}(\Pi_{T_{k-\ell}} = \pi) = \frac{\ell!}{k!}\frac{(k-\ell)!(\ell-1)!}{(k-1)!}\prod_{i=1}^{\ell}(Card(B_i))!. \tag{6.4.25}$$

Nous avons ainsi une description de la loi du k-coalescent.

Dans la suite, nous noterons

$$c_{k,\ell} = \frac{\ell!}{k!}\frac{(k-\ell)!(\ell-1)!}{(k-1)!} \tag{6.4.26}$$

et si $B_1, \ldots, B_\ell$ sont les blocs de la partition π, nous définirons

$$w(\pi) = \prod_{i=1}^{\ell}(Card(B_i))!. \tag{6.4.27}$$

Ainsi la probabilité qu'au $(k-\ell)$-ième temps de coalescence, le k-coalescent à ℓ blocs soit égal à π, est le produit du terme $c_{k,\ell}$ qui ne dépend que de k et ℓ, et du poids $\prod_{i=1}^{\ell}(Card(B_i))!$ qui favorise les partitions inégales. (Le lecteur pourra vérifier à titre d'exemple qu'une partition de 5 individus composée de deux blocs de 2 et 3 individus aura un poids égal à 12 alors qu'une partition composée de deux blocs de 4 et 1 individus aura le poids 24).

Preuve. La preuve consiste en une induction descendante sur ℓ. Quand $\ell = k$, la seule partition π possible est la partition composée des blocs singletons, et la probabilité de réalisation de π est 1, ce qui est également donné par le membre de droite de (6.4.25) pour $\ell = k$.

Supposons que (6.4.25) soit vraie pour toute partition de taille ℓ et considérons une partition η de taille $\ell - 1$. Nous notons $\xi < \eta$ si $Card(\xi) = Card(\eta) + 1$ et si la partition η est obtenue après regroupement de deux blocs de ξ. Dans ce cas, il y a exactement un événement de coalescence qui fait passer de ξ à η. On a alors

$$\mathbb{P}(\Pi_{T_{k-\ell+1}} = \eta | \Pi_{T_{k-\ell}} = \xi) = \left\{ \begin{array}{cc} \frac{2}{\ell(\ell-1)} & \text{si } \xi < \eta \\ 0 & \text{sinon.} \end{array} \right. \tag{6.4.28}$$

Nous avons donc

$$\mathbb{P}(\Pi_{T_{k-\ell+1}} = \eta) = \frac{2}{\ell(\ell-1)} \sum_{\xi < \eta} \mathbb{P}(\Pi_{T_{k-\ell}} = \xi). \tag{6.4.29}$$

Etant donnée une partition ξ de $\{1, \cdots, k\}$ en ℓ blocs, nous ordonnons ses blocs en ξ_1, ξ_2, ..., ξ_ℓ, où ξ_1 est le bloc contenant 1, ξ_2 celui contenant le plus petit nombre qui n'est pas dans ξ_1,...

Si les entiers $\lambda_1, \ldots, \lambda_{\ell-1}$ sont les tailles des blocs de la partition η, alors pour pour j tel que $1 \le j \le \ell - 1$, et m tel que $1 \le m < \lambda_j$, nous associons une partition $\xi < \eta$, où les blocs de ξ ont les tailles $\lambda_1, \ldots, \lambda_{j-1}, m, \lambda_j - m, \lambda_{j+1}, \ldots, \lambda_{\ell-1}$. Remarquons qu'il y a $\frac{1}{2}\binom{\lambda_j}{m}$ choix d'une telle partition $\xi < \eta$, où le j-ième bloc a été coupé en $\lambda_j - m$ et m individus.

Utilisant l'hypothèse de récurrence, nous obtenons alors que

$$\mathbb{P}(\Pi_{T_{k-\ell+1}} = \eta) = \frac{2}{\ell(\ell-1)} \sum_{j=1}^{\ell-1} \sum_{m=1}^{\lambda_j-1} \frac{1}{2} \binom{\lambda_j}{m} c_{k,\ell} \, \lambda_1! \ldots \lambda_{j-1}! \, m! \, (\lambda_j - m)! \, \lambda_{j+1}! \ldots \lambda_\ell!$$

$$= w(\eta) \frac{c_{k,\ell}}{\ell(\ell-1)} \sum_{j=1}^{\ell-1} \sum_{m=1}^{\lambda_j-1} 1. \tag{6.4.30}$$

La double somme vaut

$$\sum_{j=1}^{\ell-1} (\lambda_j - 1) = k - (\ell - 1).$$

Nous vérifions alors facilement que

$$\frac{c_{k,\ell}}{\ell(\ell-1)}(k - \ell + 1) = c_{k,\ell-1}.$$

Le résultat est donc prouvé par induction. $\square$

Théorème 6.4.5 *(cf. Durrett [31]). Soit σ une permutation choisie au hasard parmi les permutations de $\{1, \ldots, \ell\}$. Soit $\Lambda_j = Card(\xi_{\sigma(j)})$ la taille du j-ième bloc de la partition $\Pi_{T_{k-\ell}}$, quand les blocs sont ordonnés suivant σ. Alors $(\Lambda_1, \ldots, \Lambda_\ell)$ suit une loi uniforme sur les vecteurs de $(\mathbb{N}^*)^\ell$ dont la somme des coordonnées vaut k.*

Par exemple, pour $\ell = 2$, la loi de la taille d'un des deux blocs de $\Pi_{T_{k-2}}$ tiré au hasard est uniformément distribuée sur $\{1, \ldots, k-1\}$.

Preuve. Chaque réarrangement ordonné des ℓ blocs de la partition $\Pi_{T_{k-\ell}} = \pi$ (constituée de k individus) a la probabilité $\frac{c_{k,\ell} w(\pi)}{\ell!}$ d'être choisi. En conditionnant par le fait que les k individus sont répartis en les ℓ blocs de la partition π, nous obtenons

$$\mathbb{P}((\Lambda_1, \ldots, \Lambda_\ell) = (\lambda_1, \ldots, \lambda_\ell)) = \frac{c_{k,\ell} w(\pi)}{\ell!} \frac{k!}{\lambda_1! \lambda_2! \ldots \lambda_\ell!} = \frac{(k-\ell)!(\ell-1)!}{(k-1)!} = \frac{1}{\binom{k-1}{\ell-1}}.$$

La quantité finale ne dépend que de k et de ℓ, et pas du vecteur $(\lambda_1, \ldots, \lambda_\ell)$. Ainsi, la distribution est uniforme. Vérifions que le dénominateur de la dernière fraction donne le nombre de vecteurs composés d'entiers positifs dont la somme des coordonnées vaut k. Imaginons k boules alignées, séparées en ℓ groupes par $\ell - 1$ morceaux de carton. Les $\ell - 1$ morceaux de carton peuvent se déplacer dans les $k - 1$ espaces entre les boules. Il y a donc $\binom{k-1}{\ell-1}$ choix possibles de vecteurs de taille ℓ d'entiers positifs dont la somme des coordonnées est égale à k. $\qquad\square$

Comme conséquence de ce théorème, nous avons le résultat étonnant suivant.

Théorème 6.4.6 *La probabilité que le plus récent ancêtre commun d'un groupe de k individus soit le même que celui de la population totale converge vers $\frac{k-1}{k+1}$ quand la taille N de la population tend vers l'infini.*

Par exemple, quand $k = 2$, cette probabilité vaut $\frac{1}{3}$ et quand $k = 10$, elle est de $\frac{9}{11}$.

Preuve. Soit N la taille de la population. Les k individus n'ont pas le même PRAC (plus récent ancêtre commun) que la population totale de taille N, si et seulement si au premier branchement (dans le sens du temps physique) dans l'arbre de coalescence de la population, il y a une partition en deux sous-arbres, et les k individus de l'échantillon doivent nécessairement appartenir à l'un ou à l'autre de ces sous-blocs. Notons $PRAC_N \neq PRAC_k$ l'événement "le PRAC de la population totale de taille N diffère de celui du groupe d'individu de taille k". Notons $\mathcal{P}(i, N-i)$ l'événement "Au premier branchement, on a partition en 2 blocs de taille $(i, N-i)$". Nous pouvons alors écrire

$$\mathbb{P}(PRAC_N \neq PRAC_k) = \sum_{i=1}^{N} \mathbb{P}(PRAC_N \neq PRAC_k | \mathcal{P}(i, N-i)) \times \mathbb{P}(\mathcal{P}(i, N-i)).$$

$$(6.4.31)$$

La probabilité d'existence de la partition $(i, N - i)$ est uniforme, donnée par le Théorème 6.4.5 pour $\ell = 2$, et vaut donc $\frac{1}{N-1}$. Sachant $\mathcal{P}(i, N - i)$, l'événement $PRAC_N \neq PRAC_k$ sera réalisé si les k individus sont soit dans le bloc de taille i, soit dans le bloc de taille $N - i$. Comme N est très grand, nous pouvons supposer que l'échantillonnage des k individus parmi les N se fait suivant un tirage avec remise. Ainsi nous obtenons

$$\mathbb{P}(PRAC_N \neq PRAC_k | \mathcal{P}(i, N - i)) \sim_{N \to \infty} \left(\frac{i}{N}\right)^k + \left(\frac{N - i}{N}\right)^k,$$

puis

$$\mathbb{P}(PRAC_N \neq PRAC_k) \sim_{N \to \infty} \frac{1}{N - 1} \sum_{i=1}^{k} \left(\left(\frac{i}{N}\right)^k + \left(\frac{N - i}{N}\right)^k\right). \qquad (6.4.32)$$

En utilisant la convergence des sommes de Riemann, nous en déduisons que

$$\lim_{N \to \infty} \mathbb{P}(PRAC_N \neq PRAC_k) = \int_0^1 \left(x^k + (1 - x)^k\right) dx = \frac{2}{k + 1}.$$

Finalement $\lim_{N \to \infty} \mathbb{P}(PRAC_N = PRAC_k) = 1 - \lim_{N \to \infty} \mathbb{P}(PRAC_N \neq PRAC_k) = 1 - \frac{2}{k+1}$, ce qui conclut la preuve. $\qquad \square$

6.4.2 Le coalescent avec mutation

Le modèle précédent est un modèle très simple, car sans mutation, mais qui peut être justifié dans certaines échelles de temps. En fait de nombreuses mutations se produisent, à chaque reproduction. Nous supposons que des mutations arrivent sur l'arbre et qu'il y a tant d'allèles possibles que chaque mutation est toujours d'un type nouveau. Cette hypothèse est biologiquement raisonnable. En effet, si par exemple un gène consiste en 500 nucléotides (les bases A, T, G ou C), le nombre de séquences ADN possibles est 4^{500}, et la probabilité d'avoir deux mutations au même nucléotide en un temps fini est négligeable.

Il y a deux manières de prendre en compte ces mutations : soit l'on compte le nombre total de mutations (modèle de mutation à une infinité de sites), soit l'on compte le nombres d'allèles différents que l'on obtient dans un échantillon de taille k (modèle de mutation à une infinité d'allèles), voir par exemple la Figure 6.2 pour comprendre la différence. La première est plus simple du point de vue mathématique, mais la deuxième correspond aux observations biologiques. C'est ce dernier point de vue que nous allons choisir. Comme précédemment, k désigne la taille de l'échantillon que l'on considère et A_k désignera le nombre d'allèles différents parmi ces k individus. Dans la suite de ce chapitre, nous allons nous intéresser la loi de la variable aléatoire A_k et à la répartition des allèles dans l'échantillon (appelée aussi spectre de fréquence). En effet, les observations biologiques vont uniquement nous dire quel est le nombre d'allèles portés par un individu, par deux individus, ..., par j individus, pour j variant de 1 à k.

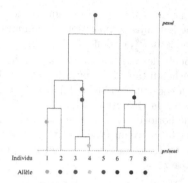

FIGURE 6.2 – Mutations sur le coalescent. $k = 8$, il y a 6 mutations mais $A_8 = 5$. *(Merci à Amandine Veber pour la figure)*

Construction du coalescent avec mutation

Voyons tout d'abord comment l'on construit un coalescent avec mutations. Revenons au modèle de Wright-Fisher pour une population de taille N dans laquelle nous considérons un échantillon de taille k. Comme précédemment, les individus de la génération n choisissent leur parent dans la génération $n - 1$, uniformément parmi les N individus, indépendamment les uns des autres. Nous avons vu que la probabilité d'avoir un événement de coalescence est de l'ordre de $\frac{k(k-1)}{2}\frac{1}{N}$ (quand $N \to +\infty$) et que la probabilité qu'il n'y ait pas de parent commun pour les k individus de l'échantillon choisi est de l'ordre de $\exp\left(-\frac{k(k-1)}{2}\frac{n}{N}\right)$. Nous supposons de plus que l'allèle du descendant n'est pas automatiquement héritable de celui du parent, mais peut subir une mutation avec probabilité μ. Dans ce cas, un nouveau type apparaît. Nous allons nous intéresser au modèle limite, dans l'asymptotique du coalescent de Kingman.

Si l'on suppose que $\mu \sim_{N\to\infty} \frac{\theta}{2N}$, la probabilité pour qu'il y ait eu une mutation à la génération précédente est de l'ordre de $k\frac{\theta}{2N}$. En effet, $k\mu$ est la probabilité qu'il y ait eu exactement une mutation et la probabilité qu'il y ait au moins deux mutations est d'ordre $\frac{1}{N^2}$. Ainsi, nous obtenons que la probabilité qu'il n'y ait pas eu de mutation au cours des n premières générations et pour les k individus est de l'ordre de

$$\left(1 - k\frac{\theta}{2N}\right)^n \sim_{N\to\infty} \exp\left(-k\frac{\theta}{2}\frac{n}{N}\right).$$

Donc, si S désigne le premier instant où au moins un individu parmi les k individus de l'échantillon provient d'une mutation, nous avons

$$\mathbb{P}(S > n) \sim_{N\to\infty} \exp\left(-k\frac{\theta}{2}\frac{n}{N}\right).$$

Ainsi, le changement d'échelle de temps $n = [Nt]$ qui permet d'obtenir le coalescent de Kingman, entraîne aussi que le temps d'apparition d'une mutation (à cette échelle) suit une loi exponentielle de paramètre $k\frac{\theta}{2}$, et donc de moyenne $\frac{2}{k\theta}$.

Nous obtenons ainsi un modèle de coalescent avec taille infinie et taux de mutation $\frac{\theta}{2}$. Nous avons sur chaque branche un taux $\frac{\theta}{2}$ de mutation et sur chaque couple de branches un taux 1 de coalescence. La construction algorithmique du coalescent avec mutation se fait exactement comme celle de la Définition 6.4.2. Toutefois, il y a sur chaque branche de l'arbre de coalescence une horloge exponentielle de paramètre $\frac{\theta}{2}$. Si elle sonne, l'allèle du parent est remplacée par un nouveau type, qui va se transmettre ensuite. Entre les instants de coalescence T_{i-1} et T_i, il y a i individus et le temps de mutation suivra une loi exponentielle de paramètre $i\frac{\theta}{2}$.

Si nous remontons le temps dans le coalescent de Kingman, à partir d'un échantillon de taille $k + 1$, nous savons qu'un événement de coalescence aura lieu au taux $\frac{k(k+1)}{2}$ et une mutation au taux $(k+1)\frac{\theta}{2}$. Une mutation se produira avant un événement de coalescence avec probabilité

$$\int_0^\infty (k+1)\frac{\theta}{2}e^{-(k+1)\frac{\theta}{2}u} \int_u^\infty \frac{k(k+1)}{2}e^{-\frac{k(k+1)}{2}v}dvdu$$

$$= \int_0^\infty (k+1)\frac{\theta}{2}e^{-(k+1)\frac{\theta}{2}u}e^{-\frac{k(k+1)}{2}u}du = \frac{\theta}{\theta+k}.$$

De même, un événement de coalescence de produira avant une mutation avec probabilité

$$\frac{k}{\theta+k}.$$

Trois modèles équivalents

Nous allons présenter ici trois modèles équivalents à notre processus de coalescence avec mutation.

- **L'urne de Hoppe.** (cf. Hoppe [38]). L'urne de Hoppe contient une boule noire de masse θ et des boules colorées de masse 1. Le processus de remplissage de l'urne est itératif. Initialement, il y a une boule noire. Au k-ième tirage, une boule est tirée (tirage avec remise) au prorata de sa masse. Si une boule colorée est choisie, on la remet dans l'urne en rajoutant une autre boule de même couleur. Si la boule tirée est noire, on rajoute une boule d'une nouvelle couleur. On suppose que le nombre de couleurs est infini. Le choix de la boule noire correspond à une nouvelle mutation et le choix d'une boule colorée à un événement de coalescence. Avant le $(k+1)$-ième tirage, il y a donc $k+1$ boules dans l'urne. Une mutation sera donc choisie avec probabilité $\frac{\theta}{\theta+k}$ et un événement de coalescence avec probabilité $\frac{k}{\theta+k}$. A_k est ici le nombre de couleurs différentes après k tirages.

  La généalogie de k particules dans un modèle de coalescent de Kingman avec mutation à une infinité d'allèles peut-être obtenue (du point de vue de la loi) en simulant $k-1$ étapes du processus de tirage et remplacement de couleurs dans une urne de Hoppe.

Cette construction peut être pratique pour la simulation d'un coalescent avec mutation à une infinité d'allèles.

- **Le modèle du restaurant chinois.** Nous considérons une infinité de tables et k convives assis à certaines tables. Un nouveau convive arrive. Avec probabilité $\frac{\theta}{\theta+k}$, il s'assied à une nouvelle table et avec probabilité $\frac{1}{\theta+k}$, il choisit un convive au hasard et s'assoit à son côté. Le nombre d'allèles (d'espèces) distincts a même loi que le nombre de tables occupées.

- **Le modèle écologique de Hubbell** (cf. Hubbell [39]).
L'approximation conduisant au coalescent avec mutation a aussi son intérêt en écologie, à travers le modèle écologique de Hubbell. C'est un modèle d'écologie quantitative. On considère une forêt comprenant N sites occupés par N arbres d'espèces variées. Chaque arbre qui meurt laisse place à un nouvel arbre dont l'espèce est soit ré-échantillonnée parmi les $k - 1$ arbres restants avec probabilité $1 - \mu$, soit remplacée par une nouvelle espèce avec probabilité μ. On suppose que les espèces migrantes proviennent d'une métacommunauté d'arbres composée d'un nombre infini d'espèces. La probabilité μ s'appelle le taux de spéciation.

6.4.3 Loi du nombre d'allèles distincts, formule d'Ewens

Etudions la loi de A_k, qui, dans le modèle du restaurant chinois, est le nombre de tables occupées par les k premiers convives ou le nombre de couleurs après k tirages dans le modèle de Hoppe.

Théorème 6.4.7 *1) La variable aléatoire A_k peut s'écrire $A_k = \sum_{i=1}^{k} \varepsilon_i$, où les variables aléatoires ε_i sont indépendantes et de loi de Bernoulli avec*

$$\mathbb{P}(\varepsilon_i = 1) = \frac{\theta}{\theta + i - 1}. \tag{6.4.33}$$

2) Il s'en suit que

$$\mathbb{E}(A_k) \sim_{k \to \infty} \theta \log k \quad ; \quad Var(A_k) \sim_{k \to \infty} \theta \log k. \tag{6.4.34}$$

3) Si Φ désigne la fonction de répartition de la loi normale centrée réduite, alors pour tout nombre réel x, on a

$$\mathbb{P}\left(\frac{A_k - \mathbb{E}(A_k)}{\sqrt{Var(A_k)}} \leq x \right) \longrightarrow_{k \to +\infty} \Phi(x). \tag{6.4.35}$$

Preuve. Dans les différents modèles, nous posons $\varepsilon_i = 1$ si le i-ième allèle provient d'une mutation ou si le i-ième convive choisit une nouvelle table ou si le i-ième tirage donne une nouvelle couleur. Nous posons $\varepsilon_i = 0$ sinon. Les ε_i sont des variables aléatoires de Bernoulli indépendantes et de paramètre $\frac{\theta}{\theta+i-1}$. Nous avons donc

$$\mathbb{E}(A_k) = \sum_{i=1}^{k} \mathbb{E}(\varepsilon_i) = \sum_{i=1}^{k} \frac{\theta}{\theta+i-1} \quad ; \quad Var(A_k) = \sum_{i=1}^{k} \frac{\theta(i-1)}{(\theta+i-1)^2}.$$

En utilisant la décroissance de $x \to \frac{\theta}{\theta+x}$, il est facile de montrer que

$$\int_0^k \frac{\theta}{\theta+x} dx \le \mathbb{E}(A_k) \le 1 + \int_0^{k-1} \frac{\theta}{\theta+x} dx.$$

Nous en déduisons que

$$\mathbb{E}(A_k) \sim_{k\to\infty} \theta \log(k).$$

Nous avons de plus que

$$Var(A_k) - \mathbb{E}(A_k) = -\sum_{i=0}^{k-1} \left(\frac{\theta}{\theta+i}\right)^2,$$

qui est la somme partielle d'une série convergente. Cela entraîne que $Var(A_k)$ se comporte comme $\mathbb{E}(A_k)$, quand k tend vers l'infini. La troisième assertion découle d'un théorème de la limite centrale qui généralise le théorème central limite classique : ici, les variables aléatoires sont indépendantes mais pas de même loi. Nous appliquons donc le théorème suivant.

Théorème 6.4.8 *(voir Billingsley [10]) Soit $(X_i)_i$ une suite de variables indépendantes de carré intégrable centrées. Introduisons $S_n = X_1 + \cdots + X_n$ et $s_n^2 = \mathbb{E}(S_n^2)$. Alors la condition de Lindenberg*

$$\forall \varepsilon > 0, \quad \frac{1}{s_n^2} \sum_{i=1}^{n} \mathbb{E}\left(X_i^2 \mathbb{1}_{|X_i|>\varepsilon s_n}\right) \longrightarrow_{n\to\infty} 0$$

est réalisée si et seulement si $\lim_n \left(s_n^{-2} \max_{1\le i\le n} \mathbb{E}(X_i^2)\right) = 0$ *et dans ce cas, la suite* $\left(\frac{S_n}{s_n}\right)_n$ *converge en loi vers une variable aléatoire normale centrée réduite.*

Dans notre contexte, nous avons

$$\max_{1\le i\le n} \mathbb{E}((\varepsilon_i - \mathbb{E}(\varepsilon_i))^2) = \max_{1\le i\le n} \frac{\theta(i-1)}{(\theta+i-1)^2} = \frac{\theta}{(\theta+1)^2},$$

et nous savons que $s_n^2 \sim_{n\to+\infty} \theta \log n$. Ainsi la condition $\lim_n \left(s_n^{-2} \max_{1\le i\le n} \mathbb{E}(\varepsilon_i^2)\right) = 0$ est réalisée et nous pouvons appliquer le théorème : la suite $\left(\frac{A_k - \mathbb{E}(A_k)}{\sqrt{Var(A_k)}}\right)_k$ converge en loi vers une loi normale centrée réduite.   □

Une conséquence immédiate du Théorème 6.4.7 est que que la variable aléatoire $\frac{A_k}{\log k}$ est un estimateur asymptotiquement normal du paramètre inconnu θ. Nous savons de plus que sa variance tend très lentement vers 0, à la vitesse de $\frac{1}{\log(k)}$. Cela donne une très mauvaise vitesse de convergence de l'estimateur et nécessite donc de grandes tailles d'échantillons. Par exemple, si l'on veut estimer θ avec une erreur de $0,01$, on doit utiliser un échantillon de taille approximativement $k = e^{100}$. (cf. Durrett [31]).

Le dernier résultat de ce chapitre est dû à Ewens (cf. Ewens [34]). Il donne la distribution complète des allèles dans l'échantillon. Pour $j \in \{1, \cdots, k\}$, appelons N_j le nombre d'allèles portés par j individus. Par exemple, N_1 est le nombre d'allèles singletons. Les N_j vérifient en particulier

$$\sum_{j=1}^{k} jN_j = k. \tag{6.4.36}$$

On a alors le théorème suivant.

Théorème 6.4.9 (*Formule d'Ewens*). *Considérons k entiers $n_1, \cdots, n_k$ inférieurs ou égaux à k avec $\sum_{j=1}^{k} jn_j = k$. Alors on a*

$$\mathbb{P}(N_1 = n_1, \cdots, N_k = n_k) = \prod_{j=1}^{k} \frac{j}{j-1+\theta} \frac{\left(\frac{\theta}{j}\right)^{n_j}}{n_j!} = \frac{k!}{\theta_{(k)}} \prod_{j=1}^{k} \frac{\left(\frac{\theta}{j}\right)^{n_j}}{n_j!}, \tag{6.4.37}$$

où $\theta_{(k)} = \theta(\theta+1)\cdots(\theta+k-1)$.

La formule (6.4.37) s'écrit $C_{k,\theta} \prod_{j=1}^{k} e^{-\frac{\theta}{j}} \frac{\left(\frac{\theta}{j}\right)^{n_j}}{n_j!}$, où $C_{k,\theta}$ est une constante qui dépend de θ et k, telle que la somme des probabilités vaille 1. La partition allélique a donc même loi que la distribution de $(Y_1, \cdots, Y_k)$ conditionnellement à $\sum_j jY_j = k$, où les variables aléatoires $Y_1, \cdots, Y_j, \cdots Y_k$ sont indépendantes et de loi de Poisson de paramètres respectifs $\frac{\theta}{j}$. Ce résultat sera justifié ultérieurement.

Preuve. Il suffit de montrer que la distribution des couleurs dans l'urne de Hoppe au temps k est donnée par la formule d'Ewens. Nous le montrons par récurrence sur k. Quand $k = 1$, la partition $N_1 = 1$ a la probabilité 1 et le résultat est prouvé. Supposons maintenant que la propriété soit prouvée pour tout temps inférieur à $k - 1$. Supposons qu'au temps k, on ait la distribution $N_1 = n_1, \cdots, N_k = n_k$. Notons $n = (n_1, \cdots, n_k)$ et soit $\bar{n}$ l'état de la répartition allélique au temps précédent. Notons

$$P_\theta(n) = \frac{k!}{\theta_{(k)}} \prod_{j=1}^{k} \frac{\left(\frac{\theta}{j}\right)^{n_j}}{n_j!}.$$

Nous allons montrer que

$$\sum_{\bar{n}} P_\theta(\bar{n}) p(\bar{n}, n) = P_\theta(n). \tag{6.4.38}$$

On a plusieurs possibilités :

• Si $\bar{n}_1 = n_1 - 1$: une nouvelle couleur vient d'être ajoutée. Dans ce cas, la probabilité de transition pour l'urne de Hoppe est de

$$p(\bar{n}, n) = \frac{\theta}{\theta + k - 1}.$$

En notant $\mathbf{N} = (N_1, \cdots, N_k)$ on aura par ailleurs par la formule d'Ewens que

$$\frac{P_\theta(n)}{P_\theta(\bar{n})} = \frac{k}{\theta + k - 1} \frac{\theta}{n_1}.$$

• Supposons que pour $1 \le j \le k$, on a $\bar{n}_j = n_j + 1$ et que $\bar{n}_{j+1} = n_{j+1} - 1$. Une couleur existante, qui était la couleur de j boules a été choisie, et le nombre de boules de cette couleur devient $j + 1$. Dans ce cas, la probabilité de transition vaut alors

$$p(\bar{n}, n) = \frac{j\bar{n}_j}{\theta + k - 1}.$$

Le rapport des probabilités donné par la formule d'Ewens est par ailleurs :

$$\frac{P_\theta(n)}{P_\theta(\bar{n})} = \frac{k}{\theta + k - 1} \cdot \frac{j\bar{n}_j}{(j+1)n_{j+1}}.$$

Observons maintenant que

$$\sum_{\bar{n}} \frac{P_\theta(\bar{n})}{P_\theta(n)} p(\bar{n}, n) = \frac{\theta}{\theta + k - 1} \cdot \frac{\theta + k - 1}{k} \cdot \frac{n_1}{\theta}$$

$$+ \sum_{j=1}^{k-1} \frac{j\bar{n}_j}{\theta + k - 1} \cdot \frac{\theta + k - 1}{k} \cdot \frac{(j+1)n_{j+1}}{j\bar{n}_j}.$$

En simplifiant les termes du membre de droite, nous obtenons finalement que

$$\sum_{\bar{n}} \frac{P_\theta(\bar{n})}{P_\theta(n)} p(\bar{n}, n) = \frac{n_1}{k} + \sum_{j=1}^{k-1} \frac{(j+1)n_{j+1}}{k} = 1,$$

puisque $\sum_{j=1}^{k} j n_j = k$. Ainsi, les probabilités définies par la formule d'Ewens satisfont (6.4.38). La distribution des couleurs de l'urne de Hoppe satisfait aussi cette propriété (6.4.38), avec la même valeur de la probabilité d'obtenir $\bar{n}$, par hypothèse de récurrence. On en déduit que $\mathbb{P}(\mathbf{N} = n)$ est donnée par la formule d'Ewens.   □

On en déduit la proposition suivante.

Proposition 6.4.10 *Considérons la répartition de* $(N_1, \cdots, N_h)$*, où* h *est un nombre fixé, alors que la taille de l'échantillon tend vers l'infini. Nous avons*

$$\lim_{k \to \infty} \mathbb{P}(N_1 = n_1, \cdots, N_h = n_h) = \mathbb{P}(Y_1 = n_1, \cdots, Y_h = n_h), \qquad (6.4.39)$$

où les variables aléatoires $Y_1, \cdots, Y_h$ *sont indépendantes et de loi de Poisson de paramètres respectivement* $\theta, \frac{\theta}{2}, \cdots, \frac{\theta}{h}$.

6.4.4 Le point de vue processus de branchement avec immigration

On peut relier l'urne de Hoppe et la répartition allélique dans le coalescent à un processus de branchement avec immigration. Les individus suivent les règles de reproduction d'un processus de Yule : ils ne meurent jamais, et se reproduisent en donnant naissance à un autre individu après un temps exponentiel de paramètre 1. Les migrants arrivent dans la population aux temps successifs d'un processus de Poisson de paramètre θ.

Proposition 6.4.11 *Si chaque migrant est d'un nouveau type, et si les naissances sont du même type que celui des parents, alors la suite des états du processus de branchement avec immigration a la même distribution que celle générée par l'urne de Hoppe.*

Preuve. Si la population est composée de k individus, un nouvel arrivant aura un nouveau type avec probabilité $\frac{\theta}{\theta+k}$, et avec probabilité $\frac{k}{k+\theta}$, il prendra le type d'un individu choisi uniformément dans la population existante. A partir de cette description, il est clair que la chaîne de Markov incluse pour ce processus de branchement binaire avec immigration a même distribution que la répartition des couleurs dans le modèle de Hoppe. $\square$

Combinons les résultats des Propositions 6.4.11 et 5.4.7. Nous obtenons alors une nouvelle preuve du Théorème 6.4.5.

Théorème 6.4.12 *Considérons le coalescent issu de* k *lignées et s'arrêtant quand il y a* ℓ *lignées* $(\ell \leq k)$*. Soient* $J_1, \cdots, J_\ell$ *les nombres de lignées dans l'échantillon issues des* k *individus, quand ils sont labellés au hasard. Alors* $(J_1, \cdots, J_\ell)$ *est uniformément distribué sur les vecteurs de* $(\mathbb{N}^*)^\ell$ *dont la somme des coordonnées vaut* k *et pour tout* $m \leq k-\ell+1$,

$$\mathbb{P}(J_i = m) = \binom{k-m-1}{\ell-2} \bigg/ \binom{k-1}{\ell-1}.$$

Preuve. Soient $Z_t^i, 1 \leq i \leq \ell$, des copies indépendantes du processus de Yule. Si $j_1, \cdots, j_\ell$ sont des entiers positifs de somme k, alors par la Proposition 5.4.7 appliquée avec $a = 1$,

$$\mathbb{P}(Z_t^1 = j_1, \cdots, Z_t^\ell = j_\ell) = (1-p)^{k-\ell} p^\ell \quad \text{où} \quad p = e^{-t}.$$

Puisque le terme de droite dépend seulement de la somme k et du nombre de termes ℓ, tous les vecteurs possibles ont la même probabilité. Comme déjà vu dans la preuve du

Théorème 6.4.5, il y a $\binom{k-1}{\ell-1}$ vecteurs possibles $(j_1, \cdots, j_\ell)$ d'entiers positifs de somme k. Ainsi il s'en suit que

$$\mathbb{P}\left(Z_t^1 = j_1, \cdots, Z_t^\ell = j_\ell \,\Big|\, \sum_{j=1}^\ell Z_t^j = k\right) = 1/\binom{\ell-1}{k-1}.$$

La distribution conditionnelle est donc uniforme sur tous les vecteurs possibles. Puisque le nombre de vecteurs $(j_2, \cdots, j_\ell)$ d'entiers positifs de somme $\ k - j_1\ $ est $\ \binom{k-j_1-1}{\ell-2}$, on obtient

$$\mathbb{P}\left(Z_t^1 = j_1 \,\Big|\, \sum_{j=1}^k Z_t^j = \ell\right) = \binom{k-j_1-1}{\ell-2}/\binom{\ell-1}{\ell-1}.$$

Cela conclut la preuve. $\square$

6.5   Exercices

Exercice 6.5.1 *Généalogie de BGW conditionnée à être de taille constante.*

On considère une généalogie de BGW conditionnée à être de taille constante N et avec pour loi de reproduction la loi de Poisson de paramètre m. Ce modèle est intimement lié au modèle de Wright-Fisher. On va voir que dans ce cas, la répartition du nombre de descendants suit une loi multinomiale.

On note $Z_1, \ldots, Z_N$ le nombre de descendants des individus $1, \ldots, N$. Les $Z_1, \ldots, Z_N$ sont donc indépendantes et équidistribuées, de loi de Poisson de paramètre m.

1 - Quelle est la loi de $Z_1 + \ldots + Z_N$?

2 - Pour tous entiers $k_1, \ldots, k_N$ vérifiant $k_1 + \ldots + k_N = N$, calculer la probabilité

$$\mathbb{P}(Z_1 = k_1, \ldots, Z_N = k_N \mid Z_1 + \ldots + Z_N = N).$$

3 - Conclure. (La correction de cet exercice se trouve au Paragraphe 3.3)

Exercice 6.5.2 *Modèle de Moran*

On considère une population formée de N individus d'allèle A ou a. Au temps 0, il y a x_0 individus d'allèle A.

Les individus se reproduisent indépendamment les uns des autres et à taux 1 et donnent naissance à un individu. Celui-ci porte le même allèle que son parent. Ce descendant remplace alors un individu tiré uniformément au hasard dans la population, de sorte que la taille de la population reste constante.

On s'intéresse à la dynamique du nombre d'individus $(X_t, t \geq 0)$ portant l'allèle A au cours du temps.

1 - Justifier que le modèle est décrit par un processus markovien de saut X à valeurs dans $\{0, \ldots, N\}$ et donner son générateur.

2 - Établir l'équation différentielle régissant la moyenne et la variance de la proportion d'individus d'allèle A au cours du temps.

3 - Quelle limite d'échelle permettrait de trouver une diffusion de Wright-Fisher?

Exercice 6.5.3 *Approximation-diffusion d'un modèle de Moran avec sélection*

Le modèle de Moran est un modèle d'évolution d'une population de taille fixe N comportant des individus de type "résident" et des individus de type "mutant". Lorsque N est grand, la proportion de mutants dans la population peut être approchée par la diffusion suivante :

$$dY_t = s_N Y_t(1 - Y_t)dt + \sqrt{\frac{2 + s_N}{N} Y_t(1 - Y_t)} dB_t,$$

où $s_N > -1$ est l'avantage sélectif des mutants.

1 - Quel est le générateur de la diffusion Y?

2 - Calculer la probabilité de fixation d'une sous-population de Nx mutants.

3 - Décrire qualitativement le comportement de cette approximation-diffusion lorsque N tend vers l'infini, selon que $s_N \to s$, $s_N = \frac{s}{N}$ ou $s_N = \frac{s}{N^2}$. On montrera que pour obtenir une limite non triviale, il sera nécessaire de faire le changement de temps $t \to Nt$.

Exercice 6.5.4 *Coalescent de Kingman et nombre de sites polymorphes.*

Le coalescent de Kingman est un processus dans lequel on suit les lignées d'une généalogie asexuée dans le sens rétrospectif du temps et où chaque paire de lignées, indépendamment, coalesce à taux constant 1. On appelle T_n le temps que n lignées mettent à coalescer, c'est-à-dire le temps que met le coalescent de Kingman issu de n lignées pour arriver à la lignée ancestrale, ou encore le temps qui s'est écoulé depuis leur ancêtre commun le plus récent.

Partie I : temps moyen jusqu'au premier ancêtre commun

I.1 - Calculer $\mathbb{E}(T_n)$.

I.2 - Que vaut la limite $\lim_{n \to \infty} \mathbb{E}(T_n)$. Interprétation?

Partie II : loi du nombre de sites polymorphes

On suppose que le coalescent de Kingman représente l'histoire généalogique d'un chromosome. Conditionnellement au coalescent, on jette un nuage ponctuel de Poisson de paramètre $\theta/2$ sur ses branches, chaque point correspondant à une mutation qui est supposée toucher à chaque fois un nouveau site de la séquence ADN du chromosome. Cela signifie que

- *sur une longueur L de l'arbre généalogique, le nombre de mutations suit une loi de Poisson de paramètre $\theta L/2$,*
- *les nombres $Z_1, \ldots, Z_k$ de mutations présentes sur k portions disjointes de l'arbre sont indépendants.*

On note S_n le nombre de sites polymorphes de l'échantillon, c'est-à-dire existant à l'état ancestral dans au moins l'une des n séquences et à l'état mutant dans au moins une autre.

II.1 - Calculer l'espérance et la variance du nombre S_n de sites polymorphes.

II.2 - On note N_j le nombre de mutations apparues sur l'arbre généalogique pendant la période où l'arbre est composé de j ancêtres. Calculer la fonction génératrice de N_j. Quelle est la loi de N_j ?

II.3 - Quelle est la fonction génératrice de S_n ?

Partie III : estimation du taux de mutation à partir du nombre de sites polymorphes

On cherche à estimer le taux de mutation θ à partir du nombre S_n de sites polymorphes dans l'échantillon.

III.1 - On note $H_n = \sum_{k=1}^{n-1} 1/k$. Proposer un estimateur $\hat{\theta}_n$ de θ tel que $\mathbb{E}(\hat{\theta}_n) = \theta$.

III.2 - Calculer la variance de $\hat{\theta}_n$. A quelle vitesse $\mathbb{E}\big((\hat{\theta}_n/\theta - 1)^2\big)^{1/2}$ tend vers 0 ? Commenter.

III.3 - Calculer la limite de $\log \mathbb{E}\Big(e^{\mathrm{i}t\sqrt{H_n}(\hat{\theta}_n-\theta)}\Big)$ lorsque $n \to \infty$.

III.4 - En déduire que $\sqrt{\frac{\log n}{\hat{\theta}_n}}(\hat{\theta}_n - \theta) \overset{\text{loi}}{\to} Z$ lorsque $n \to \infty$, où Z suit une loi gaussienne standard.

Chapitre 7

Quelques développements modernes en Ecologie-Evolution

Les modèles ne sont que des modèles simplifiant une réalité bien complexe. Einstein (1879 - 1955).

7.1 Survie et croissance de métapopulations réparties sur un graphe

Ce travail est issu de Bansaye, Lambert [8].

Les populations vivent dans des habitats de qualités différentes (température, richesse du sol, ressources, prédation, etc.) et peuvent être connectées (par des couloirs de migration de natures variées). La qualité des habitats et des connections peut évoluer dans le temps, suite à divers événements (changements climatiques, inondations, pollution, déforestation, aménagement du territoire, etc.). Nous voulons savoir comment la qualité des habitats et les connections influencent la probabilité de survie et la croissance de la population.

7.1.1 Première approche : processus de Galton-Watson multitype

Nous considérons K habitats notés $i = 1, \cdots, K$. Chaque individu de l'habitat i se reproduit indépendamment des autres et donne un nombre moyen m_i de descendants. Chaque descendant né dans l'habitat i a une probabilité p_{ij} de rejoindre l'habitat j. La matrice

$$A = (m_i \, p_{ij})_{1 \leq i,j \leq K}$$

donne le nombre moyen d'enfants d'un individu de l'habitat i dans l'habitat j.

Soit $(Z_n)_n = (Z_n(j), j = 1, \cdots, K, n \in \mathbb{N})$ le processus qui décrit la taille des sous-populations à chaque génération n. Il est à valeurs dans $\mathbb{N}^K$ et $Z_n(j)$ est le nombre

© Springer-Verlag Berlin Heidelberg 2016

S. Méléard, *Modèles aléatoires en Ecologie et Evolution*,

Mathématiques et Applications 77, DOI 10.1007/978-3-662-49455-4_7

d'individus dans l'habitat j à la génération n. Le processus $(Z_n)_n$ est un processus de branchement multitype (Voir Chapitre 3.7). Supposons que Z_0 soit donné, la moyenne de Z_n vaut

$$\mathbb{E}(Z_n) = Z_0 A^n.$$

(A est la matrice transposée de M si l'on prend les notations du Chapitre 3.7). Supposons que A satisfait (3.7.33). Par le Théorème de Perron-Frobenius (voir Théorème 3.7.7), il existe une valeur propre (simple) maximale $\lambda > 0$ associée à des vecteurs propres positifs u et v tels que

$$A u = \lambda u \quad ; \quad v A = \lambda v.$$

De plus, nous avons les comportements asymptotiques suivants.

Théorème 7.1.1 *Si* $\lambda \leq 1$, *la population s'éteint.*

Si $\lambda > 1$, *la population survit avec probabilité positive et croît géométriquement avec taux* λ. *La répartition asymptotique dans les habitats est donnée par* v.

En temps grand, la proportion du temps passé par un individu dans l'habitat i *est* $u_i v_i$.

Cette approche est simple mais les résultats sont peu explicites. En effet, il est difficile d'interpréter les résultats car on ne voit pas les rôles spécifiques de la dispersion et de la reproduction. De plus, la structure de graphe n'est pas explicite.

7.1.2   Deuxième approche - Chaîne de Markov sur un graphe

Dans cette approche, nous voulons dissocier les déplacements des reproductions et intégrer plus précisément la dynamique de déplacement d'un habitat à un autre et la structure de graphe. Nous considérons la chaîne de Markov $(X_n)_n$ dont les probabilités de transition sont définies par

$$\mathbb{P}(X_{n+1} = j \mid X_n = i) = p_{ij}.$$

Nous supposons que la chaîne de Markov est irréductible. (Voir Chapitre 2).

Théorème 7.1.2 *La population survit avec probabilité positive si et seulement si*

$$m_1 \, \mathbb{E}_1(m_{X_1} \cdots m_{X_{T-1}}) > 1, \tag{7.1.1}$$

où T *est le temps de retour dans l'habitat 1 :*

$$T = \inf\{n \geq 1, X_n = 1\}.$$

T est bien défini sous la condition d'irréductibilité. Remarquons également que même si 1 est supposé être l'habitat initial, le critère n'en dépend pas grâce à l'hypothèse d'irréductibilité. Ainsi, la persistance aura lieu avec probabilité strictement positive s'il existe une dynamique surcritique à un endroit du graphe.

Le cas d'une population complètement mélangeante. Le cas d'une population complètement mélangeante se traduit par une matrice (p_{ij}), dont toutes les colonnes sont égales au même vecteur D ($\forall j = 1, \cdots, K$, $p_{ij} = D_j$) : la probabilité de migration vers l'habitat j est indépendante de l'habitat du parent. Dans ce cas, il est facile de comparer les résultats des Théorèmes 7.1.1 et 7.1.2. Nous pouvons facilement calculer la valeur propre maximale λ de A. En effet A est la matrice de rang K égale à $m\,D^T$, où m est le vecteur colonne $(m_1, \cdots, m_K)$ et D^T le vecteur ligne D. Ainsi, l'on peut montrer facilement que $A^n = (\sum_{i=1}^{K} m_i D_i)^{n-1} A$ et le nombre $\rho = \sum_{i=1}^{K} m_i D_i$ est donc la plus grande valeur propre de A.

Par ailleurs, les variables aléatoires X_n sont indépendantes et de même loi D. Ainsi le temps T est géométriquement distribué, de paramètre D_1. En conditionnant par T, nous obtenons

$$
m_1 \, \mathbb{E}\Big(\prod_{n=1}^{T-1} m_{X_n} \Big) \;=\; m_1 \sum_{k \geq 1} \mathbb{E}\Big(\prod_{n=1}^{T-1} m_{X_n} \mid T = k \Big) \mathbb{P}(T = k)
$$

$$
=\; m_1 \sum_{k \geq 1} D_1 (1 - D_1)^{k-1} \Big(\sum_{j=2}^{K} m_j \frac{D_j}{1 - D_1} \Big)^{k-1}
$$

$$
=\; m_1 D_1 \sum_{k \geq 1} \Big(\sum_{j=2}^{K} m_j D_j \Big)^{k-1}.
$$

Si $\sum_{j=2}^{K} m_j D_j \geq 1$, alors le terme de droite vaut $+\infty$ et on a persistance avec probabilité positive. Si $\sum_{j=2}^{K} m_j D_j < 1$, nous obtenons alors $m_1 \, \mathbb{E}\Big(\prod_{n=1}^{T-1} m_{X_n} \Big) = \frac{m_1 D_1}{1 - \sum_{j=2}^{K} m_j D_j}$. Cette quantité sera supérieure à 1 si et seulement si $\sum_{j=1}^{K} m_j D_j > 1$. Nous retrouvons le critère donné par le Théorème de Perron-Frobenius.

Preuve du Théorème 7.1.2. Considérons un individu a se trouvant au temps 0 dans l'habitat 1. Soit Y_1 le nombre d'enfants de a qui sont encore dans a et de même, appelons Y_n le nombre de descendants de a à la génération n vivant dans l'habitat 1 et dont tous les parents (autres que a) ont vécu hors de cet habitat. Posons

$$
Y = \sum_{n \geq 1} Y_n,
$$

qui est le nombre de descendants de a qui vivent dans l'habitat 1 pour la première fois dans leur lignée (hormis a).

Calculons $\mathbb{E}(Y)$. Notons $Y_n^{(i)}$ le nombre de descendants de 1 dans le patch i à la génération n qui ont évité le patch 1 aux générations $1, \ldots, n-1$. Par récurrence, nous pouvons montrer que

$$
\mathbb{E}(Y_n^{(i)}) = \sum_{j=2}^{K} \mathbb{E}(Y_{n-1}^{(j)})\, m_j\, p_{ji}
$$

$$
= \sum_{j_1,\cdots,j_{n-1}\in\{2,\cdots K\}} p_{1j_1}\, p_{j_1 j_2}\, p_{j_{n-2}j_{n-1}}\, p_{j_{n-1}i}\, m_1 m_{j_1}\cdots m_{j_{n-2}} m_{j_{n-1}}.
$$

Comme $Y_n = Y_n^{(1)}$, nous en déduisons

$$
\mathbb{E}(Y_n) = \sum_{j_1,\cdots,j_{n-1}\in\{2,\cdots K\}} p_{1j_1}\, p_{j_1 j_2}\, p_{j_{n-2}j_{n-1}}\, p_{j_{n-1}1}\, m_1 m_{j_1}\cdots m_{j_{n-2}} m_{j_{n-1}}
$$

$$
= m_1\, \mathbb{E}(\mathbf{1}_{T=n}\, m_{X_1}\cdots m_{X_{n-1}}),
$$

puis

$$
\mathbb{E}(Y) = \mathbb{E}(\sum_{n\geq 1} Y_n) = m_1 \sum_{n\geq 1} \mathbb{E}(\mathbf{1}_{T=n}\, m_{X_1}\cdots m_{X_{n-1}}) = m_1\, \mathbb{E}(m_{X_1}\cdots m_{X_{T-1}}).
$$

Nous en concluons le résultat.

$\square$

Le cas de deux types d'habitats. La formule (7.1.1) sépare les effets démographiques de la dispersion. Par exemple, considérons un graphe composé d'une source (l'habitat initial) où la moyenne de la loi de reproduction vaut $m_1 > 1$ et de $K - 1$ habitats identiques moins favorables (appelés puits), où la reproduction a même moyenne $m < 1$. La condition (7.1.1) s'écrit

$$
m_1\, \mathbb{E}_1(m^{T-1}) > 1.
$$

L'espérance est la fonction génératrice de la variable aléatoire $T - 1$, calculée au point m.

Notons par $p = \sum_{j=2}^{K} p_{1j}$ la probabilité de migration pour un individu vivant dans l'habitat 1. Le nombre moyen de descendants par individu qui partent de la source à chaque génération, est $m_1 p$. Appelons σ le premier temps de visite d'un puits par un marcheur (fixé) issu de la source :

$$
\sigma = \inf\{n \geq 0, X_n \neq 1\}.
$$

Il est facile de voir que σ suit une loi géométrique de paramètre p. Soit S le temps d'attente, après σ, avant de visiter la source :

$$
S = \inf\{n \geq 0, X_{\sigma+n} = 1\}.
$$

Cette durée S peut être vue comme le temps passé dans les puits entre deux visites consécutives à la source. Nous avons alors

$$
\mathbb{E}\Big(\prod_{i=1}^{T-1} m_{X_n} \Big) = 1 - p + p\, \mathbb{E}(m^S).
$$

Le Théorème 7.1.2 nous permet d'affirmer que la population persistera avec probabilité positive si et seulement si

$$m_1(1 - p) + \delta\, m_1\, p > 1,\tag{7.1.2}$$

où δ est le taux de dépression dû au passage dans les puits :

$$\delta = \mathbb{E}(m^S) = \sum_{k \geq 1} m^k\, \mathbb{P}(S = k).$$

Dans le cas où il y a seulement deux habitats ($K = 2$, une source et un puits), la variable aléatoire S suit une loi géométrique de paramètre $q = 1 - p$, d'où $\delta = \frac{mq}{1-m(1-q)}$. Ainsi, la condition (7.1.2) s'écrit

$$\frac{m_1\, p}{1 - m_1(1 - p)} > \frac{1 - m(1 - q)}{m\, q}.$$

7.2 Abondance en environnement aléatoire

Ce travail est issu de Evans, Hening and Schreiber [33].

Dans l'équation de Feller (5.6.45), le terme stochastique est démographique au sens où, comme vu au Chapitre 5.6.2, il vient d'une multitude de naissances et morts.

Il est aussi possible de modéliser d'autres sources d'aléa, comme la stochasticité environnementale. Dans ce paragraphe, le processus $(Y_t, t \geq 0)$ désigne l'abondance d'une population dans un environnement aléatoire. Il est gouverné par l'équation différentielle stochastique

$$dY_t = Y_t\,(r - cY_t) + \sigma Y_t\, dW_t\ ,\ Y_0 > 0,\tag{7.2.3}$$

où $(W_t)_{t \geq 0}$ est un mouvement brownien standard.

Le taux de croissance a une composante stochastique dont σ^2 est la variance infinitésimale. Le processus est bien défini et a une forme explicite, ce qui se montre facilement en utilisant la formule d'Itô.

$$Y_t = \frac{Y_0 \exp\left((r - \frac{\sigma^2}{2})t + \sigma W_t\right)}{1 + cY_0 \int_0^t \exp\left((r - \frac{\sigma^2}{2})s + \sigma W_s\right) ds}.\tag{7.2.4}$$

Nous remarquons que $Y_t \geq 0$ pour tout $t \geq 0$ presque-sûrement.

Il est alors possible d'en déduire le comportement en temps long du processus, qui dépend du signe de $r - \frac{\sigma^2}{2}$.

Proposition 7.2.1   *1. Si $r - \frac{\sigma^2}{2} < 0$, alors $\lim_{t\to\infty} Y_t = 0$ presque-sûrement.*

2. Si $r - \frac{\sigma^2}{2} = 0$, alors presque-sûrement, $\liminf_{t\to\infty} Y_t = 0$ et $\limsup_{t\to\infty} Y_t = +\infty$.

3. Si $r - \frac{\sigma^2}{2} > 0$, alors $(Y_t)_t$ a une unique distribution stationnaire qui est la loi

$$\Gamma(\tfrac{2r}{\sigma^2} - 1, \tfrac{\sigma^2}{2c}) = \Gamma(\kappa, \theta), \text{ de densité } x \mapsto \frac{1}{\Gamma(\kappa)\,\theta^\kappa}\, x^{\kappa-1}\, e^{-\frac{x}{\theta}}.$$

Remarque 7.2.2 *Nous remarquons que le comportement est ici très différent du comportement de l'équation de Feller qui converge en temps long presque-sûrement vers 0 quel que soit le taux de croissance intrinsèque. Il est aussi très différent du comportement du système dynamique qui tend vers 0 si le taux de croissance est négatif et vers la limite strictement positive c/r si le taux de croissance est strictement positif. Le terme stochastique modélisant l'environnement a un effet défavorable puisqu'il faut que r soit supérieur à $\sigma^2/2$ pour que l'on puisse avoir une certaine stabilité de la population. Dans ce cas la limite est aléatoire et sa loi dépend du paramètre de compétition.*

Preuve. Nous allons donner ici quelques éléments de preuve. Nous renvoyons à [33] pour une preuve complète et rigoureuse. Il est tout d'abord immédiat, en utilisant la formule explicite (7.2.4) et la loi du logarithme itéré (cf. Proposition 4.3.2) que si $r - \frac{\sigma^2}{2} < 0$, le processus $(Y_t, t \geq 0)$ tend presque-sûrement vers 0 quand t tend vers l'infini. De plus, si $r - \frac{\sigma^2}{2} = 0$, $\liminf_{t\to\infty} Y_t = 0$ et $\limsup_{t\to\infty} Y_t = +\infty$ presque-sûrement. Concentrons-nous maintenant sur le cas où $r - \frac{\sigma^2}{2} > 0$ et introduisons comme en (4.6.24) la fonction d'échelle

$$s(x) \;=\; \int_c^x \exp\left(-\int_a^y \frac{2b(z)}{\sigma^2(z)} dz\right) dy = \int_c^x \left(\frac{y}{a}\right)^{-\frac{2r}{\sigma^2}} e^{\frac{2c}{\sigma^2}(y-a)}\, dy,$$

où a et c sont arbitraires dans $\mathbb{R}_+^*$. Nous savons par la formule d'Itô que $s(Y_t)$ définit une martingale et que

$$ds(Y_t) = s'(Y_t)\sigma Y_t dW_t = h(s(Y_t))dW_t,$$

où $h(z) = \sigma\, s' \circ s^{-1}(z)\, s^{-1}(z)$.

Considérons la mesure $m(dz) = \frac{1}{h^2(z)} dz$. Un calcul explicite donne que

$$m(\mathbb{R}_+^*) = \frac{1}{\sigma^2 a^{2r/\sigma^2}} \int_0^{+\infty} u^{\frac{2r}{\sigma^2}-2}\, e^{-\frac{2c}{\sigma^2}(u-a)} du.$$

Des arguments de calcul stochastique en dimension 1 qui ne sont pas développés dans ce cours montrent que le processus Y a une distribution stationnaire si $s(\mathbb{R}_+^*) = (-\infty, +\infty)$ et si $m(\mathbb{R}_+^*) < \infty$, ce qui est vrai si et seulement si $r - \frac{\sigma^2}{2} > 0$. Dans ce cas, la diffusion $s(Y)$ a la distribution stationnaire de densité $f = \frac{1}{m(\mathbb{R}_+^*)h^2}$. (Voir [40] pour ces propriétés).

Nous en déduisons ici que la distribution stationnaire de Y a pour densité

$$
\begin{aligned}
g(x) \;=\; & f(s(x))s'(x) = \frac{1}{m(\mathbb{R}_+^*)h^2(s(x))}s'(x) \\
=\; & \frac{1}{m(\mathbb{R}_+^*)\sigma^2 x^2 s'(x)} \\
=\; & \frac{1}{m(\mathbb{R}_+^*)\sigma^2 x^2 \left(\frac{x}{a}\right)^{-\frac{2r}{\sigma^2}} e^{\frac{2c}{\sigma^2}(x-a)}}.
\end{aligned}
$$

Nous reconnaissons la densité d'une loi Gamma(κ, θ) de paramètres $\theta = \frac{\sigma^2}{2c}$ et $\kappa = \frac{2r}{\sigma^2}-1$. $\square$

7.3 Etude de l'invasion d'un mutant dans une grande population résidente à l'équilibre

Dans ce paragraphe, nous modélisons l'une des étapes du mécanisme d'invasion d'un individu mutant dans une population à l'équilibre. Cette étude fait partie d'un travail de recherche sur la modélisation aléatoire de la dynamique adaptative, que l'on peut trouver par exemple dans Champagnat-Ferrière-Méléard [18], Champagnat [19] ou dans Méléard [56].

Considérons une grande population à l'équilibre en supposant que tous les individus sont de même type génétique 1. Les paramètres démographiques dépendent du type génétique. Les individus de type 1 se reproduisent à taux b_1 et donnent naissance à un seul descendant. Par hérédité, un individu transmet son type à ses descendants, sauf si une mutation arrive. Les individus de type 1 meurent à taux d_1 ou du fait d'une compétition avec les autres individus présents. Nous notons c_{11} la pression de compétition entre deux individus de type 1. Nous supposons que sans compétition, le processus de naissance et mort serait surcritique : $b_1 - d_1 > 0$.

Au Chapitre 5.6.1, Théorème 5.6.1, nous avons montré que la taille $(x(t), t \geq 0)$ de cette population est approchée par la solution de l'équation différentielle

$$
x'(t) = x(t)\left(b_1 - d_1 - c_{11}x(t)\right).
$$

L'équilibre stable de cette équation, qui vaut

$$
x_1^* = \frac{b_1 - d_1}{c_{11}},
$$

représente donc la taille de la population de type 1 à l'équilibre.

Supposons qu'un individu mutant, de type 2, apparaisse lors d'un événement de reproduction. Même si cet individu est unique au moment de son apparition, il développe par hérédité une sous-population d'individus de type 2. Nous supposons que les paramètres démographiques des individus de type 2 sont b_2 et d_2, avec $b_2 > d_2$. La population des individus de type 2 est initialement de petite taille ; elle est donc modélisée par un processus de naissance et mort. Pendant un certain temps, la taille de cette population est négligeable par rapport à celle des individus de type 1. Un individu de type 2 subit donc essentiellement l'impact des individus de type 1 dans sa lutte pour la survie (partage des ressources), et les individus de type 1 ne ressentent pas l'influence des individus de type 2. Nous introduisons le paramètre c_{21} qui décrit la pression de compétition d'un individu de type 1 sur un individu de type 2. Le taux de mort d'un individu de type 2 est donc approché par

$$d_2 + c_{21}\, x_1^* = d_2 + c_{21}\frac{b_1 - d_1}{c_{11}}.$$

Pour que les individus de type 2 puissent se fixer dans la population, il est nécessaire que le processus de naissance et mort associé au type 2 survive en temps long. Au Chapitre 5, (voir Théorème 5.5.5 et l'application au processus de branchement binaire avec un unique ancêtre), nous avons obtenu les conditions d'une telle survie et dans le cas de survie possible, nous avons calculé la probabilité de cet événement. En adaptant ces conditions, nous en déduisons les résultats suivants.

- Si $b_2 \leq d_2 + c_{21}x_1^*$, la population d'individus de type 2 issue de l'individu mutant va s'éteindre et la population redeviendra, si l'on attend suffisamment longtemps, une population de type 1. (Nous supposons dans cette interprétation que les mutations sont rares et qu'une nouvelle mutation n'arrivera que bien après cette phase de développement et de disparition de la population de type 2).

- En revanche, si $b_2 > d_2 + c_{21}x_1^*$, la population d'individus de type 2 se développe suivant un processus surcritique et la probabilité de survie est non nulle, donnée par

$$\frac{b_2 - d_2 - c_{21}x_1^*}{b_2}.$$

Sous cette condition, nous pouvons espérer que le mutant se fixe dans la population.

La condition de survie

$$F_{21} = b_2 - d_2 - c_{21}\frac{b_1 - d_1}{c_{11}} > 0 \tag{7.3.5}$$

correspond au taux de croissance d'une petite population de type 2 dans une population résidente à l'équilibre de type 1. Ce nombre F_{21} est appelée la *fitness d'invasion d'une population de type 2 dans une population résidente de type 1*. Remarquons que cette fitness est nulle si les deux types sont identiques. Si le paramètre de compétition est constant (les ressources sont consommées de manière homogène par les individus des deux types), alors la condition de survie devient

$$b_2 - d_2 > b_1 - d_1. \tag{7.3.6}$$

Dans ce cas, elle se résume au fait que le taux de croissance intrinsèque (sans compétition) de la population de type 2 est supérieur à celui de la population de type 1.

Sur l'événement de survie, la taille de la population d'individus de type 2 va atteindre une taille suffisamment grande pour pouvoir être approchée par son approximation déterministe. Dans ce cas, il faut prendre en compte les deux sous-populations et leurs interactions. Nous introduisons les paramètres de compétition c_{22} entre deux individus de type 2 et c_{12} d'un individu de type 2 sur un individu de type 1. Nous avons vu au Chapitre 5.6.3 que le système déterministe résumant la dynamique du système couplé des deux sous-populations est un système de Lotka-Volterra compétitif

$$
\begin{aligned}
x_1'(t) &= x_1(t)\,(b_1 - d_1 - c_{11}\,x_1(t) - c_{12}\,x_2(t)), \\
x_2'(t) &= x_2(t)\,(b_2 - d_2 - c_{21}\,x_1(t) - c_{22}\,x_2(t)).
\end{aligned}
\tag{7.3.7}
$$

Une étude de ce système (voir Istas [41]) donne les deux conclusions possibles suivantes. Si outre la condition (7.3.5), les paramètres démographiques vérifient également $F_{12} < 0$, alors l'équilibre atteint par le système (7.3.7) sera $(0, x_2^*)$. La population d'individus de type 1 va s'éteindre et au bout d'un certain temps, il ne restera plus que des individus de type 2. On dit que le type 2 s'est fixé dans la population.

Si en revanche $F_{12} > 0$, l'équilibre atteint par le système sera un équilibre non trivial tel que les deux coordonnées sont non nulles. Dans ce cas, nous aurons coexistence des types 1 et 2 en temps long. Appelons $r_i = b_i - d_i$ pour $i = 1, 2$. Remarquons que les conditions $F_{12} > 0$ et $F_{21} > 0$ entraînent nécessairement que

$$
(c_{11}r_2 - c_{21}r_1)(c_{22}r_1 - c_{12}r_2) > 0
$$

et nous pouvons remarquer qu'alors, $D = c_{11}c_{22} - c_{21}c_{12} \neq 0$. En effet, dans le cas contraire, nous aurions

$$
(c_{11}r_2 - c_{21}r_1)(c_{22}r_1 - c_{12}r_2) = -\frac{c_{22}c_{21}}{c_{12}}\Big(r_1 - r_2\frac{c_{12}}{c_{22}}\Big)^2 < 0.
$$

Il est alors facile de calculer les tailles x_{12}^* et x_{21}^* des deux sous-populations de type 1 et 2 à l'équilibre :

$$
x_{12}^* = \frac{c_{22}r_1 - r_2c_{12}}{D} \;\; ; \;\; x_{21}^* = \frac{c_{11}r_2 - r_1c_{21}}{D}.
$$

Puisque $D \neq 0$, le cas de coexistence est impossible si les coefficients de compétition sont égaux (voir aussi (7.3.6)). Ainsi, l'impact de l'environnement, par exemple sur les ressources, peut changer les équilibres.

7.4 Un modèle stochastique pour l'auto-incompatibilité des plantes à fleurs

Ce travail est issu de Billiard, Tran [7] et Lafitte-Godillon, Raschel, Tran [52].

Il concerne l'étude une population de plantes à fleurs dont la reproduction est auto-incompatible. La reproduction auto-incompatible empêche la fécondation du stigmate d'une plante par son propre pollen. Les individus sont diploïdes et peuvent porter les allèles A ou a au locus S qui détermine les partenaires avec lesquels la plante peut se reproduire. Les génotypes possibles à ce locus sont donc AA, Aa et aa. Dans ce modèle, l'allèle A est dominant et l'allèle a est récessif. Le phénotype correspondant à AA, Aa ou aa (c'est-à-dire le type de protéine portée par le pollen et le stigmate) sera donc respectivement A, A ou a. Seuls des pollens et stigmates portant des phénotypes différents peuvent donner des graines viables. Ainsi, AA ne peut pas être créé, puisque le génotype d'un individu de phénotype a est nécessairement aa.

Du fait de l'auto-incompatibilité, les seules possibilités de reproduction seront donc entre des individus de génotypes respectifs AA et aa ou Aa et aa.

Nous allons donc étudier du processus de naissance et mort bi-type $(N_t, t \geq 0) = ((N_t^{Aa}, N_t^{aa}), t \geq 0)$ qui décrit la dynamique au cours du temps du nombre d'individus portant respectivement les génotypes Aa et aa. Nous supposons que les ovules se reproduisent en temps continu au taux $r > 0$ et que chaque ovule est fécondé pourvu qu'il existe un pollen compatible dans la population. Le taux de mort de chaque individu vaut $d > 0$. Remarquons que

- AA et aa donneront un individu de génotype Aa avec probabilité 1,
- Aa et aa donneront un individu de génotype Aa avec probabilité $1/2$ et un individu de génotype aa avec probabilité $1/2$.

Ainsi le générateur Q sera donné pour $(i, j) \in (\mathbb{N}^*)^2$ par

$$(i, j) \longrightarrow (i+1, j) \quad \text{au taux} \quad \frac{r(i+j)}{2}$$

$$(i, j) \longrightarrow (i, j+1) \quad \text{au taux} \quad \frac{r(i+j)}{2}$$

$$(i, j) \longrightarrow (i-1, j) \quad \text{au taux} \quad di$$

$$(i, j) \longrightarrow (i, j-1) \quad \text{au taux} \quad dj. \tag{7.4.8}$$

Les autres termes de Q sont nuls.

Quand l'un des deux phénotypes A ou a disparaît, la reproduction devient impossible et le système s'éteint. Nous cherchons la probabilité d'extinction de la population.

Définissons

$$\tau_0 = \inf\{t > 0, N_t^{Aa} = 0 \text{ ou } N_t^{aa} = 0\}$$

et pour tout $(i, j) \in \mathbb{N}^2$,

$$p_{i,j} = \mathbb{P}_{i,j}(\tau_0 < +\infty).$$

Proposition 7.4.1 *La suite $(p_{i,j})_{(i,j) \in \mathbb{N}^2}$ est la plus petite solution positive bornée de : pour tout $(i, j) \in \mathbb{N}^2$,*

$$p_{i,j} = \frac{di}{(r+d)(i+j)} p_{i-1,j} + \frac{dj}{(r+d)(i+j)} p_{i,j-1} + \frac{r}{2(r+d)} p_{i,j+1} + \frac{r}{2(r+d)} p_{i+1,j} \, ;$$

$$p_{i,0} = p_{0,j} = 1. \tag{7.4.9}$$

Pour prouver cette proposition, nous allons utiliser un résultat très important en analyse stochastique.

Théorème 7.4.2 *Critère de Dynkin.*

Soit $(X_t)_t, t \geq 0)$ un processus markovien de saut à valeurs dans un espace dénombrable E, de générateur infinitésimal Q. Soit $\mathcal{F}_t = \sigma(X_s, s \leq t)$. Pour toute fonction continue bornée sur E et telle que Qf est bornée,

$$f(X_t) - f(X_0) - \int_0^t Qf(X_u)du \qquad (7.4.10)$$

est une $\mathcal{F}_t$-martingale continue à droite et limitée à gauche.

Preuve. Nous avons obtenu au Chapitre 5 les équations de Kolmogorov, en particulier la formule de Kolmororov rétrograde (5.5.28) : pour tout $x \in E$,

$$P_t f(x) - f(x) = \int_0^t P_u Qf(x)du.$$

Les fonctions f et Qf étant bornées, le Théorème de Fubini permet d'en déduire : pour tout $x \in E$,

$$\mathbb{E}_x \left(f(X_t) - f(X_0) - \int_0^t Qf(X_u)du \right) = 0. \qquad (7.4.11)$$

Montrons que $M_t = f(X_t) - f(X_0) - \int_0^t Qf(X_u)du$ définit une martingale. Pour tout $t > 0$, M_t est intégrable car f et Qf sont bornées. Soient $t, s > 0$. Utilisant la propriété de Markov, nous pouvons écrire

$$\mathbb{E}_x(f(X_{t+s}|\mathcal{F}_t) = E_{X_t}(f(X_s)) \, ;$$
$$\mathbb{E}_x \left(\int_t^{t+s} Qf(X_u)du | \mathcal{F}_t \right) = \mathbb{E}_x \left(\int_0^s Qf(X_{t+v})dv | \mathcal{F}_t \right) = \mathbb{E}_{X_t} \left(\int_0^s Qf(X_v)dv \right).$$

Finalement, nous avons

$$\mathbb{E}_x(M_{t+s} - M_t | \mathcal{F}_t) = E_{X_t} \left(f(X_s) - f(X_0) - \int_0^s Qf(X_v)dv \right) = 0,$$

par (7.4.11). Nous en déduisons que $(M_t, t \geq 0)$ est une $\mathcal{F}_t$-martingale. $\square$

Remarque 7.4.3 *Ce théorème a déjà été prouvé comme conséquence de la formule d'Itô pour $(X_t, t \geq 0)$ solution d'une équation différentielle stochastique et f de classe C_b^2.*

Preuve de la Proposition 7.4.1.

Remarquons tout d'abord que la suite constante égale à 1 est solution de (7.4.9). Nous pouvons facilement adapter (5.5.28) et (5.5.30) et montrer que la suite $(p_{i,j})_{(i,j)\in\mathbb{N}^2}$ en est également solution. Montrons qu'elle est en fait la plus petite solution positive bornée de (7.4.9).

Soit f une autre solution positive et bornée. Il est facile de montrer que c'est équivalent à $Qf(i,j) = 0$ pour tout (i,j), où Q a été défini en (7.4.8) et Qf en (5.3.6). Le Théorème 7.4.2 entraîne alors que $(M_t)_t = (f(N_t^{Aa}, N_t^{aa}))_t$ est une martingale, de même que $(M_{t\wedge\tau_0})_t$ par la Proposition 4.5.16. De plus, $M_{t\wedge\tau_0}$ converge sur $\tau_0 < +\infty$ vers $f(N_{\tau_0}^{Aa}, N_{\tau_0}^{aa}) = 1$ en vertu des conditions aux bords de (7.4.9). En utilisant la positivité de f et le Lemme de Fatou, nous en déduisons que pour tout $(i,j) \in \mathbb{N}^2$,

$$
\begin{aligned}
f(i,j) &= \mathbb{E}_{(i,j)}(M_0) = \lim_{t\to+\infty} \mathbb{E}_{(i,j)}(M_{t\wedge\tau_0}) \\
&\geq \mathbb{E}_{(i,j)}(\liminf_{t\to+\infty} M_{t\wedge\tau_0}\, \mathbf{1}_{\tau_0<+\infty}) = \mathbb{E}_{(i,j)}(\mathbf{1}_{\tau_0<+\infty}) = p_{i,j}.
\end{aligned}
$$

$\square$

Cette solution est malheureusement impossible à calculer avec les outils classiques. Dans [7]-Prop.9 est donné un encadrement de ces probabilités, en utilisant des comparaisons sophistiquées de processus stochastiques.

Proposition 7.4.4

- Si $r \leq d$, $p_{ij} = 1$ *pour tout* i,j.
- Si $r > d$, alors

$$
\left(\frac{d}{r}\right)^{i+j} \leq p_{ij} \leq \left(\frac{d}{r}\right)^{i} + \left(\frac{d}{r}\right)^{j} - \left(\frac{d}{r}\right)^{i+j}.
$$

Preuve. Nous allons donner des éléments de preuve. L'idée de base est de comparer le processus $((N_t^{Aa}, N_t^{aa}), t \geq 0)$ à des processus plus faciles à étudier.

Tout d'abord nous allons comparer le processus $((N_t^{Aa}, N_t^{aa}), t \geq 0)$ au processus $((\widetilde{N}_t^{Aa}, \widetilde{N}_t^{aa}), t \geq 0)$ défini sur le même espace de probabilité, issu de la même condition initiale (i,j) et dont le générateur est donné par le même système que (7.4.8), mais où la valeur des taux de reproduction s'étend au cas où i ou j peut être nul. Comme les taux de mort sont identiques, il est clair que $((\widetilde{N}_t^{Aa}, \widetilde{N}_t^{aa}), t \geq 0)$ domine stochastiquement $((N_t^{Aa}, N_t^{aa}), t \geq 0)$, au sens où chacune des coordonnées domine la coordonnée correspondante. Le processus $((\widetilde{N}_t^{Aa}, \widetilde{N}_t^{aa}), t \geq 0)$ est un processus de branchement bi-type dont la dynamique peut-être décrite ainsi. Chaque individu vit durant un temps exponentiel de paramètre $r + d$. A sa mort, il n'y a aucun descendant avec probabilité $d/(r + d)$. Il y a deux descendants du même type que l'ancêtre avec probabilité $r/2(r + d)$ et deux descendants portant les deux types différents avec probabilité $r/2(r + d)$. En particulier, le processus $(\widetilde{N}_t)_t = (\widetilde{N}_t^{Aa} + \widetilde{N}_t^{aa})_t$ est un processus de branchement binaire de taux de naissance r et de taux de mort d. La probabilité d'extinction de ce processus a été étudiée au Chapitre 5.4.5. Dans le cas où $r \leq d$, le processus $(\widetilde{N}_t)_t$ s'éteint presque sûrement et il en est donc de même pour le processus $((N_t^{Aa}, N_t^{aa}), t \geq 0)$. Dans le cas où $r > d$, le processus $(\widetilde{N}_t)_t$ s'éteint avec probabilité $\left(\frac{d}{r}\right)^{i+j}$, car (i,j) est la condition initiale de $(N_t^{Aa}, N_t^{aa})_t$ et donc de $(\widetilde{N}_t^{Aa}, \widetilde{N}_t^{aa})_t$. La propriété de domination entraîne alors que

$$\left(\frac{d}{r}\right)^{i+j} \leq p_{i,j}.$$

La majoration de $p_{i,j}$ est plus subtile et nous envoyons le lecteur à [7] pour la preuve. ☑

7.5 Modélisation d'une population diploïde

Cette étude fait partie de travaux de recherche sur la modélisation aléatoire de la dynamique des populations diploïdes et est issu des articles de Coron [27], Collet-Méléard-Metz [24] et Coron [28].

Dans le paragraphe précédent comme dans les Chapitres 5 et 6, nous avons supposé que les populations ont une reproduction haploïde, au sens où nous ne prenons pas en compte les règles de ségrégation (appelées *lois de Mendel*), de la reproduction diploïde. Dans ce paragraphe, nous allons proposer et étudier un modèle de processus de naissance et mort multi-type décrivant la dynamique d'une population diploïde avec compétition et reproduction mendélienne.

7.5.1 Le processus de naissance et mort multitype

Nous considérons une population d'organismes diploïdes hermaphrodites (comme une grande partie des plantes), caractérisés par leur génotype composé de deux filaments d'ADN. Nous supposons ici que les individus ne diffèrent que par un gène qui peut porter seulement deux allèles : A et a. Ainsi les 3 génotypes possibles sont AA, Aa et aa. La dynamique de la population est alors représentée par le processus de Markov

$$Z : t \longrightarrow Z_t = (k_1(t), k_2(t), k_3(t)),$$

qui donne respectivement le nombre d'individus de génotype AA, Aa et aa au temps t. Pour plus de simplicité, nous allons noter ces types $1, 2$ et 3.

La proportion d'allèle A est alors donnée par la formule

$$p_A(t) = \frac{2k_1(t) + k_2(t)}{2(k_1(t) + k_2(t) + k_3(t))}.$$

Chaque individu se reproduit au taux $b > 0$ qui ne dépend pas du génotype de l'individu. Dans ce cas, l'individu choisit un partenaire de reproduction uniformément au hasard parmi les autres individus de la population.

Le processus $(Z_t, t \geq 0)$ est un processus de naissance et mort dont les taux de naissance d'individus de type AA, resp. Aa, aa, sont donnés, en vertu des lois mendéliennes et pour $z = (k_1, k_2, k_3)$ et $N = k_1 + k_2 + k_3$, par :

$$
b_1(z) = b\left(k_1 + \frac{1}{2}k_2\right) p_A = \frac{b}{N}\left(k_1 + \frac{1}{2}k_2\right)^2 ;
$$

$$
b_2(z) = b\left(k_1 + \frac{1}{2}k_2\right)(1 - p_A) + b\left(k_3 + \frac{1}{2}k_2\right) p_A = 2\frac{b}{N}\left(k_1 + \frac{1}{2}k_2\right)\left(k_3 + \frac{1}{2}k_2\right) ;
$$

$$
b_3(z) = b\left(k_3 + \frac{1}{2}k_2\right)(1 - p_A) = \frac{b}{N}\left(k_3 + \frac{1}{2}k_2\right)^2 .
$$

En effet, détaillons par exemple le cas de $b_1(z)$. Le taux total de reproduction est bN. Comme chaque individu choisit un partenaire uniformément au hasard, la probabilité d'obtenir le type AA dans la reproduction sera donnée par

$$
\frac{k_1^2}{N^2} + \frac{1}{2}\left(\frac{2k_1 k_2}{N^2}\right) + \frac{1}{4}\frac{k_2^2}{N^2},
$$

suivant que les parents ont les types AA, AA ou AA, Aa ou Aa, Aa.

Remarquons que

$$
b_1(z) + b_2(z) + b_3(z) = b(k_1 + k_2 + k_3). \tag{7.5.12}
$$

Les taux de mort des individus de génotype AA, Aa et aa sont donnés par

$$
\begin{aligned}
d_1(z) &= k_1\big(d_1 + (c_{11}k_1 + c_{12}k_2 + c_{13}k_3)\big); \\
d_2(z) &= k_2\big(d_2 + (c_{21}k_1 + c_{22}k_2 + c_{23}k_3)\big); \\
d_1(z) &= k_3\big(d_3 + (c_{31}k_1 + c_{32}k_2 + c_{33}k_3)\big),
\end{aligned}
$$

où d_1, d_2, d_3 représentent les taux de mort intrinsèques des différents types et les paramètres c_{ij}, pour $i, j \in \{1, 2, 3\}$, représentent les paramètres de compétition entre les individus des différents types. On suppose que

$$
\underline{c} = \inf_{i,j \in \{1,2,3\}} c_{ij} > 0. \tag{7.5.13}
$$

Nous avons alors que

$$
d_1(z) + d_2(z) + d_3(z) \geq \underline{c}(k_1 + k_2 + k_3)^2. \tag{7.5.14}
$$

Extinction

Grâce à (7.5.12) et (7.5.14), nous voyons que le processus $(N_t = k_1(t) + k_2(t) + k_3(t), t \geq 0)$ donnant la taille de la population au temps t, est stochastiquement dominé par un processus de naissance et mort $(Y_t, t \geq 0)$ de taux de naissance by et de taux de mort $\underline{c}\, y^2$, si $Y_t = y$. Cette domination s'exprime par le fait que nous pouvons construire les deux processus sur le même espace de probabilité et qu'alors, pour tout $t \geq 0$, N_t est presque-sûrement inférieur à Y_t. Le processus N va donc s'éteindre presque-sûrement comme Y, en vertu du Theorème 5.5.5 appliqué au processus de naissance et mort logistique.

Fixation de l'un des allèles dans le cas neutre

Supposons que les paramètres d_i soient égaux à d et que les paramètres c_{ij} soient tous égaux à c. Nous voulons éviter l'extinction du processus pour pouvoir observer la fixation éventuelle de l'un des allèles. Pour ce faire nous allons supposer que s'il ne reste qu'un individu dans la population, il ne peut pas mourir, en imposant que

$$d_i(z) = 0 \quad \text{si } k_1 + k_2 + k_3 = 1. \tag{7.5.15}$$

Le processus N prend alors ses valeurs dans $\mathbb{N}^*$.

Proposition 7.5.1 *Plaçons-nous dans le cas neutre et sous l'hypothèse supplémentaire (7.5.15). Alors, si le processus est issu de (k_1, k_2, k_3), la probabilité de fixation de a vaut*

$$u(k_1, k_2, k_3) = \frac{k_2 + 2k_3}{2(k_1 + k_2 + k_3)},$$

qui est la proportion initiale d'allèles a.

Preuve. Notons par $(\mathcal{F}_t, t \geq 0)$ la filtration du processus Z. Nous introduisons le temps d'arrêt

$$T_a = \inf\{t \geq 0, Z_t \in \{0\} \times \{0\} \times \mathbb{N}^*\},$$

qui est le temps de fixation de l'allèle a. Soit $p_a(z)$ la proportion d'allèle a dans la population z : $p_a(k_1, k_2, k_3) = \dfrac{k_2 + 2k_3}{2(k_1 + k_2 + k_3)}$.

Nous allons considérer la chaîne de Markov incluse au processus Z, à savoir la chaîne $\mathcal{Z}_\ell$, qui saute à chaque temps de saut de Z. Le suite $p_a(\mathcal{Z}_\ell)$ représente donc la suite des proportions successives de a dans la population. Nous allons prouver que si T_ℓ est le ℓ-ième temps de saut de Z et si $\widetilde{\mathcal{F}}_\ell = \mathcal{F}_{T_\ell}$, alors $p_a(\mathcal{Z}_\ell)$ est une $\widetilde{\mathcal{F}}_\ell$-martingale bornée. En effet, si $\mathcal{N}_\ell$ désigne la taille de $\mathcal{Z}_\ell$, et pour $\mathcal{N}_\ell \geq 2$,

$$
\begin{aligned}
\mathbb{E}(p_a(\mathcal{Z}_{\ell+1}) \mid \widetilde{\mathcal{F}}_\ell) &= \frac{2\mathcal{N}_\ell p_a(\mathcal{Z}_\ell) - 2}{2\mathcal{N}_\ell - 2} \, \mathbb{P}(\text{mort de } aa) + \frac{2\mathcal{N}_\ell p_a(\mathcal{Z}_\ell) - 1}{2\mathcal{N}_\ell - 2} \, \mathbb{P}(\text{mort de } Aa) \\
&\quad + \frac{2\mathcal{N}_\ell p_a(\mathcal{Z}_\ell)}{2\mathcal{N}_\ell - 2} \, \mathbb{P}(\text{mort de } AA) + \frac{2\mathcal{N}_\ell p_a(\mathcal{Z}_\ell) + 2}{2\mathcal{N}_\ell + 2} \, \mathbb{P}(\text{naissance de } aa) \\
&\quad + \frac{2\mathcal{N}_\ell p_a(\mathcal{Z}_\ell) + 1}{2\mathcal{N}_\ell + 2} \, \mathbb{P}(\text{naissance de } Aa) + \frac{2\mathcal{N}_\ell p_a(\mathcal{Z}_\ell)}{2\mathcal{N}_\ell + 2} \, \mathbb{P}(\text{naissance de } AA) \\
&= p_a(\mathcal{Z}_\ell).
\end{aligned}
$$

(Les calculs plus précis sont laissés au lecteur). Un résultat similaire est vrai si $\mathcal{N}_\ell = 1$. Nous pouvons alors appliquer le théorème d'arrêt à la martingale $p_a(\mathcal{Z}_\ell)$ puisqu'elle est trivialement bornée et au temps d'arrêt $T = T_a \wedge T_A$. Nous en déduisons que

$$\mathbb{E}_{(k_1,k_2,k_3)}(p_a(\mathcal{Z}_T)) = \mathbb{E}_{(k_1,k_2,k_3)}(p_a(\mathcal{Z}_0)) = \frac{k_2 + 2k_3}{2(k_1 + k_2 + k_3)}.$$

Par ailleurs,

$$\mathbb{E}_{(k_1,k_2,k_3)}(p_a(\mathcal{Z}_T)) = \mathbb{E}_{(k_1,k_2,k_3)}(T_a < T_A) + \mathbb{E}_{(k_1,k_2,k_3)}(p_a(\mathcal{Z}_T)\mathbb{1}_{T=\infty}).$$

Puisque $p_A(\mathcal{Z}_\ell) = 1 - p_a(\mathcal{Z}_\ell)$, nous pouvons par un raisonnement similaire obtenir que

$$\mathbb{E}_{(k_1,k_2,k_3)}(p_A(\mathcal{Z}_T)) = \mathbb{E}_{(k_1,k_2,k_3)}(T_A < T_a) + \mathbb{E}_{(k_1,k_2,k_3)}(p_A(\mathcal{Z}_T)\mathbb{1}_{T=\infty}) = \frac{k_2 + 2k_1}{2(k_1 + k_2 + k_3)}.$$

En ajoutant ces expressions, nous obtenons que $T < +\infty$ presque-sûrement et nous en déduisons la valeur des probabilités de fixation. $\qquad\square$

7.5.2   Approximations en grande population

Approximation déterministe

Comme au Chapitre 5, nous pouvons nous intéresser à une approximation en grande population du processus tri-dimensionnel Z, en introduisant un paramètre de ressource K qui va tendre vers l'infini. Nous supposons de plus (comme au Chapitre 5) que les paramètres de compétition sont de la forme c_{ij}/K.

Notons Z^K le processus et supposons que Z_0^K/K converge vers un vecteur déterministe $(z_1(0), z_2(0), z_3(0))$. Alors en adaptant la preuve du théorème 5.6.1, nous pouvons prouver que

Proposition 7.5.2 *Le processus* $\left(\dfrac{Z_t^K}{K}, t \geq 0\right)$ *converge en loi, quand K tend vers l'infini, vers la solution* $(z_1(t), z_2(t), z_3(t))$ *de*

$$\frac{d}{dt} \begin{pmatrix} z_1(t) \\ z_2(t) \\ z_3(t) \end{pmatrix} = \psi\big(z_1(t), z_2(t), z_3(t)\big) , \tag{7.5.16}$$

où

$$\psi(z_1, z_2, z_3) = \begin{pmatrix} \tilde{b}_1(z_1, z_2, z_3) - \tilde{d}_1(z_1, z_2, z_3) \\ \tilde{b}_2(z_1, z_2, z_3) - \tilde{d}_2(z_1, z_2, z_3) \\ \tilde{b}_3(z_1, z_2, z_3) - \tilde{d}_3(z_1, z_2, z_3) \end{pmatrix} , \tag{7.5.17}$$

avec pour $z = (z_1, z_2, z_3)$,

$$\tilde{b}_1(z) = b\frac{(z_1 + \frac{1}{2}z_2)^2}{z_1 + z_2 + z_3} \; ; \; b_2(z) = 2b\frac{(z_1 + \frac{1}{2}z_2)(z_3 + \frac{1}{2}z_2)}{z_1 + z_2 + z_3} \; ; \; b_3(z) = b\frac{(z_3 + \frac{1}{2}z_2)^2}{z_1 + z_2 + z_3} \, ,$$

$$\tilde{d}_1(z) = (d_1 + c_{11}\, z_1 + c_{12}\, z_2 + c_{13}\, z_3)\, z_1 \, ,$$

et une expression similaire pour les autres termes.

On peut montrer que le champ de vecteurs ψ a deux points fixes $(z_1^*, 0, 0)$ et $(0, 0, z_3^*)$ où

$$z_1^* = \frac{b - d_1}{c_{11}} \, , \qquad \text{et} \qquad z_3^* = \frac{b - d_3}{c_{33}} \, .$$

Ces points correspondent aux populations homozygotes.

Supposons que pour tous $i \in \{1, 2, 3\}$, $d_i = d$ et que pour tous i, j, $c_{ij} = c$. Une solution du système ne s'obtient pas facilement, même dans ce cas simple. Pour résoudre le système, nous introduisons un changement de variables ϕ lié aux quantités d'intérêt : la taille de la population, la proportion d'allèle A et une distance à l'équilibre de Hardy-Weinberg (distance à l'indépendance). Posons pour tout $z \in (\mathbb{R}_+)^3 \backslash \{(0, 0, 0\}$, $\phi(z) = (\phi_1(z), \phi_2(z), \phi_3(z))$ avec

$$\phi_1(z) = z_1 + z_2 + z_3 \; ; \; \phi_2(z) = \frac{2z_1 + z_2}{2(z_1 + z_2 + z_3)} \; ; \; \phi_3(z) = \frac{4z_1 z_3 - (z_2)^2}{4(z_1 + z_2 + z_3)}.$$

Nous pouvons remarquer que

$$\phi_3(z) = \phi_1(z)(p^{AA} - (p^A)^2) = \phi_1(z)(p^{aa} - (p^a)^2).$$

Posons $\phi(z_1(t), z_2(t), z_3(t)) = (\mathcal{N}_t, \mathcal{X}_t, \mathcal{Y}_t)$ et faisons le changement de variables dans (7.5.16). Nous obtenons

$$\frac{d}{dt}\begin{pmatrix} \mathcal{N}_t \\ \mathcal{X}_t \\ \mathcal{Y}_t \end{pmatrix} = \begin{pmatrix} (b - d - c\mathcal{N}_t)\mathcal{N}_t \\ 0 \\ -(d + c\mathcal{N}_t)\mathcal{Y}_t \end{pmatrix}. \tag{7.5.18}$$

Nous pouvons résoudre explicitement ce système en remarquant que la première équation est l'équation logistique que nous avons déjà rencontrée au Chapitre 5. La preuve de la proposition suivante est élémentaire et est laissée au lecteur. Pour tout $t \geq 0$,

Proposition 7.5.3 *(i) Si* $b = d$, *alors* $\mathcal{N}_t = \dfrac{\mathcal{N}_0}{c\mathcal{N}_0 t + 1}$. *Sinon,*

$$\mathcal{N}_t = \frac{(b - d)\mathcal{N}_0 e^{(b-d)t}}{(b - d) + c\mathcal{N}_0(e^{(b-d)t} - 1)}.$$

(ii) $\mathcal{X}_t = \mathcal{X}_0$.

(iii) Si $c = 0$ *alors* $\mathcal{Y}_t = \mathcal{Y}_0 \, e^{-dt}$.

Si $c \neq 0$ *et* $b = d$*, alors* $\mathcal{Y}_t = \dfrac{\mathcal{Y}_0}{c\mathcal{N}_0 t + 1} \, e^{-dt}$.

Si $c \neq 0$*,* $b \neq d$ *et* $\mathcal{N}_0 = \dfrac{b-d}{c}$*, alors* $\mathcal{N}_t = \dfrac{b-d}{c}$ *et* $\mathcal{Y}_t = \mathcal{Y}_0 \, e^{-bt}$.

Si $c \neq 0$*,* $b \neq d$ *et* $\mathcal{N}_0 \neq \dfrac{b-d}{c}$*, alors en posant* $C = \dfrac{\mathcal{Y}_0}{1 - \frac{c\mathcal{N}_0}{b-d}}$*,*

$$\mathcal{Y}_t = Ce^{-dt}\left(1 - \frac{c\mathcal{N}_0 e^{(b-d)t}}{(b-d) + c\mathcal{N}_0(e^{(b-d)t} - 1)}\right).$$

Nous remarquons que la population ne s'éteint pas en temps fini et que la proportion d'allèles A reste constante. De plus $\mathcal{Y}_t$ tend vers 0 quand t tend vers l'infini, ce qui donne une convergence de la population en temps long vers l'équilibre de Hardy-Weinberg. Il y a donc conservation de la biodiversité mais pas possibilité d'évolution au sens de Darwin puisqu'aucun des allèles ne disparaîtra. Cela est dû au fait que la population est neutre (les coefficients démographiques sont identiques quel que soit le génotype des individus) et que nous sommes sous une hypothèse de grande population : la sélection n'opère pas.

Dynamique diffusive lente-rapide

Nous allons maintenant supposer une dépendance affine des paramètres démographiques en fonction du paramètre d'échelle K et mettre en évidence une dynamique limite de diffusion stochastique lente-rapide. Ce comportement est très différent de celui obtenu par la Proposition 7.5.2 et généralise le paragraphe 5.6.2 au cas diploïde. La différence de comportement limite entre ces deux modèles montre l'importance du choix d'échelles entre les coefficients en fonction du problème biologique étudié.

Nous étudions le modèle neutre où

$$b = b_K = \gamma K + \beta \quad ; \quad d = d_K = \gamma K + \delta$$

et les paramètres de compétition sont tous égaux à $\dfrac{c}{K}$.

Supposons également que Z_0^K / K converge en loi vers un vecteur aléatoire Z_0. Considérons de nouveau le changement de variable ϕ introduit ci-dessus et posons

$$\phi\left(\frac{Z_t^K}{K}\right) = (N_t^K, X_t^K, Y_t^K).$$

Nous allons décrire ici les résultats obtenus dans Coron [28].

Proposition 7.5.4 *(1) Le processus $(Y_t^K, t \geq 0)$ est une variable rapide qui converge vers 0 quand K tend vers l'infini, au sens où pour tous $t, s > 0$, $\sup_{t \leq u \leq t+s} \mathbb{E}((Y_u^K)^2) \to_{K \to \infty} 0$.*

(2) Le couple $(N_t^K, X_t^K)_{t \geq 0}$ converge en loi vers le processus (N, X) solution du système différentiel stochastique

$$dN_t = \sqrt{2\gamma N_t}\, dB_t^1 + N_t\,(b - d - cN_t)\, dt;$$

$$dX_t = \sqrt{\frac{\gamma X_t(1 - X_t)}{N_t}}\, dB_t^2,$$

où B^1 et B^2 sont des mouvements browniens indépendants.

Nous pouvons remarquer que le processus $(N_t, t \geq 0)$ tend vers 0 quand t tend vers l'infini comme nous l'avons vu au Chapitre 4.7.2.. Le système d'équations est bien défini jusqu'au temps d'arrêt $\inf\{t \geq 0, N_t = \varepsilon\}$, pour tout $\varepsilon > 0$.

Remarque 7.5.5 *L'équation satisfaite par le processus X est une généralisation de l'équation de diffusion de Wright-Fisher obtenue au Chapitre 6, dans le cas où la taille de la population est variable et la population est diploïde. Un modèle bi-type haploïde, avec deux allèles A et a mais sans ségrégation à la naissance, conduirait au même type d'équations pour la taille et la proportion d'allèle A, mais avec γ changé en 2γ dans l'équation de X. Ce simple terme peut changer certains comportements, comme par exemple le comportement quasi-stationnaire du processus. (Voir [28]).*

Preuve. La preuve du point (2) repose sur un argument de tension-identification et unicité de la limite, comme nous l'avons vu au Chapitre 5. Nous allons ici uniquement calculer le générateur du processus $(N_t^K, X_t^K, Y_t^K)_{t \geq 0}$, ce qui nous permettra de comprendre la forme de la limite.

Soit f une fonction de $\mathbb{R}^3$ dans $\mathbb{R}$ et L^K le générateur du processus $(\frac{Z_t^K}{K})_t$. Posons comme précédemment $\phi(z) = (n, x, y)$ et soient e_1, e_2, e_3 les vecteurs unités. Le générateur se décompose comme suit (en remarquant par exemple que $y = z_1 - nx^2$) :

$$
\begin{aligned}
L^K((z) \quad = \quad & \gamma K^2 y \left(f(z - \frac{e_1}{K}) - 2f(z - \frac{e_2}{K}) + f(z - \frac{e_3}{K}) \right) \\
& + \gamma K^2 n x^2 \left(f(z + \frac{e_1}{K}) + f(z - \frac{e_1}{K}) - 2f(z) \right) \\
& + \gamma K^2 2 n x (1 - x) \left(f(z + \frac{e_2}{K}) + f(z - \frac{e_2}{K}) - 2f(z) \right) \\
& + \gamma K^2 n (1 - x)^2 \left(f(z + \frac{e_3}{K}) + f(z - \frac{e_3}{K}) - 2f(z) \right) \\
& + \beta K n x^2 \left(f(z + \frac{e_1}{K}) - f(z) \right) \\
& + \beta K 2 n x (1 - x) \left(f(z + \frac{e_2}{K}) - f(z) \right) \\
& + \beta K n (1 - x)^2 \left(f(z + \frac{e_3}{K}) - f(z) \right) \\
& + K \sum_{i \in \{1,2,3\}} z_i (\delta + cn) \left(f(z - \frac{e_i}{K}) - f(z) \right).
\end{aligned}
$$

En appliquant le générateur à $f = (\phi_3)^2$, on peut montrer qu'il existe une constante $C > 0$ telle que

$$
\frac{d \, \mathbb{E}((Y_t^K)^2)}{dt} \leq -2 \gamma K \mathbb{E}((Y_t^K)^2) + C,
$$

ce qui conduit au point (1).

Nous pouvons ensuite appliquer le générateur à $f = \phi_1$ et en faire tendre K vers l'infini pour obtenir le comportement limite diffusif donné par le générateur

$$
Lg(n) = \gamma n \, g''(n) + n(\beta - \delta - cn) \, g'(n),
$$

pour toute fonction g réelle de variable réelle n. Nous pouvons de même étudier le générateur conjoint de $(n, x) = (\phi_1, \phi_2)(z)$ et en déduire l'équation différentielle stochastique qui dirige X.   □

7.6   Arbres généalogiques de populations sexuées

Ce travail est issu de Sainudin, Thatte et Véber [69].

Nous nous intéressons à la diversité génétique d'une population de taille N. Comme nous l'avons vu au Chapitre 6, c'est un enjeu important pour les biologistes d'étudier le devenir de cette diversité génétique, la fixation d'un allèle ou le maintien d'un polymorphisme avec plusieurs allèles qui coexistent. Le patrimoine génétique d'un individu est hérité de ses ancêtres. Ainsi, la diversité génétique de la population est liée aux relations généalogiques entre les individus : plus ceux-ci sont proches (au sens généalogique), et moins il y aura de temps pour que des mutations apparaissent et différencient les individus. La comparaison des arbres généalogiques va ainsi donner des indications sur l'héritage génétique.

Rappelons tout d'abord qu'au Chapitre 6, nous avons introduit le modèle simple de Wright-Fisher, et étudié sa généalogie. Soit τ_2 le nombre minimal de générations à remonter pour trouver le premier ancêtre commun de deux individus choisis au hasard dans une population de taille N.

Proposition 7.6.1 *La variable aléatoire* τ_2 *a une loi géométrique de paramètre* $\dfrac{1}{N}$.

Preuve. En utilisant la définition du modèle de Wright-Fisher, nous avons immédiatement que $\mathbb{P}(\tau_2 = 1) = \displaystyle\sum_{i=1}^{N} \frac{1}{N^2} = \frac{1}{N}$. De plus, par un raisonnement identique à celui de la preuve de la Proposition 6.2.7 développée dans la Remarque 6.2.9, pour tout $k \in \mathbb{N}^*$,

$$\mathbb{P}(\tau_2 = k) = \left(1 - \frac{1}{N}\right)^{k-1} \frac{1}{N}.$$

$\square$

En particulier, $\mathbb{E}(\tau_2) = N$. Comme la population est a priori de grande taille, deux individus ont besoin de remonter très loin dans le temps pour trouver un ancêtre commun. Nous avons vu de plus à la Proposition 6.2.10 que le temps moyen de fixation d'un allèle est également de l'ordre de N générations.

7.6.1 Modèle de Wright-Fisher diploïde avec recombinaison.

Le modèle de Wright-Fisher est très utilisé par les biologistes, mais néanmoins il suppose que la portion d'ADN considérée provient des gènes d'un seul parent. Or chez les populations sexuées, le processus de recombinaison qui a lieu pendant la reproduction permet à un individu d'hériter d'une mosaïque de gènes parentaux. Pour comprendre l'origine de l'information génétique d'un individu fixé, il faut reconstruire la généalogie de ses 2 parents s'il y a eu recombinaison ou seulement du seul parent dont il a hérité ses gènes dans le cas contraire. Nous allons donc définir un processus de Wright-Fisher avec recombinaison.

Nous supposons ici que chaque individu a 2 parents dont il hérite son patrimoine génétique. La population est de taille fixée N et la probabilité de recombinaison est fixée, égale à $r \in [0, 1]$. A chaque génération, le patrimoine génétique d'un individu, indépendamment des autres,

- Avec probabilité r, est hérité de 2 parents choisis uniformément au hasard dans la génération précédente.

- Avec probabilité $1 - r$, est hérité d'un seul parent choisi uniformément au hasard dans la génération précédente.

Ainsi, bien que chaque individu ait physiquement deux parents, pour la portion du génôme qui nous intéresse, un seul de ses parents peut transmettre l'intégralité de ses gènes. Pour simplifier la terminologie, nous dirons alors que cet individu n'a qu'un seul parent (génétique). Remarquons que si $r = 1$, les relations de parenté physique et génétique coïncident et dans ce cas, le modèle nous donne le pédigré (l'arbre généalogique) complet des individus choisis. Nous pouvons ensuite construire les relations parentales/généalogiques pour $r < 1$ en supprimant des liens quand il n'y a pas de recombinaison. L'arbre généalogique pour $r < 1$ est donc naturellement inclus dans un arbre avec $r' = 1$.

Remarquons également que quand N est grand, choisir une paire d'individus au hasard (les 2 parents) revient à un tirage avec replacement de deux individus (car la loi hypergéométrique est dans ce cas très proche d'une loi binomiale).

Considérons un individu $i \in \{1, \cdots, N\}$ fixé, appartenant à la génération 0. Nous souhaitons connaître la loi du processus qui décrit la dynamique de la taille de la population issue de cet individu au cours du temps.

Nous définissons G_n^i, le nombre de descendants de l'individu i à la génération n.

Proposition 7.6.2 *Soit $i \in \{1, \cdots, N\}$. Le processus $(G_n^i)_n$ est une chaîne de Markov telle que, conditionnellement à G_n^i, la variable aléatoire G_{n+1}^i a une loi binomiale* $\mathcal{B}(N, (1+r)\frac{G_n^i}{N} - r(\frac{G_n^i}{N})^2)$.
De plus, si B_n^i désigne le nombre d'individus qui ne sont pas descendants de i, alors le processus $(B_n^i)_n$ est une chaîne de Markov telle que, conditionnellement à B_n^i, la variable aléatoire B_{n+1}^i a une loi binomiale $\mathcal{B}(N, (1-r)\frac{B_n^i}{N} + r(\frac{B_n^i}{N})^2)$.

Preuve. Fixons un individu de la génération $n + 1$ et calculons la probabilité qu'il soit issu de l'individu i. Notons par $\mathcal{R}$ l'événement "Il y a eu recombinaison pour donner cet individu, de la génération n à la génération $n + 1$". La probabilité vaut

$$(1 - r)\, \mathbb{P}(\text{parent issu de } i \mid \mathcal{R}^C) + r\, \mathbb{P}(\text{un des deux parents issu de } i \mid \mathcal{R})$$

$$= (1 - r)\frac{G_n^i}{N} + r\left(1 - \left(1 - \frac{G_n^i}{N}\right)^2\right)$$

$$= (1 + r)\frac{G_n^i}{N} - r\left(\frac{G_n^i}{N}\right)^2.$$

La deuxième assertion découle immédiatement de la première.

$\square$

Dorénavant, nous fixons un individu $i \in \{1, \cdots, N\}$ et considérons uniquement la descendance de cet individu. Notons G_n la taille de la population issue de i au temps n. Nous avons $G_0 = 1$.

Si G_n est petit devant N, la loi binomiale trouvée à la Proposition 7.6.2 est proche (quand N tend vers l'infini), d'une loi de Poisson de paramètre $(1 + r)G_n$. Ainsi, le processus $(G_n, n \in \mathbb{N})$ sera proche d'un processus de Galton-Watson de loi de reproduction la loi de Poisson $\mathcal{P}(1+r)$. En d'autres termes, malgré la dépendance entre les tailles des différentes familles, le développement initial de G_n est très proche d'un processus de Galton-Watson de loi de reproduction $\mathcal{P}(1 + r)$. De la même façon, quand N tend vers l'infini et que B_n est petit devant N, le processus $(B_n, n \in \mathbb{N})$ se comporte comme un processus de Galton-Watson de loi de reproduction $\mathcal{P}(1 - r)$.

La proposition suivante montre plus précisément que les probabilités d'atteinte des points par G_n sont approximativement proches de celles d'un processus de Galton-Watson de loi de reproduction $\mathcal{P}(1 + r)$. (Un résultat de même type a lieu pour B_n.)

Lemme 7.6.3 *(Adaptation de Chang [21] Lemme 3).*
Soit $(Y_n)_n$ un processus de Galton-Watson de loi de reproduction une loi de Poisson de paramètre $1 + r$. Pour tout $b \geq 0$, posons

$$\tau_b^Y = \inf\{n, Y_n \geq b\} \quad ; \quad \tau_{0,b}^Y = \inf\{n, Y_n \geq b \text{ ou } Y_t = 0\},$$

et des notations de même type pour le processus $(G_n)_n$.
Alors, si $m \geq 0$ et b croissent avec N de telle sorte que $m\,b^2 = o(N)$, on a quand $N \to \infty$,

$$\mathbb{P}(\tau_b^G > m) = \mathbb{P}(\tau_b^Y > m)(1 + o(1)) \quad ; \quad \mathbb{P}(\tau_{0,b}^G > m) = \mathbb{P}(\tau_{0,b}^Y > m)(1 + o(1)).$$

Preuve.

Soient $x > 0$ et $y \geq 0$ ou $x = y = 0$. Introduisons le rapport de vraisemblance

$$
\begin{aligned}
L(y \,|\, x) &= \frac{\mathbb{P}(G_{n+1} = y \,|\, G_n = x)}{\mathbb{P}(Y_{n+1} = y \,|\, Y_n = x)} \\
&= \frac{\mathbb{P}(\mathcal{B}(N, (1+r)\frac{x}{N} - r(\frac{x}{N})^2) = y)}{\mathbb{P}(\mathcal{P}((1+r)x) = y)} \\
&\leq e^{(1+r)x}\left(1 - (1+r)\frac{x}{N} + r(\frac{x}{N})^2\right)^{N-y},
\end{aligned}
$$

de telle sorte que pour $x < b$, $y < b$ et N suffisamment large,

$$\log L(y \,|\, x) \leq \frac{2(1+r)b^2}{N},$$

et par un calcul similaire, on obtient également

$$\log L(y \,|\, x) \geq -\frac{2(1+r)b^2}{N}.$$

Soient alors $x_1, \cdots, x_m$ positifs et inférieurs à b, nous en déduisons que

$$
\begin{aligned}
\mathbb{P}(G_1 = x_1, \cdots, G_m = x_m) &= \mathbb{P}(G_1 = x_1 \mid G_0 = 1) \cdots \mathbb{P}(G_m = x_m \mid G_{m-1} = x_{m-1}) \\
&= \mathbb{P}(Y_1 = x_1, \cdots, Y_m = x_m) L(x_1 \mid 1) \cdots L(x_m \mid x_{m-1}) \\
&\leq \mathbb{P}(Y_1 = x_1, \cdots, Y_m = x_m) \, e^{2(1+r)mb^2/N},
\end{aligned}
$$

et

$$
\mathbb{P}(G_1 = x_1, \cdots, G_m = x_m) \geq \mathbb{P}(Y_1 = x_1, \cdots, Y_m = x_m) \, e^{-2(1+r)mb^2/N}.
$$

Ainsi,

$$
\begin{aligned}
\mathbb{P}(\tau_b^G > m) &= \sum_{0 \leq x_1 < b} \cdots \sum_{0 \leq x_m < b} \mathbb{P}(G_1 = x_1, \cdots, G_m = x_m) \\
&\leq \sum_{0 \leq x_1 < b} \cdots \sum_{0 \leq x_m < b} \mathbb{P}(Y_1 = x_1, \cdots, Y_m = x_m) \, e^{2(1+r)mb^2/N} \\
&\leq \mathbb{P}(\tau_b^Y > m) \, e^{2(1+r)mb^2/N},
\end{aligned} \tag{7.6.19}
$$

et similairement,
$$
\mathbb{P}(\tau_b^G > m) \geq \mathbb{P}(\tau_b^Y > m) \, e^{-2(1+r)mb^2/N}.
$$
L'hypothèse $m\, b^2 = o(N)$ implique alors que $\mathbb{P}(\tau_b^G > m) = \mathbb{P}(\tau_b^Y > m)(1 + o(1))$.

La preuve de la deuxième assertion suit exactement le même raisonnement avec les sommations de (7.6.19) prises sur $0 < x_n < b$ au lieu de $0 \leq x_n < b$.

$\square$

Nous avons vu que si G_n est petit devant N, le processus $(G_n, n \in \mathbb{N})$ se comporte quand N tend vers l'infini comme un processus de Galton-Watson de loi de reproduction la loi de Poisson $\mathcal{P}(1 + r)$. En revanche, si G_n est de l'ordre de N, nous savons par la Loi des Grands Nombres que G_{n+1} est proche de sa moyenne. Nous avons même des inégalités précises qui permettent de contrôler cette approximation, connues sous le nom d'inégalités de Bernstein.

Lemme 7.6.4 *(Voir [69] Lemma 7). Soit X une variable aléatoire de loi binomiale $\mathcal{B}(N, p)$, où $p \in (0, 1)$, et $x > 0$. Alors*

$$
\mathbb{P}(X \geq N\,p + x) \leq \exp\left(\frac{-x^2}{2Np(1-p) + (2/3)x} \right),
$$

$$
\mathbb{P}(X \leq N\,p - x) \leq \exp\left(\frac{-x^2}{2Np(1-p) + (2/3)x} \right).
$$

De la même façon, quand N tend vers l'infini et si B_n est petit devant N, le processus $(B_n, n \in \mathbb{N})$ se comporte comme un processus de Galton-Watson de loi de reproduction la loi de Poisson $\mathcal{P}(1 - r)$, alors que si B_n est de l'ordre de N, le processus est proche de sa moyenne.

7.6.2 Nombre de générations pour arriver à l'ancêtre commun

Ces préliminaires étant acquis, nous allons pouvoir, comme pour le processus de Wright-Fisher haploïde, connaître l'ordre de grandeur du nombre de générations qu'il faut pour trouver au moins un ancêtre commun à toute la population actuelle, de taille N.

Appelons τ_N ce nombre de générations.

Théorème 7.6.5 *Supposons que* $r \in]0, 1[$. *Pour tout* $\varepsilon > 0$,

$$\lim_{N \to +\infty} \mathbb{P}((1 - \varepsilon)C(r) \log N \le \tau_N \le (1 + \varepsilon)C(r) \log N) = 1,$$

où $C(r) = \dfrac{1}{\log(1 + r)} - \dfrac{1}{\log(1 - r)}$.

Nous en déduisons que la suite $\left(\dfrac{\tau_N}{C(r) \log N}\right)_N$ *converge en probabilité vers 1, quand N tend vers l'infini.*

Remarquons que l'arbre généalogique de la population est ici bien plus court que dans le modèle de Wright-Fisher haploïde ($r = 0$). La recombinaison, aussi petit soit r, permet un brassage génétique beaucoup plus rapide. Le cas où $r = 1$ a été traité dans [21] et l'auteur montre que la suite $\left(\frac{\log 2}{\log N} \tau_N\right)_N$ converge en probabilité vers 1 quand N tend vers l'infini.

Preuve. Nous allons donner quelques grandes lignes de la preuve.

Le processus de reproduction étant initié à la génération 0, nous considérons sa dynamique dans le sens "normal" du temps. Par la Proposition 7.6.2, nous connaissons la loi de la taille de chaque sous-population issue de l'un des individus de la génération initiale.

La preuve du Théorème 7.6.5 se décline alors en plusieurs étapes, décrites ci-dessous.

On se donne $\varepsilon \in (0, 1/2)$.

1) Avec une probabilité qui tend vers 1 quand N tend vers l'infini, il existe un individu i dans la génération 0 pour lequel la descendance $(G_n^i, n \in \mathbb{N})$ atteint $(\log N)^2$ après $\tau_N^{(G1)}$ générations, où $\tau_N^{(G1)} = O\left((\log \log N)^2\right)$ avec grande probabilité.

2) Le nombre de descendants de i croît de $(\log N)^2$ à $g_2 N$ en $\tau_N^{(G2)}$ générations, où $g_2 \in (0, 1/2)$ est une constante bien choisie, et $\tau_N^{(G2)}$ est de l'ordre de $\frac{\log N}{\log(1+r)}$. Plus précisément, les probabilités

$$\mathbb{P}\left(\tau_N^{(G2)} > \left(1 + \frac{\varepsilon}{2}\right) \frac{\log N}{\log(1 + r)}\right) \quad \text{et} \quad \mathbb{P}\left(\tau_N^{(G2)} < \left(1 - \frac{\varepsilon}{2}\right) \frac{\log N}{\log(1 + r)}\right)$$

sont de l'ordre de $o(\frac{1}{N})$.

3) Le nombre de descendants de i croît de $g_2 N$ à $\frac{N}{2}$ en $\tau_N^{(G3)}$ générations, où $\tau_N^{(G3)} \leq \log \log N$ avec probabilité $1 - o(\frac{1}{N})$.

4) Le nombre de non-descendants de i décroît de au plus $\frac{N}{2}$ à au plus $b_1 N$ en $\tau_N^{(B1)}$ générations, où $b_1 \in (0, 1/2)$ est une constante bien choisie, et $\tau_N^{(B1)} \leq \log \log N$ avec probabilité $1 - o(\frac{1}{N})$.

5) Le nombre de non-descendants de i décroît de au plus $b_1 N$ à $(\log N)^2$ en $\tau_N^{(B2)}$ générations, où $\tau_N^{(B2)}$ vaut environ $-\log N / \log(1 - r)$ générations. Plus précisément, les probabilités

$$\mathbb{P}\Big(\tau_N^{(B2)} > \Big(1 + \frac{\varepsilon}{2}\Big) \frac{-\log N}{\log(1 - r)}\Big) \quad \text{et} \quad \mathbb{P}\Big(\tau_N^{(B2)} < \Big(1 - \frac{\varepsilon}{2}\Big) \frac{-\log N}{\log(1 - r)}\Big)$$

sont de l'ordre de $o(\frac{1}{N})$.

6) Les non-descendants s'éteignent : le nombre de non-descendants de i décroît de au plus $(\log N)^2$ à 0 en $\tau_N^{(B3)}$ générations, où $\tau_N^{(B3)} = O\big((\log \log N)^2\big)$ avec grande probabilité.

Tous ces résultats combinés montrent qu'avec probabilité tendant vers 1, le premier temps pour lequel un individu devient l'ancêtre commun de toute la population est borné supérieurement par

$$O\big((\log \log N)^2\big) + \Big(1 + \frac{\varepsilon}{2}\Big) \log N \Big(\frac{1}{\log(1 + r)} - \frac{1}{\log(1 - r)}\Big),$$

ce qui entraîne la borne supérieure dans le théorème.

La borne inférieure est celle qui nécessite que les probabilités correspondant aux phases en $O(\log N)$ soient de l'ordre de $o(\frac{1}{N})$. En effet, cela garantit qu'avec une probabilité tendant vers 1, aucune des N familles nées des individus initiaux ne peut atteindre $g_2 N$ en moins de $\Big(1 - \frac{\varepsilon}{2}\Big) \frac{\log N}{\log(1+r)}$ générations, et qu'aucune famille atteignant $N/2$ ne peut atteindre $N - (\log N)^2$ en moins de $-\Big(1 - \frac{\varepsilon}{2}\Big) \frac{\log N}{\log(1-r)}$ générations. Ainsi, avec une probabilité tendant vers 1, un individu a besoin de au moins $\Big(1 - \frac{\varepsilon}{2}\Big) \log N \Big(\frac{1}{\log(1+r)} - \frac{1}{\log(1-r)}\Big)$ générations pour devenir un ancêtre commun de toute la population.

Nous n'allons pas détailler toutes les étapes de cette preuve qui utilisent principalement les deux lemmes précédents et reposent en grande partie sur des résultats adhoc pour les processus de Galton-Watson dont la loi de reproduction est une loi de Poisson.

Donnons la preuve de l'étape 1. Nous appliquons le Lemme 7.6.3 avec

$$b_N = (\log N)^2 \quad \text{et} \quad m_N = \frac{3}{\log(1 + r)} \log \log N.$$

Alors la probabilité que le processus $(G_n)_n$ issu de 1 atteigne $(\log N)^2$ en moins de m_N générations est asymptotiquement équivalente à celle d'un processus de Galton-Watson

$(Y_n)_n$ de loi de reproduction $\mathcal{P}(1+r)$. Comme l'espérance de la loi de reproduction vaut $1+r$, le processus $(Y_n)_n$ est surcritique, et par le Théorème 3.2.10, nous savons que le processus $(\frac{Y_n}{(1+r)^n})_n$ est une martingale positive M_∞ et converge presque-sûrement vers une variable aléatoire strictement positive sur l'ensemble de persistance du processus. De plus, si nous notons ρ la probabilité d'extinction de ce processus, alors

$$\mathbb{P}(M_\infty = 0) = \rho < 1.$$

Nous avons

$$\mathbb{P}(\tau_{b_N}^Y > m_N) \leq \mathbb{P}(Y_{m_N} \leq b_N) = \mathbb{P}(M_{m_N} \leq b_N (1+r)^{-m_N}).$$

En utilisant le lemme de Fatou et le fait que par hypothèse, $b_N (1+r)^{-m_N}$ tend vers 0 quand $N \to \infty$, on a

$$
\begin{aligned}
\limsup_N \mathbb{P}(\tau_{b_N}^Y > m_N) &\leq \limsup_N \mathbb{P}(M_{m_N} \leq b_N (1+r)^{-m_N}) \\
&\leq \mathbb{P}(\limsup_N M_{m_N} \leq b_N (1+r)^{-m_N}) \\
&= \mathbb{P}(M_{m_N} \leq b_N (1+r)^{-m_N} \text{ infiniment souvent}) \\
&\leq \mathbb{P}(M_\infty = 0) = \rho < 1.
\end{aligned}
$$

Par le Lemme 7.6.3, $\mathbb{P}(\tau_{b_N}^G > m_N) = \mathbb{P}(\tau_{b_N}^Y > m_N)(1 + o(1))$ quand $N \to \infty$. Nous en déduisons que

$$\limsup_N \mathbb{P}(\tau_{b_N}^G > m_N) \leq \rho < 1,$$

et donc $\liminf_N \mathbb{P}(\tau_{b_N}^G \leq m_N) \geq 1 - \rho > 0$.

Ainsi, si toutes les m_N générations, nous testons si l'individu étiqueté 1 a au moins $(\log N)^2$ descendants m_N générations plus tard, nous obtenons une suite de type géométrique avec probabilité de succès en un nombre fini d'étapes égale à 1. En particulier, cela entraîne que la probabilité de n'avoir aucun individu de la génération 0 ayant au moins $(\log N)^2$ descendants après $(\log \log N) m_N = o(\log N)$ générations est majorée par $(1 - \rho + \delta)^{\log \log N}$ quand $N \to \infty$, pour tout $\delta \in (0, \rho)$. Cela donne

$$\lim_{N \to \infty} \mathbb{P}\left(\tau_N^{(G1)} > \frac{3}{\log(1+r)}(\log \log N)^2\right) = 0.$$

Ce raisonnement s'adapte également pour prouver l'étape 6. $\qquad\square$

Bibliographie

[1] D. Aldous. Stopping times and tightness. *Ann. Probab.* **6**, 335–340, 1978.

[2] L.J.S. Allen. *An Introduction to Stochastic Processes with Applications to Biology*, Second edition. CRC Press, Chapman & Hall/CRC, 2011.

[3] E.S. Allman, J.A. Rhodes. *Mathematical Models in Biology : An Introduction.* Cambridge Univ. Press, Cambridge, U.K., 2004.

[4] W. J. Anderson. *Continuous-time Markov chains.* Springer Series in Statistics : Probability and its Applications. Springer-Verlag, New York, 1991.

[5] K.B. Athreya, P.E. Ney. *Branching Processes.* Springer 1972.

[6] N. Bacaer. *Histoires de mathématiques et de populations.* Le sel et le fer, Cassini, 2008.

[7] S. Billiard, C.V. Tran. A general stochastic model for sporophytic self-incompatibility. *J. Math. Biol.* 64 (1), 163–210 (2012).

[8] V. Bansaye, A. Lambert. New approaches to source-sink metapopulations decoupling demography and dispersal. *Theoret. Popul. Biol.* 88, 31–46, 2013.

[9] V. Bansaye, S. Méléard. *Stochastic Models for Structured Populations.* Mathematical Biosciences Institute Lecture Series 1.4. Springer 2015.

[10] P. Billingsley. *Probability and Measure.* Wiley, New York, 1995.

[11] P. Billingsley. *Convergence of Probability Measures.* Third edition, Wiley, New York, 1999.

[12] Brown, J.H., Gillooly, J.F., Allen, A.P., Savage, V.M., West, G.B. Toward a metabolic theory of ecology. *Ecology* 85 (7), 1771–1789, 2004.

[13] S. Boi, V. Capasso, D. Morale. Modeling the aggregative behavior of ants of the species Polyergus rufescens. *Nonlinear Analysis* 1, 163–176, 2000.

[14] E. Bouin, V. Calvez. Travelling waves for the cane toads equation with bounded traits. *Nonlinearity* 27, no. 9, 2233–2253, 2014.

[15] H. Caswell, M. Fujiwara, S. Brault. Declining survival probability threatens the North Atlantic right whale. Proc. Natl. Acad. Sci. USA, Vol. 96, 3308–3313, 1999

[16] P. Cattiaux, S. Méléard. Competitive or weak cooperative stochastic Lotka-Volterra systems conditioned on non-extinction. *J. Math. Biol.* 6, 797–829, 2010.

[17] P. Cattiaux, D. Chafaï, S. Motsch. Asymptotic analysis and diffusion limit of the persistent Turning Walker model. *Asymptot. Anal.* 67, no. 1-2, 17–31, 2010.

© Springer-Verlag Berlin Heidelberg 2016
S. Méléard, *Modèles aléatoires en Ecologie et Evolution*,
Mathématiques et Applications 77, DOI 10.1007/978-3-662-49455

[18] N. Champagnat, R. Ferrière, S. Méléard. Unifying evolutionary dynamics : from individual stochastic processes to macroscopic models. *Theoret. Popul. Biol.* 69 297–321, 2006.

[19] N. Champagnat. A microscopic interpretation for adaptive dynamics trait substitution sequence models. *Stoch. Proc. Appl.* 116, 1127–1160 (2006).

[20] N. Champagnat, S. Méléard. Invasion and adaptive evolution for individual-based spatially structured populations. *J. Math. Biol.* 55, no. 2, 147–188, 2007.

[21] J.T. Chang. Recent common ancestors of all present-day individuals. *Adv. Appl. Probab.* 31, 1002–1026, 1999.

[22] J.R. Chazottes, P. Collet, S. Méléard. Sharp asymptotics for the quasi-stationary distribution of birth-and-death processes. *Probab. Theory and Rel. Fields*, 2015.

[23] P. Collet, S. Martinez, J. San Martin. *Quasi-Stationary Distributions : Markov Chains, Diffusions and Dynamical Systems.* Probability and Its Applications, Springer, 2013.

[24] P. Collet, S. Méléard, J.A.J. Metz. A rigorous model study of the adaptative dynamics of Mendelian diploids. *J. Math. Biol.* Volume 67, Issue 3, Page 569–607, 2013.

[25] F. Comets, T. Meyre. *Calcul stochastique et modèles de diffusion.* Dunod, 2006.

[26] C. Coron, S. Méléard, E. Porcher, A. Robert. Quantifying the mutational meltdown in diploid populations. *Am. Nat.* 181(5) : 623–636, 2013.

[27] C. Coron. Stochastic modeling of density-dependent diploid populations and extinction vortex. *Adv. Appl. Prob.* 46, 446–477, 2014.

[28] C. Coron. Slow-fast stochastic diffusion dynamics and quasi-stationary distributions for diploid populations. *J. Math. Biol.*, 2015.

[29] J. N. Darroch and E. Seneta. On quasi-stationary distributions in absorbing discrete-time finite Markov chains. *J. Appl. Prob.*, Volume 2 (1965), pages 88–100.

[30] J.F. Delmas, B. Jourdain. *Modèles aléatoires : applications aux sciences de l'ingénieur et du vivant.* Springer, 2006.

[31] R. Durrett. *Probability Models for DNA Sequence Evolution*, 2nde édition. Springer, 2007.

[32] S.N. Ethier, T.G. Kurtz. *Markov Processes, Characterization and Convergence.* Springer, 1986.

[33] S.N. Evans, A. Hening, S.J. Schreiber. Protected polymorphisms and evolutionary stability of patch-selection strategies in stochastic environments. *J. Math. Biol.*, 2015.

[34] W.J. Ewens. *Mathematical Population Genetics.* Second Edition. Springer, 2004.

[35] W. Feller. *An introduction to Probability Theory and its Applications*, 2 Vol. Wiley, 1957.

[36] C. Graham. *Chaînes de Markov*, Dunod, 2008.

[37] P. Haccou, P. Jagers, V.A. Vatutin. *Branching Processes : Variation, growth and extinction of populations.* Cambridge University Press, 2005.

[38] F. Hoppe. Pólya-like urns and the Ewens' sampling formula. *J. Math. Biol.* 20, pp. 91-94, 1984.

[39] S.P. Hubbell. *The unified neutral theory of biodiversity and biogeography.* Princeton University Press, Monographs in population biology, 2001.

[40] N. Ikeda, S. Watanabe. *Stochastic Differential Equations and Diffusion Processes,* 2nd Edition. North-Holland Publishing Company, 1989.

[41] J. Istas. *Introduction aux modélisations mathématiques pour les sciences du vivant.* Springer, 2000.

[42] J. Jacod, P. Protter. *L'essentiel en théorie des probabilités.* Cassini, 2002.

[43] T.H. Jukes, C.R. Cantor. Évolution of protein molecules. In *Mammalian Protein Metabolism.* Monro, H.HN (eds), 21–132, Academic Press, New York, 1969.

[44] I. Kaj, S. Sagitov. Limit processes for age-dependent branching particle systems. *J. Theoret. Prob.* 11 (1), 225–257, 1998.

[45] I. Karatzas, S.E. Shreve : *Brownian Motion and Stochastic Calculus,* Second Edition. Springer, 1998.

[46] S. Karlin and H. M. Taylor. *A First Course in Stochastic Processes.* Academic Press [A subsidiary of Harcourt Brace Jovanovich, Publishers], New York-London, second edition, 1975.

[47] S. Karlin, H.M. Taylor. *A Second Course in Stochastic Processes.* Academic Press, 1981.

[48] M. Kimmel, D.E. Axelrod. *Branching Processes in Biology.* Springer, 2002.

[49] J.F.C. Kingman. The coalescent. *Stoch. Process. Appl.* 13, no. 3, 235–248, 1982.

[50] M. Kot. *Elements of Mathematical Biology.* Cambridge, 2001.

[51] T. Lagache, D. Holcman : Effective motion of a virus trafficking inside a biological cell. *SIAM J. Appl. Math.* 68, no. 4, 1146–1167, 2008.

[52] P. Lafitte-Godillon, K. Raschel, C.V. Tran. Extinction probabilities for distylous plant population modeled by an inhomogeneous random walk on the positive quadrant. *SIAM J. Appl. Math.* 73, No. 2, 700–722, 2013.

[53] A. Lambert. Population Dynamics and Random Genealogies. *Stoch. Models* 24, 45–163, 2008.

[54] C. Lipow. Limiting diffusions for population size dependent branching processes. *J. Appl. Prob.* 14, 14–24, 1977.

[55] S. Méléard. *Aléatoire : Introduction à la théorie et au calcul des probabilités.* Editions de l'Ecole Polytechnique, 2010.

[56] S. Méléard. Random modeling of adaptive dynamics and evolutionary branching. *The Mathematics of Darwin's Legacy,* F. Chalub J.F. Rodrigues eds, Birhauser, 2011.

[57] S. Méléard, D. Villemonais Quasi-stationary distributions and population processes. *Probability Surveys,* Vol. 9, 340–410, 2012.

[58] M. Métivier. *Notions fondamentales de la théorie des probabilités.* Dunod, 1972.

[59] D. Morale, V. Capasso, K. Oelschläger. An interacting particle system modelling aggregation behavior : from individuals to populations. *J. Math. Biol.* 50, no. 1, 49–66, 2005.

[60] J. Neveu. *Bases mathématiques du calcul des probabilités,* 2ième édition. Masson, 1970.

[61] J. Neveu. *Martingales discrètes.* Masson, 1972.

[62] E. Pardoux, *Processus de Markov et Applications.* Dunod, 2007.

[63] B.L. Phillips, G.P. Brown, J.K. Webb, R. Shine. Invasion and evolution of speed in toads. *Nature* 439, 803, 2006.

[64] P.E. Protter. *Stochastic Integration and Differential Equations,* 2nd Edition. Springer, 2004

[65] E. Renshaw. *Modelling Biological Populations in Space and Time.* Cambridge University Press, 1991.

[66] D. Revuz, M. Yor. *Continuous Martingales and Brownian Motion.* Springer, 1991.

[67] E. Seneta, D. Vere-Jones. On quasi-stationary distributions in discrete-time Markov chains with a denumerable infinity of states. *J. Appl. Prob.* 3, 403–434, 1966.

[68] D. Serre. *Les matrices,* Dunod, 2001.

[69] R. Sainudiin, B.D. Thatte, A. Veber. Ancestries of a recombining diploid population. *J. Math. Biol.,* 2015.

[70] M. L. Silverstein. A new approach to local times. *J. Math. Mech.* 17,1023–1054, 1967/1968.

[71] T. Tully. A quoi sert de vieillir ? La recherche, 2007.

[72] West, G.B., Brown, J.H., Enquist, B.J. The fourth dimension of life : factal geometry and allometric scaling of organisms. *Science* 284 (5420), 1677–1679, 1999.

[73] A.M. Yaglom. Certain limit theorems of the theory of branching stochastic processes (in Russian). *Dokl. Akad. Nauk. SSSR* (n.s.) 56, 795–798, 1947.

Printed in the United States
By Bookmasters